미친 연구, 위대한 발견

미친 연구, 위대한 발견

빌리 우드워드 외 지음 | 우희종 감수 | 김소정 옮김

푸른지식

이 도서의 국립중앙도서관 출판시도서목록(CIP)은 e-CIP홈페이지(http://www.nl.go.kr/ecip)와
국가자료공동목록시스템(http://www.nl.go.kr/kolisnet)에서 이용하실 수 있습니다.(CIP제어번호: CIP2011004413)

미친 연구, 위대한 발견

초판 1쇄 발행 2011년 11월 10일
초판 8쇄 발행 2020년 1월 8일

지은이 빌리 우드워드 외
감수 우희종
옮긴이 김소정
펴낸이 윤미정

책임교정 지태진 · 김자영

펴낸곳 푸른지식 **출판등록** 제2011-000056호 2010년 3월 10일
주소 서울특별시 마포구 월드컵북로 16길 41 2층
전화 02)312-2656 **팩스** 02)312-2654
이메일 dreams@greenknowledge.co.kr
블로그 blog.naver.com/greenknow

ISBN 978-89-964315-4-1 03400

들어가는 글

당신이 먹는 약은 누구로부터 온 것인가?

2002년의 어느 날이었다. 발목이 삔 것 같은 통증을 느끼며 잠에서 깨어났다. 그 즉시 나는 또다시 통풍이 찾아왔음을 알았다. 통풍은 관절에 바늘 같은 결정이 생겼을 때 온다. 통풍이 시작되면 정말 살기 싫을 정도로 아프다. 의사는 통풍에 흔히 처방하는 소염제를 주었다. 이전에도 그랬듯이 나는 약을 먹고 일주일 동안 상태가 호전되기를 기다렸다. 그런데 이번에는 이전과는 조금 달랐다. 발목 통증은 사라졌지만 손에 게 모양의 갈고리가 생긴 것이다. 이 갈고리는 엄지와 검지 사이에서 조금씩 움직이면서 내 손 전체에 통증을 일으켰다. 결국 내 주치의는 치료를 포기하고 나를 류머티즘 전문의에게 보내버렸다. 그곳에서 나는 스테로이드 주사를 맞아야 했다. 덕분에 손은 나았지만 곧 발등에 염증이 생겨 부풀어 오르기 시작했다. 결국 나는 목발 신세를 져야 했다.

그렇게 몇 달이 흘렀다. 관절이 부풀어 오르고 통증은 계속됐다. 너무나 아파 잠도 자지 못하고 일도 할 수 없었다. 통증이 내 삶을 잠식해버렸다. 염증 때문에 모든 관절에 가벼운 통증이 있었다. 한쪽 팔을 다른 팔 위에 올려놓는 것이 불가능했기에 팔짱도 낄 수 없었다. 매일 아침 침대에서 일어나 바닥에 발을 댈 때면 '오늘은 걸을 수 있을까? 컴퓨터 마우스는 움직일 수 있을까?' 하는 생각을 하며 불안에 떨었다. 류머티즘 전문의가 해준 말은 정말 불길했다. "내 증상은 어딘가 이상하다"는 것이었다. 평생을 고통에 떨며 살아야 할지도 모른다는 두려움이 나를 우울하게 만들었다.

2년 동안 멈추지 않는 통증에 시달리며 다양한 치료를 받은 결과 마침내 알로퓨리놀Allopurinol이라는 약이 나를 살렸다. 약을 먹고 몇 달 지나지 않아 나를 괴롭히던 통증들이 사라졌다. 통증을 느끼지 않고 바깥에 앉아 불어오는 바람을 피부로 느끼는 일, 이 단순한 일상에 얼마나 감동했는지 모를 것이다. 이제 나는 다시 걸을 수 있고 개도 키울 수 있었다. 몇 달 동안 나는 새로 얻은 자유를 마음껏 누렸다. 고통 없이 사는 것은 정말 즐거운 일이었고, 다시 한 번 온전한 삶을 사는 것은 큰 기쁨이었다. 나는 내가 치료된 것을 기적이라고 불렀다. 나는 정말로 기적 같은 삶을 살아갔다.

그 기적 같은 삶을 살면서 나는 아주 천천히 그동안 내가 놓치고 있던 부분들을 깨달아갔다. 내가 통증에서 해방된 것은 분명 다른 사람 덕분일 텐데. 그런데도 나는 그 사람의 이름조차 몰랐다. 매일같이 입에 넣는 기적의 약이 어느 날 약국에서 뿅 하고 나타나지는 않았을 텐데. 내가 먹는 약을 만든 사람이 분명히 있을 텐데. 그 사람이 누굴까? 이렇게 큰 은혜를 받으면서도 나를 구원해준 사람이 누군지도 모르다니. 양심의 가책을 느낀 나는 알로퓨리놀이 탄생한 과정을 공부했고, 그 약이 수년 혹은 수십 년 동안의 지난한 연구와 실험 과정을 거쳐 탄생했다는 사실을 깨닫게 됐다.

수많은 불행과 싸워야 했던 트루디 엘리언Trudy Elion(본명은 거트루드 엘리언Gertrude Elion)이라는 여성이 있다. 엘리언은 평생을 독신으로 살았다. 사랑하는 약혼자는 페니실린이 발명되기 불과 몇 년 전에 감염으로 세상을 떠났다. 엘리언은 과학 연구에 평생을 바쳤다. 1930년대까지만 해도 여성이 박사 학위를 따거나 과학 연구를 하는 것은 쉽지 않았다. 그러나 제2차 세계대전의 여파로 남성 연구원들의 수가 급감한 덕분에 엘리언도 연구소에 들어갈 수 있었다. 연구실에서 엘리언이 세운 업적은 실로 눈부셨다. 조지 히칭스George Hitchings와 함께 엘리언은 다양한 신약을 개발했다. 그중에 두 개는 지금까지도 살아남았다. 소아백혈병 약과 신장이식 거부반응을 없애는 약이 그것이다. 히칭스와 엘리언은 노벨상까지 받았다. 나는 이 두 사람을 영웅이라고 생각한다. 이 두 사람 덕분에 나를 치료해준 알로퓨리놀이 탄생할 수 있었다.

이런 영웅들에 대해 생각하고 있자니, 사회가 이런 영웅들에게 크게 감사하고 그들의 공적을 기념해야 하는 게 아닌가 하는 생각이 들었다. 분명한 과학적 증거가 그들이 영웅이라는 사실을 뒷받침하고 있는데 그러지 않을 이유가 있을까? 타인을 위한 일 가운데 목숨을 구하는 일보다 더 위대한 일이 또 있을까? 다른 사람 덕분에 목숨을 구한 사람이 남긴 유산(위대한 업적이든 훌륭한 물질이든 다른 사람에게 베푸는 친절이든 간에)은 어쨌거나 그 사람이 생명을 부지했기에 남길 수 있었던 결과물이다. 생명을 구하는 일은 어느 정도의 가치가 있을까? 이는 과학적으로 객관적인 기준을 이용해 측정할 수 있다. 이루 헤아릴 수 없을 정도로 많은 인명을 구한 사람보다 위대한 사람이 또 있을까? 이 책은 지금까지 해답을 찾지 못했던 이런 물음에 대한 답을 찾기 위한 시도다.

지금까지 가장 많은 인명을 구한 사람은?

이런 광범위한 조사는 인터넷이 없었다면 불가능했을 것이다. 이제 인터넷이 발달한 덕분에 나는 내 눈으로 직접 인류를 죽음에 이르게 하는 수많은 원인들을 확인했고, 그 원인들을 없애거나 지연시킨 놀라운 방법들을 알게 됐다. 놀랍게도 인류의 생명을 가장 많이 구한 사람들 순위에서 상위를 차지한 이들은 모두 과학자였다. 정치가나 군인은 순위 안에 들지 못했다. 아무리 극악한 인간이라도 질병만큼 빠른 속도로 인류를 죽음으로 몰아넣을 수는 없는 법이다. 천연두 하나만 해도 20세기에 일어난 모든 전쟁과 학살로 죽은 사람보다 두 배나 많은 생명을 앗아갔다. 인류의 역사에 과학이 미친 영향력은 어떤 식으로 이야기한다 해도 과장할 수 없다. 지난 500년 동안 과학은 어떠한 분야보다도 인류의 문명에 커다란 영향을 미쳤다. 과학은 인류가 살아가는 터전인 자연의 본질을 밝혀냈고, 그 덕분에 인류는 자연을 우리에게 유리하게 이용할 수 있었다.

한 가지 아쉬운 점은, 1900년 이전 자료가 많지 않아 백신을 처음 만든 에드워드 제너Edward Jenner나 수술할 때 처음으로 소독을 한 조지프 리스터Joseph Lister 같은 선각자들이 얼마나 많은 인명을 구했는지는 알아낼 수 없었다는 것이다. 더구나 눈에 보이지는 않지만 우리 주변에 질병의 원인이 되는 수많은 세균이 산다는 사실을 밝힌 루이 파스퇴르도 제외할 수밖에 없었다. 믿기지 않겠지만, 불과 150년 전만 해도 질병은 자연발생적으로 생겨나는 것이라고 믿는 사람이 많았다. 지식인들도 대부분 마찬가지였다. 감염은 유기물이 부패할 때 생기는 물질이나 오염된 공기가 만들어내는 무생물 때문에 생긴다고 믿었다.

사실 20세기에 초점을 맞춰 이 문제를 풀려고 해도 1위부터 10위까지 순위를 정확하게 매기는 것은 거의 불가능하다. 1908년 뉴저지 주 저지 시는 미국의 지방자치단체 가운데 최초로 수돗물에 불소를 넣기로 결정했다(유럽에서는 그보다 조금 앞서 수돗물에 불소를 넣었다). 1918년까지 1000곳이 넘는 미국 지방자치단체가 저지 시의 정책을 따랐다. 그러나 누가 가장 먼저 그리고 어떤 방법으로 수돗물에 불소를 넣을 생각을 했는지는 명확하게 밝혀지지 않았다. 우리가 만든 웹사이트 사이언스히어로즈닷컴이 기록이 충분하지 않은 그런 사례들을 점차 밝혀나가는 장이 되었으면 한다.

마침내 '열 명의 최고 인명 구조원'을 선정한 나는 들뜬 마음으로 구조한 인명의 수를 계산해서 정리해줄 생물통계학자를 섭외했다. 계산 방법은 단순했다. 특정 질병에 걸려 죽은 사람이 1년에 100만 명이었는데, 치료법을 발견한 후 사망률이 절반이 됐다면, 50만 명이 치료법 덕분에 생명을 부지하게 됐다고 정하는 식이다. 물론 모든 발견이 이런 식으로 직접적인 결과를 내는 것은 아니기 때문에 경우에 따라서는 생물통계학자가 기지를 발휘해야 할 때도 있었다.

알칸사스 주립대학에서 통계학을 가르치는 에이미 피어스 박사가 계산 결과를 내놓기 시작했을 때 정말 깜짝 놀랄 수밖에 없었다. 인명 구조율은 어마어마하게 빨리 증가했다. 나는 몇백만 명의 생명을 구했을 거라고 생각했는데, 계산 결과는 몇천만 명을 가리키고 있었다. 전체 인류와 맞먹는 몇억 명이 되는 경우도 있었다. 열 명의 과학자들이 해낸 일의 위대함은 의심할 여지가 없었다. 이 책에서 다룬 열 가지 과학 업적이 없었다면 지금 지구에 존재하는 사람들 중 상당수가 생존하지 못했을 것이다. 물론 이 책에 실린 내용이 그런 예들의 전부일 수는 없다.

생각해보면 이렇게 어마어마한 숫자가 나오는 것도 당연하다. 1900년대 미국인들의 평균수명은 45세였다. 그러나 2000년에는 77세가 되었다. 수명이 이렇게 엄청나게 연장된 것은 그만큼 살아남은 사람들이 많다는 것을 뜻한다. 수명이 어마어마하게 늘어난 사실이 의미하는 바를 내가 깨닫지 못했던 이유 중 하나는, 내가 나에게 도움이 된 약과 백신과 영양소들을 내 부모님과 조부모님 세대에도 사용했을 거라고 착각한 데 있다.

하지만 내 추론은 옳지 않았다. 실제로 현대 의약은 완전히 새로운 발명품이라고 할 수 있다. 1940년대까지 의사들이 가정으로 왕진을 다닌 이유는 안정적인 진료실이 없었기 때문이기도 하지만 작은 가방 하나에 가지고 있던 도구를 모두 담을 수 있었기 때문이다. 사실 과거에 의사들은 치료사라기보다는 호스피스에 가까운 일을 했다. 부러진 뼈를 맞추는 것을 제외하면 의사의 역할은 대부분 환자들이 자연히 낫거나 증상이 악화되는 동안 환자의 고통을 조금이라도 덜어주는 데 있었다. 병을 치료하는 현대적 의미의 약을 먹고 자란 세대는 우리 베이비 붐 세대가 처음이었다.

도대체 이 사람들은 누구?

이 책을 쓰는 동안 가장 놀라웠던 점은 수많은 인명을 구한 과학자들인데도, 이들에 대해 전혀 들어본 바가 없다는 것이었다. 이 책에서 소개한 열 명 중 네 명이 아직도 살아있는데도! 많은 사람들이 그렇듯이, 나도 나 자신이 영리하고 박식하다고 생각한다. 그런데 〈타임〉 지가 선정한 '20세기 최고의 중요한 인물 100명' 목록도 살펴보았고 '세계의 역사를 바꾼 100명의 과학자' 목록도 살펴봤지만, 20세기 최고의 인명 구조원 가운데 이런 유명한 목록 안에 든 사람은 한 명도 없었다.

내가 과학자들을 잘못 선정한 걸까? 이 중에 여섯 명은 노벨상을 탔고 나머지 사람들도 굵직한 과학상을 탄 사람들이다. 게다가 이들은 분명 동료들에게 충분히 인정받은 것으로 보인다. 그런데도 어째서 이들은 전혀 알려지지 않은 걸까? 적어도 두 가지 이유는 확실해 보인다. 첫째는 이들의 업적을 대중매체에서 자세히 다룬 적도, 이들의 업적을 기록한 책이 나온 적도 없다는 것이다. 이들의 노력은 우리 사회에 흔적도 남지 않았다. 이들의 번뜩이던 영감도, 엄청난 노력도, 우리 삶에 미친 거대한 영향력도 모두 사람들 기억에 새겨지지 못했다. 또 한 가지, 이 과학자들이 속한 분야에는 여전히 사람들의 생명을 구하기 위해 풀어야 할 문제가 산적해 있다는 것이다. 이들은 책을 쓰고 인터뷰를 하는 대신 묵묵히 자기 일을 하는 쪽을 택했다.

나는 이 과학자들이 얼마나 굉장한 일을 해냈는지 상세히 소개할 생각이다. 이들도 당연히 천재로서 번뜩이는 영감을 가지고 있었다. 그러나 이들에게는 그것만이 전부가 아니었다. 이들은 자신들의 영감이 알려준 내용의 진위를 밝히고, 복잡한 인체의 비밀을 알아낼 때까지 엄청난 연구와 끊임없는 실험을 되풀이했다. 토머스 에디슨은 "발명은 1퍼센트의 영감과 99퍼센트의 노력으로 하는 것"이라고 했다. 하지만 이 과학자들의 노력은 그 정도 묘사로는 어림도 없다. 이들은 1퍼센트의 가설과 99퍼센트의 실험, 그리고 1퍼센트의 가설 수정과 99퍼센트의 실험을 셀 수도 없는 횟수 동안 거듭한 끝에 작은 세균만 한 아이디어가 결국 인류애라는 꽃을 피울 때까지 인류를 구한 발견을 계속했다.

영웅들이 문화를 결정한다

13세기 독일의 신학자 에크하르트는 "전 생애를 통틀어 당신이 한 기도가 '감사합니다' 한마디라 해도 그것만으로 충분하다"고 했다. 고맙다고 말하는 것은 중요한 일이다. 감사를 함으로써 우리를 잘 살게 해준 사람을 알게 될 뿐 아니라 우리가 우리의 자원을 어떤 식으로 투자해야 하는지 깨닫게 되기 때문이다. 이 과학자들에게 감사함으로써 우리는 자라나는 아이들에게 과학자가 되고 싶다는 꿈을 심어줄 수도 있고 더 많은 과학 발전을 이룰 수도 있다.

감사는 인간관계도 풍요롭게 한다. 국제사회에서 감사가 어떤 역할을 할지 생각해보자. 모든 국가가 자국이 엄청난 양의 핵무기를 보유하고 있다고 다른 나라에 허풍을 떠는 대신 자국이 다른 나라 사람들의 생명을 구했다고 자랑하는 세상이 되면 어떻게 될까? 훨씬 행복한 세상이 되지 않을까?

영웅은 문화를 평가하는 기준이 될 수 있다. 어떤 문화가 찬양하는 사람들을 보면 그 문화권의 사람들이 무엇을 소중히 생각하는지 알 수 있다. 현대 미국 문화는 운동선수, 예술가, 연예인, 정치인들에게 온통 관심을 쏟고 그런 사람들을 가치 있게 생각한다. 물론 모두 사회적으로 중요한 역할을 하는 사람들이다. 그런 사람들을 비하할 마음은 전혀 없다. 그러나 누구보다 사회에 큰 공헌을 한 사람들도 함께 찬양해야 하지 않을까? 역사상 가장 많은 사람들을 살린 과학자들을 말이다.

20세기의 가장 근면한 사람들이며 가장 영리하고 가장 생산적인 열 명의 과학자들을 소개하는 것은 정말 행복한 일이다.

빌리 우드워드

차 례

Karl Landsteiner

깨어 있는 시간의 90%를 연구에 쏟다 :

혈액형을 발견한 카를 란트슈타이너

카를 란트슈타이너Karl Landsteiner(1868~1943)

오스트리아의 병리학자. 소심하고 내성적인 란트슈타이너는 '우울한 천재'로 알려져 있다. 하지만 누구보다 인간적이었고, 초인 같은 과학자였다. 과학자로서 완벽에 가까웠던 그는 346편의 논문을 발표했고 네 가지 학문 분야(혈청학, 바이러스학, 면역학, 알레르기학)의 기초를 확립했으며, ABO식 혈액형 발견으로 인류에 위대한 공헌을 했다. 1930년 혈액형에 관한 연구로 노벨생리의학상을 수상했다.

혈액형

적혈구의 세포막에 있는 당단백질의 유무에 따라 분류되는 혈액의 종류이다. 여러 분류법이 있으나 수혈 관계에 직접적인 영향을 미치는 ABO 및 Rh식 분류가 대표적이다. 혈액형이 다른 사람에게 수혈을 받으면 심각한 거부반응이 일어난다.

죽음을 부르는 수혈

> 피가 혈관으로 들어가는 순간 팔과 겨드랑이를 따라 열이 흐르는 걸 느낄 수 있었다. 맥박이 증가하고 얼굴에 엄청난 양의 땀이 흘렀다. 맥박이 제멋대로 뛰더니 콩팥에 심각한 통증을 호소했고, 속이 좋지 않아 당장 자유를 주지 않으면 곧 숨이 끊어질 것 같았다. 그는 눕히자마자 잠들어 다음 날까지 깨지 않고 누워 있었다. 일어나자마자 엄청나게 시커먼 소변을 누는데 마치 숯을 섞은 것 같았다.

이 글은 1668년 프랑스 의사 장 데니스Jean Denys가 자신의 환자 앙투안 모로이Antoine Mauroy에게 송아지 피를 수혈하고 쓴 글이다. 모로이도 분명 현대 의학이 태동하기 전 사람의 피를 수혈 받은 많은 사람처럼 죽고 말았을 것이다. 다른 사람의 피를 수혈 받고도 괜찮은 사람들이 있었지만 대부분은 검은 소변을 눈 뒤 황달이나 콩팥 질환에 걸리거나 죽어 의사들을 당혹케 했다. 수혈을 받고 죽은 사람을 부검해보면 얇은 동맥이나 모세혈관에 적혈구가 뭉쳐 있었다. 가히 영웅이라고 할 만한 과학자 한 명이 아니었다면 수혈은 무작위로 주사위를 던져 나오는 확률 정도의 성공만을 기대할 수 있었을 것이다.

지나치게 조숙한 아이

1891년 오스트리아, 근엄한 학자풍 얼굴에 콧수염까지 기른 스물세 살의 카를 란트슈타이너는 프레더릭 레밍턴Frederic Remington의 카우보이 청동상처럼 보였다. 물론 오스트리아 사람들은 콧수염을 보면 미국 서부 개척 시대 영웅보다는 니체를 떠올리겠지만. 또한 레밍턴이 그린 카우보이와 인디언 그림은 란트슈타이너의 성격을 반영하는 듯 고독해 보인다. 물론 란트슈타이너의 어린 시절은 거의 알려진 바가 없어서 어째서 그가 그렇게 고독을 즐기게 됐는지는 알 수 없지만. 여섯 살이라는 어린 나이에 아버지가 돌아가신 것도 어린 란트슈타이너의 성격 형성에 큰 영향을 미쳤을 것이다. 책이 많고 피아노가 있는 집에서 어머니의 보살핌을 받고 자란 란트슈타이너에게는 피아노 연주를 들려줄 형제도, 함께 놀며 사회성을 키워줄 형제도 없었다. 그래서인지 사진 속 란트슈타이너는 시선이 많이 경직되어 있는데, 그러한 모습은 지나친 불안감 또는 자의식 과잉을 드러내는 듯하다. 하지만 어쩌면 그의 고독은 그의 내면의 비밀(생각의 세계에서 홀로 천재로 살아야 한다는) 때문에 생겨난 것인지도 모른다.

교육을 받으면서 란트슈타이너는 점점 더 조숙해져, 분명히 자각하는 상태에서 탁월함을 향해 나아가는 것 같았다. 김나지움(고등학교)에서도 학급에서 최고는 아니었지만 최고에 가까운 학생이었다. 그는 학년이 올라갈수록 등수가 올라 한 학급 25명의 학생 중 15등에서 8등으로, 졸업반일 때는 5등까지 올라갔다. 빈 대학에 들어간 뒤로는 앞으로 동료가 될 필리프 레빈Philip Levine이 "스물한 살이었는데도 이미 내가 놀랄 정도로 많은 것을 알고 있었다. …… 그는 한 과학 분야가 다른 과학 분야와 접목될 때 위대한 발견이 가능하다는 걸 잘 알았다"고 말할 정도로 다방면으로 공부를 해나갔다.

1891년 의대를 졸업할 때까지도 란트슈타이너의 호기심 많고 활짝 열린 마음은 아직 채워지지 않았다. 그는 자신이 가고자 하는 길이 의사가 아닌 연구직임을 잘 알았다. 그래서 그는 그 시절 연구 학자가 되고 싶어 한 대부분의 사람들이 택한 길을 택했다. (오늘날 미국에서 운영하는 박사후연구원과 비슷한 과정인) 유명한 과학자 밑에서 연구하고 배우는 길을 택한 것이다. 하지만 란트슈타이너는 다른 사람들과 달리 한 스승 밑에서 연구하는 방식 대신 유럽에서 가장 저명한 화학자 세 명 밑에서 3년 동안 연구하는 방식을 택했다. 그중에는 훗날 노벨상을 수상했으며 푸린과 당을 연구해 유명해졌고 단백질을 아미노산으로 분해하는 데 성공한 에밀 피셔Emil Fischer도 있었다.

란트슈타이너가 일찍부터 자신이 천재라는 사실을 깨달았는지는 모르겠지만, 어쨌거나 그는 어떤 곳에 가더라도 배우고자 하는 열정으로 엄청나게 많은 논문을 탐독했고, 배우지 않아도 될 과목까지 자발적으로 수강했다. 그는 실험도 멀리하지 않았다. 어디를 가건 곧바로 스승을 도와 실험을 했고, 그 실험 결과를 논문으로 발표했다.

화학의 세계에 빠져 완벽하게 공부를 마친 란트슈타이너는 1년간 외과 의사 밑에서 공부한 후 빈 대학으로 돌아와 세균학자 막스 폰 그루버Max von Gruber의 지도 아래 공부를 해나갔다. 란트슈타이너는 유대인으로 태어났지만 대학생 때 어머니와 함께 가톨릭으로 개종했다. 오스트리아·헝가리제국에서 대학 교수가 되려면 가톨릭 신도여야 했기 때문이다(그로부터 50년이 지난 후에도 란트슈타이너는 자신이 여전히 가톨릭 신자라고 했다). 하지만 란트슈타이너는 정규직은 얻지 못했다. 그런데 빈 대학 교정 건너편에 있는 병리해부학 연구소에는 안톤 바이크셀바움Anton Weichselbaum이 있었다. 정확하고 엄격한 세균학자인 바이크셀바움은 뇌수막염을 일으키는 세균을 발견해 유명해진 사람이다. 바이크셀바움을 찾아간 란트슈타이너는 임금을 받지 않을 테니 조교로 받아달라고 부탁했고, 바이크셀바움은 이를 수락했다. 란트슈타이너는 곧 바이크셀바움 밑에서 연구를 도왔고 연구 결과를 논문으로 발표했다. 1년 후 란트슈타이너는 임금이 나오는 조교 자리에 응시했다. 그런데 그 자리는 수석 조교도 원하는 자리였다. 당시 연구소에서 상당한 영향력을 행사하던 수석 조교는 그 자리를 얻지 못하면 연구실을 떠나겠다고 말했다. 바이크셀바움은 집으로 돌아가 밤새도록 고민했다. 다음 날 연구실로 돌아온 바이크셀바움은 수석 조교에게 이렇게 말했다.

"자네가 그만두게. 그 자리는 란트슈타이너의 것이네."

천성적으로 교만함과는 거리가 멀었던 그 수석 조교는 그대로 연구소에 머물기로 했고 결국 란트슈타이너를 아주 좋아하게 되었다.

그 뒤 얼마 되지 않아 란트슈타이너를 만난 파리 파스퇴르 연구소의 콘스탄틴 레바디티Constantin Levaditi 교수는 이런 글을 남겼다.

> 나는 내가 키가 크고 날씬하며 잘생긴 젊은이와 마주 보고 있다는 사실을 깨달았다. 콧수염과 육감적인 입술, 갈색 머리에 갈색 눈을 가지고 활기차면서도 우아하게 움직이는 청년이었다. 우리는 잠깐 동안 이야기를 나누었는데, 말투는 겸손하지만 연구에 대한 열정과 사람을 끌어당기는 특별한 매력에 감명을 받았다.

1899년 서른한 살의 란트슈타이너는 병리해부학 교수 자격증을 취득했다. 교수 자격증은 지금도 유럽의 많은 국가에서 채택하고 있는 제도로, 박사 학위보다 상위 학위이며 전임 교수가 되려면 필요한 자격증이었다. 란트슈타이너는 전임 교수는 되지 않았지만 대학에서 보수를 받으며 학생들을 가르치고, 외국 의사들에게 병리해부학 강의를 하고, (젊은이가 인생을 낙관적으로 보게 될 것 같지는 않은) 시체 안치소에서 시체들을 해부하면서 보냈다. 란트슈타이너는 매일같이 시체를 해부하고 사망 원인을 분석했다. 병리학 강의가 생계를 위한 일이었다면 시체 해부는 자신의 연구를 위한 일이었다.

제임스 블런델, 수혈에 성공하다

피는 아주 오래전부터 인류의 흥미를 끌었다. 모든 문명, 모든 종교에 피와 관련한 신화가 있다. 로마 사람들은 핏속에 생명의 정수가 들어 있다고 믿었기 때문에 검투사들은 자신이 죽인 상대방의 피를 마셨다. 사람들은 '조상의 피', '국가의 피', '혈수', '생명의 피' 같은 용어를 만들어냈고, 엄지손가락을 베어 흘러나온 피를 서로 문질러 '혈맹'을 맺기도 하고, 성찬식 때는 그리스도의 피라며 포도주나 포도 주스를 마시기도 한다.

히포크라테스는 살아있는 생명체라면 네 가지 체액, 즉 피, 점액, 노란 담즙, 검은 담즙을 가지고 있다고 생각했다. 그리고 병은 이 네 가지 체액의 균형이 깨질 때 생긴다고 생각했다. 히포크라테스 이후 2300년 동안 의사들은 체액의 균형을 다시 맞추는 데 거머리를 이용하거나 단순히 정맥을 가르는 방법으로 피를 빼내는 사혈을 즐겨 활용했다. 혈액은 또한 광기가 자리한 곳이라고 생각했기 때문에 사혈은 나쁜 체액을 빼내는 치료이기도 했다. 사혈이라는 미개한 치료법은, 혈액의 구성 성분과 기능이 밝혀지고 피는 빼내는 것보다 수혈이라는 형태로 보충하는 것이 훨씬 더 이익이라는 사실이 밝혀진 1920년대까지도 사라지지 않았다.

혈액 과학이 실험과학의 영역으로 들어온 것은, 윌리엄 하비William Harvey가 인체의 혈액순환을 설명하면서 심장이 혈액순환의 원동력인 펌프라는 사실을 밝혀낸 1613년부터다(이 같은 사실은 하비보다 400년 전에 아랍의 이븐 알나피스Ibn al-Nafis가 먼저 밝혀냈지만, 아쉽게도 그의 저작은 널리 퍼지지 않았다). 하비의 발견은 사람들이 오랫동안 믿어온, 정맥혈은 간에서 생성되고 붉은 동맥혈은 심장에서 만들어진다는 아리스토텔레스나 갈레노스 같은 그리스인들의 주장을 뒤집어버렸다. 그 전까지만 해도 그리스인들의 결론에 근거해 피는 신체 곳곳을 씻어낸 뒤 소멸되거나 파도처럼 이리저리 왔다 갔다 하면서 신체를 청소하고 다닌다고 생각하는 사람들도 있었다.

1800년대 초반 내과 의사이자 산과 의사인 영국인 제임스 블런델James Blundell은 "내게 출산 시 발생하는 과다한 출혈을 막을 방법이 없다는 사실이 정말 소름끼친다"고 했다. 당시 출산을 하다가 죽는 산모들 가운데 22퍼센트 정도는 출혈 과다로 사망했다. 정이 많은 사람이던 블런델은 사람이 죽어가는 모습을 지켜보는 것도 일과 중에 하나였던 당시 의료 활동에 비애를 느꼈다. 그는 처음으로 자궁 절제술을 시술하고, 제왕절개로 아이를 낳은 산모가 더는 임신을 하지 않도록 나팔관을 묶는 방법도 개발해냈다. 블런델은 사람의 피를 다른 사람에게 수혈하자고 제안하면서 유명해졌다. 당시만 해도 수혈을 할 때는 사람이 아닌 동물의 피를 이용했다. 하지만 그는 동물의 피를 이용하는 건 비실용적이라면서 이렇게 말했다.

"아주 급한 상황에서는 어떻게 할 것인가? 개야 휘파람을 불면 뛰어오겠지만 너무 작아서 충분히 수혈을 할 수 없다. 소야 충분히 크니 피가 모자라지는 않겠지만 무슨 수로 층계를 올라오도록 가르칠 것인가?"

1829년 블런델은 처음으로 사람의 피를 수혈하는 데 성공했다. 출산 시 과다 출혈로 죽어가던 여성에게 세 시간 동안 조수의 피를 수혈한 것이다. 그 결과에 블런델은 무척 기뻐하며 이렇게 썼다.

> 환자는 혈액을 맞은 덕분인지 왠지 힘이 난다고 말했다. 환자를 관찰한 결과도 마찬가지였다. 환자는 마치 자신의 몸에 생명을 불어넣은 것 같다고 말했다.

블런델은 다른 산과 의사들에게도 사람의 피를 수혈하라고 권유했지만 그 방법은 별로 인기를 끌지 못했다. 1849년 C. H. F. 루스Routh는 그때까지 기록된 수혈 사례를 모두 살펴보았다. 그가 찾아낸 사례는 모두 48건으로 그중 18건은 "탈장보다는 조금 덜하고 일반적으로 절단과는 비슷할 정도로" 무척 치명적인 결과를 낳았다. 루스는 혈액 속에 들어 있는 공기 때문에 수혈 시 부작용이 생긴다고 생각했다. 유럽에서는 간간이 동물 피를 수혈하기도 했고, 미국에서는 우유를 넣기도 했지만 수혈은 널리 보급된 치료법은 아니었다. 부작용이 너무나도 끔찍했기에 "무엇보다도 해가 없을 것"이라고 한 히포크라테스의 원칙을 알고 있던 의사들은 대부분 수혈을 시도조차 하지 않았다.

쉬운 길은 가지 않는다!

란트슈타이너가 태어날 무렵에는 파스퇴르가 주장한, 세균이 질병을 감염시킨다는 매균설Germ theory이 세상을 바꾸고 있었다. 매균설이 나오기 전까지 수세기 동안 수많은 사람들이 내세운 질병에 대한 가설은 아무리 좋게 말한다 해도 추측에 지나지 않았다. 매균설 이전의 가설들은 인체의 원리도 자연의 원리도 전혀 고려하지 않은 가설들이었을 뿐 아니라 대부분 원인과 결과를 제대로 설명할 수도 없는 터무니없는 결론을 내는 이론들이었다. 썩은 물질 속에서 병원체가 저절로 생겨난다는 자연발생설이나 나쁜 공기가 질병을 일으킨다는 독기설, 인체의 체액이 균형을 잃을 때 병이 생긴다는 체액설 같은 어처구니없는 오해들이 매균설의 등장과 함께 사라진 후에야 과학자들은 각각의 질병을 일으키는 원인 세균을 찾아볼 생각을 하였다. 과학자들은 독성 물질을 분비하는 세균의 작용을 관찰하고 독성 물질이 어떤 식으로 질병을 일으키는지 등을 알게 되었다. 그렇게 과학자들은 사람을 죽음에 이르게 하는 질병이 어디에서 기인하는지를 배워갔다.

새로 등장한 과학 이론의 중요성을 측정하는 방법 중 하나는 그 이론이 두 눈을 휘둥그레 뜬 과학자들에게 얼마나 많은 문을 열어주는지를 가늠하는 것이다. 매균설은 그때까지 과학자들이 듣도 보도 못했던 새로운 집으로 들어가는 문을 열어주었다. 집 안으로 몇 걸음만 들어가 모퉁이를 지나면 리스터가 소독이라는 개념을 만든 욕실이 나온다. '세균이 미생물이라면 세균을 죽일 화학물질이 있을 거다. 청결을 유지하면 세균도 사라질지 모른다.' 이런 생각을 한 리스터의 이름을 딴 구강 세정제 리스터린Listerene이 욕실 선반에 있다. 부엌으로 들어가면, 음식을 가열해 소독하면 그 안에 든 세균을 죽일 수 있을지 모른다고 생각하며 어슬렁거리는 파스퇴르가 보인다.

란트슈타이너는 이런 새로운 연기가 모락모락 피어오를 때 의학계에 들어왔다. 그가 대학에 입학할 무렵에는 파스퇴르가 파리에 파스퇴르 연구소를 설립해서 최초의 미생물 강좌인 '미생물 연구 기술 강좌Cours de Microbie Technique'를 열었다. 뭐니 뭐니 해도 가장 활기찬 곳은 미생물 방이다. 그 방에는 결핵과 콜레라를 일으키는 세균을 발견한 로베르트 코흐Robert Koch가 있다. 코흐가 방문을 연 당신에게 들어오라고 손짓한다. 자신이 보고 있는 현미경을 들여다보라는 것이다. 세균을 보게 됐으니, 이제 세균을 죽일 수도 있다. 치료법도 찾을 수 있게 된 것이다. 란트슈타이너가 막 학위를 땄을 때 코흐는 질병과 그 질병을 일으키는 병원체의 정체를 밝히는 데 필요한 네 가지 기준을 설명한 '코흐의 4원칙Koch's postulates'을 발표했다. 당시는 유럽 전역의 의과대학이 의학 연구센터로 변모하던 때라, 란트슈타이너도 의학계의 혁명이 불러온 활기찬 분위기를 물씬 느꼈으리라는 것은 의심의 여지가 없다.

하지만 란트슈타이너는 미생물학자가 될 생각이 없었다. 레빈이 쓴 글처럼 란트슈타이너는 '파스퇴르와 코흐의 발견으로 세균을 배양하는 방법이 알려져 새로운 세균을 찾는 작업은 이제 누구나 갈 수 있는 쉬운 길이 되었다. 쉬운 길로 들어간 사람들은 폐렴균이나 매독균을 찾아낸다. 하지만 그것이 의료 과학에 얼마나 큰 도움이 되겠는가?'라고 생각했다. 란트슈타이너는 화학이야말로 의학에 꼭 필요한 요소라고 생각했고, 세균보다 더한 신비에 쌓인 무언가에 매혹됐다.

1890년대가 되어 과학자들은 세균이 분비한 독성 물질이 사람을 병들게 한다는 사실과, 간혹 세균의 독성 물질이 혈액 속에서 파괴되어 독성을 잃는다는 사실을 알게 됐다. 현미경을 들여다보던 과학자들은 세균들이 혈액 속에서 죽은 모습을 관찰했다. 도대체 혈액에 들어 있는 무엇이 세균을 죽인 것일까? 과학자들은 이 무엇에 '항체'라는 이름을 붙여주었다. 항체가 있다는 사실은 과학자들에게 또 다른 새로운 방문을, 다시 말해 면역학이라는 방문을 활짝 열어주었다. 핏속에 섞여 있는 이 항체들은 도대체 어떤 물질이기에 아주 묽게 희석한 뒤에도 세균들을 죽일 정도로 강력하며, 어째서 한 가지 항체는 수많은 세균 중에서도 단 한 종의 세균만을 죽이는 것일까? 이런 의문을 품은 란트슈타이너는 자신은 이 면역학 방에 머물러야겠다고 생각했다.

미친 연구, 위대한 발견

병리해부학 연구소는 분명 란트슈타이너가 아주 신나게 일할 수 있는 장소였을 것이다. '질병의 원인과 질병이 발생하는 위치를 연구하고자' 세운 이 연구소에서는 다양한 의학 분야를 연구했다. 그날의 시신 부검을 모두 끝내면 란트슈타이너는 반짝이는 니스가 햇살을 반사하는 나무 탁자 앞에 앉았다. 탁자에는 시험관 여섯 개가 꽂힌 목제 시험관대가 있고, 가까운 곳에 현미경이 있었다. 방 건너편에는 원심분리기와 염료 용기가 있었다. 방에는 란트슈타이너 말고도 유명한 과학자들이 더 있었다. 그들과 수많은 조교들은 모두 태동한 지 이제 겨우 몇십 년밖에 안 된 의료 과학에 새로운 지식을 더하려고 열심이었다.

아주 초기부터 미생물학자들은 자신들이 용혈lysing 현상이라고 부른, 세균의 세포막이 터지면 세균이 죽으면서 분해되는 모습을 관찰했다. 1896년, 란트슈타이너의 스승인 그루버는 콜레라균에 면역력이 있는 환자의 혈청에 콜레라균을 섞으면 세균이 한데 뭉쳐 덩어리가 된다는 사실을 알아냈다. 세균이 한데 뭉치는 현상은 그전에도 관찰된 적이 있지만, 그루버의 실험은 혈액에 세균 면역 작용이 있다는 사실을 최초로 밝힌 실험 가운데 하나라는 데 의의가 있다.

그로부터 2년 후, 또 다른 과학자가 여러 동물의 피를 혼합하는 실험을 하다가 한 동물의 적혈구를 다른 동물의 혈청에 섞으면 덩어리가 생긴다는 사실을 알아냈다. 혈청이 세균뿐 아니라 적혈구도 뭉치게 한다는 사실은 유럽 과학계에서 최대 화두가 되었다. 라틴어로 '붙다'라는 뜻의 'agglutinare'에서 이름을 딴 응집agglutination 현상은 특히 혈액과 시험관만 있으면 누구나 눈으로 직접 볼 수 있어서 과학계에 커다란 흥미를 불러일으켰다.

란트슈타이너 역시 응집 현상에 관심이 있었다. 1900년, 그는 사람의 혈청을 포함한 다양한 동물 혈청의 효소 억제 능력을 밝히는 광범위한 실험 결과를 논문으로 발표했다. 란트슈타이너가 논문을 쓰려고 진행한 실험 중에는 사람의 적혈구를 동물은 물론 다른 사람의 혈청과 섞어보는 실험도 있었다. 그때 란트슈타이너는 사람의 적혈구도 다른 사람의 혈청과 섞여 응집된다는 사실을 알았다. 자신의 실험 결과와 다른 사람들의 실험 결과를 분석한 란트슈타이너는 훗날 이렇게 썼다.

단백질 화학 분야에서 가장 중요한 사실 하나를 알게 됐다. 다시 말해서 다양한 동물 종과 식물 종을 구성하는 단백질은 모두 달라서 각 종마다 종 특이성을 갖고 있다. …… 생화학적인 종 특이성이라는 개념은, 비슷해 보이는 한 종의 개체들 사이에 조금이라도 차이점이 있지 않을까 하는 의문을 품게 했다.

이 같은 의문과 사람의 혈구와 혈청의 응집 현상은 란트슈타이너의 1900년도 논문에 앞으로의 일을 암시하듯 이렇게 실렸다.

건강한 사람의 혈청은 동물의 적혈구뿐 아니라 타인의 적혈구도 응집시켰다. 사람의 혈청이 사람의 혈구를 응집시키는 이유가 사람마다 개인차가 있기 때문인지, 손상된 곳이 있기 때문인지, 세균에 감염됐기 때문인지는 앞으로 밝혀낼 필요가 있다.

1901년이 된 후에도 이 같은 의문점에 싸여 있던 란트슈타이너는 한 가지 실험을 고안했다.

"이쪽 방향으로는 진행된 실험이 단 한 사례도 없어서 나는 가장 간단한 실험 방법과 가장 가능성이 높은 재료를 고르기로 했다. 나는 여러 사람의 혈청과 적혈구를 응집반응을 연구하는 실험 재료로 택했다."

지금이야 당연해 보이는 실험 재료지만 당시는 사람의 혈액이 모두 똑같다고 생각하던 때였다. 만약 사람의 혈액이 저마다 다르다는 결론이 나온다면 신과학 분야인 면역계의 기존 패러다임을 뒤엎어야 할 판이었다. 2003년 〈영국 혈액학British Journal of Hematology〉 지에는 "19세기가 끝나갈 무렵 세포와 체액의 면역성을 연구하는 사람들이 관심을 쏟은 것은 단 한 가지, 세균처럼 인체에 침입하는 외부 물질을 어떻게 막을까 하는 것뿐이었다. 생존에 불필요하다고 생각하는 것은 살펴보지도 않았다"고 적혀 있다. 면역계가 질병과 싸우는 것 이상의 일을 한다면, 면역계는 기존의 생각보다 훨씬 복잡하고 혼란스러워서 마치 오목거울을 여기저기 걸어놓은 유령의 집처럼 여겨질 게 분명했다.

혈액 실험이 시작될 것이라는 말을 들은 란트슈타이너의 연구실 동료들은 분명히 오전 늦게 출근하거나 이른 점심을 먹겠다며 슬쩍 연구실을 빠져나가고는 했을 것이다. 혈액을 연구하는 학자들이 두 눈을 동그랗게 뜨고 사람들 혈액을 뽑는 데 혈안이 되어 있었으니, 그도 그럴 수밖에. 결국 란트슈타이너는 자신을 비롯해 대부분이 박사인 동료 여섯 명의 혈액을 채취할 수 있었다. 란트슈타이너는 그렇게 모은 피를 가지고 요즘은 고등학교에서도 쉽게 할 수 있는 실험을 시작했다. 물론 고등학교에서 실험을 하려면 전문 채혈사가 피를 뽑아야 하고, 학생들은 혹시라도 감염될지 모르는 인체면역결핍바이러스나 간염에 반드시 대비해야 하지만.

란트슈타이너가 작은 유리병에 넣은 사람의 혈액은 혈장 55퍼센트, 혈구 45퍼센트로 이루어져 있었다. 혈구 중에서 가장 많은 수를 차지하는 것은 적혈구다. 수명이 120일 정도인 적혈구는 온몸 구석구석으로 산소를 운반하는 역할을 한다. 액체 부분인 혈장은 90퍼센트가 물이고 질병에 맞서 싸운다고 알려진, 지금은 항체라고 부르는 물질을 운반한다. 란트슈타이너는 제일 먼저 혈액을 원심분리기에 넣어 저속으로 혈액을 돌렸다. 그러자 혈액이 세 층으로 분리됐다. 가장 무거운 밑층에는 적혈구가, 중간층에는 백혈구와 혈소판이, 맨 위층에는 혈장이 모였다. 란트슈타이너는 노랗고 투명한 혈장을 다른 시험관에 조심스럽게 따라놓고, 적혈구 층은 따로 분리해 생리식염수로 남아 있는 혈청 단백질과 항체를 99퍼센트까지 씻어냈다. 씻은 적혈구 층에 생리식염수를 부어 5퍼센트 농도로 희석한 후에야 란트슈타이너는 자리에 앉아 겨우 휴식을 취했다.

란트슈타이너는 혈청과 적혈구가 든 시험관마다 라벨을 붙였다. 그런 다음 혈청과 적혈구 시험관을 각각 시험관 여섯 개가 꽂히는 시험관대에 분리해서 놓았다. 그는 또한 빈 시험관 여섯 개에 0.6퍼센트 생리식염수를 담았다. 란트슈타이너는 피펫으로 첫 번째 혈청을 조금 빨아들여 생리식염수가 담긴 시험관에 넣었다. 여섯 개의 혈청 모두 각기 다른 생리식염수 시험관에 담았다. 그런 다음 자신의 적혈구를 식염수와 혈청을 담은 시험관 여섯 개에 모두 떨어뜨렸다. 그러고서 결과를 기다렸지만 아무 일도 일어나지 않았다. 란트슈타이너는 조금 더 기다려보았다. 혈액의 응집반응은 육안으로도 관찰할 수 있었지만 여섯 시험관 모두에서 응집반응은 나타나지 않았다.

란트슈타이너는 다시 새로운 시험관 여섯 개에 생리식염수를 넣고 각기 다른 사람의 혈청을 각기 다른 생리식염수 시험관에 넣었다. 그런 다음 아드리아노 스투를리Adriano Sturli 박사의 적혈구를 시험관에 떨어뜨렸다. 첫 번째 시험관은 아무 변화가 없었다(스투를리 박사의 혈청과 적혈구를 섞은 것이기에 그리 놀라운 결과는 아니었다). 그런데 두 번째 시험관은 몇 분이 지나자 적혈구가 뭉치기 시작했다. 응집 현상이 일어난 것이다. 란트슈타이너는 눈을 반짝였지만, 그렇다고 어떤 결론을 도출해낸 것은 아니었다.

응집 현상인지를 분명히 확인하려고 란트슈타이너는 현미경을 가져와 현적 표본hanging drop(자연 그대로의 상태를 관찰하고자 표본에 염색을 하지 않고 액체에 떠 있는 상태로 두는 것-옮긴이) 실험을 했다. 란트슈타이너는 커버글라스 각 모서리에 꼼꼼하게 미네랄 오일을 한 방울씩 떨어뜨리고 한가운데 응집된 적혈구를 떨어뜨렸다. 그런 다음 현미경용 구멍 뚫린 슬라이드 하나를 뒤집어 커버글라스 위에 올린 다음 부드럽게 눌렀다. 그러자 미네랄 오일이 퍼지며 두 슬라이드를 밀착시켰다. 이제 란트슈타이너는 슬라이드를 뒤집어 구멍 속에서 자유롭게 움직이는 표본을 관찰할 준비를 끝마쳤다.

그때 란트슈타이너가 관찰했을 법한 모습을 동시대 과학자 한 명이 자세히 묘사해두었다.

> 현미경으로 관찰하자 세포들이 완전히 뭉쳐 있었다. 커버글라스를 누르자 적혈구는 서로 흩어지는 대신 마치 실로 연결된 것처럼 조금 퍼져나가기만 했다. 누르기를 멈추면 세포들은 다시 한데 뭉쳤다.

그것이 바로 응집 현상이었다. 란트슈타이너는 다른 시험관도 살펴보았다. 나머지 네 시험관 가운데 세 개에서 응집 현상이 나타났다. 란트슈타이너는 여섯 명의 혈청과 적혈구를 모두 교차로 섞어 모두 서른여섯 개의 조합을 실험해보았다. 그는 표를 그려 응집 현상이 일어난 경우는 (+)로, 일어나지 않은 경우는 (-)로 표시했다. 서른여섯 개의 조합 중 열여섯 개의 시험관에서 응집 현상이 일어났고, 여섯 개는 혈청과 적혈구 제공자가 같아서 당연히 응집 현상이 일어날 리 없었고, 나머지

건강한 남성 여섯 명의 혈액 실험

혈청	적혈구 Dr. St	Dr. Plecn	Dr. Sturl	Dr. Erdh	Zar	Landst
Dr. St	-	+	+	+	+	-
Dr. Plecn	-	-	+	+	-	-
Dr. Sturl	-	+	-	-	+	-
Dr. Erdh	-	+	-	-	+	-
Zar	-	-	+	+	-	-
Landst	-	+	+	+	+	-

열네 개 시험관에서는 혈청과 적혈구 제공자가 달랐지만 응집 현상이 일어나지 않았다.

란트슈타이너는 동료들과 연구소 책임자인 바이크셀바움을 불러 시험관과 현미경 표본을 보여주었다. 실험 결과를 살펴본 동료들은 고개를 끄덕이며 란트슈타이너에게 격려의 미소를 보낸 후 자신들의 연구를 하러 돌아갔다. 바이크셀바움은 유쾌하게 "그래, 그래" 하고 말했지만 그뿐이었다.

란트슈타이너는 몇 년 후 즐거운 듯이 이렇게 회상했다. 그가 병리해부학 연구소에 있는 동안 바이크셀바움은 란트슈타이너의 실험을 보고 "정말 잘했다"고 말한 적이 한 번도 없었다고. 언제나 "그래, 그래" 하고 말할 뿐이었다. 란트슈타이너는 비록 갈채를 받지는 못했지만 다시 무한한 열정을 가지고 연구를 계속해나갈 수 있었다. 그는 자신이 뭔가 새롭고 중요한 사실을 발견했음을 분명히 알았다. 이제 란트슈타이너 식 문제 해결법을 적용할 차례였다.

두툼한 자료

란트슈타이너는 타인의 피를 섞으면 거의 50퍼센트에 가깝게 응집반응이 일어날 정도로, 응집 현상이 드문 반응이 아니라는 사실을 알아냈다. 단순한 우연이 응집 현상의 원인일까? 그러나 과학은 결과에는 원인이 있게 마련이라고 말한다. 우연이 존재할 수 있는 경우는 실험실에서 란트슈타이너가 실수를 했을 때뿐이다. 노벨상 수상자이자 훗날 란트슈타이너의 동료가 된 페이튼 라우스Peyton Rous는 정밀한 실험이야말로 란트슈타이너의 대표적 특성이라고 했다.

"실험 재료를 혼합할 때는 직접 중요한 재료를 시험관에 넣고 반응 결과를 지켜봤어요. 조수는 그 옆에 서 있었죠. 그게 그 사람의 방식이었어요. 일이 진행되는 현장에 어쨌거나 많은 부분 관여를 해야 안심을 했죠. 의심이 정말 많아서 새로운 사실을 발견해도 그 즉시 '이건 진짜일 리 없어'라고 말하고는 분명한 결론을 얻으려고 또 다른 실험을 시작했어요. 무너져 내리는 걸 막기 위해 버팀목을 대는 걸로 만족하지 않고 아예 건물을 새로 지어버리는 사람이었죠. 무언가 결과가 나온 실험은 확신이 설 때까지 반복해서 실험했고, 논문도 자신이 '두툼한 자료'라고 말하던 엄청난 자료가 쌓이기 전까지는 발표하지 않았어요."

한 손에 주사기를 들고 연구실을 둘러보던 란트슈타이너는 동료 과학자들과 좋은 관계를 유지하려면 그들 몸에 바늘을 찔러 넣는 건 좀 더 뒤로 미루는 게 좋겠다고 생각했다. 그래서 이번에는 대학병원으로 가서 이제 막 어머니가 된 여성 여섯 명의 피를 뽑아 왔다. 란트슈타이너는 그 피들도 마찬가지로 혈청과 적혈구를 교차해 섞어보았다. 결과는 과학자들의 피와 비슷했다. 서른여섯 개의 조합 중 열일곱 개가 응집됐다. 이번에는 과학자들의 적혈구와 섞어보았다. 결과는 마찬가지였다.

란트슈타이너는 계속해서 새로운 혈액을 구해 와 섞어보았다. 그는 건강한 사람 스물두 명의 혈액을 가지고 144번의 교차 실험을 진행한 다음 마침내 결론을 내렸다.

"실험 결과, 내 자료들은 수정할 필요가 없다. 모두 스물두 명의 건강한 사람에게서 얻은 혈청으로 반응을 관찰했다."

이제 그는 자신의 관찰 결과가 진실이며 실제로 건강한 사람들의 혈액이 서로 응집 현상을 일으킨다는 사실을 확신했다.

완벽하게 파악하기

란트슈타이너는 요즘으로 치면 '자료 먹는 돼지' 같은 사람이었다. 분명한 자료를 확보한 후에야 란트슈타이너 식 문제 해결 2단계로 넘어갔다. 응집 현상에 대해 자신이 모르는 것이 하나도 없게 만드는 과정에 돌입하는 것이다. 라우스는 란트슈타이너가 "누가 자신은 보지 못한 중요한 책을 읽기라도 한 것처럼 잔뜩 의기소침해져서 매우 다양한 분야의 과학 서적을 읽고 논문을 샅샅이 훑었으며, 최신 학술지를 읽었다"고 했다. "메일을 열어보고 과학 잡지 포장지를 뜯는 게 란트슈타이너의 커다란 기쁨이었어요."

란트슈타이너의 논문에 실린 복잡한 참고 서적 목록만 봐도 라우스의 말이 사실이라는 것을 알 수 있다. 동시대 지식인의 글을 모두 샅샅이 훑은 덕에 란트슈타이너는 혈액의 응집 현상을 설명하는 다른 사람들의 주장을 제대로 파악할 수 있었다.

란트슈타이너는 그런 가설들의 타당성을 검토해봐야 했다. 혈액의 응집 현상을 설명하는 가설 중에는 당시에 잘 알려져 있던 혈액응고 현상과 관계가 있다는 가설도 있었다. 응집 현상도 응고 현상과 비슷한 점이 몇 가지 있었으므로 혈액이 제대로 응고되지 않는 혈우병 환자의 혈액을 가져와 혈청-적혈구 응집반응을 살펴보았다. 혈우병 환자의 혈액도 건강한 사람의 혈액처럼 응집반응이 일어나는 경우도 있었고 그렇지 않은 경우도 있었다. 따라서 란트슈타이너는 응집이 응고와 비슷한 반응이라는 가설은 폐지했다.

두 번째로 란트슈타이너는 질병설prevalent theory을 살펴보았다. 당시 과학자들은 혈액이 특정 질병에 노출된 후에는 그 질병에 맞서 싸울 도구를 갖춘다는 사실을 알고 있었다. 따라서 응집 현상은 혈액이 질병에 반응하는 결과인지도 몰랐다. 하지만 그 가설을 입증하려면 한 번도 병에 걸려본 적이 없는 사람의 혈액을 찾아야 한다. 과연 어디에서 그런 혈액을 찾을 수 있을까? 이 문제는 놀라울 정도로 쉽게 풀렸다. 해결책은 가까운 곳에 있었다.

"병을 앓은 적이 없는 표본을 찾는 일은 아주 중요했기 때문에 아이들이나 동물의 혈액을 이용해 연구를 하기로 했다."

이제 막 태어난 아이들은 병을 앓을 새가 없었을 것이다. 그러니 태반 혈액을 들고 연구실로 걸어 들어오는 란트슈타이너가 얼마나 행복해 했을지 상상이 된다. 란트슈타이너는 시험관을 준비해 아이 엄마의 적혈구와 아이들의 혈청을 섞어보았다. 결과는 실패였다. 어떤 시험관에서도 응집 현상이 일어나지 않았다. 란트슈타이너는 도서관으로 달려갔다. 관련 서적을 읽다가 란트슈타이너는 갓난아기의 혈청을 실험한 결과 응집 현상이 나타나지 않았다는 다른 과학자의 연구 결과를 접했다. 그래서 란트슈타이너는 갓난아기의 혈청은 응집 현상을 일으킬 만큼 발달하지 않았다는 결론을 내렸다. 당시는 란트슈타이너도 알지 못했겠지만, 흥미롭게도 갓 태어난 아이들의 혈청에는 혈액형과 관계가 있는 항체가 없다. 항체는 생후 3개월 정도 되어야 생긴다. 란트슈타이너는 이번에는 반대로 엄마의 혈청에 아기의 적혈구를 섞었다. 그러자 이전까지 진행한 실험 결과와 비교할 만한 결과가 나왔다. 서른 번의 교차 조합 가운데 열 개에 응집이 생겼다.

그 외에도 다른 가설들이 존재했다. 응집 현상이 적혈구의 구성 물질을 재흡수하려는 인체의 자가면역반응이라고 주장하는 과학자들도 있었다. 란트슈타이너는 응집반응이 적혈구가 분비하는 어떤 물질에 대한 자가면역반응이라면 모든 혈청이 다 같은 반응을 보여야 할 것이라고 생각했다.

"더구나 내가 실험해본 바로는 모든 혈청이 적혈구에 똑같은 반응을 보이지는 않았다. 따라서 응집반응이 적혈구의 구성 성분을 재흡수하려는 자가면역반응이라고 믿는 사람들은 사람마다 혈청이 다른 반응을 보인다는 사실을 다시 생각해봐야 한다."

란트슈타이너는 자가면역반응이라는 가설을 완전히 배제하지는 않았지만, 자가면역반응이 응집의 원인이라고는 생각하지 않았다.

모든 가설을 동시에 제압한 한 사람의 전진

기존 가설들이 응집 현상을 완벽하게 설명하지 못한다는 사실을 확인한 란트슈타이너는 직접 해답을 찾는 과정에 들어갔다. 란트슈타이너식 문제 해결 3단계는 자신을 충실히 활용하는 것이다. 동료 과학자들은 란트슈타이너의 특성 중에서 가장 놀라운 점으로 추론에 입각한 가설을 세우지 않는 점을 들었다.

란트슈타이너의 전기를 쓴 오스트리아 작가 파울 슈파이저Paul Speiser의 말처럼 "그는 인과관계를 명확하게 설명했으며, 가설이라는 이름으로 밝혀지지 않은 것을 복잡하게 만드는 일도 없었다. 그가 말하는 가설이란 과학 실험이 뒷받침된 사실을 뜻했다. 그는 과학적으로 입증할 수 없거나 자신이 직접 실험으로 증명할 수 없는 일은 말하지 않았다."

그런데 한 가지 기억해야 할 중요한 사실이 있다. 란트슈타이너가 당시 혈액이라는 컴컴한 수영장에서 수영을 하고 있었다는 것이다. 당시 란트슈타이너가 들여다본 것은, 혈액은 병원체와 싸우는 한 가지 기능만 한다는 면역학의 기존 패러다임을 부정하는 완전히 새로운 현상이었다. 더군다나 란트슈타이너에게는 오늘날 우리가 아는 혈액 관련 지식이 없었다. 현재 우리는 면역계의 기본 기능이 항체를 생산하는 일이라고 생각하지만, 란트슈타이너 시대만 해도 항체란 아직 이름조차 없었던 새롭고도 모호한 개념이었다. 사실 항체라는 명칭은 란트슈타이너가 응집 실험을 하던 그해 발표된 한 논문에 처음으로 등장했다. 면역반응의 또 다른 축인 항원이라는 명칭은 그로부터 또 한참 시간이 흐른 1908년에나 등장한다.

란트슈타이너는 무언가 새로운 것을 발견한 것이 분명해 보였다. 사람의 혈액은 누군가의 혈액과는 응집했고, 누군가의 혈액과는 응집하지 않았다. 이 같은 반응이 정상적인 생리 현상이라고 할 수 있을까? 지금까지 란트슈타이너가 연구해온 과학은, 언제나 어떤 현상이 실재하면 실험 가능한 예측도 분명히 존재한다는 사실을 알려주었다. 란트슈타이너는 예측 가능한 패턴이 있는지를 알아보려고 스물두 명의 혈액으로 144차례 교차 조합 실험을 한 결과를 살펴보았다. 일종의 수학 문제를 푸는 과정이었는데, 여기서 그의 천재성이 빛을 발했다. 라우스의 말처럼 란트슈타이너는 "천성적으로 예리하고 정밀한 마음의 소유자로 정확성을 무척이나 좋아하는 사람이었다. 기분 전환이 필요할 때면 고등수학 책을 읽었는데, 고등 대수와 미분 문제를 풀 때면 정말 기뻐했다. 엄청난 열정으로 최신 수리물리학을 탐구하는 사람이었다."

응집반응의 패턴을 살펴본 란트슈타이너는 그런 반응이 나타나는 이유가 한 가지 변수 때문이 아님을 알았다. 그렇다면 두 가지 변수가 작용하는 것일까? 란트슈타이너는 "스물네 개의 혈액 표본을 살펴본 결과 놀라운 규칙이 존재하는 것 같다"고 적어놓았다.

"태반에서 추출한 혈액은 응집 현상이 일어나지 않았다. …… 혈청은 크게 세 그룹으로 구분할 수 있었다. (A) 그룹의 혈청은 (A) 그룹의 혈구와는 응집하지 않았지만 (B) 그룹의 혈구와는 응집반응이 일어났고, 마찬가지로 (A) 그룹의 혈구도 (B) 그룹의 혈청과 응집반응이 일어났다. (C) 그룹의 혈청은 (A) 그룹과 (B) 그룹의 혈구와 응집반응을 일으켰지만, (C) 그룹의 혈구는 (A) 그룹과 (B) 그룹의 혈청과 아무런 반응을 일으키지 않았다. …… 일상어로 바꾸어 말해보자면, 최소한 두 종류의 응집소(항체)가 있는 것 같다. 어떤 종류는 (A) 그룹에 들어 있고, (B) 그룹에는 그와는 다른 종류가 들어 있고, (C) 그룹에는 (A) 그룹과 (B) 그룹의 응집소가 모두 들어 있다."

응집 실험에 대한 글을 쓰면서 란트슈타이너는 "평범한 사람 혈액의 응집 현상에 대하여Uber Agglutination-sercheinungen Normalen Menschlichen Blutes"라는 제목을 붙였다. 그는 논문의 마지막 문장을 다음과 같은 말로 끝맺을 정도로 자신이 발견한 사실이 얼마나 중요한지 확실히 알았다.

> 마지막으로 이 점을 분명히 언급해야겠다. (이 논문에서) 서술한 관찰 내용은 사람의 피를 수혈할 때 나타나는 다양한 결과를 설명할 수 있게 해줄 것이다.

1600년대 초반, 하비가 혈액의 순환 작용을 설명하는 논문을 발표한 후 독일 의사 안드레아스 리바비우스Andreas Libavious는 이런 글을 남겼다.

> 건강하고 강건한 혈액이 있는 건강한 젊은이여, 그곳에 있으라. 힘을 잃고 비쩍 마르고 야윈 데다 숨조차 쉬기 어려운 사람을 돕기 위해 대기하라. 예술의 대가는 두 사람을 연결할 은관을 가지고 있을지어다. 강건한 사람의 동맥을 열고 관을 꽂고 고정시켜라. 즉시 병자의 동맥을 열어 또 다른 관을 꽂아라. 두 관을 연결해 건강한 사람의 활기차고 뜨겁고 강건한 혈액이 병자의 몸으로 들어가게 하라. 생명의 정수가 들어가 허약함을 물리치리라.

그로부터 근 300년이 흐른 1901년 11월 14일, 리바비우스의 말이 현실이 되었다. 란트슈타이너는 동서고금을 막론하고 의학계에 가장 기본이 되는 원리 가운데 하나를 발견했다. 그것은 바로 영양분과 산소를 운반하고 인체가 질병과 맞서 싸울 수 있도록 하는 혈액이 누구나 같지 않다는 것이다. 사람의 혈액은 근본적으로 조금씩 달라서 몇 개의 소그룹으로 나뉜다. 따라서 수혈은 오직 특별한 그룹하고만 할 수 있다. 란트슈타이너가 발견한 이러한 사실은 인류의 가장 고귀한 특성인 나눔의 성격을 보여주는 것만 같다. 여기서는 사람이 살아가는 데 꼭 필요한 혈액이 나눔의 대상이다.

혈액형 분류의 토대를 제공하다

적혈구 표면에 있는 항원은 흔히 표면 위로 솟은 나무처럼 묘사되곤 한다. 적혈구 하나당 항원 나무가 수백만 개 정도 있다고 하는데, 나무는 보통 당 아니면 단백질이다. 인체의 면역계는 낯선 항원을 만나면 항체를 만들어 그 항원을 공격하게 한다. 항체는 외부 항원을 가진 세포를 파괴하거나 응집시키는데, 그 과정에서 외부 세포가 산소를 방출할 때가 많다. 이런 항원항체반응은 우리 몸에 세균이 침입했을 때는 유용하게 작용하지만, 항체가 공격하는 것이 수혈 받은 혈액일 때는 이야기가 달라진다. 수혈 받은 혈액과 항체가 응집반응을 일으키면 부작용이 생긴다. 수혈 받은 사람의 항체가 수혈된 적혈구의 항원과 반응을 일으켜 응집되면 아주 심각한 부작용이 생기고, 반대로 수혈한 혈액의 항체가 수혈 받은 사람의 항원과 만나 응집되면 수혈 받은 사람의 혈청이 수혈한 혈액의 항체를 희석시키기 때문에 반대의 경우보다는 부작용이 조금 덜하다.

란트슈타이너는 사람의 네 가지 혈액형 가운데 A형, B형, C형이라는 세 가지를 찾아냈다. C형은 항원이 없기 때문에 란트슈타이너는 '없다'는 의미로 '0형'이라고 명칭을 바꾸었다. 미국 사람들은 0형을 훗날 O형이라고 바꾸었지만, 지금도 O형보다는 0형이라고 쓰는 나라가 훨씬 많다. 엄청난 호기심의 소유자인 란트슈타이너는 곧바로 다른 연구를 시작했다. 란트슈타이너는 평생 동안 발견한 사실을 다듬고 적용하는 일은 다른 과학자들에게 넘기고 자신은 기초과학 연구에 매진했다. 다른 과학자들이 "정말 견딜 수 없을 정도로 따분하다"고 표현한 응집 실험은 정말 끊임없이 활동하는 란트슈타이너에게는 너무나도 고요하기만 했다.

자신이 발견한 사실을 두툼하게 만들려면 더 많은 자료가 필요하다고 생각한 란트슈타이너는 더 많은 자료를 수집하는 일을 스투를리에게 맡겼다. 스투를리는 그다음 해에 알프레드 데카스텔로Alfred Decastello와 함께 네 번째 혈액형인 AB형을 찾아냈다. 혈액형이 AB형인 사람은 적혈구 표면에 A항원과 B항원이 모두 있다. 현대인들은 자신이 ABO식 혈액형 가운데 어떤 유형인지 알고 있다. 사람의 적혈구 표면에는 A항원이 있거나 B항원이 있거나 둘 다 있거나 둘 다 없다.

말년에 들어서 란트슈타이너는 자신의 제자인 알렉산더 위너Alexander Wiener와 함께 또 다른 중요한 혈액형 분류법인 Rh식 혈액형을 발견했다. Rh라는 이름이 붙은 이유는 과학자들이 붉은털원숭이rhesus의 적혈구로 실험을 했기 때문이다. 위너와 란트슈타이너의 또 다른 제자인 레빈은 Rh식 혈액형 분류법이 얼마나 중요한지 말해주었다. 이로써 ABO식 혈액형이 발견된 후에도 수혈 부작용이 발생하는 이유를 상당 부분 해명할 수 있었다.

세 사람은 또한 원인을 알 수 없었던 치명적인 태아적혈모구증 *erythroblastosis fetalis*의 원인을 밝혀 많은 아이들의 생명을 구했다. Rh병이라고도 하는 태아적혈모구증은 Rh-인 어머니가 Rh+인 아이를 임신하면, 어머니 몸이 태아의 Rh항원에 반응하는 항체를 만들기 때문에 생긴다. 첫 번째 Rh+인 아이는 무사히 태어날 수 있지만, 그다음에 임신된 Rh+ 아이는 어머니의 몸에 있는 항체 때문에 큰 문제가 생길 수 있다. 위너는 태아적혈모구증을 치료하는 방법도 함께 개발했다. 아기의 혈액 가운데 많은 양을 새로운 혈액으로 바꾸는 '교환 수혈exchange transfusion'이 바로 그것이다. 지금은 교환 수혈 방법 대신 어머니의 몸에 항Rh 글로불린을 주사해 어머니의 면역계가 항체를 생성하기 전에 어머니의 몸속으로 들어간 아이의 적혈구와 결합하도록 하는 방법을 쓴다.

Rh식 혈액형은 항원이 가장 많다고 알려진 혈액형 분류법으로, 적어도 45개의 항원이 있다고 하는데, 그중에서도 가장 격렬하게 반응하는 항원은 D형 항원이다. Rh식 혈액형은 아주 중요하기 때문에 현대인들은 자신의 ABO식 혈액형과 Rh식 혈액형을 알고 있다. Rh D 항원이 적혈구에 있는 사람은 ABO식 혈액형 옆에 +를 표시하고, 없는 사람은 -를 표시한다. 미국인의 85퍼센트 정도는 Rh D 항원이 있다. 사람은 누구나 다음 여덟 유형 가운데 한 유형에 속한다.

미국인들의 혈액형 분포

혈액형	A+	A-	B+	B-	O+	O-	AB+	AB-
인구 비율(%)	34	6	9	2	38	7	3	1

란트슈타이너가 발견한 ABO식 혈액형은 다른 혈액형 분류법을 찾는 사람들에게 문을 활짝 열어주었다. 흔히 알고 있는 ABO식 혈액형과 Rh식 혈액형은 현재 스물여섯 가지 정도로 알려진 혈액형 분류법 가운데 두 가지일 뿐이다(란트슈타이너는 MN식 혈액형과 P형 혈액형 분류법도 발견했다). 혈액형 분류법은 하나의 유전자가 결정하는 적혈구 위의 특정 항원에 따라 결정된다. ABO식 혈액형과 Rh식 혈액형을 제외한 거의 대부분의 혈액형 분류법에서 지정하는 항원은 그 항원을 공격하는 항체가 혈청에 거의 들어 있지 않기 때문에 심각한 응집 현상이 생기는 경우가 거의 없다. 스위스의 화학자 파울 뮐러Paul Müller를 이야기할 때 나올 더피 항원도 혈액형을 결정하는 항원 가운데 하나다. 아프리카계 미국인은 대부분 더피 항원이 없다. 더피 항원은 특정한 말라리아 기생충이 적혈구 내로 들어오는 통로 구실을 하므로 이 항원을 없애는 쪽으로 자연선택이 일어난 것이다. 더피 항원처럼 기능이 밝혀진 것도 있지만, 다른 항원들의 기능은 대부분 미지에 싸여 있다.

현대인들은 란트슈타이너가 살던 시대의 사람들보다 항체에 대해 훨씬 많은 내용을 알고 있다. 사람이라면 누구나 혈청 속에 외부 물질을 인지하고 파괴시킬, Y자 모양의 단백질인 항체를 가지고 있다(항체는 외부 물질을 걸쇠처럼 꽉 붙잡기도 하고, 외부 물질을 파괴할 일련의 작용을 시작하게도 한다). 항체는 소아마비바이러스나 연쇄구균 혹은 적혈구 같은 항원에 대한 특정한 반응의 결과로 만들어진다. 수혈을 받기 전까지는 A형 항원 혹은 B형 항원에 노출되지 않은 인체가 어떤 자극을 받아 A형 항체 혹은 B형 항체를 만드는지는 아직 밝혀지지 않았다. 어쨌거나 분명한 것은 A형 혹은 B형 항원이 몸속에 들어오기 전에도 사람의 혈액에는 A형 항체나 B형 항체가 있다는 것이다(A형은 A형 항원과 B형 항체가 있고, B형은 B형 항원과 A형 항체가 있고, AB형은 항체는 없고 항원만 A형, B형이 모두 있으며, O형은 항원은 없고 항체만 A형, B형이 모두 있다).

원래부터 항체가 있는 ABO식 혈액형과 Rh식 혈액형을 제외한 나머지 스물네 가지의 혈액형 분류법에서는 수혈 부작용이 수혈을 받거나 임신을 한 후에야 생겼다. 몸 안으로 새로운 항원이 들어와야 항체를 만들어 간직하는 것이다. 따라서 또다시 같은 항원이 있는 혈액을 수혈 받거나 둘째 아이를 임신했을 때에야 비로소 항체가 그 항원을 공격한다. 하지만 그렇다고 하더라도 ABO식 혈액형이나 Rh식 혈액형 분류법에서와는 달리 심각한 부작용이 생기는 일은 드물다.

깨어 있는 시간의 90퍼센트를 연구에 바치다

란트슈타이너가 혈액을 연구할 때 혈액을 제공해준 동료 가운데 한 명인 스투를리가 놀라운 이야기를 들려주었다.

"1901년이 저물어갈 무렵이었어요. 그때까지 저와 함께 조직학 연구나 세균학 연구를 몇 차례 함께 했던 란트슈타이너가 혈청학 연구와 실험을 해보지 않겠냐고 제안했어요(그 연구 성과가 ABO식 혈액형의 네 번째 혈액형인 AB형을 발견한 것이다). 전 흔쾌히 그렇게 하겠다고 했고, 덕분에 그가 완벽하게 만족할 때까지 그동안 해온 실험을 모두 반복해야 했어요. 그리고 1901년 12월 31일에 마지막 연구를 하게 됐죠. 저녁 8시 30분까지 쉬지 않고 연구를 했어요. 병리해부학 연구소엔 우리 두 사람밖에 없어서 정말 적막하고 조용했어요. 그런 시간을 보내야 하는 건 제게 정말 희비극이었죠. 전 어서 친구들을 만나 멋진 새해를 맞이하고 싶었으니까요. 하지만 란트슈타이너는 온화하면서도 단호한 말투로 제가 계속해서 자신의 감독 아래 적혈구를 씻고 혈청을 섞고 원심분리를 하고 목탄 가루로 염색을 해야 한다고 했어요. 저한테야 놀라운 일이겠지만, 자신에게는 자명한 실험 결과를 보려고 그랬죠. 결국 그날 밤 우리는 아주 지쳤지만 여전히 좋은 친구인 채로 헤어졌죠. '새해 복 많이 받으세요'라는 진심 어린 인사를 나누면서요."

정말로 란트슈타이너처럼 연구에 그토록 열정을 보이고, 그렇게 실험에 열심인 과학자는 보기 드물 것이다. 란트슈타이너가 연구에 바친 시간을 계산해본 한 저널리스트는 그가 연구에 할애한 시간은 의식이 깨어 있는 시간의 90퍼센트인 50년이 넘는다고 했다.

1908년 그의 투철한 직업의식이 마침내 보상을 받았다. 빌헬미나 여왕 병원의 병리학과를 책임지게 된 것이다. 사체 3639구를 부검한 후에야 란트슈타이너는 조교에게 시체 안치소 일을 넘겨주게 되었다. 그를 높게 평가한 병리해부학 연구소가 마구간 한 곳을 개조해 란트슈타이너의 연구실로 만들어준 덕분에 란트슈타이너는 그곳에서 계속해서 연구를 해나갈 수 있었다. 연구소 사람들은 란트슈타이너가 "말은 없지만 친절하고 고상한 사람"이며 "먼저 토론을 시작하는 법은 없었지만 언제나 동료를 도울 준비가 되어 있었고, 어떠한 질문이나 요구에도 응하는 사람"이라고 기억했다. 온화한 사람이라는 평가를 받은 란트슈타이너는 실험동물 유지비를 가장 적게 쓰는 사람이기도 했다.

이제 더는 시신을 부검할 필요가 없어진 란트슈타이너는 연구소에서 실험을 하며 훨씬 행복하게 지냈다. 란트슈타이너는 연구소로 사랑하는 개 발디를 데려와 책상 밑에 앉아 있게 했다. 발디는 점심시간이면 짖어댔다. 그럴 때면 란트슈타이너는 장난스럽게 발디를 살짝 나무라고는 했다.

"발디, 넌 과학에 대한 존경심이 티끌만큼도 없구나!"

몇 년 후 란트슈타이너는 헬레네 블라스토Helene Wlasto와 데이트를 시작했고, 제1차 세계대전이 시작될 무렵 결혼했다. 란트슈타이너보다 열두 살 어린 헬레네는 상냥하고 헌신적인 아내였다. 두 사람 사이에서 아들 에른스트 카를이 태어났고, 헬레네와 함께한 가정은 무척이나 화목했다.

란트슈타이너는 사회생활에서는 언제나 과묵하다는 평가를 들었지만 일에서는 언제나 근면하다는 평가를 받았다. 훗날 란트슈타이너가 일하게 된 록펠러 연구소에서 그보다 한 층 위에 있는 연구실에 있었던 라우스는 그를 이렇게 기억했다.

"란트슈타이너는 확신에 찬 에너지와 모험심이 가득한 사람이었다. 그의 연구실에는 화학 연구에 필요한 장비가 갖춰져 있었고, 란트슈타이너는 조교들을 의사나 생물학자가 아닌 화학자로 키우는 훈련을 시켰다. 그는 철저하게 사회생활을 피했다. 그에게 낮은 실험을 위한 시간이었고 밤은 읽고 생각하기 위한 시간이었다. 끝없이 솟는 에너지는 존경할 수밖에 없을 정도였고, 연구실에서 조금이라도 게으름을 피우는 것은 절대로 용납하지 않았다. 란트슈타이너는 조교들 개개인에게 자신이 연구하는 주제 가운데 몇몇 단계를 연구하도록 격려하고, 각각 다른 일을 하게 한 후 그들이 가진 생각을 끌어내려고 노력했다. 스스로는 끊임없이 새로운 생각을 해냈고, 지체 없이 시도해볼 수 있는 실험을 제안했다. 그의 관심사는 '발견'이었지 연구원을 훈련시키는 게 아니었지만, 그래도 매일같이 점심때면 모두 함께 모여 현재 진행하는 일에 대해 이야기를 나누었고, 새로운 사실이 발견되면 모든 연구원들이 함께 그에 대해 설명하고, 자신에게 그리고 연구원들에게 그 사실이 무엇을 뜻하는지 생각해보게 했다."

란트슈타이너의 제자인 존 제이콥스John Jacobs는 자기 마음대로 많은 일을 할 수 있었던 하버드 대학과 란트슈타이너의 연구실은 분위기부터 완전히 달랐다고 했다.

"란트슈타이너 박사의 연구실에서 저는 독일의 전통 방식대로 친밀하게 결합된 조직 속에 완전히 녹아들어갔죠. 그곳에서 저는 모든 연구 계획과 연구 기술을 철저하게 관리받았고 모든 필수적인 요소를 포함한 훈련을 가장 친절한 방식으로 받았어요. 그런 환경에서 란트슈타이너 박사 같은 스승의 지시를 받으니 빨리 배울 수밖에요."

제이콥스는 특히 과학적 발견을 논문으로 작성하는 과정이 무척 인상적이었다고 했다.

"논문은 보통 밤에 란트슈타이너 박사님 댁의 식탁에서 썼어요. 가구가 별로 없는 소박하고 큰 아파트였죠. 논문 초안을 쓰는 것으로 시작하지만, 밤을 보내면서 교정하고 새로운 제안이 더해져 완전히 새로 써야 할 때도 있었죠. 그런 식으로 서너 차례 원고를 고치다 보면 사모님이 간식을 가져왔어요. 무척 행복했죠. 외국산 치즈와 작은 와인도 있었죠. 그렇게 일이 끝나갈 때가 되면 점차 논문의 형태가 드러났어요. …… 박사님은 새로운 사실을 정확하게 입증하기 전까지는 결코 논문을 쓰지 않았어요. 박사님의 논문은 새로 발견한 사실과 그 사실의 관계를 논하는 내용이었는데, 내가 보기에 박사님이 논의를 전개하는 방식은 정말 독특했어요. 박사님은 견해나 이론은 거의 배제하고, 관찰한 사실에 근거한 의미와 관계를 철저하게 밝힌 내용만을 논문에 담았어요. …… 논문 작업이 너무 늦게까지 이어지면 제 아내와 사모님은 몰래 극장으로 빠져나가곤 했어요(란트슈타이너 박사는 극장에 가는 걸 찬성하지 않았지만). 논문 개요에는 엄청난 경고와 자연보호에 대한 내용을 담았어요. 그의 천재성은 많은 부분 고도의 정확성과 객관적 진실을 유지하고자 광범위한 이론적인 결론을 도출할 기회를 배제하려는 그의 겸손함에서 나왔죠."

란트슈타이너와 함께 연구하는 것은 어쨌거나 젊은 과학자들에게는 즐거운 경험이었다. 제이콥스는 계속해서 이렇게 말했다.

"우리들은 아주 잘 짜인 친밀한 조직이었어요. 모두 연구에 대한 흥미와 '우두머리'를 향한 존경심으로 뭉쳐 있었죠. …… 그는 연구실에서 끊임없이 아이디어를 주고받을 수 있게 하는 탁월한 지도자였어요. 하지만 아주 중요하고 정확한 관찰, 실험에 필요한 기술 시행, 사실 판정 확인 같은 것은 상당 부분 조교들이 책임졌죠. 특히 초기 관찰 때 중요한 이런 일들을 조교에게 맡기는 것이 란트슈타이너 박사의 연구 방식이었어요. 제가 박사님과 함께 연구한 지 1년 정도 지났을 때 하루는 제 어깨에 손을 얹더니 '존, 자네는 연구에 재능이 있어'라고 하시더군요. 그 말은 그 어떠한 학위나 직위, 칭찬보다도 소중하고 영예롭게 느껴졌어요."

346편의 과학 논문

파스퇴르가 매균설을 발표해 여러 방의 문을 활짝 열었다면, 란트슈타이너는 온갖 트로피로 그 방들을 장식한 사람이라 하겠다. 혈액 연구를 하는 동안에도 란트슈타이너는 자신이 발견한 혈액형 분류법이 친자 감별과 법의학에도 유용하다는 사실을 알아챘다. 그는 현적 표본 실험을 통해 아주 적은 양의 혈액도 응집반응을 일으킨다는 사실을 알았기 때문에 옷감에 혈액을 한 방울 떨어뜨려 실험해보았다.

"건조시켰다가 다시 용해한 혈청도 뚜렷한 응집반응을 일으켰다. 리넨(아마) 위에 떨어뜨린 후 굳혔다가 14일 후에 녹인 혈청으로 얻어낸 결과다. 더 확실한 결론을 얻고자 두 번째 실험을 해보았다. 이 혈청들도 9일 전에 실험한 표본들과 똑같은 반응을 나타냈다."

이 같은 실험 결과는 또 다른 결론을 이끌어냈다.

"따라서 혈액의 응집반응은 경우에 따라서는 법의학에서 신분을 밝히는 용도로 사용하거나 더 나아가 혈액 표본을 식별하는 데 사용할 수도 있을 것이다."

매독을 연구하는 동안 란트슈타이너는 몇 가지 중요한 발견을 했다. 그중에서도 현미경의 암시야 조명dark field illumination(조명광이 직접 대물렌즈로 들어가지 않게 하고 표면에 닿은 산란광만으로 조명하는 방법 - 옮긴이)은 과학계에서 널리 받아들였다. 암시야 조명법 덕분에 과학자들은 몇 시간씩 지속적으로 매독균을 비롯한 여러 세균을 관찰하면서, 세균의 생활사와 세균을 죽이는 방법 등을 연구할 수 있었다.

란트슈타이너는 또한 레바디티 교수와 함께 많은 시간을 연구하면서 소아마비에 대한 기본 지식을 대부분 습득할 수 있었다. 란트슈타이너는 소아마비를 일으키는 것은 한 가지 병원체로, 그 병원체가 세균이 아닌 바이러스라는 사실을 밝혀냈다. 그는 소아마비바이러스를 글리세린에 보관하는 기술을 개발했고, 소아마비바이러스로 혈액 실험을 하는 방법과 소아마비바이러스를 원숭이에게 주입하는 방법을 알아냈다. 1940년대가 되어 존 엔더스John Enders가 연구를 시작하기 전까지만 해도 소아마비바이러스 연구자들은 주로 원숭이를 대상으로 연구했다. 소아마비에 걸린 원숭이의 혈청이 바이러스의 활성을 없앨 수도 있다는 사실을 보여줌으로써 백신의 존재 가능성을 입증한 사람도 란트슈타이너다.

란트슈타이너의 업적을 모두 나열하려면 이 한 장 가지고는 어림도 없다. 그는 346편에 달하는 논문을 발표했다. 그 논문 중 많은 수가 해당 과학 분야를 발전시켰다. 그가 가장 흥미로워한 분야는 면역학으로, 란트슈타이너는 면역학 분야야말로 자신이 과학계에 가장 많은 기여를 한 분야라고 생각했다. 그는 혈액형을 연구했을 뿐 아니라 알레르기 반응이 사실은 면역계의 반응이라는 몇 가지 증거를 최초로 발견한 사람이기도 하다.

면역학의 패러다임을 바꾸다

1900년대 초반 유럽에서 가장 유명한 과학자를 꼽으라면 파울 에를리히Paul Ehrlich를 들 수 있다. 그는 위대한 과학자였을 뿐 아니라 언론에도 정통해서 과학 가설을 이해하기 쉬운 글로 자연스럽게 풀어 쓰기로 유명했다. 과학이 특정 질병에 맞설 특정한 '마법의 탄환magic bullet'을 만들어낼 수 있다는 개념을 널리 보급한 이도 에를리히다. 많은 사람들이 면역계라는 개념을 생각해낸 사람이 에를리히라고 믿는다.

에를리히는 혈액세포에는 독성이 자극하면 세포 밖으로 자라는 가상의 구조hypothetical structure인 측쇄side-chain가 있다고 했다. 에를리히의 주장에 따르면 측쇄는 독성 물질을 움켜잡아 그 속에 가두어버린다. 혈청에 들어 있는 항체가 바로 혈액세포에서 끊어져 나왔거나 떨어져 나온 그런 구조들이다. 지금도 여전히 사라지지 않고 있는, 전자는 궤도를 도는 것이 아니라 단지 원자 핵 주위에 확률로 분포할 뿐임에도 전자가 원자 주위의 궤도를 도는 원자의 태양계 모형을 사람들이 사실로 믿고 있듯이 에를리히가 주장한 가설 중에는 대부분의 내용이 사실과 부합하지 않는데도 오늘날까지 많은 사람들이 사실이라고 믿는 가설이 있다. 흔히 '열쇠와 자물쇠 모형'이라고 부르는 '1항원-1항체설'이다.

에를리히와 달리 란트슈타이너는 추론에 근거한 가설을 제시할 정도로 대담한 사람이 아니었다. 란트슈타이너는 몇 해를 거듭해 꾸준히 실험을 해나가며 면역계에 대한 기본 지식을 쌓아나갔다. 1909년, 그러니까 에를리히가 노벨상을 받은 다음 해, 란트슈타이너는 부다페스트에서 열린 16회 국제의학회의에서 보고서를 발표했다. 그는 자신과 다른 사람들의 연구 결과를 인용하면서 항체는 세포 구조가 과잉 생산되면서 만들어지는 것이 아니라고 주장했다. 에를리히의 주장을 반박하는 내용이었다. 그로부터 20년이 넘는 세월 동안 란트슈타이너는 면역계가 에를리히가 생각한 것보다 훨씬 심오하고 미로처럼 복잡하다는 사실을 입증해 보였다.

란트슈타이너는 자신이 발견한 면역학 관련 내용을 모두 정리해 그 후 수십 년 동안 면역학자들이 탐독하게 될 책을 한 권 썼다. 특정한 항체들이 병원체 같은 외부 물질을 공격하는 방식을 알아내고자 했던 그는 그 책의 제목을 『혈청 반응의 특이성*The Specificity of Serological Reactions*』이라고 지었다. 2001년 메사추세츠 공과대학의 헤르만 아이젠Herman Eisen은 란트슈타이너의 연구 결과를 이렇게 평가했다.

> 란트슈타이너의 연구 결과는 한때 타당한 것으로 간주하던, 면역 반응은 철저하게 특이성을 나타내며 일어날 거라는 생각을 종식시켰다. 실제로 란트슈타이너의 연구실에서 교차반응(어떤 항원에 의하여 만들어진 항체가 그 항원과 성질이 비슷한 물질에 반응하는 일 - 옮긴이)이 일어나는 분자들을 많이 발견함으로써 리간드Ligand(배위 결합하는 화합물의 중심 금속 이온과 결합한 분자나 이온 - 옮긴이)의 모양과 크기, 전하의 분포가 어떤 식으로 항체가 공격할 대상을 인식하는 범위에 영향을 미치는지를 밝혀냈다.

특이성은 란트슈타이너에게 무척이나 중요했기에 친구들은 종종 그 문제로 란트슈타이너를 놀리고는 했다. 한 친구는 그에게 '란트슈타이너의 특이한 본성'을 설명해줄 사진을 보여달라고 요구하기도 했다. 그 요청에 란트슈타이너는 사진을 보내며 이런 설명을 곁들였다.

"지능이 낮은 영장류를 상대로 실험해본다면 사진은 특이성을 정의해줄 수 있을 것이다."

건강한 사람의 피를 병자의 몸으로

아인슈타인의 특수상대성이론과 란트슈타이너의 혈액형 이론이 사람들에게 받아들여진 시간을 비교해보는 것은 무척 흥미롭다. 두 이론 모두 1900년대 초반에 발표됐고, 널리 받아들여질 때까지 15년이라는 세월이 걸렸다.

란트슈타이너가 혈액형을 발견한 첫해에는 그다지 많은 일이 일어나지 않았다. 채혈한 혈액이 몇 분도 되지 않아 굳는 것도 아주 큰 문제였다. 이 문제를 풀려고 당시 의사들은 아주 끔찍해 보이는 수혈 방법을 썼다. 혈액 기증자의 동맥과 환자의 정맥을 이어 붙이는 방법을 쓴 것이다. 이 복잡한 의료 행위를 하는 데 필요한 혈액 기증자를 구하는 것도 힘든 일이었지만, 기증자를 구한다 해도 어느 정도 피를 빼야 하는지를 측정하는 방법이 수혈 과정을 더욱 힘들게 했다. 의사들은 과학적으로 입증된 방법 대신 혈액을 받는 쪽과 주는 쪽의 상태를 보고 수혈할 혈액의 양을 결정했다. 다시 말해서 수혈을 시작했을 때보다 안색이 좋은지 나쁜지로 수혈을 멈출 시기를 결정한 것이다.

혈액형 실험을 장려하고자 란트슈타이너는 수혈 부작용은 혈액형이 일치하지 않아 생긴다는 글을 다시 한 번 발표했다. 그리고 1907년, 드디어 뉴욕의 마운트 시나이 병원에서 루벤 오튼버그Reuben Ottenberg가 처음으로 혈액형 일치 실험을 실시했다. 그 결과 오튼버그는 혈액형이 O형인 사람은 누구에게나 수혈할 수 있다는 결론을 얻었다(오늘날 이 같은 결론은 수정되고 있다). 하지만 1913년까지 뉴욕 시에 있는 병원에서 수혈을 실시한 횟수는 1년에 50건 정도에 불과했다.

1914년, 역시 마운트 시나이 병원의 의사인 리처드 루이손Richard Lewisohn이 혈액에 구연산나트륨을 첨가하면 응고되지 않는다는 사실을 발견했다. 덕분에 동맥과 정맥을 연결하는 외과 시술이 필요한 수혈 방법은 사라지고, 기증자의 혈액을 용기에 담아 정해진 양만큼 수혈할 수 있게 됐다. 루이손의 발견은 참으로 시기적절한 것이었다. 제1차 세계대전 때 등장한 현대식 무기들 때문에 수많은 사상자가 나왔고, 많은 사람들이 혈액 부족으로 쇼크 상태에 빠졌다. 혈액을 안전하게 보관할 방법이 나오자 서부 전선에서 근무하던 미군 군의관 한 사람이 최초의 혈액은행을 세웠다. 미군 군의관 오즈월드 호프 로버트슨Oswald Hope Robertson은 (이 장에서 자주 등장한) 라우스의 몇 가지 생각을 차용해 깨끗한 유리병에 혈액응고를 막는 약품과 기증자의 혈액을 넣어 전장에 있는 병원으로 가져갔다. 제1차 세계대전이 일어난 1914년부터 1918년까지 몇만 건에 달하는 수혈이 이루어졌고, 영국 전쟁사 책에는 "수혈이야말로 제1차 세계대전 당시 있었던 가장 중요한 의학 발전"이라는 글귀가 실렸다.

그 후 수혈은 1921년 란트슈타이너가 스투틀리에게 보낸 편지에서처럼 웬만한 병원이라면 어디에서나 시행하는 일상적인 치료법이 되었다.

> 멋진 카드를 보내줘서 기쁘군요. 정말 고마워요. …… 우리가 연구하는 동종 응집소는, 수혈이 광범위하게 이루어지고 있고 수혈 받는 모든 환자들의 혈액형을 미리 알아보는 미국에서 높은 평가를 받고 있어요.

1932년 러시아 레닌그라드에서 세계 최초로 민간 혈액은행이 설립됐다. 미국에서는 1937년 '혈액은행Blood Bank'이라는 명칭을 만든 버나드 팬투스Bernard Fantus가 시카고에 있는 쿡 카운티 병원Cook County Hospital에 처음 설립했다. 그 후 전 세계 거의 대부분의 도시에서 혈액은행이 생겨났다. 제2차 세계대전이 끝난 후 적십자에서 전국적인 혈액 모집 프로그램을 시작했고, 지금도 적십자에서 공급하는 혈액이 미국 내에서 이루어지는 전체 수혈의 50퍼센트를 차지한다. 1950년부터 유리병 대신 비닐 팩을 혈액 용기로 사용하면서 혈액을 다루는 일이 훨씬 쉽고 안전해졌다.

그런데 문제가 있었다. 수혈이 보급되면서 다른 위험들이 생겨난 것이다. 그중에서도 가장 큰 문제는 혈액을 기증하는 사람이 심각한 질병도 함께 옮길 수 있다는 점이었다. 항생제가 개발되기 전인 란트슈타이너 시대에 매독은 정말 무서울 정도로 쉽게 전염되는 병이었다. 1906년 아우구스트 바서만August Wassermann이 매독 혈액 판별법을 개발해 유명해졌다. 그러나 1년도 되지 않아 란트슈타이너가 매독 항체에만 특별한 반응을 보여야 하는 매독 혈액 판별법에서 기대와 달리 그런 특이 반응이 나타나지 않았기 때문에, 매독 혈액 판별법을 개선할 필요가 있음을 밝혀냈다. 현재 혈액 의학계는 간염과 인체면역결핍바이러스HIV 같은 바이러스뿐만 아니라 매독균 같은 세균을 걸러내기 위해 반드시 선별검사를 하고 있다.

현재 수혈은 놀라울 정도로 안전하다. 심각한 수혈 부작용이 나타나는 경우는 25만 건당 한 건 정도에 불과하다. 수혈 사고의 절반가량이 선별검사를 잘못 했거나 그 혈액을 수혈하면 안 되는 사람에게 수혈해서 생긴다. 수혈로 B형간염에 걸릴 확률은 25만분의 1에 불과하다. 수혈로 인체면역결핍바이러스에 감염되는 비율도 검사 방법이 발달하고 도구가 발전하면서 1990년대에는 크게 떨어져, 200만 명당 한 명 정도밖에 되지 않는다.

의학 역사상 가장 위대한 발견

우리가 조사한 바에 따르면, 수혈이야말로 의학 역사상 가장 많은 목숨을 구한 위대한 발견이라고 하겠다. 수혈로 목숨을 구한 사람들의 수를 정확한 표로 나타내고자 피어스는 자료를 체계적으로 정리하기 시작한 1955년부터 통계를 냈다. 피어스가 계산한 결과는 실로 놀라웠다. 1955년부터 지금까지 10억 3800만 명이 수혈 덕분에 목숨을 구했다. 수혈은 자동차 사고로 인한 외상 환자처럼 출혈이 심한 사람들의 생명을 살리려면 반드시 필요한 조치로, 보통 자동차 사고 부상자에게는 수혈 팩이 50개나 필요하다. 수혈 팩 하나는 보통 한 사람이 1회 헌혈할 수 있는 양으로 470밀리리터 정도 된다. 수혈은 장기이식(많게는 30팩 정도 필요)을 할 때나 심각한 화상(20팩 정도) 환자를 치료할 때, 심장 수술(6팩 정도)을 할 때도 필요하다. 이 같은 사실을 알았다면 19세기 산과 의사 블런델은 정말 기뻐했을 것이다. 지금도 아기를 낳을 때 엄청난 피를 흘리는 개발도상국가의 산모들에게는 수혈이야말로 생명을 구해주는 필수 요소다. 혈액은 또한 의학계에서 사용하는 최소한 스물다섯 개에 달하는 특수한 혈액 관련 제품을 만들 때도 필요하다. 외상 환자에게 필요한 혈액응고 과정을 도와주는 혈소판, 면역 활동을 높이는 감마글로불린, 혈장(AB형의 혈장은 누구에게나 줄 수 있다) 등이 혈액 관련 제품들이다.

헌혈은 인간이 다른 사람에게 베풀 수 있는 최상의 자선 행위 가운데 하나다. 매년 400만 명에 달하는 미국인들이 수혈을 받으며, 미국 사람들이 한 해 동안 헌혈해서 모은 혈액의 양은 1200만 수혈 팩에 달한다. 2000만 개의 혈액 제품을 생산할 수 있는 양이다. 전 세계적으로 인류는 해마다 8000만 팩에 달하는 헌혈을 한다. 미국 사람 중 절반은 살아가는 동안 한 번 정도 수혈을 받는다. 상황이 이러니 어찌 인류의 애타심을 부정할 수 있겠는가!

우울한 천재

제1차 세계대전이 진행되는 동안 란트슈타이너의 직책에는 변동이 없었다. 빈 대학은 란트슈타이너에게 끝까지 전임 교수 자리를 제의하지 않았다. 왜 그랬을까? 역사가들이 그 이유를 추론해보았다. 누군가는 반유대주의 때문이라고 하고 누군가는 에를리히에게 반기를 들었기 때문이라고도 한다. 하지만 비슷한 상황에 있던 다른 사람들도 좀 더 높은 지위를 차지했던 걸 보면 원인은 내성적인 성격에 있지 않을까 싶다. 란트슈타이너는 대중을 흔들어 인기를 얻거나 눈에 보이지 않는 암투를 위해 행정 책임자들과 관계를 맺는 법이 없었다. 학계에서 위로 올라가려면 반드시 해야 할 노력들도 하지 않았다.

오스트리아·헝가리제국이 전쟁에서 질 것이 확실해질 무렵 제국의 경제 상황은 극도로 비참해졌다. 란트슈타이너는 아들에게 젖을 짜서 주려고 염소를 한 마리 구입했다. 하지만 그 정도로는 턱없이 부족해서 그의 집을 방문한 과학자는 "란트슈타이너가 굶고 있는 것 같다"고 말했다. 도시는 전기 공급이 끊기고 란트슈타이너 집 근처에 있는 나무들은 모두 땔감용으로 사라졌다. 하지만 그는 묵묵히 연구를 해나갔다. 1917년 란트슈타이너는 항원 서른세 개, 혈청 스물세 개를 가지고 759차례나 실험을 했다. 이 엄청난 프로젝트를 난방이 전혀 되지 않는 썰렁한 실험실에서 해냈다. 실험동물들도 제대로 먹지 못한 채 다른 연구를 하는 동안 사라져갔다.

전쟁이 끝나갈 무렵에는 상황이 훨씬 나빠졌다. 어느 날 집으로 돌아온 란트슈타이너는 담장이 사라진 것을 보았다. 누군가 땔감용으로 훔쳐 간 것이었다. 그때 란트슈타이너는 떠나야겠다는 결심을 했다. 친구이자 네덜란드 라이덴Leiden 대학 교수인 슈토름 반 레벤Storm Van Leeuwen이 그에게 헤이그 가톨릭 병원 연구실 기술자 자리를 마련해주었다. 당시 란트슈타이너의 옆집에 살던 10대 남성은 자신과 친하게 지내던 란트슈타이너가 떠나기 전에 한 말을 아직도 기억하고 있었다.

"학업을 끝내고 훨씬 큰 세계로 나아가야 해. 혹시 어려운 일이 있으면 나한테 연락하렴, 내가 어떻게든 도울 테니까."

1919년 란트슈타이너는 그렇게 모든 것을 잃고서 51세에 네덜란드로 떠났다. 네덜란드에서 그는 시체 안치소에서 부검을 하는 것을 포함해 틀에 박힌 일과를 보내야 했다. 심지어 란트슈타이너는 부업까지 해야 했다. 란트슈타이너가 병원에서 사무실로 사용한 공간은 수녀 한 명과 함께 써야 하는 데다 휴게실로도 쓰였다. 그런데도 란트슈타이너는 그곳에서 쉬지 않고 연구를 진행해 2년 동안 열두 편에 달하는 논문을 발표했다. 병원 연구실 업무가 란트슈타이너를 무겁게 짓누르고 있다는 사실을 알게 된 레벤은 록펠러재단에 란트슈타이너를 소개했다. 록펠러재단은 란트슈타이너를 뉴욕으로 초대했다. 개인 연구실을 가지는 것이 란트슈타이너의 평생소원이었다. 이제 54세가 된 란트슈타이너는 평생 처음으로, 아주 전망이 좋은 자리는 아니었지만, 모든 시간을 마음껏 연구에 몰두해도 되는 자리를 얻었다.

1923년 봄 란트슈타이너는 가족과 함께 뉴욕에 도착했다. 그의 손에는 동물에게 종양을 유발할 때 쓰는 발암물질인 타르 한 병이 들려 있었다. 가족들이 생활할 아파트는 메디슨 애비뉴에 있는 정육점 위층에 있었다. 새로운 언어를 배우는 것이 란트슈타이너에게는 기쁜 일이었기에 영어를 빨리 익힐 수 있었다. 란트슈타이너 가족은 미국에 머물 결심을 하고 시민권을 획득했다. 하지만 나이 든 이민자들이 새로운 나라에 가면 흔히 그렇듯이, 란트슈타이너도 어려움을 겪었다. 네덜란드에서는 조용한 바닷가에서 살았지만 뉴욕은 시끄러운 도시였다. 그 점이 란트슈타이너를 괴롭혔다. 란트슈타이너의 오랜 친구인 레바디티는 뉴욕에서 란트슈타이너를 만난 뒤 이렇게 말했다.

"몇 년 동안 란트슈타이너의 소식을 전혀 듣지 못했죠. 그래서 1929년에 미국으로 학술 여행을 가자마자 그의 연구실로 달려갔어요. 그는 조금 우울해 보이고 연구에 대한 불만으로 가득 차 있었어요. 특히 규정에 불만이 많았는데, 특정 분야의 연구를 하지 못하는 것은 차치하고라도, 그러한 규정들은 그의 과학에 대한 끝없는 열망과는 전혀 어울리지 않았죠."

무엇보다도 란트슈타이너를 괴롭힌 문제는 소아마비 연구를 할 수 없었다는 것이다. 소아마비 연구는 당시 록펠러재단을 이끌던 사이먼 플렉스너Simon Flexner가 가장 아끼는 프로젝트로, 그가 총책임을 맡고 있었다. 사실 그저 가정에 불과한 이야기지만, 어쩌면 플렉스너는 자신이 세운 확고한 소아마비 지식을 란트슈타이너가 완전히 뒤집어엎을지도 모른다는 걱정을 했는지도 모르겠다. 플렉스너는 소아마비에 대한 기본 지식을 대부분 알아낸 란트슈타이너를 소아마비 연구에서 배제했다. 플렉스너가 란트슈타이너를 시기했기 때문이 아니라면 달리 마땅한 이유가 떠오르지 않는 처사였다. 란트슈타이너는 쓴웃음을 지으며 레바디티에게 이렇게 말했다.

"마치 간신히 사용 허락을 받은 현미경 반쪽만 가지고 연구를 하라는 꼴이라고."

란트슈타이너는 자신을 밖으로 드러내지 않는 정도가 아니라 아예 사라져버리다시피 했다. 언론과의 접촉도 피했고 사진 찍는 것도 좋아하지 않았다. 그는 집에서도 어려움을 호소했다.

"생각해보라고. 난 연주는커녕 피아노에 손도 대지 못해. 피아노 연주는 긴장을 푸는 유일한 수단인데 이웃 사람들은 피아노 소리 때문에 라디오를 못 듣는다며 화를 내거든."

경제공황이 1930년대를 좀먹어 들어가는 동안 란트슈타이너는 당시 유럽이 처한 상황에 더욱더 절망을 느껴갔다. 란트슈타이너는 독일의 과학 전통이 낳은 적자였다. 그런 그에게 유럽의 역사가 죽음의 소용돌이 속으로 빨려 들어가고 있다는 사실은 커다란 충격이었다. 더구나 히틀러가 부상하고 있다는 소식도 직접 전해 들은 터였다. 란트슈타이너가 "독일 혈액 과학계 최고의 연구원"이라고 말한 프리드리히 시프 Friedrich Schiff도 1936년에는 독일을 떠나야 했다. 나치 돌격대원들이 연구소로 들이닥쳐 자신들의 혈액형을 알아내달라고 요구한 지 2년밖에 지나지 않았을 때였다. 란트슈타이너는 독일 교수들의 일자리를 알아보려고 노력했고, 그 사람들에게 돈을 보내주기도 했다.

그렇다고 란트슈타이너의 상황이 언제나 나빴던 것은 아니다. 그는 자신의 연구실을 좋아했고, 연구실에 있는 동안 언제나 유머 감각을 잃지 않았다. 란트슈타이너 밑에서 연구하는 젊은 과학자들은 성급하게 결론을 내리고는 했다. 어느 날 란트슈타이너는 그런 과학자에게 이렇게 말했다.

"앞날이 창창한 자네 같은 사람에게 이제 살날이 얼마 남지 않은 내가 인내를 가르쳐야 하다니, 조금 이상하지 않나?"

1939년 란트슈타이너는 공식적으로는 은퇴했지만 유례가 없는 규칙을 적용받아 계속해서 연구실을 운영해나갈 수 있었다. 언제나처럼 열심히 연구에 매달린 란트슈타이너는 은퇴 후에도 스물여덟 편에 달하는 논문을 발표했다. 그러나 시간이 그의 발목을 잡았다. 레빈은 어느 날 란트슈타이너가 눈물을 흘리며 아내가 암에 걸렸다는 말을 했다고 한다. 그는 자신이 아내보다 먼저 죽고 싶다고 했다. 그 후 란트슈타이너는 연구실을 위안처로 삼아 아내를 구할 암 치료 연구에 들어갔지만, 1943년 6월 24일 심장 발작 증세로 쓰러져 이틀 후 세상을 떠났다. 그의 나이 75세, 연구실에서 51년을 보낸 끝에 찾아온 죽음이었다. 그의 아내도 같은 해 크리스마스에 세상을 떠났다. 당시 스물여섯 살이던 아들은 의사가 되어 있었다.

말년에 겪은 여러 사건들과 그의 천성인 내성적인 성격 때문에 사람들은 란트슈타이너를 '눈이 슬픈 연구자' 또는 '우울한 천재'라고 불렀다.

과학의 전 분야를 섭렵한 '마지막 천재'

란트슈타이너의 발견이 의학 역사상 가장 많은 인명을 구한 것은 당연한 일이다. 과학자로서 완벽에 가까웠던 란트슈타이너는 네 가지 학문 분야(혈청학, 바이러스학, 면역학, 알레르기학)의 기본 지식들을 밝혀냈다. 그의 동료인 마이클 하이델베르거Michael Heidelberger는 이렇게 말했다.

> 한 사람이 과학의 전 분야를 섭렵하던 시대는 지나갔습니다. 란트슈타이너는 그런 일이 가능했던 시대의 마지막 주자로, 자신의 시대에 알려진 모든 과학 지식을 이해했을 뿐 아니라 실용적으로 활용하기까지 한 엄청난 재능의 소유자였죠.

란트슈타이너의 연구 성과는 오래도록 영향을 미쳤다. 1970년대에 과학자들은 Hib(헤모필루스 인플루엔자 b형*Haemophilus influenzae type b* 바이러스의 약자)라고 알려진 뇌수막염 백신을 개발했다. Hib는 선진국 아이들을 괴롭히던 치명적인 질병이었다. 그런데 백신은 두 살이 넘은 아이들에게는 효과가 있었지만 갓난아기들에게는 효과가 없었다. 실망한 과학자들은 출간된 과학 자료들을 뒤지기 시작했고, 마침내 란트슈타이너가 개발한 방법을 찾아냈다. 1980년대 오즈월드 에이버리Oswald Avery와 W. F. 괴벨Goebel은 란트슈타이너의 '부착소-매개체설hapten-carrier theory'을 이용해 세계 최초로 Hib 접합 백신을 만들었다. 1990년에는 대대적인 Hib 접합 백신 접종이 이루어졌고, 그 결과 이 침투성 질병은 99퍼센트까지 근절됐다. 따라서 아이를 가진 부모라면 누구나 란트슈타이너가 수행한 광범위한 연구의 혜택을 받은 셈이라고 하겠다.

란트슈타이너는 정말로 초인 같은 과학자였다. 또한 누구보다도 인간다운 사람이기도 했다. 무척이나 지적이고 인간관계에서는 민감할 정도로 소심했으며 지식을 추구하는 열정으로 가득했고 문명의 덧없음에 절망했다. 란트슈타이너는 이런 감정들을 한꺼번에 느낄 때도 있었다.

1930년 어느 날 밤, 제자 레빈이 란트슈타이너의 집을 방문했다. 가족들은 여느 때와 마찬가지로 조용하게 책을 읽고 있었다. 그날 란트슈타이너에게 날아온 소식을 생각해보면 너무나도 놀라운 광경이었다. 레빈의 반응에 란트슈타이너의 아내와 아들은 "도대체 무슨 소식이냐?"고 물었다. 두 사람 얼굴을 보니 아무것도 모르는 게 분명했다. 란트슈타이너가 아내와 아들에게 그날 알게 된 소식을 말해주지 않은 것이었다. 노벨상 수상 소식을. 1923년부터 모두 열네 명의 추천자가 소아마비 연구, 면역계 연구, 혈액 연구 이 세 가지 분야에 대한 공로로 그를 노벨상 후보로 추천했다. 그로부터 29년 후 노벨위원회는 혈액 연구 공로를 인정해 란트슈타이너를 노벨상 수상자로 결정했다.

란트슈타이너가 가족들에게 그 소식을 전하지 않은 이유는 노벨상 수상 소식이 확실하다는 확신이 없었기 때문이다. 하지만 노벨상 수상 소식은 진짜였다. 이 일화에서도 그의 성격은 분명하게 드러난다. 그날 연구실에서 직접 란트슈타이너에게 축하 인사를 건넸고, 그로부터 37년 후 바이러스가 유발하는 종양을 알아낸 공로로 그 자신도 노벨상을 탄 라우스는 란트슈타이너의 부고에 이런 글을 남겼다.

(그는) 천성적으로 단호한 면이 있었지만 동시에 의기소침한 면도 있었습니다. 늘 스스로를 반성하고 인간관계를 확신해본 적이 없는 분이었습니다. …… 그는 슬픈 비관론자였지만 그렇다고 냉소적이지는 않았으며 주제넘게 나서는 법은 결코 없었습니다. 그러면서도 언제나 사람들이 노력할 수 있도록 격려해주었습니다. 그는 자신의 성격을 고치려고 노력했고 그 때문에 자신에게 점점 더 엄격해졌습니다. 오직 과학자로서의 삶만이 그에게 평온을 주는 온전한 삶이었습니다. 그는 아주 섬세한 사람이었습니다. 그렇지 않았다면 엄격하고 고집스러운 사람이 됐을 겁니다. 그는 간절하면서도 주저하는 마음으로 사람들이 자신을 좋아해주기를 바랐습니다. 그리고 사람들은 그를 좋아했습니다. 왜냐하면 그는 소박하고 진실하고 겸손하며 친절했고, 수줍어하기는 했지만 재미있는 사람이었으니까요.

10억 3800만 명이 넘는 인명을 구하다

공헌한 일: 혈액형 발견

중요한 공헌자

- **카를 란트슈타이너**: 1901년 모든 사람들의 혈액형이 동일한 것은 아니라는 사실을 알아내고 다른 사람의 피를 수혈할 때 심각한 부작용이 나타나는 이유가 사람마다 혈액형이 다르기 때문이라는 사실을 밝혀냈다.
- **리처드 루이손**: 1913년 구연산나트륨을 혈액에 넣어 혈액응고를 방지함으로써 수혈에 쓸 혈액을 저장 가능하게 했다.

란트슈타이너가 연구에 바친 시간을 계산해본 한 저널리스트는 란트슈타이너가 연구에 할애한 시간은 의식이 깨어 있는 시간의 90퍼센트인 50년이 넘는다고 했다.

"란트슈타이너는 확신에 찬 에너지와 모험심이 가득한 사람이었다. 그는 철저하게 사회생활을 피했다. 그에게 낮은 실험을 위한 시간이었고 밤은 읽고 생각하기 위한 시간이었다. …… 끝없이 솟는 에너지는 존경할 수밖에 없을 정도였고, 연구실에서 조금이라도 게으름을 피우는 것은 절대로 용납하지 않았다."

– 페이튼 라우스(노벨상 수상자이자 란트슈타이너의 동료)

"란트슈타이너 박사 연구실 조교들은 우리끼리 이야기할 때면 박사를 친근하게 '우두머리'라고 불렀어요."

– 존 제이콥스(란트슈타이너의 제자)

"란트슈타이너의 1901년 논문은 의학 역사상 가장 인기 있는 고전 저작으로 손꼽힌다. …… 란트슈타이너는 인류 역사를 통틀어 가장 위대한 과학자 가운데 한 명이다. 그는 혈액 연구를 통해 인류가 받은 가장 귀중한 은혜 가운데 하나를 주었다. 이 위대한 오스트리아의 아들은 지금까지 수백만 명의 생명을 구했고, 앞으로도 그러할 것이다."

-〈노이에스 오스트 유페날Neues Ost Juvenal〉

란트슈타이너가 혈액형을 발견했을 때 그는 주로 병리학자로서 일했다. 병리학자가 된 후 10년 동안 란트슈타이너는 3639구에 달하는 사체를 부검했다.

란트슈타이너에게 실험은 자극제였다. 그는 귀납법의 귀재로, 추론으로 결론을 얻는 법이 없이 새로운 생물 기능을 입증하는 사실들을 쌓아감으로써 진리에 도달했다. 외로운 카우보이처럼 란트슈타이너도 과학이라는 미지의 계곡을 수십 년 동안 나아가면서 엄청난 발견을 해나갔다.

수혈 상식

- 혈액형을 구별하는 방식은 스물다섯 가지가 넘는다.
- 생명을 구하는 데 가장 중요한 혈액형 구별법은 란트슈타이너와 그의 동료들이 밝혀냈다.
- 해마다 적어도 400만 명에 달하는 미국인이 수혈을 받는다.
- 전 세계 사람들이 기증하는 혈액 양은 해마다 8000만 팩에 달한다.
- 수혈은 제1차 세계대전 때 널리 보급됐다.
- 세계 최초의 민간 혈액은행은 1932년 러시아 레닌그라드에서 설립됐다.
- 미국에서는 1937년 '혈액은행'이라는 명칭을 만든 버나드 팬투스가 시카고에 있는 쿡 카운티 병원에 처음 설립했다.
- 수혈로 인체면역결핍바이러스에 감염될 확률은 200만 분의 1 정도밖에 안 된다.
- 미국 사람 중 절반은 살아가는 동안 한 번 정도 수혈을 받는다.

Bill Foege

거대한 인도에서 잡히지 않는 천연두와 싸우다 :

전염병 차단 전략을 개발한 빌 페이지

빌 페이지Bill Foege(1936~)

미국의 전염병 연구가. 1960년 나이지리아로 의료 봉사를 떠난 페이지는 대학 시절 삼림 소방관으로 활동한 경험을 살려 천연두를 박멸하는 획기적인 방법을 개발해냈다. 미국 질병예방통제센터 책임자로 있으면서 '아동 생존 특별대책본부'를 출범시켜 수백만 어린이의 목숨을 구하는 데 큰 역할을 담당했고, 미국의 시사 잡지 〈유에스뉴스앤드월드리포트US News &World Report〉가 수여하는 '미국 최고지도자상'을 수상했다. 현재 게이츠재단the Gates Foundation의 자문을 맡고 있다.

천연두

천연두 바이러스가 일으키는 질병으로, 1980년대에 들어와 세계보건기구가 박멸한 것으로 공식 선언한 전염병이다. 백신 보급으로 사라진 첫 번째 전염병이다.

기계식 예방접종에 지쳐가다

빌 페이지는 팔꿈치 위쪽을 단단히 붙잡고 총이 흔들리지 않게 조심하며 방아쇠를 당긴 다음 팔을 놓았다. 발로 수압 페달을 밟은 페이지는 다른 팔을 움켜잡았다. 그가 쓰는 검은색 총은 9밀리 루거(독일산 반자동 권총)와 크기가 같다. 총과 수압 페달은 호스로 연결되어 있고 위쪽에는 병이 하나 있다. 총에서 나온 것은 생명을 없애는 것이 아니라 구해줄 물질이었다. 때는 1964년으로 당시 스물여덟 살이던 페이지는 남태평양 중부에 있는 통가에 있었다. 그는 길게 줄을 선 사람들에게 페드 오 제트 총Ped-O-Jet gun으로 예방접종을 하고 있었다. 페이지는 리듬을 타려고 노력했다. 박자를 맞춰야 너무 빨리 방아쇠를 당겨 팔에 상처를 내는 일이 없었고 일도 일찍 끝났다.

남녀노소 할 것 없이 많은 사람들이 페이지 앞을 지나쳐 갔다. 그때마다 1그램의 백신이 그 사람들의 피부 속으로 들어갔다. 피부 속으로 들어간 백신은 엄청나게 증식할 것이다. 벌써 몇 시간째 같은 일을 반복하고 있었다. 페이지는 점점 지쳐갔고 반복되는 일로 지루해졌다. 백신을 맞는 사람들에게는 마음을 쓰지 않았다. 그래야 한다고 배웠기 때문이다. 이 일은 그저 의무일 뿐이었다. 의과대학에 다닐 때는 젊은이답게 희귀한 열대병을 고치거나 세상을 놀라게 할 의학 업적을 쌓을 거라는 더 큰 꿈을 꾸던 페이지였다.

페이지도 천연두를 막으려면 백신이 반드시 필요하다는 사실을 잘 알았다. 벌써 오래전부터 천연두를 완전히 없앨 수 있다는 대담한 주장을 하는 사람도 있었다. 물론 천연두는 반드시 없앨 필요가 있는 질병이었다. 잉카제국과 아스테카제국을 비롯하여 여러 남아프리카 원주민 국가가 천연두 때문에 사라졌으며, 전체 원주민의 95퍼센트가 죽었다. 1800년대, 천연두는 유럽과 아메리카 대륙을 휩쓸었다. 1964년만 해도 43개국에서 1년 동안 천연두에 걸린 사람이 1000~1500만 명에 달했으며, 사망한 사람도 200만 명이 넘었다. 이들 국가 가운데 서른세 곳에서는 천연두가 풍토병으로 끊이지 않고 나타났다.

천연두는 천연두 바이러스가 일으키는 질병 가운데 하나다. 천연두 바이러스는 낙타, 라쿤, 쥐, 원숭이 등 다양한 동물에게 질병을 일으킨다. 천연두는 두 종류가 있다. 소천연두Variola minor는 생명에는 큰 지장이 없으나 피부에 많은 흉터를 남기고, 좀 더 일반적인 대천연두Variola major는 많은 사람의 생명을 앗아가는 무서운 질병이다. 대천연두에 걸리면 사망률이 30퍼센트에 달했고 살아남아도 시각장애인이 될 확률이 10퍼센트며 대부분의 사람들에게 흉터를 남겼다. 전자현미경으로 보면 아령처럼 보이기도 하는 천연두 바이러스는 알려진 바이러스 중에서 가장 크고 복잡한 형태를 하고 있다.

그러나 이제 천연두는 완벽하게 예방할 수 있다. 아주 오래전인 1796년에 제너는 천연두를 예방하고자 비교적 순한 형태인 소의 우두 바이러스를 뽑아 사람에게 접종하는 실험을 했다. 제너는 자신이 추출한 우두 바이러스를 바키니아vaccinia라고 불렀다. 라틴어로 소를 뜻하는 바카vacca에서 따온 것이었다. 제너가 바키니아를 사람들에게 주사하면서 예방접종이라는 개념이 탄생했다. 제너의 바이러스는 세월이 흐르는 동안 조금 변하기는 했지만 그대로 페이지의 손까지 전해졌다. 제너가 만든 백신을 접종 받은 사람은 우두 바이러스의 친척인 인간 천연두 바이러스에 면역이 생겼다.

하지만 한 가지 질병을 지구 상에서 완전히 없애는 일은 불가능하다고 생각하는 전문가들이 많았다. 어쨌거나 지금까지 그런 일이 한 번도 없었다는 게 이유였다. 바이러스처럼 작은 물질을 지구 상에서 단 한 개도 남기지 않고 없애는 일이 과연 가능할까? 당시 유명한 미생물학자인 르네 뒤보스René Dubos는 다음과 같은 글을 남겼다.

> 미생물이 일으키는 질병을 완전히 없앤다는 것은 사람들을 몽롱한 생물학적 개념과 절반의 진실이라는 늪지로 이끄는 환영幻影이다.

질병을 완전히 없애려면 엄청나게 많은 사람에게 예방접종을 해야 한다. 그러나 그 많은 사람들을 모아놓고 예방접종을 하는 일이 과연 가능할까? 아이들은 끊임없이 태어나고 유목민은 끊임없이 돌아다닌다. 떠돌이 노동자, 거리의 사람들, 범죄자들과 노숙자들은 언제나 그들을 제외한 나머지 사람들과 얼마간 거리를 두고 지낸다. 이런 사람들은 권력기관과는 철저하게 거리를 두고 은밀한 지하 세계에서 대부분의 시간을 보낸다. 더구나 정치 지도자들이 자국민을 걱정하지 않기 때문에 예방접종 프로그램을 시행할 생각을 하지 않는 나라도 있으며, 어느 나라에나 예방접종을 무서워하거나 그 효과를 전혀 믿지 않는 사람들이 있게 마련이다.

그러나 매일 아침 언제나 푸르고 화창한 하늘을 보고 깨어나 과학은 분명히 문명을 발전시킨다고 믿는 구제불능의 이상주의자는 어디에나 있다. 그런 이상주의자들은 인간 천연두는 오직 사람만을 감염시키기 때문에 근절할 수 있다고 주장한다. 단 두 달 동안만이라도 천연두에 걸리는 사람이 한 명도 없다면 천연두 바이러스는 이미 감염된 사람들의 몸에서 서서히 사라져버리거나 완전히 죽어버릴 것이다. 그렇게 천연두 바이러스를 이 세상에서 사라지게 할 수 있다. 북아메리카와 유럽에서 바로 그런 일이 일어나지 않았던가. 두 곳에서 가능했던 일이 다른 곳에서 불가능할 리 없었다. 천연두가 없는 지역으로 만들려면 대량 예방접종이 중요했다. 수많은 사람이 천연두 예방접종을 받아 다른 사람에게 전파되지 못하게 해 결국 사라지게 만드는 것이다. 바이러스 학자들은 이를 집단면역herd immunity이라고 부른다. 인류 전체가 천연두 예방접종을 한다면 천연두 바이러스는 자취를 감출 것이다. 1964년 세계보건기구 자문위원회는 전체 인구의 80퍼센트가 예방접종을 하는 것만으로는 천연두를 없앨 수 없다는 결론을 내렸다. 세계보건기구 자문위원회는 100퍼센트 접종을 권고했다.

페이지의 입에서는 저절로 한숨이 나왔다. 이런 기계식 예방접종이 천연두를 막아줄 수는 있을 것이다. 하지만 정말 지루한 작업이었다. 페이지는 마치 로봇처럼 끊임없이 사람들에게 주사를 놓아야 했다. 오직 총을 새로 충전할 때만 일을 잠시 멈추었다. 페이지가 지금까지 쏜 총질만 해도 감옥에서조차 신기록을 수립한 사람으로 인정받을 만한 횟수였다.

길게 줄지어 늘어선 무표정한 사람들이 쿡쿡 찌르는 막대기에 떠밀려 발을 질질 끌며 사막 위를 걸었다. 불과 20분 만에 예방주사를 맞은 사람이 600명을 넘었다. 보통 1만 1000명 정도에게 예방주사를 맞히고 난 후에야 긴 하루를 마칠 수 있었다.

집단면역의 최종 단계를 책임지는 이상주의자

페이지만 한 이상주의자는 또 없을 것이다. 그의 아버지와 할아버지는 모두 루터파 목사였고 작은아버지는 뉴기니에서 선교 활동을 했다. 열다섯 살 때 페이지는 석 달 동안 감염으로 고생해야 했다. 몸을 움직일 수 없으니 할 수 있는 일이라고는 독서밖에 없었다. 그때 알베르트 슈바이처의 전기를 읽은 페이지는 아프리카 정글에서의 삶을 떠올리고는 했다. 그중에서도 특히 슈바이처의 다음 말이 그의 마음을 사로잡았다.

> 다른 사람보다 뛰어난 건강, 재능, 능력, 성공, 행복한 어린 시절, 쾌적한 집안 환경을 누린 사람은 그걸 당연하게 생각해서는 안 됩니다. 사람들은 자신이 누린 혜택에 대가를 지불해야 합니다. 무언가를 소유한 사람은 다른 사람의 생명에 특별한 책임을 지고 있는 겁니다.

2미터에 달하는 큰 키에 비쩍 마른 사나이. 이 사랑스러운 남자는 퍼시픽 노스웨스트에서 자랐다. 누나가 의과대학에 간 사실은 페이지에게 강한 인상을 심어주었다.

"주말에 누나의 세계로 가면 다른 사람들은 거의 모르는 의학의 세계에 완전히 사로잡힌 사람들을 만날 수 있었어요."

페이지는 누나를 따라 타코마에 있는 퍼시픽루터 대학에 진학한 후 연인 폴라와 결혼했다. 워싱턴 대학의 의과대학을 졸업한 후 질병통제예방센터 역학조사부에서 근무하게 된 페이지는 평화유지군을 따라 인도에 갔다가 남태평양에 있는 통가로 왔다.

수많은 사람들이 걷다가 멈췄다가 움직이기를 계속했다. 페이지가 쥔 총은 땀으로 흥건했다. 어린아이들의 작은 팔, 여인들의 늘씬한 팔, 노동자들의 강인한 팔이 계속해서 지나갔다. 페달을 밟고 또 다른 팔을 잡고, 지구에 있는 모든 사람들이 예방접종을 할 때까지 당분간은 계속해야 할 일이었다.

페이지는 마음의 갈피를 잡지 못했다. 기운을 돋우려 마음속으로 새로운 문제를 떠올리고 그 문제를 풀려고 노력하는 과정을 되풀이했다. 지금 자신이 놓는 백신이 여기까지 오게 된 전 과정을 되짚어볼 수 있을까? 그는 생각해보았다.

'기초연구, 자금 조성, 국회 토의, 연구를 위한 대학 구성, 백신을 만드는 회사와 그들의 일, 포장, 마분지, 유리, 고무마개, 바늘, 주사기, 예방접종을 하는 데 필요한 물품을 만드는 회사의 일, 정확하게 균일한 양을 주사하고자 미군을 위해 에런 이스마흐Aaron Ismach가 만든 이 고속 주사 총(제트 인젝터), ……, 항공 산업, 백신 검역 통관 시설, 사륜구동 랜드로버, 보건 전문의, 백신의 필요성을 모든 사람들에게 알릴 수많은 선생님들……. 백신이 여기에 올 때까지 수백만 명의 사람들과 수백만 가지 단계를 거쳐야 해.'

아직도 페이지 앞에는 엄청나게 많은 사람들이 늘어서 있었다. 많은 사람들이 자신 같은 사람들이 놓는 예방주사를 맞고자 가장 좋은 옷을 골라 입고 나왔다. 남자들은 모자를 썼고 여자들은 화려하고 밝은 옷을 입었다.

'……, 그리고 그 마지막에 여기 서서 그저 주사 총만 놓는 내가 있는 거지. 어째서 이 일이 수천 가지가 넘는 과정을 거쳐야 하는 걸 당연하게 생각하는 걸까? 그중에 한 가지만이라도 어긋나면 내가 이 백신을 쥐고 있는 건 불가능하겠지. 이게 바로 세계화의 본질 아니겠어? 한 사람이 이득을 얻으려면 모든 사람들이 일해야 하는 거야.'

살짝 떠미는 엄마의 손길에도 주저하며 페이지 앞으로 나서는 아이가 있었다. 어린 소녀의 눈에서는 눈물이 흐르고 있었다. 아이의 커다란 갈색 눈은 '자신을 아프게 할 거냐?'고 묻는 듯했다. 페이지는 아프지 않다는 사실을 알기에 아이에게 미소 지어 보였다. 그 순간 이유를 알 수 없는 믿음이 생긴 아이는 자신의 작은 팔을 앞으로 내밀었다. 아이의 팔을 잡고 총을 쏘면서 페이지는 학교에서 배운 모든 것, 교회에서 배운 모든 것, 아르바이트를 하며 상사에게 배운 것, (K2를 정복하기 직전 동료를 구하러 하산한) 찰리 휴스턴Charlie Houston에게 배운 것들, 사무실을 떠나 인도의 현장에서, 병원에서, 실제 사람들이 살아가는 현실 공간에서 배운 내용들이 떠올랐다. 페이지는 자신이 해야 할 일을 하면서 있어야 할 장소에 정확히 서 있음을 알았다. 사람들에게 예방주사를 놔주어야 하는 그 장소에.

슈바이처를 따라서

통가 여행을 마칠 무렵에 읽은 졸업식 연설문 한 편 때문에 페이지는 다시 학교로 돌아갔다. 연설문을 쓴 톰 웰러Tom Weller는 페이지에게 직접 말을 건네는 것 같았다. 그는 다음과 같이 말했다.

인생은 오직 한 번뿐이다. 그러니 제대로 된 삶을 살려고 노력해야 한다. 제대로 훈련받고 기술과 지식을 쌓을 기회가 있었다면 자신의 재주를 어디에 써야 가장 좋은 일을 할 수 있는지를 고민해야 한다.

페이지는 통가를 떠나는 즉시 하버드 대학에 입학 원서를 냈다. 하버드가 아니면 안 된다고 생각했다. 그곳에서 페이지는 웰러의 지도를 받으며 보건 건강 석사 학위를 땄다. 전염병 학자이자 훨씬 심각한 이상주의자가 된 페이지는 그 어느 때보다도 '세계 보건global health'에 대해 강한 확신을 갖게 됐다.

여전히 슈바이처의 마력에 사로잡혀 있던 페이지는 아내 폴라와 막 태어난 아들 데이비드를 데리고 영국 리버풀에서 선박 아우렐Aurel호에 올라탔다. 아프리카로 기독교 선교 활동을 떠나는 배였다. 페이지 가족을 실은 배는 며칠 동안 남쪽으로 내려갔다. 저 멀리 사하라사막 위로 피어오르는 노란 먼지 구름이 보였다. 아프리카로 입성했음을 알리는 신호였다. 항구에 가까워지자 대륙의 싱싱한 향기가 느껴졌다. 아름답고 화려한 비단옷을 입은 사람들이 다음 항구로 가려고 배에 올랐다. 그중에는 갑판 위에서 노래하고 춤추는 사람도 있었다. 라이베리아 항구에서는 투브만Tubman 대통령이 아프리카 연합 회의에 참석하려고 배에 올랐다. 페이지는 지금과는 사뭇 다른 과거의 아프리카를 기억하고 있었다.

"당시 아프리카는 정말 들떠 있었죠. 모두 이제는 번영이 기다리고 있을 거라고 생각했어요. 압제자들, 그러니까 유럽 열강이 떠나버렸으니 이제 자신들이 무엇이든 할 수 있는 세상이 된 거라고 믿었죠. 모두 행복해했고 찬란한 미래를 기대했어요."

배는 동쪽으로 방향을 돌려 베닌 만으로 향했다. 정착지는 나이지리아의 라고스였다. 그곳에서 내린 페이지 가족은 451킬로미터를 더 가야 하는 내륙 지방의 에누구로 향했다. 에누구는 그 지방의 주도였다. 그곳에서 다시 140킬로미터를 더 달려 임마누엘 의학센터Immanuel Medical Center가 있는 야헤로 갔다. 1936년부터 나이지리아에서 선교 활동을 펼친 루터파 교회는 전체 인구가 15만 명 정도 되는 주변 마을을 대상으로 의료 활동을 펼치고 있었다. 루터파 교회가 운영하는 작은 병원에는 진료실 몇 개와 연구실 하나가 있었다.

배에서 내린 다음 날 페이지 가족은 흙길을 따라 마을로 들어갔다. 나이지리아 동부에 있는 원주민 부족 중 가장 규모가 큰 부족은 이보Ibo 부족이었다. 그러나 야헤 주변에는 다양한 소수 부족이 살았으므로 병원에서는 페이지가 그중에 한 부족인 얄라Yala어를 배우기를 바랐다. 문자가 없는 얄라어는 음조가 있었다. 얄라 부족민은 대부분 광저기, 땅콩, 얌, 타로토란, 카사바, 당분이 많은 뿌리에서 얻는 시럽 같은 다양한 농작물을 재배하는 농부들이었다. 페이지 가족은 진흙으로 벽을 만들고 금속으로 지붕을 얹은 집에서 살았다.

페이지의 집은 전기도 들어오지 않고 집 안에 욕실도 없었지만 부엌과 거실, 두 칸의 침실이 있었다. 페이지는 이웃들이 매우 친절하다는 소리를 들었고, 그 말은 곧 사실로 입증됐다. 얄라 부족에게 거실은 소통의 장소였다. 이웃들은 새로 온 이웃에게 인사를 하고 엄청나게 큰 미국인과 그 가족들을 보려고 거실을 드나들었다. 마을은 무척 안전한 곳이었기에 페이지는 급한 일로 집을 비워도 가족이 염려되지는 않았다. 그러나 이웃 사람들은 페이지가 있건 없건 밤에는 야간 경비가 있어야 한다고 주장했다. 페이지가 머물 곳은 절대로 외로울 수 없는 곳이었다.

병원 의사로서 페이지는 인도에서 깨달은 내용을 보강해나갔다.

"병원에 오는 사람들 대부분이 한 가지 문제가 있어서 오는 게 아닙니다. 병원에 오는 사람들은 영양 결핍이나 선충, 십이지장충 혹은 그 밖에 여러 문제가 복합적으로 나타난 경우가 대부분입니다."

아프리카에서 지내는 생활에 익숙해지면서 페이지와 그의 아내는 자신들이 마을 사람들과 완전히 같은 방식으로 살아갈 수는 없다는 사실을 깨달아갔다.

"물론 아프리카 마을에서 사는 것이 어떤 것인지는 조금 알 수 있었죠. 하지만 제가 항상 말하듯이, 아프리카 마을에서 지내는 삶이 정말로 어떤 것인지는 느낄 수 없었어요. 왜냐하면 우리는 원한다면 언제라도, 너무 많이 머물렀다 싶을 때면 언제든지 떠날 수 있으니까요. 건기가 되면 우리는 자전거를 타고 8킬로미터 떨어진 우물에 가서 물 200리터를 길어다줄 젊은이를 고용할 수 있었어요. 우리는 마을 사람들이 할 수 없는 일을 할 수 있었죠. 제가 그래야 했던 이유는 있었어요. 우리가 사는 곳은 제3세계였기에 아들이 위험해질 수 있다고 생각했으니까요. 우리는 아이를 위해 예방주사도 맞히고 방충망도 달고 물도 끓여 먹었죠. 또 다른 이유도 있었죠. 내가 하루에 1달러밖에 못 쓰는 삶을 살았다면 분명히 그 돈을 먹고 자는 일에 써야 했을 테니 백신을 맞히거나 땔감으로 물을 끓여 먹는 일은 꿈도 꿀 수 없었겠죠. 무언가를 분명히 알고 있는데 가난을 감수하는 것도 어려운 일이고요. 그 두 가지 이유 때문에 우리는 마을 사람들과 완전히 같아질 순 없었어요."

1966년 5월, 페이지가 저 멀리 나이지리아에 있는 동안 19회 세계보건총회에서 '전 세계 천연두 박멸 캠페인'을 벌인다는 결의를 채택했다. 이 안을 처음 발기한 나라는 러시아였다. 1950년대에 스탈린이 죽은 후 다시 유엔의 일원이 된 러시아가 처음 안을 제시했지만 나머지 나라들의 재정 지원을 받기까지는 10년이라는 세월이 걸렸다. 이번에는 러시아와 미국 모두 지원을 약속했다. 미국 국제개발처USAID는 질병통제예방센터의 지휘 아래 생활필수품, 백신, 고속 주사 총, 아프리카 서부 20개국을 돌 차량을 공급하기로 했다. 필요한 인력은 각 나라 보건복지부가 제공하기로 했다.

미국 질병통제예방센터는 아프리카 천연두 박멸 캠페인의 초석을 깐 인물로 유명한 보건 전문의 헨리 젤펀드Henry Gelfand를 파견했다. 서아프리카는 천연두가 가장 많이 창궐하는 지역이었으므로 처음부터 확실하게 방향을 정할 필요가 있었다. 젤펀드는 질병통제예방센터가 완벽한 자문단 역할을 해줄 거라고 생각하는, 촌철살인의 유머를 구사하는 키 큰 남자를 올려다보았다. 사실 젤펀드는 선교 활동을 하는 젊은이가 탐탁지 않았다. 그저 자국의 관리를 만족시키고자 페이지를 만나보기로 했던 것이다. 하지만 페이지가 아주 똑똑하고 멋진 자질을 갖추고 있으며 활기 넘치는 사람임을 확인하는 데는 그리 오랜 시간이 걸리지 않았다.

페이지는 정말로 『성서』에나 나올 만한 대규모 전염병 말살 정책에서 배제되고 싶지 않았다. 그래서 1966년 9월 한 달 동안 페이지는 주말이면 선교사 병원에서 일을 하고 주중에는 나이지리아 동쪽 에누구에 있는 복지부에서 근무했다.

천연두 바이러스의 이동 경로를 예측하다

1966년 12월 4일, 화창하고 따뜻한 일요일 아침이었다. 아프리카 기름야자 열매 숲은 회색 앵무새가 잘 익은 열매를 찾아 살짝 내려앉을 때를 빼고는 미동도 하지 않았다. 한 떼의 아이들이 교회에서 쏟아져 나오자 그 뒤를 따라 사람들이 밖으로 나왔다. 그때 페이지를 찾는 방송이 들렸다. 그는 병원에 있었다.

방송실에 들어간 페이지는 마이크에 대고 말했다. 잠깐 정적이 흐르더니 스피커에서 소리가 흘러나왔다.

"빌, 천연두에 걸린 사람이 몇 명 있는 거 같아."

선교사인 헥토르 오트밀러Hector Ottemiller였다.

"증상을 이야기해봐요, 헥토르."

"많이 아프고 얼굴에 둥근 두드러기가 돋고 있어."

"제가 직접 가서 보는 게 낫겠어요."

페이지는 아내에게 가봐야겠다고 말했다. 어깨에 메는 가죽 가방에 의료 장비를 넣은 페이지는 선교원에서 쓰는 폭스바겐의 경차 비틀을 타고 북동쪽에 있는 오고야 주로 향했다. 오고야 주는 선교원에서 수 킬로미터 떨어진 곳에 있었으므로 찬란한 오후 햇살을 받으며 달려가는 동안 아프리카의 시골 풍경을 만끽할 수 있었다. 동네 아낙들은 머리에 채소를 이고 걸어가고 아이들은 춤을 추는. 페이지는 웅폼, 옥푸두, 오쿠쿠를 지나갔다. 오트밀러는 빈틈이 없고 영리한 사람이었다. 그는 당장 어떤 일을 해야 하는지, 어디로 가야 하는지, 누구를 만나야 하는지 정확히 알았다. 오트밀러는 자신과 페이지가 탈 자전거를 미리 빌려두었다. 두 사람은 길이 끝나는 알리포크파에서 차를 멈췄다. 그곳에서 천연두가 발병한 오비르푸아까지는 12킬로미터를 더 가야 했다. 두 사람은 차에서 벨로소렉스 자전거를 내렸다. 프랑스 공장에서 만든 벨로소렉스 자전거는 앞바퀴에 세라믹 롤러를 돌리는 작은 엔진이 달려 있었다.

자전거를 타고 두 사람은 아프리카 사바나 지역으로 들어갔다. 자전거 타기에는 그만인 날씨였다. 두 사람은 울퉁불퉁한 흙길을 달려 나무가 점점이 흩어져 있는 구불구불한 풀밭을 지나갔다. 가끔은 지평선이 보이기도 했고 울창한 풀에 가려 아무것도 보이지 않을 때도 있었다. 몇십 년 전이라면 다른 선교사들이 그랬듯이 수풀에 숨어 있는 사자나 코뿔소를 걱정해야 했을지도 모른다. 그러나 지금은 그런 위험한 동물들은 모두 제한된 보호 구역 안에서만 살고 있다. 가끔 뱀을 보기는 했지만 큰 뱀은 없었다. 페이지가 탄 자전거는 그의 큰 몸집에 비하면 형편없이 작았다. 자전거를 타고 가는 동안 계속해서 무릎이 부딪치고 페달을 놓친 발이 땅에 부딪쳤다.

두 사람은 계속해서 숲을 헤치며 달렸다. 작은 샛강이 나오면 자전거를 들고 다리처럼 걸쳐놓은 통나무를 건너야 했다. 샛강을 건너면 다시 자전거를 타고 아카디아 나무숲을 뚫고 나아갔다. 가끔 나뭇가지 위에 앉은 크고 근엄하게 생긴 검은색 독수리 떼가 보였다. 기둥이 유난히 굵어, 거꾸로 뒤집어진 나무라는 소리를 자주 듣는 바오바브나무가 통통한 가지 밑으로 하늘하늘한 잎을 드리우며 서 있기도 했다. 바오바브나무의 잎은 말리면 먹을 수 있다. 분명한 건기였다. 먼지가 구름처럼 피어올라 두 사람의 얼굴을 감쌌다. 그러나 열기는 참을 만했다.

마침내 마을에 도착했다. 늘어진 초가지붕에 둘러싸인 흙담집이 40채 있는 곳이었다. 카리스마가 넘치는 오트밀러가 야체Yache어로 주민들과 이야기를 나누기 시작했다. 페이지도 병원에서 들어 야체어를 알았지만 무슨 말인지는 제대로 이해할 수 없었다. 마을 사람들은 두 사람을 어느 오두막으로 데려갔다. 문 앞에서 한 여인이 기다리고 있었다. 오트밀러는 페이지에게 통역을 해주면서 여인과 이야기를 나누었다. 오트밀러와 이야기를 나눈 여인은 오두막 안으로 들어갔다. 몇 분 후 한 청년이 밖으로 나왔다. 페이지보다 조금 어린 그 청년은 맨발에 등이 움푹 파여 있었다. 어깨가 굽은 그 청년은 병자답게 느리고 주춤주춤하며 걸었다. 청년의 뒤를 따라 아까 들어간 여인이 밖으로 나오더니 땅바닥에 자리를 깔았다. 청년이 그 위에 앉았다. 누가 봐도 청년은 천연두에 걸린 게 분명했다. 얼굴에는 농포가 100개에서 200개 정도 나 있었고 귀 뒤부터 목과 팔까지 농포가 퍼져 있었다. 페이지는 가방을 내려놓고 무릎을 꿇고 앉았다. 더 살펴볼 필요도 없었다. 온몸에 퍼진 딱딱한 농포들은 동일한 발달 상태를 보였다.

그러나 의사의 일이란 진단하는 척하는 거 아닌가! 페이지는 몇 분 동안 그 청년을 살펴보았다. 공포에 질려 잔뜩 웅크린 청년의 아내는 남편이 천연두에 걸린 게 아니길 간절히 바랐다. 하지만 이미 어떤 진단이 나올지 아는 얼굴이었다. 페이지는 청년의 입을 들여다보았다. 온통 염증투성이였다. 페이지는 오트밀러를 통해 먹고 마시는 데는 문제가 없는지 물었다. 입 속에 이렇게 염증이 많은 경우 먹지 않으려는 사람이 많았기 때문이다. 페이지는 이 청년은 천연두에 걸렸다고 오트밀러에게 이야기했고 오트밀러가 그 사실을 두 사람에게 알렸다. 청년의 부인은 맨발로 꿇어앉은 채 두 손으로 머리를 감쌌다. 믿고 싶지 않은 비극에 어쩔 줄 몰라 하며 무릎을 앞뒤로 흔들어댔다. 천연두는 치료할 방법이 없음을 알았던 것이다.

페이지는 천연두가 어떤 식으로 진행되는지 잘 알았다. 천연두는 천연두에 걸린 사람이 기침이나 재채기를 할 때 튀어나오는 체액이 코나 입으로 들어가면 걸린다. 바이러스가 세포 속에서 증식하는 1~2주 동안은 잠복기로 아무 증상이 나타나지 않는다. 그러나 몸이 아프기 시작하고 구토가 나면 열이 38도에서 40도까지 오른다. 그때 환자들은 자신이 독감에 걸렸다고 생각한다. 그러나 이내 입과 혀에 작은 붉은 점이 생긴다. 입 안에 바이러스가 퍼지면서 통증이 심해지고 그때부터는 전염병 증상이 나타나기 시작한다. 이 단계가 지나면 다 나았다고 생각할 정도로 열이 내린다. 그러나 열과 상관없이 붉은 반점은 얼굴 전체로 퍼진 뒤 팔과 다리, 손과 발까지 뻗어나간다. 반점이 생기고 사흘째 되는 날이면 붉은 반점이 부풀어 오르기 시작한다. 이때까지의 증상은 수두와 비슷하다. 부풀어 오른 반점은 이제 농포가 생기면서 더 심하게 부풀어 오른다. 농포는 마치 배꼽처럼 단단하고 둥그스름하다. 농포를 만지면 그 속에 비비탄 같은 알갱이가 만져지는데, 분명히 수두에 걸렸을 때 생기는 발진은 아니다.

그다음 몇 주 동안은 정말 끔찍하게 보내야 한다. 열도 계속되고 농포도 사라지지 않은 채 천천히 딱지가 생긴다. 이 시기를 지나고도 살아남는다면 딱지가 떨어지면서 평생 동안 사라지지 않는 마맛자국이 남는다. 천연두에 걸린 사람은 완전히 낫기 전까지는 다른 사람을 전염시킬 수 있다. 감염된 사람이 많으면 한꺼번에 많은 바이러스가 활동하기 때문에 생존율은 그만큼 떨어진다. 아프리카에서 천연두 사망률은 보통 20에서 25퍼센트 정도다.

페이지와 오트밀러는 즉시 마을을 조사했다. 그 청년 말고도 세 명이 같은 증세를 보였다. 페이지는 가져간 가방에서 백신을 꺼냈다. 해가 지평선 가까이 내려왔을 때 두 사람은 마을 사람들에게 예방접종을 시작했다.

밤이 되자 등유 불빛이 밤하늘을 유령처럼 희미하게 밝혔다. 지구를 구하겠다는 열망에 사로잡힌 젊은 이상주의자인 의사 데이비드 톰슨David Thompson과 장차 선교사가 될 모르몬교도 폴 리치필드Paul Lichfield가 합류했다. 톰슨과 리치필드도 페이지처럼 나이지리아 동부 보건부에 천연두 박멸 자문위원으로 와 있었다. 세 사람은 탁자에 둘러앉아 앞으로 할 일을 상의했다. 무선으로 연락을 주고받은 세 사람은 백신이 떨어졌다는 사실을 알았다. 천연두를 발견하면 취해야 하는 대처 요령, 다시 말해 집단 예방접종을 할 수 없는 상황인 것이다. 천연두 박멸 프로젝트는 내년부터 시작하기에 아직 나이지리아에는 필요한 백신이 도착하지 않았다.

어둠 속으로 은은하게 퍼져나가는 랜턴 불빛이 밤의 고요를 더했다. 갑자기 천연두 환자가 네 명이나 나타났다. 어둠에 쌓인 오두막 속에 웅크리고 있는 천연두 환자는 몇 명이나 될까? 세 사람은 전염병이 크게 퍼질 가능성도 각오해야 했다.

"백신도 모자란데 뭘 해야 하지?"

한 사람이 비통한 말투로 말했다.

"진짜 전염병이 퍼진다면 어떻게 해야 할까?"

세 사람은 무슨 일을 해야 할지 고민했다. 가지고 있는 백신을 묽히는 것도 한 가지 방법이 될 수 있었다. 10여 년 전 라이베리아에서 쓴 방법이다. 그러나 백신을 묽힐 경우 면역 효과가 떨어질 수밖에 없다. 그러면 백신을 맞아도 소용이 없는 경우가 많아진다.

어쩌면 지금 가지고 있는 백신이 더 강력하지 않을까? 그럴 것 같지는 않았다. 세 사람은 백신을 묽히는 방법은 쓰지 않기로 했다.

"우리가 천연두 바이러스라면 분명히 사라지고 싶지 않을 거야. 천연두 바이러스는 살아남으려고 어떤 일을 할까? 한번 생각해보자."

페이지의 제안에 세 사람은 자신이 바이러스라면 어떻게 행동할지 고민했다. 분명히 번식할 수 있는 다른 사람을 찾아 옮겨 가는 일을 할 것이다.

어떻게 해야 천연두 바이러스를 제대로 처리할 수 있을까? 제일 먼저 할 일은 천연두 바이러스가 어디에 있는지 알아내는 일이었다. 하지만 이곳은 아프리카 한가운데였다. 다른 사람과 연락할 방법이 많지 않았다. 시골에는 아예 전화가 없었고 도시라고 해도 전화가 많지 않았다. 외국으로 전화를 걸려면 먼저 교환원에게 신청한 후 정확하게 정해지지 않은 애매한 시간에 전화가 걸려오면 이번에는 무슨 소린지 들으려고 애써야 하는 게 중앙아프리카의 통신 실정이었다.

하지만 잠깐, 선교사들에게는 통신 수단이 또 있었다. 선교사들은 매일 밤 햄 라디오ham radio로 서로 안부를 묻고 긴밀히 연락하면서 자신들의 마을에 긴급한 일이 생기면 도움을 요청하고는 했다. 페이지가 머문 마을 주변에는 선교사가 열다섯 명 있었다. 페이지는 그들 모두를 잘 알았다. 세 사람은 오고야 지역의 지도를 펼쳤다. 라디오가 발신음을 내는 순간 세 사람은 안도의 한숨을 내쉬었다. 첫 번째 수신음이 들려왔다. 세 사람은 한 사람 한 사람씩 선교사들에게 도와줄 수 있는지 물어봤다. 금세 계획을 세웠다. 선교사들은 모두 세 사람을 도울 사람들을 보내주겠다고 했다. 대부분이 자전거를 타고 올 조력자들은 혹시라도 자신이 기거하는 마을에 천연두 환자가 있으면 그 소식도 함께 가져오기로 했다.

다음 날 저녁 7시까지 모든 선교사들과 연락이 닿았다. 넓은 지역을 하루 만에 모두 조사한 것이다. 모두 해서 2만에서 2만 5000명 정도가 사는 100여 곳의 마을 중 둘 내지 일곱 마을에서 천연두 증상이 나타났다. 선교사들이 찾아낸 천연두 환자는 여섯 명이었다. 다음 날 천연두 환자와 가까이 지낸 사람들에게 예방접종을 하려고 백신 팀이 출발했다.

천연두 박멸 자문위원 세 사람은 천연두가 얼마나 전염성이 강한 질병인지 잘 알았다. 지금까지 나타난 환자는 빙산의 일각일지도 몰랐다. 그래서 세 사람은 계속해서 전략을 세웠다. 환자가 나타났다는 것은 벌써 몇 주 전에 바이러스가 퍼졌음을 뜻했다. 따라서 세 사람은 지도를 보며 앞으로 천연두가 퍼져나갈 지역을 예측해보았다.

천연두가 사람들 사이에 퍼져나가는 경로를 확인할 수 없었던 페이지와 그의 동료들에게 천연두의 확산은 간단한 기하학 문제가 아니었다. 세 사람은 천연두가 전파되는 두 가지 주요 경로를 추적하고자 선교사들과 마을 사람들을 만나보았다. 아프리카 마을에서는 아프리카 사람들의 생활 터전인 집과 시장을 중심으로 천연두 바이러스가 퍼져나갈 확률이 높았다.

자신들이 천연두 바이러스라고 생각하며 세 사람은 천연두 바이러스의 이동 경로를 예측해보았다. 천연두 환자가 추가로 발견될 경우에 사용할 백신은 따로 떼어두고 천연두 환자가 발견된 지역을 중심으로 예상 경로를 고민하며 예방접종을 해나갔다. 천연두 바이러스가 택할 이동 경로를 예측하고 그중에서도 가장 유력한 경로 세 곳을 택해 그곳 시장과 가정을 중심으로 예방접종을 했다.

매일 밤 7시가 되면 성실한 목소리로 그날 일을 보고하는 선교사들의 목소리가 지지직거리는 라디오 주파수 사이로 흘러나왔다. 그 주가 지나기 전까지 환자 네 명이 더 나타났다. 세 사람의 판단이 옳았음이 분명해졌다. 다음 주가 되자 환자 열두 명이 추가됐다. 셋째 주에는 아홉 명이 병에 걸렸다. 모두 바이러스의 주요 경로라고 생각한 세 곳 가운데 두 곳에서 사는 사람들이었다. 천연두 박멸 자문위원들의 예측이 맞아떨어진 것이다. 이제는 천연두 바이러스가 사람들 사이로 퍼져나가는 것을 멈추는 시간만 기다리면 될 것 같았다.

넷째 주에도 세 사람은 매일같이 선교사들의 보고를 들었다. 새로운 환자가 나타났다는 소식은 들려오지 않았다. 하루하루 희망이 커져갔다. 이제 전염을 걱정할 필요는 없어 보였다. 실제로 더는 새로운 환자가 나오지 않았다. 페이지와 동료들이 바이러스의 활동을 멈추게 한 것이다.

몇 주가 더 흐르고 추가 예방접종을 끝낸 뒤 세 사람은 모든 활동을 마무리했다. 그 무렵 페이지는 한 가지 깨달은 바가 있었다.

"우리가 해낸 일로 충분히 기뻐해도 됐어요. 하지만 천연두 바이러스를 완전히 없앨 수 있다면 이런 일은 처음부터 하지 않아도 됐을 텐데

하는 생각이 들었죠."

천연두 바이러스가 몇 년 후에 활동한다면 백신의 역할은 아주 중요해진다. 하지만 잠깐 동안 물을 붓는다고 해서 활활 타오르는 불을 끌 수는 없는 법이다.

페이지는 전염병학을 전공한 사람이었다. 당연히 이번 자료를 분석도 하지 않고 그냥 버려둘 리 없었다. 페이지는 자료를 꼼꼼히 분석하면서 생각에 잠겼다. 천연두 환자를 처음 발견한 후 병의 확산을 막고자 예방접종을 한 사람은 전체 인구의 7퍼센트에 불과했다. 분명히 집단 접종이라고 하기에는 많지 않은 수였다. 집단 접종을 하지 않았는데도 천연두를 막아낸 것이다. 페이지는 이번에 확보한 자료를 음미하며 그 패턴을 분석해나갔다. 그는 결과에는 반드시 원인이 있다고 믿었다. 이번에 성취한 일이 우연일 리 없었다. 이런 결과가 나온 데는 분명히 합당한 원인이 있을 터였다.

참, 그런데 페이지가 오비르푸아에 도착해서 처음 만난 그 청년은 어떻게 됐을까? 그는 무사히 살아남았다.

가래로 막을 것을 호미로 막다

그 후 몇 주 동안 페이지는 천연두에 관한 자료를 닥치는 대로 살펴보았다. 동료들은 그가 비상한 기억력을 지닌 진지한 사색가라는 것을 잘 알았다. 특히 페이지의 호기심을 끈 것은 자신들이 본 천연두 환자의 수가 너무나도 적다는 것이었다. 어째서일까? 페이지는 그게 궁금했다.

"전해 오는 이야기와 책에 따르면 천연두는 아주 빨리 전염되는 병이라고 했어요. 책마다 천연두는 가장 전염성이 강한 질병 중 하나라고 했죠. 역학조사를 하기 전까지만 해도 저희 역시 그렇게 믿었어요. 하지만 이번에 천연두가 발생한 마을에서는 15년에서 20년 동안 천연두에 걸린 사람이 한 명도 없었다고 하더군요. 천연두는 해마다 발생하는 홍역과는 분명히 다른 병이었어요. 그래서 우리는 천연두가 한꺼번에 나라 전체를 덮을 정도로 넓게 퍼져가는 질병이 아니라 좁은 지역에서 천천히 퍼져나가는 질병일지도 모른다고 생각하게 됐어요. 서아프리카에서 천연두가 발병하는 시기에도 마을 사람들 중 천연두에 걸리는 사람은 한 마을에 1퍼센트 정도에 불과했죠."

병원체는 생존을 위해 아주 영리한 전략을 발전시켜왔다. 자신이 사는 숙주를 빨리 죽여버리면 자신도 살 곳이 없어진다. 따라서 자신이 증식한 후 다른 숙주로 옮겨 갈 때까지는 숙주를 살려둔다. 유럽에서 1940년대에 처음 발생한 매독은 몇 달 안에 숙주를 죽게 했다. 그러나 시간이 흐르면서 매독균은 수십 년이 흐른 뒤에야 숙주를 죽이는 쪽으로 진화했다. 에이즈를 일으키는 인체면역결핍바이러스도 서서히 위력이 약화되어 결국 최상의 상태로 번식할 수 있도록 오랫동안 숙주를 살려두는 방향으로 진화할 거라고 생각하는 과학자들도 있다.

천연두 바이러스도 2주가 넘는 잠복기와 3~4주에 걸친 발병기라는, 오랫동안 숙주 속에 머무는 전략을 택한 종일지도 몰랐다. 숙주에서 오래 머무는 병원체는 한꺼번에 많은 사람들을 감염시킬 필요가 없다. 한두 명 정도의 숙주 속에 들어가 개체 수만 늘리면 되니 빨리 다른 곳으로 옮겨 갈 필요가 없는 것이다. 페이지는 "한 개체의 숙주에서 계속해서 새로운 세대를 감염시키는 천연두 바이러스의 끈기를 사람들이 전염 속도가 빠르다고 오해한 것"이라고 했다.

대학 시절 페이지는 여름방학이면 퍼시픽 노스웨스트에 있는 콜빌앤드왈로와 국유림에서 소방대원으로 일했다. 그때 조교들은 페이지와 소방대원들에게 불은 산소와 연료가 없으면 나지 않는다고 했다. 산불이 나면 산소를 차단하기 위해 불 위에 흙을 뿌리는 동안 산불이 연료를 공급받지 못하도록 산불 주위를 빵 둘러 흙을 긁어내는 작업을 해야 했다.

페이지는 천연두 바이러스도 산불을 끄는 것처럼 잡을 수는 없는지 궁금했다. 천연두 바이러스에 취약한 사람들이 바로 천연두 바이러스의 연료였다. 따라서 그런 사람들에게 효과적으로 예방접종을 할 수 있다면 천연두 바이러스를 완전히 잡는 일도 가능할 것 같았다. 또한 천연두 바이러스가 한곳에서 완전히 타서 소멸되도록 주변을 완전히 분리해내 고립시켜버리면 다른 곳으로 퍼지는 것을 막을 수 있을 거라고 생각했다. 몇 미터만 파내면 천연두 바이러스를 효과적으로 고립시킬 수 있을 것 같았다. 천연두 바이러스는 2미터 내외라는 아주 가까운 거리에서만 전염된다고 알려져 있었다. 그것도 최소한 7일이 넘는 긴 시간 동안 접촉했을 때에만.

"물론 불길이 방화선을 넘어서면 그렇게 하듯이 감염된 옷 위에 보호 거품을 뿌려 바이러스가 다른 곳으로 전파되는 걸 막을 필요도 있습니다. 그러나 전염을 막는 기본 원리는 놀라울 정도로 간단합니다. 산불을 막는 일과 비슷하죠."

오비르푸아에서의 경험은 천연두에 대한 페이지의 생각을 완전히 바꾸어버렸다. 천연두가 아무리 위험한 질병이라고 해도 전염성이 강하지 않다면 백신 팀이 처리할 시간은 충분하다. 천연두가 발병했을 때 넓은 지역에 걸쳐 대량 접종을 하는 방식이 아닌 고립된 섬을 만들어 대처한다면 집단 접종을 할 필요가 없다. 의사들이 고립된 섬의 바이러스만 잡으면 천연두는 더 이상 퍼져나가지 않는다.

페이지는 나이지리아 동부에서 발생한 천연두에 대해 조사해나갔다. 그 결과 해마다 계절의 변화에 따라 북쪽에서 남쪽으로 퍼져가는 천연두 발병 지도를 그릴 수 있었다. 천연두 발병 비율은 우기에는 줄어들었다가 건기에 증가했다. 우기에는 사람들이 모두 흩어져 밭에 나가 일하고 수확을 끝낸 건기에는 축제를 벌이는 일과 관계가 있어 보였다. 나이지리아에서 천연두 발병률이 가장 낮은 달은 9월과 10월이었다. 이는 아주 중요한 의미가 있었다. 천연두 발병률이 가장 높은 4월에 천연두에 걸린 사람의 수는 1년 동안 천연두에 걸린 사람 수의 16퍼센트에 달하는 데 비해 9월에 천연두에 걸린 사람은 4퍼센트에 불과했다. 이는 천연두 바이러스의 전파율이 가장 낮을 때 예방접종을 하면 감염 사슬이 대부분 끊어져 바이러스가 고립된 섬 밖으로 퍼져나가지 못할 수도 있다는 것을 뜻했다.

페이지의 분석은 아주 정확했으므로 앞으로 그 사실을 뒷받침해줄 새로운 연구 결과들이 많이 나올 것이 분명해 보였다. 추가로 나올 증거들은 전 세계 사람들에게 '천연두 바이러스는 발병할 때마다 마을 사람들의 1퍼센트 이하에 해당하는 아주 적은 사람들 몸에 잠복하는 질병'임을 알려줄 것이다. 천연두는 정말로 고립된 섬처럼 소수의 사람들에게서 발병하는 질병이었다. 또한 천연두를 연구한 결과들은 '천연두 바이러스가 몸에 들어온 직후에 혹은 하루나 이틀 뒤에 예방접종을 해도 효과가 있다'는 것을 보여준다. 이는 백신에 들어 있는 바이러스가 증식하는 속도가 병원체 바이러스가 증식하는 속도보다 빠르기 때문이다. 백신 바이러스가 병원체 바이러스보다 빨리 증식하기 때문에 무서운 바이러스가 치명상을 입힐 정도로 늘어나기 전에 인체는 방어 준비를 끝낼 수 있다. 천연두를 발견한 후에 백신으로 공격하는 전략은 주변의 연료를 완전히 없애버리는 효과도 있다.

과학 활동은 실험실에서만 혹은 책상 위에서만 하는 것이라고 생각하기 쉽다. 물론 천연두를 박멸할 때도 실험실 연구와 책상 위에서 한 연구는 반드시 필요한 요소였다. 역사학자들은 천연두가 완전히 사라진 데는 중요한 과학 업적 네 가지가 큰 역할을 했다고 본다. 첫 번째는 당연히 천연두를 없앨 수 있는 효과적인 백신을 개발한 것이다. 천연두 박멸 프로그램이 시작되기 전에도 사람들은 150년 동안 천연두 백신을 사용해왔다. 그러나 그 백신은 정말로 백신이 필요한 더운 지역에서는 가지고 다니기도 보존하기도 힘들었다. 냉장실에 든 백신을 세계 곳곳으로 옮기는 것은 그 자체만으로도 악몽이 될 수 있었다.

그 문제를 해결한 것이 바로 1920년대에 개발된 냉동 백신이다. 그러나 냉동 백신은 세균에 감염되는 경우가 많았다. 세균을 없애려고 페놀을 넣기도 했지만, 페놀은 백신 속에 든 바이러스도 파괴한다는 단점이 있었다. 이 문제를 해결한 사람이 영국 리스터 연구소Lister Institute의 레슬리 콜리어Leslie Collier다. 콜리어는 바이러스에 해를 끼치지 않는 펩톤peptone을 넣어 냉장할 필요가 없는 안정된 백신을 만들었다. 펩톤은 단백질의 중간 소화 산물이다. 콜리어가 만든 백신을 냉동건조하면 45도 이상에서도 몇 년 동안 안정된 상태를 유지할 수 있었다. 건조시킨 가루는 백신을 사용할 때 액화 글리세린에 40퍼센트 비율로 녹여 쓰면 된다.

백신을 능률적이면서도 효과적으로 운반하려면 기술도 발전해야 했다. 페이지가 쓰는 페드 오 제트 같은 고속 주사 총이 없던 시절에는 바늘이나 회전 랜싯rotary lancet으로 환자의 팔을 긁어 백신을 넣었다. 하지만 제대로 백신이 들어가지 않을 수도 있었으므로 예방접종이 쓸모없어지는 일도 있었다. 그러나 이스마흐가 개발한 고속 주사 총은 주입률이 100퍼센트에 달했기 때문에 서아프리카 천연두 박멸 캠페인에 사용할 수 있었다. 1961년 와이어스 연구소Wyeth Laboratories의 벤저민 루빈Benjamin Rubin이라는 연구원이 바느질용 바늘의 바늘귀를 잘라 날카로운 끝이 두 개가 되는 획기적인 생각을 해냈다. 모세관현상이 나타나는 바늘의 두 끝은 백신이 정확하게 필요한 양만 올라올 정도로만 벌어져 있다.

끝이 두 갈래로 나누어진 바늘은 또한 피부 깊숙이 찌르는 일이 없도록 끝부분을 다듬었다. 이 바늘을 사용하면 누구나 바늘을 백신 용액에 담가 다른 사람에게 예방주사를 놓을 수 있었다. 누구나 사용할 수 있는 두 갈래 바늘은 어떠한 환경에서도 사용할 수 있는, 편리하게 휴대할 수 있고 가격도 싸며 별다른 훈련을 받지 않아도 쓸 수 있는 획기적인 기술혁신의 산물이었다. 두 갈래 바늘은 훗날 아시아에서도 큰 활약을 펼쳤다.

그러나 과학 활동은 연구실 밖에서도 이루어진다. 천연두를 박멸하는 데 큰 역할을 한 네 번째 과학 업적은, 위험에 빠진 사람들에게 효과적으로 예방접종을 하는 전략을 개발한 것이다. 본질적으로 과학은 세부 자료를 검토해 일반 원리를 이끌어내는 귀납법에 기반을 둔다. 전염병 학자들은 한 가지 질병에 대한 다양한 자료를 검토하고 사람들의 상태를 검사해 정보 속에 숨어 있는 패턴을 찾아낸다. 페이지가 나이지리아 시골 지방에서 한 일도 마찬가지다. 그러나 페이지의 경우 책상에 앉아 자료를 검색하는 것만으로 그치지 않았다. 분석을 시작할 무렵에는 아직 충분한 자료가 확보되지 않았기 때문이다.

"생각해보면 분명히 그랬던 거 같아요. 처음에 우리는 어떻게 천연두를 없애야 할지 몰랐어요. 하지만 비관적이지는 않았어요. 그건 아직 해결되지 않은 문제임이 분명했으니까요. 우리는 언제나 부족한 정보로 중요한 결정을 내려야 합니다. 분명한 해답을 얻을 때까지 기다리고만 있었다면 천연두를 완전히 없애는 일은 시도조차 할 수 없었을 거예요. 목표를 정하는 것만으로도 정확한 도구를 만들고 전략을 세우는 데 도움이 됩니다."

귀납법에서 기억해야 할 원칙 중 하나는 더 많은 자료를 찾아야 한다는 것이다. 오래된 자료는 오류가 있거나 중요한 변수를 놓칠 수 있기 때문에 자료를 찾고 연구하는 과정을 되풀이하고 또 되풀이해야 한다. 페이지는 천연두에 관한 정보 가운데 몇 가지 틀린 정보를 찾아냈고 몇 가지 새로운 정보를 발견했다. 페이지는 끈질기고 성실한 학자였다. 시간이 흐를수록 천연두에 대한 단서가 계속해서 쌓여갔다.

페이지는 자신의 봉쇄 전략이 집단 접종보다 훨씬 효과적이라고는 생각했지만, 그렇다 하더라도 연역법에 논리적 오류가 있듯이 귀납법에도 논리적 오류가 충분히 있을 수 있다는 사실을 분명히 이해하고 있었다. 귀납법이 빠지기 쉬운 오류 중 하나는 한두 사례에 해당하는 단편적인 증거만을 가지고 결론을 내릴 수 있다는 것이다. 예방접종을 반대하는 사람들이 쉽게 이런 오류에 빠진다.

사실 백신이 완벽한 예방책은 아니다. 초기 백신 중에는 문제가 있어 수많은 사람을 아프게 하거나 죽게 만든 백신도 많다. 1960년대 미국에서도 해마다 많은 사람들이 천연두 백신 때문에 죽었다. 부모라면 모두 다음과 같은 고민을 해야 한다. '예방접종을 하면 백신 때문에 죽을 확률이 몇백만분의 1이라고 한다. 과연 우리 아이가 예방주사를 맞아야 할까?' 백신이 문제를 일으킨 몇몇 사례 때문에 아예 예방접종을 하지 않는 부모들도 있다. 그러나 백신을 맞지 않았을 때 걸릴 수 있는 질병으로 아프거나 사망할 확률과 백신을 맞았을 때 아프거나 사망할 확률을 비교할 수 있는 부모들도 있다. 이런 부모들은 백신을 맞지 않았을 때 잘못될 확률이 훨씬 높다는 사실을 안다. 전국적으로 봤을 때 백신을 맞아서 죽는 사람보다 백신을 맞지 않아서 죽는 사람이 훨씬 많다. 이는 과학에서 통계가 얼마나 중요한지를 보여주는 예다. 생명과 관련된 자료가 그렇듯이, 통계는 완전하지 않은 자료를 가지고 얼마나 위험한지를 측정할 수 있는 좋은 수단이다.

전염병 학자로서 페이지는 스스로 '조사 및 차단 전략'이라고 이름 붙인 자신의 전략을 제대로 이해했지만 논리적 근거가 빈약하다는 사실 역시 잘 알았다. 나이지리아의 작은 시골 지방에서 있었던 일을 주장의 근거로 내세워봐야 믿어줄 과학자는 없었다. 페이지에게는 한 가지 사례가 아닌, 자신의 주장을 입증해줄 더 많은 증거가 필요했다.

‘조사 및 차단 전략’을 검증하다

천연두 박멸 캠페인을 이끄는 사람들은 이미 나이지리아를 여러 지역으로 분류해놓았다. 나이지리아 동부에서는 페이지, 톰슨, 리치필드의 자문을 받아 나이지리아 보건부 동부 지부와 함께 일하기로 했다. 다른 나라와 마찬가지로 나이지리아에서도 가능하면 전 국민을 대상으로 하는 집단 예방접종을 실시할 예정이었다. 1월이 다가올 무렵이 되자 오고야 지방에서는 더 이상 천연두 환자가 발생하지 않는다는 사실이 분명해졌다. 새로운 천연두 박멸 전략의 효과를 시험해보고 싶다는 페이지의 소망은 점점 커져갔다. 집단 예방접종이 올바른 해결책이 아니라는 생각 역시 커져만 갔다. 자신이 맡은 구역에 사는 1200만 명 모두에게 예방접종을 하는 것은 쉬운 일이 아니었다. 수많은 부족이 수백 개가 넘는 언어를 쓰는 곳에서 제대로 임무를 수행하기에는 기반 시설도 의사소통 수단도 턱없이 부족했다. 1200만 명 모두에게 예방접종을 하는 것은 불가능해 보였고, 실제로 바이러스에 가장 취약한 사람 중에서도 20퍼센트 정도에게는 백신을 놓지 못할 가능성도 높았다. 이 가설이 옳다면 내년도 천연두 발병률은 올해와 다르지 않을 것이다. 결국 별다른 소득도 없는 일을 위해 끊임없이 주사를 놓는 지루한 일을 하고 있는 것인지도 몰랐다.

페이지와 동료들은 자신들이 발견한 조사 및 차단 전략을 나이지리아 동부에서 천연두 박멸 프로그램을 지휘하고 있는 아네잔우Anezanwu 박사에게 설명했다.

“우리는 함께 앉아 우리가 경험한 일을 이야기하고, 나이지리아 동부에서는 대부분 천연두가 북쪽에서 발생해 남쪽에서 사라져간다는 걸 입증하는 그래프를 보여주었죠. 그래프를 보면 이런 생각이 떠오릅니다. 초기에 발견해서 바이러스를 앞서 간다면 남쪽으로 퍼지는 걸 막을 수 있지 않을까? 우리는 천연두가 발생하는 지역을 감시하고 해당 지역에 백신 접종을 집중적으로 실시하는 방법을 논의했어요. 하지만 새로운 방법을 시도하려면 보건부의 승인을 받아야 했죠."

나이지리아 보건부로서는 위험 부담이 있는 제안이었다. 미국 사람들이야 자신들의 판단이 틀렸다면 그저 이 나라를 떠나면 된다. 그러나 아네잔우 박사는 이곳에서 그 결과를 감당해야 한다. 자신의 판단이 틀렸을 경우 분명 명성도 직업도 모두 잃고 말 것이다. 그러나 아네잔우 박사는 도전 정신을 자랑스럽게 여기는 이보 부족의 일원이었다. 열린 마음을 가진 아네잔우 박사는 세 사람의 설명을 듣는 동안 기꺼이 틀을 깨고 생각해보자는 마음을 먹게 됐다. 설명을 들으면 들을수록 새로운 전략이 효과가 있으리라는 확신이 들었다.

페이지는 자신의 의견에 확신이 있었지만 자신이 무엇을 걱정해야 하는지도 잘 알았다.

"그 사람들이 무슨 생각을 하는지 몰라 불안했죠. 서아프리카의 모든 사람들이 한길로 달려가고 있는데 굳이 위험을 감수하고 기존 방식을 깨야 할 이유가 없다고 생각할 수도 있으니까요."

어쩌면 나이지리아 정부가 있는 서부와 페이지가 있는 동부의 사이가 좋지 않은 것이 도움이 될지도 몰랐다. 지난해 서부 사람들과 동부 이보 부족 사이에 다툼이 있었다. 나이지리아 신문은 연일 서부에서 멀어져가는 동부와 동부의 자치에 대한 기사를 실었다. 그 덕분에 동부에서 가장 큰 부족인 이보 부족은 자치권을 행사할 수 있었다. 나이지리아 정치인들은 미국 사람들에게 내전은 없을 것이라고 장담했다. 어떤 상태로든 안정을 유지해나갈 거라고 했다. 더구나 실제로 전쟁이 벌어진다고 해도 양쪽 모두 군인을 훈련하고 필요한 물품을 확보하는 데 상당한 시간이 걸릴 게 분명했다.

보건부 동부 지구는 결국 페이지의 새로운 전략을 시험해보기로 했다. 천연두를 효과적으로 없애려고 페이지 가족은 에누구에 있는 아파트로 이사했다. 가구도 거의 없고 이웃 사람들이 전기를 훔쳐 가기 일쑤인 곳이었지만 그래도 페이지 가족들에게는 집이었다. 보건 의료 관계자, 선생님, 우체부, 선교사, 언론을 연결하는 통신망을 구축해서 천연두 발병 사실을 확인한다는 계획을 세웠다. 일단 천연두 환자를 발견하면 보건부 직원을 포함한 세 사람으로 구성된 구조 팀을 급파해 환자의 상태를 판단하고 지역 사람들에게 병을 진단하는 방법을 알려주고 예방접종을 한 다음 또 다른 환자가 있는지 찾아보기로 했다. 한 팀을 이룬 세 사람은 마치 군대 사령관처럼 지도를 펼쳐 바이러스가 퍼져나갈 예상 지역을 판단해, 해당 범위에 든 지역 사람들에게 예방접종을 실시하도록 했다.

나이지리아 동부는 북동쪽에 있는 차드Chad 호수에서 시작해 둥글고 붉은 벽돌집이 듬성듬성 있는 사막 같은 땅을 지나, 나이지리아 중부에 있는 산처럼 보이는 화강암 평원까지 이어지고, 그곳에서 오고야의 사바나 지역을 지나 남쪽에 있는 카메룬과 맞닿은 국경의 열대우림 정글까지 이어진다. 아주 넓은 지역이라 나이지리아 동부를 모두 둘러보려면 몇 주가 걸렸다. 여행하는 동안 세 사람은 고장 난 차 때문에, 물에 쓸려 간 도로 때문에, 그리고 도움을 요청하는 환자들 때문에 가던 길을 자주 멈춰야 했다. 페이지는 언제나 읽을거리를 들고 다녔다. 조금이라도 지체할 일이 생기면 그늘을 찾아 책을 읽었다.

한번은 비포장도로를 달리는데 갑자기 장애물이 나타났다. 세 사람이 타고 간 밴을 몰던 운전사가 급하게 브레이크를 밟은 덕분에 아무 일도 일어나지 않았다. 그러나 장애물을 피하려고 급하게 핸들을 꺾는 바람에 숲으로 돌진한 밴은 나무에 부딪쳤다. 다행히 다친 사람은 없었다. 그런데 갑자기 땅 주인이 달려오더니 페이지 일행이 그의 주주juju(신성한 나무)를 망가뜨렸다며 배상을 하라고 소리쳤다. 페이지는 땅 주인에게 차분하게 자신을 소개한 뒤 침착하게 대응했다. 페이지는 나무가 자신의 주주인 차를 망쳤으니 땅 주인이 차를 배상해야 한다고 말했다. 결국 땅 주인과 페이지는 비긴 것으로 하고 서로 손해를 물지 않고 헤어지기로 했다.

천연두 환자는 한 명이 보고될 때도 있었고 여러 명이 한꺼번에 보고될 때도 있었다. 페이지가 일주일 동안 1000명의 환자를 둘러봐야 할 때도 있었다. 마을 밖에 천연두에 걸린 사람들을 묵게 할 임시 숙소가 아프리카 마을 곳곳에서 생겨났다. 면역력이 생긴다고 알려진 천연두에 걸렸다가 나은 사람은 환자들의 간호와 급식을 담당했다. 한번은 어느 임시 숙소를 찾아갔는데, 그곳에서 페이지는 천연두의 모든 단계를 두루 보여주는 수백 명의 환자를 만났다. 환자들의 썩어가는 살에서는 자극적이면서도 역한 냄새가 났다. 다른 사람들처럼 페이지도 당황하지 않으려고 엄청나게 노력했다. 다른 지역에서 일하던 레이프 헨더슨Rafe Henderson은 당시 상황을 이렇게 회상했다.

"너무 심한 환자를 보면 공포에 질려 달아나고 싶어졌어요. 온몸이 피와 딱지로 뒤덮여 있고 감은 눈은 크게 부푼 모습을 생각해보세요. 숨도 제대로 쉬지 못하는 상태에서요. 그런 모습을 보면 내가 그 사람을 위해 아무것도 할 수 없다는 사실에, '저런 세상에! 내가 이걸 감당할 수 있을까?' 하는 마음에 공포에 사로잡히고 맙니다."

천연두 박멸 프로그램에 참가한 사람들은 모두 예방접종을 하고 왔다. 선택은 두 가지였다. 과학을 믿거나 집으로 돌아가거나. 그중에는 주어진 일을 견디지 못하고 돌아가는 쪽을 택하는 사람도 있었다.

마을 사람 중에는 전혀 다른 관점에서 천연두를 보는 사람들도 있었다. 그런 사람들은 천연두를 사크파타Sakpata 혹은 소포나Soponna라는 질병의 신으로 숭배했다. 이 사람들에게 천연두란 자신을 찾아온 불행의 신이었다. 천연두 신을 믿는 사람들은 사당을 세우기도 하고, 성직자들이 죽은 사람의 소지품을 갖거나 천연두 바이러스를 사람들 몸에 주입하는 접종 의식을 치르기도 한다.

남편들을 따라 마쿠르디까지 갔다가 베누에 강을 지나 잘링고를 가로질러 무비까지 가는 길은 세 미국인 아내들에게는 너무나 힘들었다. 나이지리아 동부를 누비며 세 미국인들은 천연두 환자도 찾아내고 일꾼들도 가르치며 회의에도 참석해야 했다. 서부에 있는 정부 관계자들과 동부 지도자들이 모두 참석하는 회의는 험악해지기 일쑤였고, 캠페인을 홍보할 포스터를 정하는 일 같은 작은 일조차도 엄청난 논쟁을 낳았다. 필요한 물자는 서부 정부에서 지원하고 일꾼은 동부에서 지원하는 구조였으므로 미국인들은 양측이 험악해지지 않도록 신중하게 행동해야 했다. 서부 정부가 첩자를 보낸다고 생각한 동부 지도자들은 길에 장애물을 설치하기 시작했다. 더군다나 술에 취해 허세를 부리는 무장한 청소년들이 장애물을 지키는 일이 많았다.

동부의 주도 에누구에 천연두가 발생하자 결정을 내려야 할 일이 한 가지 생겼다. 훈련을 받은 사람들은 모두 동부에서 예방접종을 하느라 바빴다. 에누구 사람들을 치료하려면 다른 곳에서 하던 일을 멈추고 나와야 하는 걸까? 톰슨은 당시 사람들 사이에서 오간 논쟁과 페이지의 견해를 기억하고 있었다.

"페이지는 오고야 팀이 에누구로 가서 예방접종을 해야 한다고 생각했어요. 저는 망설였지만, 결국 그의 의견을 따랐죠."

페이지는 천연두가 발병하는 곳이라면 어디든 달려가 불씨를 꺼버려야 한다고 주장했다. 산불이 났을 때 방화선 밖으로 튀어나간 불꽃을 큰불로 번지기 전에 꺼버려야 하는 것처럼.

에누구로 달려간 세 사람은 도시를 돌면서 예방접종을 실시할 장소를 물색했다. 세 사람이 멈춰 서서 지도를 펼치자 이방인 세 사람이 무슨 일을 하는 건지 의심스러워 한 그 지역 사람들이 몰려들었다. 페이지는 그때를 이렇게 회상했다.

"토요일이었어요. 그다음 주 월요일부터 예방접종을 하려고 후보지를 고르는 중이었죠. 우리는 사람들을 통제하면서도 필요한 모든 일을 할 수 있는 넓은 장소를 찾아야 했어요. 그런데 갑자기 경찰이 우리를 둘러싸더군요. 일에 열중해 있던 터라 그 사람들이 우릴 체포하는 것도 몰랐어요."

페이지와 동료들은 아네잔우 박사가 올 때까지 다섯 시간 동안이나 경찰서에 붙잡혀 있었다. 페이지가 체포된 것은 이때뿐만이 아니다. 페이지는 자신이 정치적으로 중립임은 만천하가 다 안다고 했다. 왜냐하면 양쪽 모두에게 체포된 적이 있으니까.

봄이 되면서 내전이 일어날 가능성이 커져갔다. 천연두 박멸 자문위원 세 사람은 가족들을 모두 나이지리아에서 떠나게 한 후 하던 일을 계속했다. 노상 장애물은 계속 늘어갔다. 몇 킬로미터마다 한 번씩 멈춰 서서 검문을 받아야 할 때도 있었다. 공식 문서처럼 보이는 서류를 가지고 있으면 검문을 쉽게 통과할 수 있다는 사실을 알게 된 세 사람은 문서를 만들어 가지고 다녔다. 검문소를 지키는 사람들은 대부분 글을 읽지 못했다. 따라서 외국인이 공식 문서처럼 보이는 스탬프가 찍힌 서류를 가지고 있으면 합법적인 활동을 한다고 생각해서 그냥 통과시켜주었다. 세 사람은 계속해서 천연두 조사 및 차단 활동을 하면서 예방접종을 해나갔다.

나이지리아 서부는 보건부의 조직력이 현저히 떨어진 상태로, 관리들이 계속해서 집단 접종을 준비하고 있었다. 그러나 동부 지역에서 일하는 사람들은 어느 곳이든 천연두 기미가 조금만 보여도 곧바로 달려갔다. 나이지리아 서부 정부가 1700년대 발발한 미국 독립전쟁에서 전군이 줄을 맞춰 한꺼번에 행진하는 영국 군인들의 전략을 택했다면, 동부는 적군을 만나면 게릴라 전술로 소규모 전투를 벌인 조지 워싱턴의 전략을 택한 셈이었다. 그 결과 서부 정부는 가지고 있던 백신을 거의 쓰지 않은 반면 동부 지역에서는 백신이 빠르게 사라졌다.

"동부 지역이 백신을 아주 빠르게 쓰자 서부 정부가 비난을 해왔어요. 서부 정부는 이보 부족을 정치적인 관점에서만 바라보았기 때문에 이보 부족이 하는 일을 좋아하지 않았어요. 다른 조직은 아직 체계조차 제대로 갖추지 못한 데다 우리는 천연두가 발생한 지역이라면 어디든 달려가 예방접종을 했기에 다른 지역보다 빨리 백신을 썼어요. 서부 정부는 천연두 박멸 사업은 국가 차원의 프로그램이라고 했죠. 그러니 다른 지역과 비슷한 속도를 유지해야 한다고 했어요. 다른 지역에서도 우리가 사용한 만큼 백신을 사용하기 전까지는 백신을 새로 줄 수 없다고요."

총알이 없는 군사와 약이 없는 의사가 무슨 일을 할 수 있겠는가? 빠른 속도로 상황을 개선해나가던 동부 팀은 갑자기 모든 일을 멈추어야 했다. 또다시 천연두가 기승을 부리기 시작했을 때 페이지에게는 백신이 없었다. 천연두 바이러스는 사람들 사이에 숨어 있다가 기회가 되면 또다시 사람들의 목숨을 앗아갈 텐데도.

훔친 백신으로 천연두를 예방하다

페이지로서는 이러한 상황을 받아들일 수 없었다. 이미 페이지는 새로운 전략이 효과가 있음을 입증해 보였다. 페이지는 자신의 방법이 효과가 있다고 확신했다. 만약 이 시점에서 그만둔다면 자신들이 발견한 방법이 옳다는 것을 어떻게 증명해 보이겠는가? 페이지와 동료들은 좋은 생각을 해냈다.

페이지가 있는 곳에서 라고스까지 가려면 험난한 일이 곳곳에 도사리고 있는 541킬로미터의 여정을 지나야 했다. 페이지는 2년 전 아프리카에 도착했을 때는 하게 되리라고 생각지도 않았던 일을 하려고 했다. 페이지와 동료 한 사람이 라고스에서 보건부의 물자를 보관하고 있는 창고로 들어갈 생각이었다. 일단 창고에 들어가면 고속 주사 총의 특별한 부속품을 보여달라는 구실을 대고 창고 내부를 샅샅이 둘러볼 생각이었다. 그다음 목표는 이랬다. 그날 밤 숙소로 돌아와 철저한 계획을 짠 후 다음 날 아침 다시 창고로 간다. 한 명이 경비원을 바쁘게 만드는 동안 다른 한 명은 백신이 있는 곳으로 가서 허가증을 보여주고 백신을 잔뜩 실어 온다.

계획을 마치고 돌아오는 내내 페이지 일행은 끊임없이 뒤를 돌아보았다. 트럭 한 대가 계속해서 페이지가 탄 차를 뒤따라왔다. 차를 멈추라고 하면 어떻게 해야 할까? 다행히 트럭은 저만치 뒤쪽에서 방향을 바꿔 돌아갔다. 백신을 도둑맞았다는 사실을 언제 알게 될까? 백신을 압수해 갈까? 돌아오는 내내 가슴을 졸여야 했던 일행은 계속해서 뒤를 돌아보느라 목이 다 빠질 지경이었다. 해가 저물었지만 일행은 아직 수십 킬로미터를 더 달려야 했다. 마침내 니제르 강에 있는 오니차 다리에 가까이 갔다. 넓은 니제르 강은 그제부터 진흙탕이 되어 있었다. 그러나 강 건너편은 비교적 안전했다. 이번 일의 결과가 훈계를 듣거나 추방되는 식으로 끝날 수도 있었다. 그러나 백신은 안전하게 지킬 것이다.

그때 갑자기 바리케이드가 나타났다. 탱크와 트럭이 무시무시한 위용을 자랑하고 있었다. 저 사람들은 서부 쪽 사람일까, 동부 쪽 사람일까? 페이지 일행이 차 밖으로 나오자 경비병이 다가왔다. 그는 동부 쪽 이보 부족 사람이었다. 밤이면 다리를 건너는 것도 무기를 소지하는 것도 금지되어 있었다. 경비병은 페이지 일행을 자신의 상사에게 데려갔고, 그 상사는 또 그 상사에게, 그 상사는 또 상사에게 데려갔다.

마침내 일행은 최고 책임자를 만날 수 있었다. 일행은 최고 책임자에게 천연두 백신에 대해 설명하고 에누구로 가져가는 길이라고 말했다. 경비병들이 짐 상자를 뒤졌지만 당연히 무기는 없었다. 탱크가 굉음을 내며 디젤 가스를 분사하면서 떠나가는 동안 천연두 전사 두 명은 의기양양하게 다리를 건너 동쪽으로 넘어왔다. 이제 두 사람이 가져온 백신이 사람들을 살릴 터였다.

그러나 얼마 후 비아프라 전쟁Biafran War이라고 알려진 나이지리아 내전이 시작되면서 상황이 완전히 바뀌었다.

"도대체 내가 여기서 무엇을 해야 하나 하는 생각을 하게 만드는 일들이 일어났죠. 그때 '의과대학을 다닐 때도 이렇게 힘들진 않았어' 하고 생각했던 게 기억납니다."

수천, 수백만 명의 서부 쪽 이보인들이 삶의 터전을 빼앗기고 동쪽으로 추방됐다. 서부 정부는 동부를 고립시키고 모든 교역을 금지했다. 수백만 명이 넘는 사람들이 굶주림에 죽어갔다. 비아프라 전쟁 당시 굶주림 때문에 배가 크게 부풀어 오른 나이지리아 동부 아이들을 찍은 사진이 많이 남아 있다. 전쟁 기간에 구호 활동을 한 페이지도 두 번 정도 기관총 세례를 받아야 했다.

백신도 바닥이 나고 마지막 예방접종도 끝났다. 동부 보건부와는 오래전부터 연락이 끊겼고 천연두 발병을 점검할 사람도 없었다. 훗날 알게 된 바로는 동부에서는 더 이상 천연두가 발생하지 않았다고 한다. 훔친 백신이 제 역할을 해낸 것이다. 페이지와 동료들은 조사 및 차단 전략을 활용해 불과 6개월 만에 전체 인구의 6퍼센트만을 접종함으로써 나이지리아 동부에서 천연두를 완전히 없애버린 것이다.

질병통제예방센터로 복귀

미국 애틀랜타로 돌아온 페이지는 조사 및 차단 전략의 효과를 확신했다.

"조사 및 차단 전략을 모두가 받아들이게 하려면 충분히 넓은 지역을 연구한 결과가 필요합니다. 나이지리아 동부가 그런 지역이었죠. 나이지리아 동부에서 우리가 해내지 못했다면 다른 나라에서 같은 일을 해야겠다는 생각은 하지 못했겠죠. 우리는 이 전략을 나이지리아 내전이 발발하기 전인 6개월 만에 입증할 수 있을 거라고는 생각도 못했어요."

페이지는 어렵지 않게 질병통제예방센터를 설득할 수 있었다.

"그때 제 상관은 돈 밀러Don Millar였어요. 아주 정력적인 사람이었죠. 그는 별다른 이의 없이 조사 및 차단 전략이 멋진 전략이라고 생각하고 꼭 시행해야 한다고 했어요. 그래서 질병통제예방센터가 활동하는 서아프리카 20개 국가에서 조사 및 차단 정책을 실시하게 됐죠. 백신 수급률은 나라마다 달랐어요. 벌써 집단 예방접종을 실시하는 나라가 있었기에 이미 공급된 양은 저희가 손댈 방법이 없었기 때문이죠. 게다가 천연두 예방 프로그램과 함께 홍역 백신 프로그램을 진행하는 곳도 있었어요. 결국 이미 시행하는 프로그램과 함께 조사 및 차단 프로그램을 진행해나갈 수밖에 없었어요.

사실 전 시에라리온에서 조사 및 차단 전략이 큰 성공을 거둘 거라고 생각했어요. 그곳에서는 돈 홉킨스Don Hopkins가 누구보다도 일찍 그 전략을 시작했으니까요. 홉킨스는 조사 및 차단 전략을 맨 처음부터 시작해야 했어요. 당시 시에라리온은 천연두 발병률이 세상에서 가장 높은 나라였죠. 홉킨스는 조사 및 차단 전략을 이용해 아주 빨리 천연두를 잡아나갔어요. 하지만 조사 및 차단 전략이 일찍 성과를 낸 곳도 그렇지 않은 곳도 있었어요. 나이지리아는 동부를 뺀 나머지 지역에서는 성과가 빨리 나타나지 않았어요. 아프리카 20개 국가 중에서 가장 늦게까지 천연두가 나타난 곳이 나이지리아예요. 제 기억으론 1970년 5월에 나타난 환자가 마지막 환자일 거예요."

서아프리카 20개국에서 진행한 프로그램은 1968년 9월에 시작했다. 모든 나라에서 프로그램 시작 9개월 안에 천연두가 사라졌다. 그 공로로 페이지는 질병통제예방센터 천연두 부서 책임자로 승진했다.

거대한 인도에서 천연두와 싸우다

1973년이 되자 천연두가 풍토병이던 30개국 가운데 천연두가 근절되지 않은 나라는 인도, 파키스탄, 방글라데시, 에티오피아 네 곳밖에 남지 않았다. 이 네 나라는 나이지리아 동부와는 사정이 전혀 달랐다. 나라의 규모 자체가 달랐던 것이다. 인도의 경우, 인구는 나이지리아 동부의 50배가 넘는 6억 명에 달했고 마을은 50만 곳, 도시도 2641곳이나 있었다. 1962년에 공동 집단 예방접종 프로그램을 실시했지만 5년 후 천연두 발병률은 1958년 이후의 그 어느 때보다도 높았다. 매일 7만 명이 새로 태어나는 곳에서 집단 예방접종 프로그램이 성공하기란 쉽지 않은 일이었다.

애틀랜타에서 페이지는 인도에서도 조사 및 차단 전략을 사용하자고 제안하고 싶었다. 그러나 그는 자신이 인도에서 너무 먼 곳에 있다는 사실을 잘 알았다.

"몇 년 동안 정말 크게 절망했어요. 인도에서는 효과적인 전략을 구사할 수 없을 거라고 생각했으니까요. 우리에게는 아프리카에서 돌아온 최고의 인재들이 몇 명 있었어요. 그 사람들 모두 인도에서는 제대로 해내지 못할 거라고 낙담하며 떠나갔어요. 결국 전 질병통제예방센터를 통솔하는 데이비드 센서David Sencer를 찾아가서 말했어요. 계획이 성공한다는 장담은 할 수 없다. 하지만 그저 뒷짐 지고 앉아 불평만 터뜨리는 일은 도저히 못하겠다. 나를 인도로 보내주면 좋겠다. 센서는 그러라고 했어요."

1973년 4월, 페이지는 뛰어난 바이러스 학자인 스위스 출신 프랑스인 니콜 그라세Nicole Grasset와 힌두 사원에서 살려고 인도로 건너온 전염병 학자이자 불굴의 미국 히피인 래리 브릴리언트Larry Brilliant, 외몽골에서 5년을 보낸 후 인도로 옮겨 온 용감한 체코인 전염병 학자 즈데노 예젝Zdeno Jezek이 있는 세계보건기구 팀에 합류했다.

"전 뉴델리에서 살았어요. 가장 비중 있는 책임을 맡은 지역은 우타르프라데시 주와 비하르 주 두 곳이었죠. 그곳은 그때까지 인도에서 천연두 발병률이 가장 높은 곳이었고, 전 세계적으로 봤을 때도 그런 곳이었죠. 인도는 인구가 무척 조밀한 데다 천연두 전파 속도가 빨라 조사 및 차단 전략이 실패할 거라고 생각하는 사람이 아주 많았어요. 전파 속도가 엄청나게 빠르니 절대로 그 속도를 따라잡을 수 없을 거라고 생각한 거죠."

어쨌거나 페이지와 동료들은 천연두 발병률이 낮은 가을 동안 활동하는 천연두 바이러스를 조사해보기로 했다. 조사를 해나가는 과정은 쉽지 않았다. 네팔과 맞닿은 인도 북부의 네 개 주는 인도에서 발병하는 천연두의 90퍼센트 이상이 발생하는 지역이었다. 모두 22개의 천연두 감시 팀이 인도 북부 지방의 도시와 마을을 돌아다니며 천연두를 감시하기로 했다. 한 팀당 1000만 명 정도를 책임진 것이다.

조사를 시작하자 놀라운 이야기가 계속해서 들려왔다.

"1973년 10월 인도에서 대규모 조사를 실시했을 때, 천연두 환자를 찾으면 상을 줘야겠다는 생각이 떠올랐어요. 10월은 비교적 천연두 환자가 적을 때라 이때 포상제를 실시하면 좋겠다고 생각했죠. 어차피 10월은 거의 환자가 나오지 않거든요. 그런데 웬걸요. 6일 만에 네 개 주에서 새로 발견된 천연두 환자가 1만 명이 넘었어요. 제 생각대로 포상금 제도를 실시했다면 아마 우리는 파산하고 말았을 거예요. 인도 사람들이 제 제안을 거절했던 게 정말 고맙더군요."

페이지는 계속해서 이렇게 말했다.

"첫 번째 조사를 끝내고 나니 낙담할 수밖에 없는 이유들이 너무 많더군요. 그래서 조사를 그만두어야 한다고 생각하는 사람들도 있었어요. 전 우리가 조사를 계속해야 할 이유들이 아주 많다고 주장했죠. 인도에서 진행하려는 조사 및 차단 전략은 그 어느 때보다도 효과가 있을 테고, 그 전략을 사용하지 않는 것이야말로 우리가 원하지 않는 일이라는 걸 계속해서 강조했죠. 진흙탕에 뒹굴고 후퇴할 수는 있지만 감시를 계속해나가는 것, 그것이 우리가 할 일이라고요."

페이지는 전염병 학자 60명을 더 파견해달라고 요청했다. 이로써 모두 33개국의 전염병 학자 236명이 파견됐다. 조사 팀은 일주일 내내 하루 18시간 동안 일하는 고된 일정을 감수해야 했다.

"발병 빈도가 높은 주는 매달 한 번씩 회의를 했어요. 현장에 나간 사람들이 돌아오면 그날로 보고서를 작성하고 매달 적절한 방향으로 전술을 바꿀 수 있도록 재빨리 보고서를 분석했죠. 우리는 되도록 빨리 오류를 고쳐갔어요. 매달 목표를 높이려고 노력했지만 상황은 갈수록 나빠졌어요."

그런데 인도 사람들도 천연두 문제를 해결하는 자신들만의 방식이 있었다. 인도 학자로는 2년 동안 조금도 쉬지 않고 일하며 인도 보건부와 연결 고리를 만들어놓은 저명한 전염병 학자 M. I. D. 사르마Sarma가 있었다. 그 밖에도 C. K. 라오Rao, R. N. 바수Basu, 마헨드라 싱Mahendra Singh, 마헨드라 두타Mahendra Dutta 등이 있었다.

"세계보건기구 사람들은 밤새도록 인도 학자들과 기차 객실에 앉아 있어야 했어요. 그 일은 사무실에 앉아 일주일 내내 회의를 하는 것보다 훨씬 어려운 일이었죠. 하지만 아주 중요한 문제를 토의하는 동안 신뢰가 쌓여갔어요. 아주 민감한 문제를 다룰 때도 마찬가지였어요."

학자들 사이에 수많은 논쟁이 벌어졌다. 그때의 논쟁을 사적이고도 악의적인 경험으로 기억하는 사람들도 있다. 하지만 페이지를 비롯한 많은 학자들은 그때의 논쟁을 타협의 여지가 없는 완고한 주장이 오간 자리가 아니라 논리적으로 의견을 교환한 토론의 장으로 기억한다. 효과가 있는 최선의 방법을 찾고자 모두 활발히 의견을 펼쳤다. 앞으로 나아가고자 끊임없이 토론을 거듭했기에 학자들은 목표를 향해 전진할 수 있었다. 다른 사람의 의견에 귀 기울이고 그 내용을 숙고하는 일이 계속 반복됐다.

당시 페이지 일행이 깨달은 것 중에는 심리에 관한 것도 있었다.

"처음에는 조사원들이 백신을 가지고 나가서 천연두 환자를 발견하는 즉시 주변 사람들에게 예방접종을 하는 게 좋을 거라고 생각했죠. 하지만 그 방법은 효과가 없다는 걸 알게 됐어요. 만약 조사를 나간 사람이 예방접종까지 해야 한다면, 그 사람은 환자를 찾아도 그전보다 더 많은 일을 해야 한다고 느낄 겁니다. 결국 조사원들에게 환자를 찾지 말라고 부추기는 것과 다를 바 없는 일이에요. 따라서 환자를 찾는 일과 예방접종을 하는 일은 분리할 필요가 있었어요. 조사 팀은 환자를 찾아서 보고만 하고 예방접종은 다른 팀이 하게 했어요."

페이지는 이어서 이렇게 말했다.

"인도에서 대도시를 조사하는 건 한 나라를 조사하는 것과 마찬가지예요. 우리는 천연두가 풍토병인 지방은 한 달에 6일씩 조사를 나갔어요. 도시에서는 한 집 한 집 돌아다니며 환자를 찾았죠. 도시는 교통이 편리하기는 해도 시골보다 조사하기가 훨씬 어려웠어요. 도시는 이웃 간에 왕래가 뜸한 곳이에요. 옆집 사람이 천연두에 걸렸다 해도 그 사실을 알지 못해요. 시골이라면 이웃 사람들 사정을 훤히 알지요. 하지만 도시 사람들은 이웃 사정을 알지 못할 뿐 아니라 안다 해도 말하지 않아요. 그래서 천연두 조사는 도시에서 훨씬 어려웠어요. 아주 강도 높은 노동이었죠. 하지만 바이러스가 있는 바로 그 순간을 찾아내기 위해 한 달에 한 번씩 한 집 한 집 조사해나간다는 원칙은 똑같았어요."

처음에 페이지 일행은 감염된 사람을 찾으면 그 가족들과 그 집 주변에 있는 스무 가구의 사람들에게 예방접종을 하라고 예방접종 팀에게 지시했다. 그러나 그런 방법은 소용이 없었다. 천연두 환자는 늘어만 갔다. 환자를 치료하기 전에 새로운 환자가 계속 나왔다.

"스트레스와 긴장이 말할 수 없을 정도로 심했죠." 당시 보건부에서 일하던 바수의 말이다. "그 사람들(보건부)이 '프로그램은 진척이 있어요?' 하고 물을 때마다 그달에 조사한 환자 수를 말했어요. 환자 수는 매월 늘어났어요. 그럼 그 사람들은 절 비웃으며 이렇게 말하곤 했어요. '바수 박사님이 진척 사항이 마음에 든다는군. 계속해서 더 많은 사람들이 죽어가고 있으니까.'"

1974년 5월에 한 주에서 일주일에 1만 1600명의 천연두 환자가 나타나 그중에 4000명이 죽었다. 비하르 주 한 주에서만 감염된 사람이 8664명이나 됐다. 같은 달 인도는 처음으로 핵폭탄 실험에 성공했다. 그 때문에 많은 사람들이 핵폭탄도 정복한 인도가 천연두는 손도 쓰지 못한다며 비웃었다.

질병통제예방센터의 부국장 빌 왓슨Bill Watson은 이렇게 회상한다.

"정말 많은 사람들이 실망했어요. 다른 대안을 찾아야 한다고 말하는 사람도 많았죠. 새로운 방식은 완전히 실패했다며 옛날 방식으로 돌아가야 한다는 사람도 많았어요."

조사 및 차단 전략은 폐기될 위기에 처했다. 천연두 전략 회의에 참석한 보건부 직원 중 몇몇은 조사 및 차단 전략은 그만두고 집단 예방접종 체제로 돌아가야 한다고 주장했다. 그러나 의사 한 명이 일어나 말했다. 그는 자신이 시골 마을에서 자랐다고 했다.

"마을에서 불이 나면 마을 사람들은 불이 난 집에만 물을 뿌립니다. 모든 집에 물을 뿌릴 필요는 없지요." 그 말을 들은 보건부 장관이 마음을 돌렸다. 덕분에 페이지 일행은 한 달의 여유를 얻었다.

페이지 일행은 계속해서 노력했다. 한꺼번에 많은 환자가 나올 때면 다음 환자가 나타나기 전에 천연두 환자의 가족에게 예방접종을 끝내지 못할 때도 많았다. 하지만 조사 팀을 보내는 일도 예방접종 팀을 보내는 일도 결코 그만두지 않았다. 페이지는 그때를 이렇게 회상했다.

"그러니까 불을 향해 조금이라도 물을 끼얹는 것과 같은 일이었죠. 불길을 완전히 잡을 수는 없지만 불길의 세기는 줄일 수 있어요."

천연두가 확산되는 것을 한 번 막을 때마다 다음 번 천연두가 발생할 때까지의 공백기를 늘릴 수 있었다.

그리고 1974년 6월, 드디어 그 전달보다 천연두 발생률이 낮아졌다. 7월에는 6월보다 더 낮았다. 지금까지의 노력이 결과에 반영되기 시작한 것이다. 1974년 말, 현장 조사 프로그램을 확장했다. 지역 주민 3만 3000명을 포함해 10만 명이 넘는 조사원들이 집집마다 돌아다니며 천연두 환자를 조사했다. 마침내 연구원들은 천연두 환자를 발견하면 포상을 한다는 조건을 내걸었다. 그러자 많은 사람들이 연구 프로그램에 참가했다. 포상을 받은 사람들이 찾아낸 천연두 환자는 전체 환자의 11퍼센트였다. 1975년 1월에 인도에서 보고된 천연두 환자는 1010명에 불과했다. 2월에는 212명뿐이었다.

"생각해보면 뭐 아주 싱거운 일이었어요. 노력한 만큼 결과가 나타나지 않는다고 생각하고 있을 때 벌써 바이러스의 확산은 영향을 받고 있었고, 결국 차단 전략이 효과가 있었다는 걸 알게 된 거죠."

인도에서 천연두는 1975년 5월 이후로 자취를 감췄다.

"인도에서 경험한 일은 정말 믿기 어려웠어요. 제대로 된 결과를 내려면 반드시 협력이 필요했지만, 사실 인도에서는 그걸 기대하기가 어려웠거든요. 사람들과 협력해 완벽한 한 팀이 되려면 자신을 억제할 필요가 있어요. 인도 정부는 세계보건기구에서 보낸 우리들이 동의하지 않으면 중요한 결정을 내릴 수 없었죠. 세계보건기구 사람들도 인도 정부가 동의해주지 않으면 아무런 결정을 내릴 수 없었고요. 하나의 팀이 되어 함께해야 하는 일이었죠."

인도 다음으로 방글라데시에서 조사 및 차단 전략을 실시했고, 그다음에는 소말리아에서 실시했다. 세계에서 천연두 환자가 마지막으로 보고된 것은 1977년 10월 26일이다. 알리 마오우 말린이라는 23세 청년이었다. 알리는 무사히 회복했다. 그렇다면 바이러스는? 지구상에서 완전히 사라져버렸다.

게이츠 부부, 세계 보건 역사를 바꾸다

인도에서 질병통제예방센터로 돌아온 페이지는 1977년부터 1983년까지 그곳에서 근무했다. 그 후 애틀랜타에 있는 에모리 대학의 특훈 교수이자 카터센터Carter Center의 책임 소장으로 자리를 옮겼다. 카터센터는 지미 카터 전 대통령이 전 세계에 인도주의를 실천하고자 세운 재단이다. 2000년, 미국에서 가장 부자인 빌 게이츠와 그의 아내 멜린다 게이츠는 재단을 만들 준비를 하고 있었다. 그들은 페이지에게 자문을 요청했다. 그 요청을 받아들인 페이지에게 두 사람은 자신들이 읽어야 할 책을 추천해달라고 했다.

"도대체 몇 권을 소개해줘야 하는 건지 모르겠더군요. 그래서 정말 믿을 수 있는 친구들에게 이메일을 보냈어요. 한 사람당 다섯 권만 추천해달라고요."

페이지는 모두 82권의 책을 게이츠 부부에게 추천했다.

“몇 달 후 빌을 만난 자리에서 물어봤죠. 추천받은 책 중에서 몇 권이나 읽어봤냐고요. 그러자 빌은 너무 바빠서 19권밖에 못 읽었다고 했어요. 하지만 그 말이 사실인지 아닌지는 저야 모르는 일이죠. 그래서 또 물어봤어요. 어떤 책이 가장 좋았냐고요. 빌은 조금도 지체 없이 『1993년 세계은행 보고서』라고 하더군요. 그걸 두 번이나 읽었다고요.”

하지만 여전히 빌의 말이 믿기지 않던 페이지는 그에게 세계은행 보고서를 보고 무엇을 느꼈는지 물어봤다. 빌 게이츠의 대답을 들은 페이지는 그때 빌이 잠시 선행에 관심을 갖는 그저 그런 부자가 아님을 알게 됐다고 했다.

“그는 세계은행 보고서를 탐독했을 뿐 아니라 자신이 직접 보고서의 단점을 찾아냈어요. 정말 놀라운 일이었죠.”

게이츠 부부는 재단의 목표를 ‘건강을 혁신할 방법을 찾아 전 세계에 알리는 것’으로 잡았다. 얼마 후 워런 버핏도 게이츠재단에 큰돈을 기부하며 두 사람과 함께했다. 세 사람이 기부한 돈은 모두 380억 달러가 넘었다. 지금도 게이츠재단의 고문으로 있는 페이지는 게이츠 부부가 전 세계인들의 건강에 엄청난 기여를 하고 있다는 칭찬을 아끼지 않았다.

“앞으로 100년쯤 흐르면 세계 보건 역사를 큰 틀에서 볼 수 있겠죠. 그때가 되면 세계 보건 역사는 2000년을 전후로 크게 바뀌었다고 평가할 겁니다. 모두 게이츠 부부 덕분이죠. 두 사람이 모든 걸 바꾸었어요. 두 사람 덕분에 사람들은 더 나은 도구, 그 도구를 운반할 방법, 적절한 자원을 찾는 방법 등을 생각하게 됐죠. 두 사람은 모든 사람들이 태어난 장소에 상관없이 같은 수준의 치료를 받아야 한다는 사실을 진지하게 고민합니다.”

천연두를 잊어버린 행복한 사람들

그러나 세계 보건 역사의 전환점은 그보다 30년 앞서 시작됐다고 평가하는 역사가들도 있을 것이다. 지구 상에서 천연두가 사라진 것은, 인류가 함께 사는 이웃들에게 관심을 갖고 과학을 이용한다면 현재 지구에 사는 모든 사람들뿐 아니라 앞으로 태어날 인류에게 어떤 일을 할 수 있는지를 알려주었다.

물론 경제적 효과도 무시할 수 없다. 1970년대만 해도 미국 정부가 천연두 발병 억제를 위해 써야 했던 돈은 1억 5000만 달러에 이른다. 천연두가 사라진 후 미국 정부는 이 돈을 다른 곳에 쓸 수 있었다. 미국 정부는 현재 이 예산을 세계보건기구에 기부하고 있다. 천연두가 지상에서 사라졌을 때 세계보건기구를 맡고 있던 할프단 말러Halfdan Mahler 박사는 천연두 박멸 프로그램은 가난한 나라가 부자 나라에 20억 달러를 선물한 것과 마찬가지라고 했다. 천연두 박멸은 가난한 나라보다 부자 나라에 더 이익이 되었기 때문이다. 천연두가 사라진 덕분에 부자 나라들은 전 세계 시장을 자유롭게 개척할 수 있었다. 피어스는 천연두 박멸로 1억 2200만 명 이상이 목숨을 구했다고 했다. 늘어난 인구 역시 세계경제에 이바지한다.

세상에서 천연두가 사라진 것은 과연 얼마나 중요한 일일까? 미녀 선발 대회에 나간 어린 아가씨에게 소원을 물었을 때 그 아가씨가 "세계 평화요" 하고 답한다면 사람들은 어떤 반응을 보일까? 아마 대부분 사람들은 순진한 소리를 한다며 웃을 것이다. 하지만 두 차례의 세계대전, 베트남전쟁, 홀로코스트, 학살 등을 막은 사람을 보고도 사람들은 그저 웃고 말 것인가? 아니, 분명 전 세계 사람들이 찬사를 보내야 한다고 생각할 것이다. 그게 마땅하지 않을까? 그렇다면 천연두 박멸은 어떨까? 천연두는 20세기 한 세기 동안에 일어난 모든 전쟁, 테러, 학살, 정치 상황에 따른 기근 등으로 희생된 사람들의 수(전투와 비전투를 포함해 1억 8800만 명)를 월등히 뛰어넘는 목숨(3억 명)을 앗아갔다. 이 수치만 봐도 천연두 박멸은 인류 역사상 가장 뛰어난 업적 가운데 하나로 손꼽히기에 손색이 없다. 그러나 그런 업적을 세운 과학자들의 이름을 아는 사람이 과연 몇이나 될까?

천연두 박멸에 가장 큰 공헌을 한 사람은 대략 다섯 명이다. 천연두 백신을 만든 제너, 냉동건조 백신을 만든 콜리어, 고속 주사 총을 만든 이스마흐, 두 갈래로 갈라진 바늘을 만든 루빈, 조사 및 차단 전략을 세운 페이지가 그들이다.

"천연두 박멸에 공헌한 느낌이 어떠냐?"는 질문을 받으면 페이지는 자신이 한 일이 아님을 설명하려고 애쓴다. 대니얼 헨더슨Daniel Henderson, 센서, 밀러, 알렉스 랭뮤어Alex Langmuir의 공로를 나열하고는 이어서 한 사람의 팔에 주사를 놓을 때까지 거쳐야 하는 모든 일들을 설명해나간다. 수십만 명에 달하는 보건 관계자들, 수천만 명에 달하는 교사와 연구자들, 수십억 명에 달하는 납세자들 등등. 물론 그가 옳다. 천연두 박멸은 모든 인류가 함께 노력해서 성취한 업적이다.

하지만 그를 순순히 놓아줄 수는 없었다. 이번에는 자신이 해낸 일에 만족하는지 물어봤다. 그리고 조용히 앉아 그가 전해주는 낭만적인 이야기에 귀를 기울였다.

"인도를 처음 방문한 게 40년 전입니다."

그는 자신이 처음 인도에 갔을 때를 회상했다.

"그때는 얼굴에 마맛자국이 있는 사람이 거리에 많았어요."

그로부터 10년 후, 인도 전역을 돌아다니며 천연두를 없애려고 노력할 때도 페이지는 얼굴에 마맛자국이 있는 사람을 많이 보았다. 마맛자국이 있다는 것은 천연두를 앓은 적이 있다는 뜻이다. 그리고 10년 후, 페이지는 또다시 인도로 갔다. 인도는 어디에서나 많은 사람들을 볼 수 있는 '사람들의 나라'다. 페이지는 거리에 서서 지나가는 사람들을 쳐다보았다. 페이지를 지나쳐 가는 아이들 중에는 밝게 웃는 아이도 있었고 골이 나 있는 아이도 있었지만 얼굴에 마맛자국이 있는 아이는 한 명도 없었다.

1990년대에도 페이지는 인도를 방문했다. 또다시 거리에 서서 지나가는 사람들을 살펴봤다. 스무 살 미만인 사람 중에 마맛자국이 있는 사람은 없었다. 그리고 최근 페이지는 다시 인도 거리에 섰다. 서른 살 미만인 사람 중에는 마맛자국이 있는 사람이 없었다.

"그 모습을 보면서 생각했죠. '지금 지나가는 사람들 대부분이 이 나라가 얼마나 큰 변화를 겪었는지 모르겠군' 하고요. 젊은 사람들은 천연두에 대한 기억이 없어요. 정말 근사하지 않나요? 그런 모습을 보는 건 참으로 행복했어요. 그런 명백한 결과를 볼 수 있어서 정말 행복하답니다."

1억 2200만 명이 넘는 인명을 구하다

공헌한 일: 천연두 박멸

중요한 공헌자

- **빌 페이지**: 인구의 6퍼센트만 백신을 맞아도 전체 인구를 천연두로부터 지켜줄 수 있는 '조사 및 차단 전략'을 개발했다.
- **레슬리 콜리어**: 믿을 수 있는 냉동건조 백신을 개발했다.
- **애런 이스마흐**: 신뢰할 수 있는 백신을 주사할 고속 주사 총을 개발했다.
- **벤저민 루빈**: 전 세계 어디에서나 백신을 놓을 수 있는 두 갈래 주사를 개발했다.
- **에드워드 제너**: 우두 바이러스를 이용해 천연두 바이러스의 면역력을 길러 백신이라는 개념을 처음으로 소개했다.

헨리 젤펀드는 질병통제예방센터가 완벽한 자문단 역할을 해줄 거라고 생각하는, 촌철살인의 유머를 구사하는 키 큰 남자를 올려다봤다. 사실 젤펀드는 선교 활동을 하는 젊은이가 탐탁지 않았다. 그저 자국의 관리를 만족시키기 위해 페이지를 만나보기로 했던 것이다. 하지만 페이지가 아주 똑똑하고 멋진 자질을 갖추고 있으며 활기가 넘치는 사람임을 확인하는 데는 그리 오랜 시간이 걸리지 않았다.

"물론 불길이 방화선을 넘어서면 그렇게 하듯이 감염된 옷 위에 보호 거품을 뿌려 바이러스가 다른 곳으로 전파되는 걸 막을 필요는 있습니다. 그러나 전염을 막는 기본 원리는 놀라울 정도로 간단합니다. 산불을 막는 일과 비슷하죠."

-빌 페이지

"과학이 담고 있는 철학은 진리를 발견한다는 것입니다. 약학이 담고 있는 철학은 환자를 위해 그 진리를 활용한다는 거지요. 보건 건강이 담고 있는 철학은 사회정의입니다. 그건 정말 중요한 원칙이에요. 보건 프로그램은 사회정의를 실현하려는 시도입니다."

-빌 페이지

당시 아프리카에서 일했던 레이프 핸더슨은 "너무 심한 환자를 보면 공포에 질려 달아나고 싶어졌어요. 온몸이 피와 딱지로 뒤덮여 있고 감은 눈은 크게 부푼 모습을 생각해 보세요. 숨도 제대로 쉬지 못하는 상태에서요. 그런 모습을 보면 내가 그 사람을 위해 아무것도 할 수 없다는 사실에, '저런 세상에! 내가 이걸 감당할 수 있을까?' 하는 마음에 공포에 사로잡히고 맙니다"라고 했다.

천연두는 무시무시하다. 잉카제국과 아스테카제국을 비롯해 여러 남아프리카 원주민 국가가 천연두 때문에 사라졌으며, 전체 원주민의 95퍼센트가 죽었다.

"과학보다 나은 게 뭐냐고요? 그건 마음이 있는 과학, 윤리가 있는 과학, 공평한 과학, 정의로운 과학이겠죠."

-빌 페이지

페이지는 빌 게이츠에 대해 이렇게 말한다. "그 사람은 제게 와서 보건이 무언지 알고 싶다며 도와달라고 했어요. 사실 그런 이야기는 늘 듣는 이야기죠. 부자들은 언제나 그런 이야기를 하니까요."
그러나 빌과 멜린다 부부는 실제로 게이츠재단을 설립하고 페이지를 자문위원으로 초빙했다. 워런 버핏의 도움으로 전 세계 사람들의 건강, 교육, 개발을 위한 자금이 380억 달러가 모였다.
"앞으로 100년쯤 흐르면 세계 보건 역사를 큰 틀에서 볼 수 있겠죠. 그때가 되면 세계 보건 역사는 2000년을 전후로 크게 바뀌었다고 평가할 겁니다. 모두 게이츠 부부 덕분이죠. 두 사람이 모든 걸 바꾸었어요."

Frederick Banting

3장

고집으로 이루어낸 기적의 약, 기적의 연구:

인슐린을 찾아낸 프레더릭 밴팅

프레더릭 밴팅Frederick Banting(1891~1941)

당뇨병 치료제인 인슐린을 발견한 캐나다 의사. 100년 이상 수천 명의 과학자들이 당뇨의 비밀을 밝히고자 노력했지만, 결국 그 일을 해낸 것은 의사로서는 변변찮은 수입도 올리지 못한 채 대학 건물 맨 꼭대기, 연구실이라고 부르기도 힘든 무더운 방에서 땀 흘리며 연구한 농촌 출신의 밴팅이었다. 인슐린 발견으로 1923년 노벨 생리의학상을 수상했다.

인슐린

체내 물질대사에서 중요한 역할을 하는 호르몬 중 하나다. 췌장의 랑게르한스섬 베타 세포에서 분비되어 혈액 속의 포도당 수치인 혈당량을 일정하게 유지시키는 역할을 한다. 인슐린 분비에 이상이 생기면 당뇨병이 유발된다.

죽음의 사자, 당뇨

캐나다 토론토 중앙병원 공공자선병동에 누워 있는 열네 살 소년 레너드 톰슨은 혼수상태에 빠지기 직전 마지막으로 의식을 느꼈다. 핏기 없는 얼굴에 축 늘어진 몸. 머리카락은 빠져나갔고 배는 부풀어 올라 있었다. 소년이 숨을 쉴 때마다 병실에는 과일 썩은 냄새가 진동했다. 그의 병이 말기임을 암시하는 냄새였다. 1922년 1월 그날 소년의 몸무게는 30킬로그램이 되지 않았다. 앞으로 소년은 기껏해야 몇 주도 버티지 못할 것이었다.

같은 시기, 미국의 수도 워싱턴에서는 미국 국무장관의 열네 살 난 딸 엘리자베스 휴스가 베개를 덮은 자신의 머리카락을 쳐다보고 있었다. 하루에 700칼로리라는 빈약한 식사로 얻은 에너지를 조금이라도 절약하려고 필사적으로 애쓰는 소녀의 몸은 머리카락을 몸 밖으로 밀어내고 있었다. 몸무게는 20킬로그램, 키는 150센티미터가 겨우 될까 말까 한 엘리자베스는 10대 소녀라기보다는 작은 해골 같았다. 소녀의 어머니는 엘리자베스가 아무런 의지 없이 그저 생존해 있을 뿐임을 알았다.

뉴욕 주 로체스터에는 스물두 살의 지미 헤븐스가 있었다. 몸무게가 33킬로그램밖에 되지 않는 이 청년은 고통과 배고픔과 절망에 울부짖었다. 그는 "제발 자신을 죽여달라"고 가족들을 붙들고 사정했지만, 그를 너무나도 사랑하는 가족들은 그렇게 할 수 없었다. 가족들이 할 수 있는 일이라고는 병들어 죽어가는 아들을 그저 지켜보면서, 어쨌거나 아들을 죽이고 말 굶주림에 가까운 기아요법을 계속하는 수밖에 없었다.

1922년에는 이 세 사람을 괴롭히는 병에 걸리면 그대로 죽을 수밖에 없었다. 병명은 당뇨였다. 치료법이 없는 질병이라 몇 달 안에 기적이 일어나지 않는 한 이 세 사람은 결국 죽을 운명이었다.

철자에 약한 의사 지망생

프레더릭 밴팅은 1891년 11월 14일, 캐나다 온타리오 주의 작은 마을에 있는 농장에서 최대한 열심히 일할 수 있게 해달라고 비는 가족의 다섯 자녀 중 막내로 태어났다. 밴팅은 아주 혹독한 캐나다의 겨울에도 매일같이 8킬로미터가 넘는 길을 걸어서 학교에 가야 했다. 수줍은 소년이었던 밴팅은 자신을 가차 없이 다룰 때가 많은 학교를 싫어했다. 기껏해야 성적이 중간 정도였던 밴팅은 손을 들어 틀린 답을 말해야 하는 상황이 두려웠고, 철자가 틀린 단어가 잔뜩 적힌 공책을 보여주는 일이 너무나 부끄러웠다. 형제들은 모두 밴팅보다 훨씬 나이가 많았기에, 밴팅은 여가 시간이면 아끼는 동물과 놀거나 가장 사랑하는 어머니와 가까이 있으려고 농장에서 지냈다.

당시 시골 소년들은 고등학교 입학은 고사하고 8학년을 마치는 경우도 드물다는 것을 잘 알았지만 밴팅은 대학에 가고 싶었다. 왜 그런지는 자신도 알지 못했다. 아마도 책을 무척 좋아했기 때문인지도 몰랐다. 매일 밤 밴팅은 자신의 방바닥에 뚫린 구멍에 귀를 대고 아래층에 있는 부엌에서 들려오는 소리를 듣곤 했다. 아버지가 부엌 스토브 옆에서 월터 스콧이나 찰스 디킨스의 소설이나 윌리엄 워즈워스의 시를 읽으셨기 때문이다. 밴팅은 역경과 고난을 극복하는 이야기를 사랑했고 작가들이 창조한, 자신이 사는 농장과는 사뭇 다른 세계를 동경했다. 언젠가 자신도 농장을 떠나 그런 세계를 찾아내고 싶었다. 대학이 그런 기회를 제공해줄 것 같았다.

밴팅은 간신히 고등학교 입학시험을 통과했다. 훗날 밴팅의 고등학교 교장은 "우리 교사들은 밴팅이 그런 명성을 얻게 될 거라고는 생각하지 못했다"고 했다. 어쨌거나 밴팅은 1910년 토론토에 있는 빅토리아 칼리지에 간신히 입학할 수 있었다. 그의 목표는 (사실은 아버지의 목표지만) 목사가 되는 것이었다. 180센티미터에 달하는 키에 골격이 큰 밴팅은 고등학생 때부터 "운동선수가 되면 좋을 것"이라는 말을 자주 들었다. 철자법은 여전히 엉망이었다. 그것은 평생 동안 밴팅을 괴롭힌 문제로, 편지와 공책 곳곳에서 그 증거를 찾을 수 있다. 그는 또한 고집이 센 걸로도 유명했다. 아들에게 단호한 의지를 키워주고 싶었던 밴팅의 부모님은, 아들이 최고로 잘못된다 해도 기껏해야 고집이 센 사람이 될 정도로만 가끔씩 매를 들었다.

그러나 밴팅은 자신의 소명이 목사일 거라고 확신하지 못했다. 사실 어린 시절부터 밴팅은 약학을 좋아했다. 어린 소년이었을 때 밴팅은 발판에서 떨어져 심각한 부상을 입은 건설 인부 두 명을 목격한 적이 있다. 인부들을 도우러 사고 현장으로 달려간 밴팅은 의사들이 환자를 진료하고 치료하는 과정을 지켜보면서 의사라는 직업에 매혹되고 말았다. 훗날 그는 이렇게 적었다.

> 아주 긴박한 순간을 보면서 의료 종사자야말로 가장 멋진 삶의 봉사자라고 생각했다. 그날부터 내 야망은 의사가 되는 것이었다.

대학 2학년 때 밴팅은 대학을 중퇴하고 봄과 여름을 아버지를 도와 농장 일을 하면서 보냈다. 그때 밴팅은 오랜 대화와 기도와 설득 끝에 부모님의 허락을 받아냈다. 결국 부모님은 밴팅의 의학 공부를 지원해주기로 했다. 1912년 가을, 밴팅은 토론토 대학의 5년제 의대에 입학했다.

당뇨의 유혹에 빠져들다

밴팅이 의료직에 첫발을 내디딜 무렵, 의료계 종사자들에게 큰 변화가 일어났다. 20세기 전까지만 해도 미국에서 의사가 되려면 의사들이 운영하는 개인 병원에서 2년 동안 1년에 몇 달씩 도제 생활을 해야 했다. 그리고 여유가 있는 사람은 독일이나 오스트리아로 유학을 갔다. 1870년대 말만 해도 캐나다와 미국의 의과대학에는 연구실이 없었다. 설령 있다고 해도 입학 자격 심사가 없었기에 원하는 사람은 누구라도 의대에 들어갈 수 있었다.

그런데 1890년대에 들어서면서 의학 교육의 새로운 모델이 등장하기 시작했다. 직접 실험실에서 실험을 하고 의사가 되기 전에 기초과학과 의료 과학을 충분히 익혀야 했다. 1910년에 에이브러햄 플렉스너Abraham Flexner 박사가 이제 막 걸음마를 시작한 록펠러재단의 후원을 받아 발표한 「플렉스너 보고서Flexner report」가 모든 것을 바꿔놓았다. 당시 북아메리카에 있던 대부분 의과대학의 비참한 실상을 고발한 「플렉스너 보고서」 때문에 몇몇 대학을 제외한 거의 대부분의 의과대학이 문을 닫아야 했다. 같은 해 토론토 대학은 의과대학 과정을 현대식 교육과정으로 바꾸었다.

20세기가 시작되면서 현대 의학의 무한한 가능성이 구체적으로 그 모습을 드러내기 시작했다. 1899년에는 인류 최초의 합성약품인 아스피린이 시장에서 판매되기 시작했다. 독일 회사 바이엘 제약에서 개발하고 생산한 아스피린은 제약 산업의 탄생을 알리는 신호탄이었다. 그러나 여전히 의사들에게는 대부분의 질병을 치료하고 낫게 할 방법이 거의 없었다. 수백만 명이 넘는 아이들이 홍역이나 장티푸스, 디프테리아 같은 흔한 질병에 걸려 열 살을 넘기지 못하고 세상을 떠났다(불행하게도 개발도상국에는 이런 병 때문에 죽어가는 아이들이 지금도 여전히 많다). 백신도 거의 없었고 항생제 또한 없었던 시절이라 가벼운 감염만으로도 충분히 목숨을 잃을 수 있었다.

의사들은 몇 가지 기본적인 치료법으로 열병부터 콜레라에 이르기까지 모든 병을 다루었다. 사혈(방혈)은 의사들이 가장 많이 쓰던 치료법으로, 의사들은 불결한 상태로 환자의 정맥을 절개해 피를 빼거나 환자 몸에 거머리를 붙여 피를 빨게 했다. 또한 병 때문에 생긴 불결함을 없앤다는 이유로 겨자 연고 같은 습포제를 환자의 몸에 발랐다. 사정이 이렇다 보니 많은 환자들이 병 그 자체가 아닌 이런 치료법들 때문에 죽어간 것도 이상한 일이 아니다.

밴팅 또한 "매독에 감염된 환자를 만나면 먼저 요금을 말해주고 돈부터 받아라" 등과 같은 의사들이 알아야 할 기본 상식을 포함한 당시 의사들이 사용하던 모든 치료법을 익혔다. 수술실에서 오랜 시간을 보내야 했던 밴팅은 곧 수술을 사랑하게 됐다. 물론 대학교 4학년 때만 해도 그렇지는 않았다. 대학 4학년 때 밴팅은 당뇨학자인 프레더릭 앨런Frederick Allen의 강의를 들었다. 앨런은 당뇨를 치료하는 방법은 오직 하나, 굶기는 것밖에 없다고 했다. 밴팅은 앨런의 강의에 깊은 감명을 받지는 않았는지, 그날 공책에 적은 내용은 단 한 가지밖에 없었다.

"환자를 굶기는 것은 위험하지 않다. 환자의 몸무게를 유지하는 것이 언제나 좋은 것은 아니다."

1916년 12월 9일, 학위를 딴 밴팅은 의대를 졸업했다. 당시 캐나다는 제1차 세계대전에 깊숙이 개입해 있었기 때문에, 대학 동기들 중 많은 수가 그랬듯이 밴팅도 졸업식 다음 날 군에 입대했다. 훈련을 마친 밴팅은 토론토에서 자신을 훈련한 정형외과 의사 팀에 배치되어 1917년 1월, 전투에서 부상당한 병사를 치료하러 영국 켄트로 가는 배에 올랐다. 켄트에 도착한 밴팅은 여자 친구에게 보내는 편지에서 자신은 일주일에 세 차례씩 수술실에 들어가 의사를 돕고 100명이 넘는 환자를 돌보며 캐나다에서 온 가족들을 진료한다고 했다. 그도 많은 병사들과 마찬가지로 여가 시간이면 여흥을 찾아 나섰다. 그의 자서전을 쓴 마이클 블리스Michael Bliss의 말처럼 밴팅은 "천생 남자"일 수밖에 없는 사람으로, 술과 여자를 좋아했다.

하지만 켄트 생활은 1918년 6월로 끝이 나고, 밴팅은 프랑스 전방에 배치되었다. 밴팅은 그곳에서 진짜 전쟁을 경험한다. 그는 많은 환자들이 결국 죽게 될 후방 병원으로 후송되기 전에 환자들의 상처 부위를 씻기고 붕대로 감는 일을 했다. 그리고 1918년 9월 27일이 됐다. 밴팅은 치열한 전투를 벌이다 독일군이 쏟아붓는 포탄을 피해 도랑 밑에 피해 있었다. 그래도 밴팅은 환자들을 도와야 한다는 생각에 의료 막사로 뛰어갈 기회만 노렸다. 그때 유산탄 파편이 밴팅의 오른팔에 박혔다. 출혈과 고통이 엄청났지만 밴팅은 상관이 밖으로 나가 치료를 받으라고 명령할 때까지 계속해서 환자를 돌봤다. 포화 속에서 용감하게 치료 활동을 펼친 그에게 군은 "누구보다도 뛰어난 열정과 용기를 치하하고자"라는 말과 함께 전공십자훈장을 수여했다.

하지만 밴팅은 훈장을 받음과 동시에 군에서 제대해야 했다. 몇 주가 지나도 밴팅의 팔은 완치되지 않았다. 의사들은 그의 팔을 잘라내려고 했지만 밴팅은 절대 허락하지 않았다. 팔을 잘라내면 더는 외과 의사 일을 할 수 없었기 때문이다. 그래서 밴팅은 자신이 아는 가장 실력 있는 의사에게 치료를 맡기기로 했다. 직접 치료하기로 한 것이다. 몇 달의 회복 기간을 지나 1919년 2월, 그는 드디어 멀쩡하게 완치되어 캐나다로 돌아왔다.

캐나다로 돌아온 밴팅은 1919년 여름이 끝나갈 무렵에 정식으로 제대하기 전까지 토론토 군병원에 머물며 뼈가 부러진 병사들의 뼈를 고정하고 치료하면서 6개월을 보냈다. 제대 당시 스물여덟 살이었던, 술과 담배를 좋아한 밴팅은 고등학교 선생님이던 에디스와 약혼했다. 하지만 그 후의 인생 계획은 구체적으로 세워져 있지 않았다. 전쟁을 겪은 젊은이들이 흔히 그렇듯 그도 어떻게 살아야 할지 알 수 없었다.

밴팅은 토론토 어린이 병원에서 1년 동안 일하기로 했다. 그 후 6개월 동안 밴팅은 100번의 수술을 도왔고 100번의 수술을 직접 했지만 정규직 제의는 받지 못했다. 결국 1920년 봄도, 여전히 어떤 인생을 살아야 할지 모르는, 그 전과 다를 바 없는 상태로 맞아야 했다. 고정 수입도 없이 결혼할 생각은 없었기에 무척 초조했던 밴팅은 자신이 직접 병원을 개업하기로 했다. 당시 에디스는 토론토에서 서쪽으로 200킬로미터 정도 떨어진 온타리오 주 런던에 살고 있었다. 런던은 인구가 6만 명인

도시였다. 토론토와는 달리 런던에는 외과 의사가 많지 않았다. 밴팅은 아버지에게 돈을 빌려 7800달러짜리 벽돌집을 사들였다. 그는 널빤지로 만든 간판을 내걸고 아래층 일부를 집무실로 사용하기로 했다.

그곳에서 밴팅은 손님을 기다렸다. 밴팅의 기다림은 오랫동안 계속됐다. 밴팅이 첫 번째 손님을 맞은 것은 개업하고 3주가 지난 뒤였다. 첫 달 밴팅의 수입은 4달러였다. 그렇게 몇 달이 지나자, 무료하기도 하고 가난하기도 했던 밴팅은 온타리오 주에 있는 웨스턴 대학에서 외과 집도와 해부학 강의를 하기로 했다. 1920년 10월 31일, 사실 밴팅 자신도 대학 시절 강의를 한번 들은 것 외에는 아는 바가 전혀 없었던 당뇨와 탄수화물 대사에 관한 강의를 준비하던 중, 그 전날 배달되어 온 〈외과, 부인과, 산과*Surgery, Gynecology and Obstetrics*〉 11월호를 읽게 됐다. 사실 그 잡지는 잠이 안 올 때 잠을 잘 목적으로 읽는 잡지였다. 그런데 밴팅은 잠이 들기는커녕 논문 한 편에 매혹당하고 말았다. 논문 제목은 「췌장 결석증을 중심으로 살펴본 당뇨와 랑게르한스섬의 관계」로 모지스 배런Moses Barron이 쓴 것이었다. 이 재미없어 보이는 논문이 의학계에 혁명을 일으키는 결정적인 계기가 되었다.

당뇨병의 비밀을 밝히려는 인류의 노력, 그리고 좌절

당뇨는 인류와 처음부터 함께한 질병이었을 것이다. 고대 그리스인들도 당뇨에 대해 알고 있었다. 당뇨를 뜻하는 영어 'diabetes'는 '흡수관' 혹은 '파이프 같은'이라는 뜻의 그리스어에서 온 것이다. 당뇨란 당이 많이 든 소변을 뜻한다. 고대인들은 당이 많이 든 당뇨 환자의 소변 단지에 파리와 벌이 많이 꼬인다는 기록을 남겼다. 1675년에 영국 의사 토머스 윌리스Thomas Willis는 당뇨 환자 여러 명의 소변 맛을 보고 한결같이 단맛이 난다는 사실을 알아냈다. 그 후 2세기 동안 소변 맛을 보는 것은 당뇨 환자를 판별하는 공식 진단법이었다. 현재 우리는 당뇨 환자의 소변에서 단맛이 나는 이유가 당뇨 환자들이 사람이 살아가는 데 꼭 필요한 필수 에너지원인 포도당을 제대로 대사하지 못하기 때문임을 안다.

그 시절에도 의사들은 당뇨에는 두 가지 종류, 즉 소아 당뇨와 성인 당뇨가 있다는 사실을 알았다. 소아 당뇨는 주로 어린아이들에게서 나타나고 성인 당뇨는 중년층 이상에서 주로 나타났다. 그중에서도 소아 당뇨는 무서운 병이었다. 갑자기 엄청나게 목이 마르고 소변량이 증가하면서 심각하게 배가 고프고 체중이 감소한다. 현재 1형 당뇨라고 부르는 이 소아 당뇨는 아이뿐 아니라 어른도 걸릴 수 있으며, 유럽과 북아메리카에만 소아 당뇨 환자가 200만 명이 있다. 1형 당뇨병은 일종의 자가면역반응이다. (바이러스 같은) 자극원이 기존의 면역계를 공격하는 유전자를 자극해 활성화시키면 면역계가 인슐린을 분비하는 췌장 세포를 공격한다. 인슐린은 지방세포와 근육세포에 포도당을 저장하는 호르몬이다. 인슐린이 포도당 운반 단백질이라고 하는 세포막의 수용체와 결합하면 세포에서 포도당이 세포막을 통과할 수 있게 해주는 단백질이 합성된다. 인슐린이 없으면 세포 속으로 포도당이 들어가지 않아 세포에 필요한 에너지를 만들어낼 수 없다. 에너지가 없으니 당연히 동물세포가 생명을 유지하는 데 필요한 활동을 할 수 없다.

사망률이 100퍼센트인 1형 당뇨를 잡고자 인류는 수백 년 동안 노력해왔다. 처음에 의사들은 환자에게 다량의 설탕을 먹여서 몸 밖으로 빠져나오는 당을 보충하는 방법을 썼지만, 그 방법은 환자의 사망 시간을 앞당길 뿐이었다. 1776년에 당뇨 환자의 혈액에서 당을 발견하면서 당뇨가 단순히 비뇨기 질환이 아닌 전신 질환이라는 사실을 알아냈다. 그로부터 몇 년이 지난 후 토머스 콜리Thomas Cawley가 당뇨로 죽은 환자를 부검해 간 위에 있는 작은 젤리처럼 생긴 분비샘인 췌장이 오그라든 모습을 확인하고, 췌장이 당뇨와 중요한 관계가 있다는 사실을 처음 발견했다.

독일 과학자인 요제프 폰 메링Joseph von Merring과 오스카어 민코프스키Oskar Minkowski가 췌장 안에 있는 무언가가 무시무시한 당뇨병과 관계가 있다는 가설을 세운 후 20년이 지난 1889년, 민코프스키는 배변 훈련이 된 개의 몸에서 췌장을 떼어낸 후 개가 배변을 가리지 못하고 아무 데나 오줌을 누는 모습을 관찰했다. 민코프스키가 개의 오줌을 검사해보자 당이 가득 들어 있었다. 그 실험으로 민코프스키는 살아있는 동물에 당뇨병을 유도한 첫 번째 사람이 됐다. 민코프스키의 실험이 특히 중요한 이유는, 소화를 돕는다고 알려진 췌장호르몬의 분비를 막고자 개의 창자와 이어진 췌장관을 자르면 당뇨가 나오지 않는다는 사실을 알아낸 것이다. 췌장의 다른 부분과 관계 있는 게 분명했다.

그 다른 부분을 제일 처음 언급한 사람은 1869년 독일 의대생 파울 랑게르한스Paul Langerhans다. 랑게르한스는 췌장에는 두 종류의 세포가 있다는 사실을 알아냈다. 하나는 포도송이처럼 모여 있는 선방 세포acinar cell로, 소화와 관계가 있는 효소를 분비한다. 췌장에는 선방 세포와는 관계가 없는 세포가 또 있다. 그로부터 몇 년의 시간이 흐른 후,

프랑스 과학자 에드아르 라귀스Edouard Laguesse가 췌장 위에 섬처럼 떠 있는 이 세포들에 발견한 사람의 공로를 기려 '랑게르한스섬'이라는 이름을 붙였다. 건강한 췌장에는 전체 췌장 무게의 2퍼센트 정도를 차지하는 100만에서 300만 개에 달하는 랑게르한스섬 세포가 있다.

1893년 프랑스 과학자 E. 에동Hédon은 랑게르한스섬의 일부만 남기고 소화효소를 분비하는 부위를 포함한 췌장의 거의 대부분 부위를 개의 몸에서 떼어냈다. 떼어낸 췌장은 개의 피부에 이식했으므로 기능은 정상적으로 작동할 수 있었다. 떼어낸 췌장을 피부에 이식한 개는 당뇨를 누지 않았다. 그래서 이번에는 남은 췌장 부위를 떼어냈다. 그러자 세상에! 당뇨가 나왔다. 랑게르한스섬 안에 있는 무언가가 당뇨를 막아주는 게 분명했다. 그 후 몇 년 동안 400명이 넘는 과학자들이 랑게르한스섬의 비밀을 밝히려고 노력했다. 19세기가 끝날 무렵 당뇨병 학자인 리디아 듀잇Lydia Dewitt은 이러한 현상을 다음과 같이 평가했다. "인체의 그 어떤 조직과 기관보다도 랑게르한스섬에 더 많은 생각과 연구를 쏟아부었다."

1906년 6월 20일, 독일 내과 의사 게오르크 루트비히 주엘처Gerog Ludwig Zuelzer가 당뇨로 의식을 잃은 환자에게 소의 췌장 추출액과 아드레날린을 주사했다. 그 환자는 배고픔을 느끼며 의식불명 상태에서 깨어났다. 하지만 12일 후 주엘처가 준비한 추출액이 떨어지자 환자는 죽고 말았다. 훗날 주엘처는 이렇게 적었다. "고통스럽게 누워 있던 환자가 죽기 직전에 빠른 속도로 회복한 후 실제로 건강해지는 모습을 보는 건 누구나 절대 잊을 수 없는 경험이다."

주엘처는 췌장 추출물이 죽기 직전의 당뇨병 환자를 소생시킨 기적을 가장 먼저 경험한 사람일 뿐이다. 하지만 췌장 추출물로는 환자를 완전히 낫게 할 수 없었고 환자들은 누구나 구토, 고열, 발작 같은 부작용에 시달렸다. 1913년 당뇨병 학자인 앨런은 결국 이렇게 선언했다. "전문가라면 누구나 당뇨병에 처방하는 췌장액 주스 요법이 명백한 실패임을 인정한다. …… 췌장 추출액은 소용이 없을 뿐 아니라 위험하기까지 하다."

밴팅이 만성절에 밤늦게까지 당뇨병 관련 논문을 읽던 무렵, 의료계가 택한 당뇨의 주요 치료법은 두 가지였다. 즉 고통을 줄여주는 아편과 악명 높은 '앨런 식이요법'이었다. 앨런 식이요법은 환자의 소변에서 당이 전혀 나오지 않을 때까지 금식을 시킨 후 점차 식사량을 늘려 당을 완전히 배제할 때 얻을 수 있는 적정 열량 섭취를 유지하게 하는 것이다. 앨런 식이요법을 하는 환자들이 하루에 섭취할 수 있는 열량은 맥도널드 감자튀김 빅 사이즈 한 개 분량인 400에서 600칼로리다. 엄청나게 적은 열량을 섭취하는 환자들은 기력이 없어 침대에 누워 있을 수밖에 없으며, 가족이 기르는 카나리아의 모이를 훔쳐 먹을 정도로 음식에 대한 집착이 심해진다. 몇 년 후 제2차 세계대전 당시 집단 수용소에서 살아남은 사람들 사진이 전 세계를 돌며 전시됐을 때, 의사들은 그들의 모습이 앨런 식이요법을 받는 환자들의 모습과 닮았다고 생각했다. 1형 당뇨병에 걸린 사람이 앨런 식이요법을 받지 않으면 1년 혹은 1년 반 후에 세상을 떠났고, 앨런 식이요법을 받으면 4년에서 5년 정도 후에 세상을 떠났다. 어쨌거나 결과는 같은 셈이었다. 1형 당뇨병에 걸리면 결국에는 죽을 수밖에 없었다.

당뇨 연구에 빠져든 괴짜 의사

1920년 10월의 그날 밴팅이 논문을 읽은 것은 생리학에 관심이 있었기 때문이 아니다. 그저 잠에 들고 싶어서였지만, 논문은 그를 잠들게 하기는커녕 생생하게 깨워놓고 말았다. 논문에 실린 생각들이 그의 흥미를 돋우었기 때문이다. 논문의 저자는 당뇨로 사망한 환자를 부검하면서 췌장의 가장 큰 관을 막고 있는 작은 돌을 찾아냈다고 했다. 그 관은 강력한 췌장 효소들이 소화를 도우러 위 쪽으로 내려가는 통로였다. 그 돌 때문에 췌장은 오그라들어 있었지만 랑게르한스섬의 세포들은 여전히 건강한 상태였다. 따라서 저자는 랑게르한스섬을 제외한 췌장의 나머지 부분을 의도적으로 파괴하면 당뇨에 중요한 역할을 하는 비밀에 쌓인 내부 물질을 분리해낼 수 있을지도 모른다고 했다. 저자는 또한 그 물질을 찾아내면 당뇨를 치료하는 법도 함께 찾아낼 가능성이 있다고 했다. 그 글을 읽은 밴팅은 강력한 췌장 효소가 그 물질을 파괴해버리기 때문에 랑게르한스섬에서 비밀의 물질을 분리해낸 사람이 없었던 것일지도 모른다고 생각했다. 췌장의 나머지 부분에서 랑게르한스섬만 분리할 방법이 있지 않을까?

즉시 잠자리에서 일어난 밴팅은 논문을 몇 편 더 읽으며 자신의 생각을 적어나갔다. "당뇨(그는 당뇨를 diabetes가 아니라 diabetus라고 적었다). 개의 췌장관 결찰(잡아매기). 랑게르한스섬을 놔두고 선방 세포만 퇴보할 때까지 개는 살게 하기. 요당(소변에 들어 있는 당)을 분비하게 하는 내부 물질을 분리해낼 수 있게 하자."

〈타임〉 지에 실린 밴팅의 부고 기사에 실린 것처럼, 밴팅은 랑게르한스섬이 분비한 비밀의 물질은 탄수화물 대사를 돕는 액체를 공급하는 점화 플러그 역할을 하는 게 분명하다고 생각했다. 그의 생각은 진실에 상당히 근접해 있었다.

밤을 꼬박 새웠지만 다음 날에도 밴팅은 열정으로 불타올랐다. 그는 이제 막 난해한 문제를 풀 새로운 해결책을 발견한 듯한 기분에 사로잡혀 있었다. 그는 생리학과 학장 F. R. 밀러Miller를 찾아가 자신의 생각을 말했다. 그러자 밀러는 그에게 세상에서 가장 권위 있는 탄수화물 대사 전문가이자 토론토 대학 생리학과 교수인 존 제임스 리카드 매클라우드John James Rickard Macleod를 찾아가보라고 권했다.

그다음 주, 결혼식 때문에 토론토에 간 밴팅은 매클라우드에게 전화를 걸었다. 당시 44세였던 매클라우드는 스코틀랜드 목사의 아들이었다. 작은 체격에 말쑥한 옷차림, 정중한 태도가 특징인 매클라우드는 1913년 클리블랜드 웨스턴 리저브 대학에 있을 때 발표한 「당뇨-그 병리학적인 생리학Diabetse: Its Pathological Physiology」이라는 전공 논문 한 편으로 탄수화물 대사 분야의 권위자가 되었다. 그러나 1914년에는 혈당이 높아지는 이유를 찾는 연구가 제대로 진행되지 않아 애를 먹었다. 췌장이 당뇨와 관계가 있는 물질을 분비하고 있을 거라는 논문까지 쓴 매클라우드였지만, 사실 그는 그 물질을 분리해내는 일은 불가능할 거라고 생각했다.

밴팅이 매클라우드를 찾아간 1920년 11월, 매클라우드 교수는 연구의 초점을 대사 작용에 맞추고 있었다. 매클라우드는 뇌의 일부분이 간에서 이루어지는 포도당 저장을 조절하고 있다고 믿었다. 매클라우드뿐 아니라 많은 사람들이 밝혀지지 않은 뇌의 그 부분이 고장이 나서 당뇨 환자들의 혈액과 소변에 당이 많이 들어 있는 거라고 믿었다.

11월 7일에 있었던 두 사람의 첫 번째 만남은 그 뒤로 전개된 두 사람의 관계를 암시했다. 매클라우드는 밴팅의 의견에 회의적인 반응을 보였다. 매클라우드는 밴팅이 소심하고 설명하는 데 서툰 사람이라는 인상을 받았다(밴팅이 몇 차례나 강연 요청을 받아들였는지는 모를 일이지만, 실제로도 밴팅은 유창한 강연가하고는 거리가 멀었다). 역사가 블리스의 말처럼 어느 순간부터 매클라우드는 "책상에 놓인 편지들을 읽기 시작했고 자신을 방문한 예민한 방문자가 떠나주었으면 하는 의도가 담긴 몸짓들을 해보였다."

자신의 신호를 눈치채지 못한 밴팅이 도무지 떠날 생각을 하지 않자, 매클라우드는 퉁명한 말투로 전 세계에서 손꼽히는 몇몇 연구소에서 세상에서 가장 탁월한 과학자 몇 명이 췌장 추출물을 분리해내려고 노력했지만 모두 실패했다고 하면서, 밴팅이 성공할 것 같지는 않다고 말했다. 매클라우드는 밴팅에게 이렇게 물었다.

"그러니까 그 연구를 할 준비가 되어 있다고 생각한단 말이오, 밴팅 박사?"

매클라우드는 또한 그런 연구를 하려면 그 연구에만 초점을 맞추고 전념해야 한다고 했다. 밴팅의 고집을 자극하는 질문으로 그만한 질문은 또 없을 터였다. 밴팅은 자신은 그렇게 할 수 있다고 다짐했다. 하지만 매클라우드에게 밴팅의 연구 계획은 완전히 새로운 것이 아니었다. 사실 이미 몇몇 과학자들이 결찰을 이용한 실험을 해보았지만 모두 실패로 끝난 바 있었다. 그러나 다른 과학자들과 달리 밴팅은 췌장을 완전히 수축시킨 상태로 물질을 추출해낼 생각이었다. 매클라우드는 "어쩌면 내년 여름에"라는 말과 함께 밴팅을 교수실에서 내보냈다.

밴팅은 당장 연구를 할 수 없다는 사실에 잔뜩 실망한 채 런던으로 돌아왔다. 그는 당장 병원을 닫고 연구를 시작하고 싶었지만 약혼녀 에디스는 당뇨에 대한 생각은 잊고 병원 일에 전념하라고 했다. 밴팅도 그렇게 하겠다고 했다. 하지만 아무리 노력해도 당뇨에 대한 생각이 떠나지 않았다. 당뇨에 관한 생각이 밴팅을 완전히 삼켜버린 것 같았다. 아무리 생각해도 밴팅은 어째서 자신이 가설까지 세울 정도로 그 논문에 매혹된 건지 알 수가 없었다. 그 전에는 한 번도 연구를 해야겠다는 생각을 해본 적이 없었다. 어쩌면 당뇨를 연구하는 과정에 외과 수술이 들어 있기 때문인지도 몰랐다. 어쩌면 따분한 일상에서 탈출하고 싶었던 건지도 몰랐다. 하지만 정말로 어떤 영감을 받았기 때문인지도 모를 일이었다. 결국 밴팅은 1월에도 매클라우드 교수를 찾아갔고 3월에도 찾아갔다. 3월에는 여전히 자신의 생각을 여름에 검토해보자고 미루기만 하는 매클라우드에게 좀 더 분명한 인상을 심어주려고 자신의 생각을 글로 옮기기까지 했다.

천성적으로 참을성이 없는 밴팅은 3월의 만남 이후 완전히 낙담하고 말았다. 그는 캐나다 북쪽 끝에서 연구를 하려면 정규직 일자리가 있어야 한다는 사실을 깨달았다. 훗날 밴팅은 당시 상황을 다음과 같은 글로 표현했다.

> 내 상황은 절망적이다. 연구를 할 수 있는 가능성은 멀게만 느껴진다. 그래서 나는 5판 3승제로 동전을 던져보았다. 동전의 앞면이 나오면 나는 연구를 할 거고 뒷면이 나오면 석유를 찾으러 북극으로

갈 거다. 결과는 뒷면이었다. 그래서 나는 그곳에서 내 일을 찾을 수 있을 거라는 희망을 품고 기차를 타고 세인트토머스로 갔다. 일자리를 얻으려고.

몇 주 후 북극으로 가는 석유 탐사 팀이 자신들은 의사를 고용하지 않기로 했다는 소식을 보내왔다. 결국 런던에서 학생들이 치를 기말 고사를 출제한 뒤 밴팅은 다시 한 번 토론토로 가는 기차에 올랐다. 5월 14일이었다.

죽어가는 개들과 아일레틴

밴팅이 토론토에 도착했을 때 매클라우드는 여름휴가를 받아 해외로 나가 있었다. 그러나 토론토 대학 의대 건물 맨 위층에 있는 불결한 연구실에는 밴팅의 시선을 사로잡은 개 열 마리와 4학년 학생이 한 명 있었다. 학생의 이름은 찰리 베스트Charlie Best였다. 매클라우드는 베스트와 클라크 노블Clark Noble이라는 학생에게 여름 동안 밴팅을 도우라고 지시했다. 베스트와 클락은 한 달씩 나누어서 연구실에 나오기로 했다. 두 사람은 동전 던지기로 먼저 연구실 근무를 할 사람을 뽑았고, 베스트로 결정됐다. 베스트는 먼저 밴팅과 함께 몇 년 동안 청소를 한 번도 한 적이 없는 게 분명한 연구실을 깨끗하게 치워야 했다. 두 사람은 연구실이 반짝반짝 빛이 날 때까지 무릎을 꿇고 열심히 걸레질을 했다. 그러고 나서 개들을 살펴보았다.

첫 번째 개는 385번이라고 번호를 붙인 갈색 스패니얼 암컷이었다.

지금도 그렇지만 당시 스패니얼은 작고 비교적 온순해서 흔히 실험동물로 사용했다. 두 사람은 개를 마취시키고 배를 열어 췌장을 꺼내 췌장관을 묶고 다시 넣은 후 절개한 자리를 꿰맸다. 두 사람의 목적은 소중한 랑게르한스섬과 비밀의 물질만 남기고 췌장의 나머지 부분이 오그라들게 하는 것이었다. 다른 개들은 당뇨에 걸리게 하려고 췌장을 모두 제거했다. 그래야 비밀의 물질을 추출했을 때 실험해볼 수 있기 때문이었다. 그런데 불행하게도 385번 개는 마취약 과다로 실험 첫날 죽어버렸다. 그 뒤 둘째 주가 끝날 때까지 열 마리 중 일곱 마리가 죽었다. 추가로 개를 구입할 예산이 나오지 않았기 때문에 두 사람은 토론토 거리에서 사비를 들여 개를 사 와 연구를 계속해나갔다.

아주 무더운 여름인 데다 에어컨도 없는 꼭대기 층 연구소는 찌는 듯이 더웠다. 그래서 밴팅과 베스트는 자주 개들을 옥상으로 데려가 바람을 쐬어주었다. 7주가 지나고 열네 마리가 죽었지만 췌장이 위축된다는 증거는 어디에서도 찾을 수 없었다. 그제야 두 사람은 자신들의 실수를 깨달았다. 두 사람은 췌장관을 묶을 때 장선(동물의 창자로 만든 줄, 악기의 현이나 테니스 라켓의 줄을 만들 때 쓴다-옮긴이)을 썼는데, 이 장선이 췌장에 문제가 생기기 전에 느슨하게 풀어졌던 것이다.

밴팅은 차를 팔아 개를 좀 더 샀다. 이제 밴팅은 장선 대신 수술용 봉합사를 사용했고, 7월 30일 드디어 개 두 마리의 췌장이 수축했다. 밴팅과 베스트는 수축된 췌장에서 추출물을 빼내 혈당 수치가 200mg/dl인 작은 화이트 테리어에게 4시시 주사했다. 그러자 한 시간 만에 혈당 수치가 120mg/dl로 처음보다 40퍼센트 낮아졌다. 그러나 그 뒤로는 더 많은 양을 주사했는데도 몇 시간 안 되어 혈당 수치가 다시 높아지기 시작했다. 그 개는 다음 날 당뇨로 죽었다. 이틀 후 또 다른 개로 실험을 했지만 실패였다. 두 차례 시도로 개 두 마리가 죽었다. 이제 두 사람에게는 당뇨에 걸린 개가 없었다.

8월 3일, 밴팅은 콜리 한 마리의 췌장을 완전히 제거했다. 그다음 날 밴팅과 베스트는 화이트 테리어가 남기고 간 췌장 추출물을 콜리에게 주사했다. 그런데 놀랍게도 주사를 놓을 때마다 콜리의 혈당 수치가 떨어졌다. 간 추출물이나 비장 추출물 혹은 끓인 췌장 추출물을 주사할 때는 아무런 변화가 없었다. 너무 많은 주사를 맞은 탓에 8월 7일에 결국 콜리는 죽고 말았지만 마침내 밴팅은 매클라우드에게 자신들의 성과를 보고할 수 있었다.

> 말씀해드릴 것도 정말 많고 이제 가까스로 시작하는 단계라서 물어볼 것도 많습니다. 문제가 어떤 식으로 한쪽 끝이 풀리면서 다른 쪽 끝으로 말려 올라가는지를 보신다면 정말 좋아하실 겁니다. 현재 제가 분명하게 말씀드릴 수 있는 내용은 이렇습니다. ① 그 추출물은 예외 없이 당뇨 개의 혈당 수치와 오줌 속 당의 수치를 떨어뜨립니다. ② 차갑게 두면 적어도 4일 정도 기능을 유지합니다. ③ 끓이면 파괴됩니다. ④ 비슷한 상태로 준비한 간과 비장의 추출물은 당 수치를 낮추지 않습니다. ⑤ 추출액을 주입한 동물의 건강 상태가 호전됩니다. 모습을 드러내려고 하는 문제들이 너무나도, 너무나도 많습니다. 그중에 몇 가지를 연구해도 좋다는 허락을 받고 싶습니다.

실험 성과에 신이 나고 고무된 밴팅과 베스트는 다음 2주 동안 조금도 쉬지 않고 췌장을 제거하고 추출물을 만들었다. 8월 19일에 밴팅은 췌장을 비우는 새로운 방법을 시도했다. 호르몬으로 췌장을 자극해 췌장액(효소)이 완전히 사라질 때까지 외부로 분비하게 하는 방법이었다. 소화효소를 완전히 방출한 췌장은 랑게르한스섬과 같이 갈아 추출액을 만들었다. 이제 췌장이 수축할 때까지 기다릴 필요가 없어진 셈이다.

밴팅과 베스트는 당뇨에 걸린 콜리에게 새로 만든 추출액을 주사했다. 열두 시간 후, 너무 약해 서 있지도 못할 정도였던 콜리가 연구실 안을 마구 뛰어다녔다. 두 사람이 혈당을 낮추는, 불가능해 보이는 일을 해낸 것이다. 두 사람이 추출해낸 물질은 아직 이름도 없었고, 분자 구조를 밝히려면 앞으로 40년은 더 있어야 했지만, 밴팅과 베스트는 랑게르한스섬에서 분비되는 물질이 생명을 살리는 과정을 인류 최초로 목격한 것이다. 그 물질은 바로, 생명체의 기본 에너지인 당을 세포 속에 들어가게 하는 화학물질 인슐린이었다.

현재 우리는 인슐린이 여러 가지 호르몬 기능을 하는 단백질이라는 것을 안다. 인슐린은 혈관 속 아미노산을 근육 같은 조직 속으로 들어가게 해 DNA 복제나 단백질 합성을 촉진한다. 동맥의 혈관 벽을 이완시켜 혈류량을 증가시키는 것도 인슐린의 역할이다. 하지만 뭐니 뭐니 해도 인슐린은 포도당 대사에 결정적인 역할을 하는 물질이다. 인슐린은 인체 세포의 3분의 2가량을 차지하는 지방세포와 근육세포가 포도당을 흡수하게 한다. 지방세포에서 인슐린은 포도당을 저장 가능한 형태인 트리글리세리드triglyceride로 바꾸고, 근육세포(와 간)에서는 포도당을 글리코겐으로 바꾼다. 1형 당뇨병 환자는 몸속에 포도당을 저장하는 능력이 없어 아까운 연료를 몸 밖으로 배출해버리고 만다. 당뇨가 없는 건강한 사람이라면 식사를 하고 네 시간 정도 지나면 간에 저장된 글리코겐이 포도당으로 분해되면서 몸 구석구석에 연료를 전달한다. 지방세포 또한 트리글리세리드를 포도당으로 분해해 몸에 연료를 공급한다. 건강한 사람의 혈액에는 당이 거의 들어 있지 않다. 일반적으로 성인 남자의 혈액 5리터당 들어 있는 포도당은 5그램 정도다(식당에서 커피를 마실 때 나오는 설탕 한 봉지 정도의 분량으로, 단식을 하는 사람의 혈중 당 수치는 100mg/dl 정도다). 당뇨병 환자는 인슐린이 없기 때문에 간에서 포도당을 글리코겐으로 바꾸지 못하고 식사를 한 후에도 당이 혈관 속에 머물게 된다. 혈액 속에 녹아 있는 과도한 당은 콩팥이 걸러내고 결국 소변을 통해 밖으로 나간다.

밴팅과 베스트는 자신들이 추출해낸 물질을 아일레틴isletin이라고 불렀다. 불행하게도 아일레틴은 그다지 많지 않았기에 콜리는 9일 후에 죽고 말았다. 그때의 느낌을 밴팅은 이렇게 적었다.

> 그때까지 환자들이 죽어도 울어본 적이 없었다. 하지만 그 개가 죽자 혼자 있고 싶었다. 아무리 노력해도 눈물이 멈추지 않았기 때문이다.

9월 초에 밴팅은 런던으로 돌아와 집을 팔고 주변을 정리했다. 에디스와의 관계는 조금도 진척되지 않았고 결혼을 하고픈 소망도 사라졌기에 밴팅은 자신의 열정을 온전히 토론토에서 진행하는 연구에 쏟아부을 수 있었다. 매클라우드는 9월 21일에 스코틀랜드에서 돌아왔다.

쥐를 잡아다 놓고 주인의 칭찬을 받기를 고대하는 고양이들처럼 밴팅과 베스트는 잔뜩 기대를 품고 자신들이 추출한 물질을 매클라우드에게 보여주었다. 그러나 과학은 헛된 희망을 안겨줄 때가 많다는 사실을 잘 아는 원로 과학자는 두 사람이 다시 실험을 반복해 두 사람이 추출한 물질이 다른 작용이 아닌 바로 혈당을 낮추는 작용을 한다는 것을 분명하게 입증해내야 한다고 했다. 두 번째 실험이 성공하자 매클라우드도 두 사람이 중요한 물질을 찾아냈다는 사실을 인정했다. 그런데 문제가 있었다. 이 물질은 안정적이지도 않고 효과가 지속되지도 않았다. 두 사람이 발견한 물질이 생명을 구하는 약이 되려면 순수하게 정제해야 하고 안정적이어야 했다.

밴팅과 베스트는 다시 실험실로 돌아갔다. 두 사람은 자신들이 추출한 물질을 정기적으로 개에게 주사하면 개의 수명을 오래도록 연장할 수 있다는 사실을 매클라우드가 인정할 때까지, 가을 내내 천천히 성과를 쌓아가며 연구에 전념했다. 그런데 장기 치료에 필요한 인슐린을 충분히 확보할 수 없다는 게 문제였다. 실험동물인 개가 죽어나가는 것은 말할 것도 없고 추출한 인슐린의 양이 너무나도 적다는 것이 두 사람을 아주 힘들게 했다. 새로운 아이디어가 필요하다고 생각한 밴팅은 그때부터 기존에 출간된 당뇨 연구 자료를 읽어나가기 시작했고, 이는 인슐린을 개발하는 데 커다란 전환점이 되었다. 논문을 읽어나가는 동안 밴팅은 갓 태어났거나 배아 상태일 때는 랑게르한스섬 세포가 다른 췌장 세포보다 많다는 사실을 알게 됐다. 동물의 경우 태어나기 전까지는 효소를 이용한 소화작용이 필요 없기 때문이다. 밴팅은 또한 당시 농부들이 소를 도살하기 전에 교배를 시킨다는 사실도 알고 있었다. 교배를 해 임신을 하면 훨씬 잘 먹고 통통해져 비싼 값에 팔 수 있었다. 따라서 도살장에 가면 소의 배아를 구할 수 있었다.

밴팅과 베스트는 차를 타고 토론토 북서쪽에 있는 목장으로 가서 소의 배아 아홉 마리의 췌장을 떼어 왔다. 두 사람은 소의 췌장에서 새로운 물질을 추출해냈다. 11월 17일, 두 사람은 25번 개에게 새로운 추출물을 주사했다. 개의 혈당 수치는 300mg/dl이었다. 첫 주사를 놓은 후 24시간 안에 몇 차례 더 주사를 놓자 혈당 수치가 엄청나게 떨어졌다. 새로운 방법으로 아일레틴을 추출할 수 있다는 사실은, 췌장의 일부가 랑게르한스섬이 만드는 비밀의 물질을 파괴하는 효소를 만든다는 밴팅의 첫 가설을 쓸모없게 만들었다.

이런 일은 과학계에서는 흔히 일어난다. 한 가지 사실을 입증하는 실험에서 다른 사실을 부정하는 결과가 나올 때가 너무나도 많다. 이런 일들은 과학 연구를 흥미롭게 만들기도 하지만 동시에 사람을 아주 미쳐버리게 만들기도 한다. 실험 과정에서 과학자들은 온갖 우여곡절을 겪는다. 하지만 밴팅은 자신의 가설이 틀렸다는 사실에 개의치 않았다. 중요한 것은 꼬리를 흔들며 자신을 반기는 개들을 살릴 새로운 아일레틴 공급원을 찾았다는 사실이었다. 실제로 동물들은 모두 거의 동일한 인슐린을 분비하므로 다른 종의 인슐린을 사용할 수 있었다.

새로운 방법으로 아일레틴을 추출하게 되자 밴팅과 베스트의 연구는 새로운 단계로 접어들었다. 27번 개는 12월 초까지 살다가 효능이 너무 강력한 아일레틴을 넣은 탓에 혈당 수치가 과도하게 낮아져 저혈당 쇼크로 죽었다. 꿋꿋한 두 과학자는 그에 굴하지 않고 33번이라는 번호가 붙은 또 다른 개를 가지고 실험을 진행했다. 이제 두 사람은 췌장 밖으로 추출물 잔여물을 빼내기 위해 알코올을 사용했다. 밴팅은 매클라우드에게 과학자 한 명을 더 보내달라고 졸라댔다. 그가 염두에 둔 사람은 젊은 생화학자 버트 콜립Bert Collip이었다. 두 사람이 이룬 성과를 보고 좀 더 자원이 필요하다고 생각한 매클라우드가 마침내 1921년 12월 중순 콜립을 연구 팀에 합류시켰다. 밴팅보다 한 살 어린 콜립은 뛰어난 과학 연구자로, 밴팅과 베스트에게 화학 기술에 관한 지식을 알려주었다. 그는 물질의 순도와 안전성을 측정하기 위해 오래전부터 사용해온 방법인 토끼를 이용해서 추출물을 실험하는 방법을 알려주었다. 또한 콜립은 아일레틴을 맞은 당뇨 개의 간이 포도당을 글리코겐으로 바꾸어 저장하는지를 관찰해, 아일레틴이 정상적인 탄수화물 대사를 가능하게 해주는지를 확인해볼 수 있게 했다.

이런 여러 가지 실험을 진행하는 와중에도 밴팅과 베스트는 자신들만의 실험도 계속해나갔다. 두 사람은 누구에게도 말하지 않은 채 서로에게 아일레틴을 주사해보았다. 주사를 맞은 후 두 사람은 결과를 기다렸다. 독성이 있다는 증거는 나타나지 않았다. 두 사람은 또한 밴팅의 의과대학 친구이며, 대학을 졸업하자마자 당뇨에 걸린 조 길크리스트Joe Gilchrist에게도 추출물을 조금 마셔보라고 권했다. 길크리스트는 밴팅의 권유대로 추출물을 조금 마셨지만 아무런 효과가 없었다. 사실 먹는 인슐린이라는 숙제는 그로부터 80년은 지나야 풀릴 과제였다.

크리스마스가 됐다. 이제는 마조리라고 부르는 33번 개는 여전히 정기적으로 아일레틴 주사를 맞으며 계속해서 살아있었다. 새로운 추출물이 개의 수명을 연장하고 있다는 증거였다. 이제 매클라우드도 충분히 지켜볼 만큼 지켜봤다. 매클라우드는 연구소 인력 모두에게 아일레틴 연구에 집중하라고 지시한 뒤, 아일레틴의 이름을 인슐린이라고 개명했다. 인슐린은 라틴어로 섬을 뜻하는 'insular'에서 온 말이다. 인슐린 연구에는 운명적인 여름방학 때 베스트와 함께 밴팅을 돕기로 했지만 끝내 연구를 시작도 못한 대학원생 노블도 함께했다. 노블이 밴팅을 돕지 않은 이유는 밴팅의 연구에 흥미를 느낀 베스트가 쉬는 걸 거절하고 자신이 계속 밴팅을 돕겠다고 했기 때문이다. 노블은 토끼 실험과 글리코겐 실험을 담당했다.

베스트는 또 다른 의사 한 명과 함께 (인슐린이 효과가 있는지를 알아보려고) 몸에서 실제로 탄수화물을 분해·소비하는 과정이 일어나는지 알아보는 실험을 진행하기로 했고, 콜립은 인슐린을 정제하는 작업을 계속하기로 했다. 밴팅은 자신이 원래 세웠던 가설을 포기한 것만큼이나 중요한 사실을 또 하나 발견했다. 다 큰 소의 췌장도 소 배아의 췌장만큼 효과가 있다는 사실을 발견한 것이다. 이제 가장 중요한 원재료를 무한대로 공급 받을 수 있었다.

1922년 1월 11일, 과학자들은 열네 살인 레너드 톰슨을 대상으로 첫 번째 인체 실험을 시작했다. 주치의인 에드워드 제프리는 소년의 몸에 갈색 물질을 주사한 후 한 시간을 기다렸다가 소년의 혈액을 뽑아서 옆방인 실험실로 달려갔다. 한 시간 동안 소년의 혈당 수치는 440mg/dl에서 320mg/dl로 떨어졌다(금식을 할 경우 혈당 수치는 100mg/dl이다). 그러나 효과는 오래가지 않았고, 주사를 맞은 부위에 종기가 생겼다. 인슐린 속에 불순물이 들어 있었기 때문이다. 소의 췌장에서 힘들게 추출한 인슐린으로 실험한 첫 번째 임상 실험은 실패로 돌아갔다.

하지만 어느 한 사람도 포기할 생각 따위는 하지 않았다. 콜립은 다시 실험실로 돌아와 소의 췌장 추출물을 더 깨끗하게 발효시킬 방법을 찾으려고 쉬지 않고 노력했다. 그리고 1월 16일 저녁, 콜립은 드디어 효과가 있는 추출법을 개발했다. 정확한 농도의 알코올을 소의 췌장 추출물과 섞자 활성 물질이 침전됐다.

1월 23일에 과학자들은 정제한 추출물로 다시 톰슨을 치료하기 시작했다. 하루 정도 지나자 톰슨의 소변에서는 포도당이 거의 검출되지 않았고, 혈당 수치도 520mg/dl에서 120mg/dl로 떨어졌다. 며칠 후 과학자들은 이런 기록을 남겼다.

> 소년은 훨씬 밝아지고 활동적이 됐다. 안색도 좋고, 자신도 강해진 느낌이 든다고 했다.

게일 M. 헤링턴Gayle M. Herrington은 1995년 기사에 "이것은 의학 역사상 어린이 당뇨 환자가 처음으로 건강을 회복한 사례"라고 적었다. 무엇보다도 놀라운 점은 밴팅과 베스트가 연구를 시작한 후 8개월 만에 이처럼 놀라운 성과를 올렸다는 사실이다. 톰슨은 그 후 당뇨 합병증인 폐렴으로 죽기 전까지 13년을 더 살았다. 토론토 대학은 톰슨의 췌장을 보관하고 있다. 2월까지 여섯 명의 환자가 톰슨과 같은 치료를 받았고, 결과도 모두 비슷했다.

그런데 밴팅은 봄까지 췌장 추출물에서 인슐린을 분리하고 정제하는 작업을 하는 동안 자신이 주변부로 밀려나고 있다는 사실을 깨달았다. 매클라우드는 밴팅이 찾은 물질의 이름까지 바꾸었고, 콜립은 인슐린을 정제하는 방법을 가르쳐주지 않았으며, 토론토 대학은 밴팅을 의대 직원으로 인정하기를 거부했다. 따라서 밴팅은 자신이 발견한 약품으로 환자를 치료하는 과정도 지켜볼 수 없었다. 밴팅은 연구를 도둑맞았다는 생각을 하게 됐다. 에디스와 헤어질 때부터 술을 많이 마시게 된 밴팅은 췌장 추출물을 분리할 때 쓰는 순도 95퍼센트의 알코올까지 훔쳐 마실 때도 있었다. 3월 내내 맑은 정신으로 잠자리에 든 적이 한 번도 없었다. 더는 실험실에 나가지 않았고 낮에는 자고 밤이면 담배 연기에 찌들어 살았다. 그가 조그만 방 한 칸을 얻어 세 들어 살던 건물에 같이 하숙하고 있던 사람들은 그가 부르는 「저 먼 곳 티페레리It's a Long, Long Way to Tipperary」 같은 오래된 군가를 자주 들어야 했다.

5월이 되자 매클라우드는 자신들의 성과를 과학계에 발표해도 괜찮겠다고 생각했다. 매클라우드 팀은 인슐린 연구 성과를 글로 작성해 워싱턴에서 열릴 미국의사협회 회의 때 발표할 기회를 얻었다. 매클라우드가 자신의 자리를 빼앗았다고 생각한 밴팅은 화가 나 있었기에 회의에 참석하지 않겠다고 했다. 결국 매클라우드는 콜립하고만 남쪽으로 내려갔다. 「췌장 추출물이 당뇨에 미치는 영향The Effect Produced on Diabetes by Extracts of Pancreas」이라는 제목의 그 논문을 통해 인슐린이라는 명칭이 처음으로 세상에 소개됐다. 또한 그 논문을 통해 청중 사이에 앉아 있던 당대 최고의 당뇨 학자인 엘리엇 조슬린Elliott Joslin과 앨런 같은 의사들이 죽음의 문턱에서 건강을 되찾는 사람이 있다는 이야기를 처음으로 듣게 됐다. 의사들은 정말 깜짝 놀랐다. 매클라우드가 발표를 마치자 청중들은 모두 하나가 된 것처럼 한꺼번에 자리에서 일어나 열렬한 찬사를 보냈다. 학회 회의에서 일찍이 유례가 없는 찬사를 받은 것이었다.

그러나 매클라우드는 논문에 경고문을 넣는 것을 잊지 않았다. 그는 실험을 진행하는 동안 인슐린을 대량생산하는 일은 아주 어려운 과정이 될 것이라고 발표했고, 그의 예언은 틀리지 않았다.

인슐린 기근

매클라우드와 콜립이 논문을 발표하는 동안 토론토에서는 인슐린이 부족해 곤란을 겪었다. 콜립은 인슐린을 정제하는 법을 잊어버린 것 같았고, 다른 사람들은 인슐린을 다시 만들 방법이 사실상 없었다(어쩌면 콜립은 애당초 인슐린을 정제하는 법을 기록하지 않았는지도 모른다). 결국 엄청난 혼란에 빠진 베스트는 늦은 밤 밴팅에게 전화를 걸어 술을 그만 마시고 제발 실험실에 나와달라고 간청했다. 밴팅은 결국 다시 실험실로 돌아왔다.

인슐린을 맞고 조금씩 상태가 호전돼가던 극히 적은 수의 환자들 상태가 다시 악화되기 시작했다. 그중에서도 가장 상태가 나빴던 한 소녀가 인슐린이 바닥나자마자 의식불명 상태에 빠졌다. 과학자들이 효능이 낮은 인슐린이나마 주사했을 때는 일시적으로 상태가 호전됐지만, 그 인슐린마저 떨어지자 결국 죽고 말았다. 매클라우드와 콜립의 논문 발표 소식이 북아메리카 대륙 전역에 퍼져, 각지에서 부모들이 죽어가는 어린아이들을 데리고 토론토로 몰려온 것도 과학자들을 더욱 힘들게 만들었다. 7월에 밴팅은 토론토를 떠나 있던 베스트에게 보낸 편지에 이렇게 썼다.

"당뇨 환자들이 각지에서 벌떼처럼 몰려들고 있어. 이 사람들은 우리가 인슐린을 땅에서 파낸다고 생각하나 봐."

돈이 있는 부모들은 아이를 치료할 수만 있다면 얼마든지 비용을 대겠다고 제의했고, 100만 달러를 줄 테니 특허권을 넘기라는 사람도 있었다. 하지만 인슐린은 돈이 있다고 해서 만들 수 있는 것이 아니었다.

마침내 베스트는 연구 팀이 두 달 동안 찾아 헤매던 강력한 인슐린을 추출하는 데 성공했다. 이번에는 인슐린의 산도를 조절하고 끓이는 대신 아세톤을 넣어 인슐린을 추출했다. 베스트는 인슐린을 만들자마자 당시 토론토에 개인 연구실을 연 밴팅에게 가져갔다. 밴팅은 베스트가 가져온 인슐린을 오랜 친구인 길크리스트에게 주었다. 이번에는 혈관에 직접 주사하는 방법을 택했다.

8월, 인슐린을 받은 앨런이 뉴저지에서 밴팅에게 편지를 썼다.

> 당신이 추출한 췌장 추출물로 진행한 첫 번째 시도가 엄청나게 좋은 결과를 낳았다는 사실을 알려드릴 수 있어서 정말 기쁩니다. 상태가 아주 심각해서 완전히 포기하고 있던 환자들 가운데서도 당과 아세톤이 말끔히 사라진 사람들이 나왔습니다. 몸 전체는 물론이고 일부에서도 나쁜 결과는 나오지 않았습니다. 덕분에 우리는 환자들의 식사량을 늘릴 수 있었고, 벌써 건강해지고 있다는 증거들이 나오고 있습니다.

토론토의 과학자들은 자신들이 전 세계 사람들을 구할 만큼 대량으로 인슐린을 만들지 못한다는 사실을 잘 알았다. 이제 산업계가 인슐린 대량생산에 들어가야 할 차례였다. 토론토 연구 팀의 성과를 들은 인디애나폴리스의 엘리 릴리Eli Lilly 제약회사 연구소장 조지 클로스George Clowes

가 12월에 토론토 연구 팀에 연락을 해왔다. 하지만 '미국 거대 제약회사의 음모'를 의심하던 매클라우드는 클로스에게 토론토 대학은 미국 회사와 거래할 의사가 없다고 말했다. 하지만 얼마 지나지 않아 토론토 연구 팀은 인슐린을 제대로 공급하려면 대량생산을 할 수 있는 큰 제약회사가 필요하다는 사실을 깨달았다. 대학 실험실에서는 절대로 인슐린을 필요한 만큼 만들 수가 없었다. 토론토 대학은 엘리 릴리 제약회사가 1년 동안 독점적으로 인슐린을 제조해도 된다는 허락과 함께 미국 내 판매를 허용했다. 미국에서 판매할 인슐린은 베스트와 콜립의 이름으로 특허를 받았다. 약품을 개발해 특허를 받는 것은 히포크라테스 선서에 어긋난다고 믿은 밴팅은 특허권자로 이름을 올리기를 거부했다. 당시 밴팅은 히포크라테스 선서를 하는 것은 모든 의학 발전을 모든 인류가 무료로 활용할 수 있게 한다는 의미라고 생각했다 (나중에 그의 이름도 특허에 포함됐다).

인슐린을 만들기 시작한 후 엘리 릴리 제약회사의 매출은 급증했다. 80년이 넘는 기간 동안 당뇨 치료에는 대부분 엘리 릴리 제약회사의 약품을 썼다. 인슐린 제제는 엘리 릴리 제약회사에 수십억 달러라는 엄청난 매출을 올려주었다. 엘리 릴리 제약회사에서 인슐린 생산을 시작한 1922년, 노벨상 수상자인 덴마크의 아우구스트 크로그August Krogh가 인슐린 제조 과정을 배우러 토론토로 왔다. 덴마크로 돌아간 크로그는 노르디스크 인슐린 연구소Nordisk Insulin Laboratory를 세웠다. 현재 이 연구소는 국제적인 제약회사 노보 노르디스크Novo Nordisk 사로 성장했다. 지금도 노보 노르디스크 사의 매출액 가운데 절반 이상이 인슐린 판매에서 나온다.

진정한 기적의 약, 인슐린

지미 헤븐스는 스물두 살이던 1922년 5월 22일에 첫 번째 인슐린 주사를 맞았다. 미국인으로서는 최초로 인슐린을 맞은 것이었다. 목판화가가 된 헤븐스는 1983년까지 살았다.

미국 국무장관의 딸 엘리자베스 휴스는 1922년 8월 16일에 두껍고 조악한 바늘로 인슐린 주사를 맞았다. 몸무게가 20킬로그램밖에 되지 않던 열네 살의 소녀는 너무나 굶주린 나머지 배가 볼록 튀어나와 있었다. 그로부터 5주 후 휴스는 먹고 싶은 음식을 마음껏 먹을 수 있게 됐다. 휴스는 이제 하루에 2500칼로리를 섭취할 수 있었고 몸무게도 4.5킬로그램이 증가했으며 소변에서 당도 많이 검출되지 않았다. 그해 9월에 휴스는 어머니에게 이런 편지를 썼다.

"모든 사람들이 내가 완전히 다르게 보인다고 해요. …… 매시간 힘이 나고 몸무게가 늘어가는 게 느껴져요. 이건 정말 기적의 약이에요."

휴스는 세 자녀를 키우고 전 세계를 여행하면서 59년을 더 살았다. 휴스의 사망 원인은 당뇨 합병증인 심장마비로 추정된다.

인슐린은 의식을 잃은 당뇨 환자도 의식을 회복할 수 있게 해주었다. 인슐린 덕분에 의식을 회복한 최초의 환자인 열다섯 살의 엘시 니드햄은 22년을 더 살았다.

몸무게가 11킬로그램이던 여섯 살의 테디 라이더는 1922년에 첫 번째 인슐린 주사를 맞았다. 그다음 해 라이더의 어머니는 라이더가 "인슐린 덕분에 통통하고 행복하게 무럭무럭 자라고 있다"고 통보했다. 그 후 71년을 더 산 라이더는 인슐린 요법으로 70년 이상 생존한 첫 번째 사람이 되었다.

스티븐 흄Steven Hume은 자신의 저서 『치료사, 영웅, 예술가 프레더릭 밴팅*Frederick Banting: Healer, Hero, Artist*』에 이렇게 적었다.

> 의학 역사상 단일 사건 가운데 이렇게 갑자기 수많은 사람의 운명을 바꾼 사건은 없었다.

인슐린 발견은 사형을 선고받고 죽을 날짜만을 기다리는 어린아이들에게 집행유예를 선고한 것과 같은 일이었다. 수천 명의 어린아이들이 다시 어린이가 될 기회를 얻었다. 생일이면 케이크를 먹을 수 있었고, 소풍 날 치킨을 먹을 수 있었고, 배부르다고 투정도 부릴 수 있었다. 매일 인슐린을 맞아야 한다는 것, 이 한 가지만 지킨다면 이제 아이들은 공부도 하고 뛰어놀기도 하고 어른으로 성장할 수도 있었다.

지금도 여전히 그의 이름을 사용하는 세계 최초의 당뇨 병원을 개업한 조슬린은 "1922년 크리스마스까지 수많은 사람들이 새롭게 부활하는 모습을 목격했다. 마치 에제키엘이 마른 뼈의 골짜기에서 목격한 모습을 보는 것 같았다"고 적었다.

> …… 그래서 들 한가운데 이끌려 나가 보니 거기에 뼈들이 가득히 널려 있는 것이었다. 그 들바닥에는 뼈들이 굉장히 많았는데 그것들은 모두 말라 있었다. 그분이 나에게 말씀하셨다. '너, 사람아, 이 뼈들이 살아날 것 같으냐?' …… 내가 바라보고 있는 가운데 뼈들에게 힘줄이 이어졌고 살이 붙었으며 가죽이 씌어졌다. 그러나 아

직 숨 쉬는 기척은 없었다. 야훼께서 나에게 또 말씀하셨다. '숨을 향해 내 말을 전하여라. 너 사람아, 숨을 향해 내 말을 전하여라. 주 야훼가 말한다. 숨아, 사방에서 불어와서 이 죽은 자들을 스쳐 살아나게 하여라, 나는 분부하신 말씀을 전하였다. 숨이 불어왔다. 그러자 모두들 살아나 제 발로 일어서서 굉장히 큰 무리를 이루었다."

–『공동번역성서』, 에제키엘서 37: 1~10

생물통계학자 피어스는 1930년대까지 당뇨로 진단받은 아이들은 5만 명이 넘고, 대부분 인슐린 치료를 받았다고 했다. 1945년 무렵에는 당뇨로 죽는 아이가 거의 나타나지 않았다. 미국 인구조사 자료와 1형 당뇨 발병률을 근거로 추정해본 바에 따르면, 1950년대에 당뇨병에 걸렸지만 살아남은 어린아이의 수는 13만 6000명이 넘고 그다음부터 매 10년마다 30만 명이 넘는 아이들이 생명을 구했다고 한다. 따라서 1922년부터 2000년까지 인슐린 덕분에 목숨을 구한 미국 어린아이들의 수는 140만 명에 달하는 셈이다. 전 세계 인구로 범위를 넓히면 그 수는 엄청나게 증가한다. 지금까지 인슐린은 1600만 명이 넘는 생명을 구했으며 앞으로도 오랫동안 그럴 것이다.

치료제가 아닌 증상 완화제

밴팅과 동료들은 인슐린이 당뇨를 완치하는 치료제가 아닌 당뇨의 증상을 관리하는 증상 완화제라는 사실을 곧 깨달았다. 인슐린을 발견하고 몇 년이 지나 어린 당뇨 환자들이 성인이 되자, 의사들은 성인 당뇨 환자들이 시력을 잃거나 심장이나 콩팥에 문제가 생기거나 신경에 문제가 생기는 사례가 많다는 사실을 알게 됐다. 훗날 조슬린이 기록한 것처럼 "의식불명이 가장 큰 문제가 되던 시기에서 합병증이 문제가 되는 시기로 넘어가게 된 것"이다.

지금도 인슐린 치료를 받는 1형 당뇨 환자들은 매일같이 손가락에 피를 내 혈당 수치를 재야 한다. 1형 당뇨 환자의 목표는 혈당 수치를 높지도 낮지도 않은, 아주 좁은 정상 범위 내에서 유지하는 것이다. 혈당 수치가 높은 경우를 고혈당이라고 하는데, 엄청난 갈증과 배고픔, 방뇨, 시야가 흐릿해지는 증상이 생긴다. 반대로 낮은 경우는 저혈당이라 하고, 어지럽고 의식이 희미해지다가 의식불명 상태에 빠질 수 있다. 1형 당뇨 환자는 혈당 수치가 아주 높아질 수 있으므로 매일같이 인슐린 주사를 맞아 혈액 속에 든 당을 처리해야 한다. 하지만 혈액 속에 당이 아주 적게 들어 있는 것도 많이 들어 있는 것과 마찬가지로 위험하다. 혈당이 너무 낮을 때 당뇨 환자는 반드시 설탕을 먹어야 한다.

현재 500명 중 한 명꼴로 어린이 당뇨 환자가 발생하며, 이 아이들은 인슐린을 맞아야 한다. 미국에서는 해마다 3만 명의 1형 당뇨 환자가 생긴다. 어른의 경우는 조금 달라서 성인 열 명당 한 명 정도가 2형 당뇨 환자다. 2형 당뇨는 1형 당뇨와 아주 다른 질병이다. 2형 당뇨 환자의 몸은 처음에는 인슐린을 만들어낸다. 하지만 건강한 사람과는 다른 방식으로 인슐린을 사용한다. 2형 당뇨 환자도 시간이 흐르면 스스로 인슐린을 만들지 못하게 된다. 그뿐 아니라 신경 손상, 시력 상실, 뇌졸중, 심장병 같은 합병증도 생긴다. 때로는 비만이 그 원인이 되기도 하는 2형 당뇨는 현재 서구에서 흔히 찾아볼 수 있는 성인병으로, 국가 의료 시스템에 막대한 위협을 가하는 위험 요소다. 세계보건기구는 전 세계적으로 1억 5000만 명이 넘는 2형 당뇨 환자가 있다고 추정한다. 그중에는 운동과 식이요법으로 충분히 당뇨를 관리할 수 있는 사람도 있고 약을 먹어야 하는 환자도 있고, 인슐린 주사를 맞아야만 살아갈 수 있는 환자도 있다. 미국 내 당뇨 환자는 1형과 2형을 합해 1700만 명 정도며 그중 25퍼센트 이상이 인슐린 요법을 받는다.

지금도 끝나지 않은 인슐린 연구

1950년대 영국 생물학자 프레더릭 생어Frederick Sanger가 인슐린이 단백질이라는 사실과 인슐린의 화학구조를 밝혀냈다. 1967년에는 도러시 크로풋 호지킨Dorothy Crowfoot Hodakin이 X선 회절 사진을 이용해 (랑게르한스섬 안에 있는 결정구조인) 인슐린 분자의 입체구조를 밝혀냈다. 두 사람 모두 각자의 업적을 인정받아 노벨상을 수상했다. 생어는 또한 과학자들이 인간 게놈의 염기 서열을 밝히는 데 결정적인 역할을 할 DNA 염기 서열 연구로 한 번 더 노벨상을 수상했다.

과학자들은 또한 동물이 진화 과정을 거치는 동안에도 인슐린은 놀라울 정도로 동일하게 보존되어 왔다는 사실을 알게 됐다. 인슐린은 어류, 조류, 환형동물, 포유류 할 것 없이 거의 동일하다. 돼지의 인슐린은 사람의 인슐린과 아미노산 한 개가 다를 뿐이다. 소의 인슐린은 사람의 인슐린과 아미노산 세 개가 다르다. 인슐린의 분자구조는 거의 모든 종이 비슷해서 밴팅의 연구에서 알 수 있듯이 개의 인슐린이나 소의 인슐린 모두 당뇨 환자에게 효과가 있었다. 당뇨 환자들이 수십 년 동안 매일같이 맞는 인슐린 주사약은 소, 돼지, 물고기 같은 여러 동물의 몸에서 추출한다.

동물의 몸에서 추출한 인슐린을 정제하는 일은 무척 어렵다. 특정 동물에 알레르기가 있는 사람은 불순물이 섞인 인슐린을 맞을 경우 문제가 생길 수 있다. 따라서 밴팅이 인슐린을 발견한 후 과학자들은 수십 년 동안 인슐린을 합성해내려고 노력해왔다. 그리고 1978년, 과학자들은 샌프란시스코에 있는 캘리포니아 대학 허버트 보이어 연구소에서 세균 속에 사람의 인슐린 생성 유전자를 넣어 세균을 작은 인슐린 공장으로 만듦으로써 마침내 목표를 달성했다.

그다음 해부터 지넨텍Genentech 사에서 인공 인슐린을 제조하기 시작했다. 이것이 바로 유전자 재조합 기술을 이용해 만든 최초의 유전공학 약품인 후물린Humulin이다. 후물린과 함께 생명공학이라는 새로운 산업이 문을 열었다. 1982년에 미국 식품의약청은 후물린의 판매를 공식 허가했고, 그 후 오늘날까지 후물린은 가장 많이 처방하는 인슐린 약으로 자리매김했다. 1982년 이후 인슐린 약은 효과가 오래 지속되는 것, 짧게 끝나는 것, 중간 정도인 것 등 다양한 형태로 판매되어, 그날그날 먹는 음식과 활동량에 따라 적당한 인슐린 제재를 택해 섭취할 수 있게 됐다.

후물린이 제조된 다음 해 세계 최초로 인슐린 펌프insulin pump가 개발됐다. 당시 종이 한 장 크기로 나온 인슐린 펌프에는 며칠에 한 번씩 바꿔주어야 하는 도관(카테터)이 연결되어 있었다. 이후 인슐린 펌프를 만드는 기술이 날로 발전해 지금은 몸에 이식해 혈당 수치가 변할 때마다 필요한 만큼만 몸속으로 인슐린을 방출하는 인슐린 펌프도 나왔다. 현재 1형 당뇨 환자 중 20퍼센트 정도가 인슐린 펌프를 사용한다. 2006년에는 최초로 식품의약청의 승인을 받은 흡입식 인슐린 엑주베라Exubera가 나왔다.

과학자들은 지금도 여전히 당뇨병을 완전히 치료할 방법을 찾고 있다. 콩팥 췌장 이식 수술로 랑게르한스섬을 이식해 당뇨 치료에 성공한 사례도 몇 차례 있었다. 그러나 아직 장기를 기증하는 사람도 부족하고 장기를 이식했을 때 거부반응도 나타나기 때문에, 현재 과학자들 중에는 인슐린 생산을 완전히 멈추기 전에 환자의 랑게르한스섬을 복제해 다시 췌장에 자가이식 하는 방법을 찾으려고 노력하는 이들도 있다. 또한 모든 세포로 분화하는 능력이 있다고 알려진 배아줄기세포를 이용해 환자의 랑게르한스섬을 직접 만들려고 하는 과학자도 있다.

창의력과 통찰력을 갖춘 진정한 영웅

1923년 10월 26일, 밴팅과 매클라우드는 노벨 의학상을 수상했다. 그들은 노벨위원회가 선정한 역대 수상자 가운데 과학 업적을 발표한 후 가장 짧은 기간 안에 노벨상을 탄 과학자라는 기록을 남겼다. 하지만 매클라우드가 공동 수상자라는 소식을 들은 밴팅은 베스트가 수상자로 뽑히지 않았다는 사실에 분개하며 자신은 노벨상을 받지 않을 거라고 맹세했다. 그러자 친구들과 동료들이 밴팅에게 달려와 그를 달래며 그가 캐나다인으로서는 최초의 노벨상 수상자라는 사실을 상기시켰다. 밴팅의 노벨상 수상은 그 자신은 물론이고 그의 조국에도 크나큰 영광을 안겨줄 터였다. 결국 밴팅은 친구들과 동료들에게 노벨상 수상을 거절하지 않겠다는 약속을 해야 했다. 그러나 상금만큼은 자신이 원하는 대로 했다. 3만 달러인 수상자 상금을 베스트와 나눈 것이다. 당시 1만 5000달러는 웬만한 사람들의 1년 연봉을 훌쩍 넘는 돈으로, 집을 한 채 사고도 차를 살 돈이 남을 정도였다. 밴팅은 베스트가 하버드 의대에서 논문을 발표하던 날 밤에 즉시 전보를 보냈다. 전신 용어로 전달된 전보 내용은 다음과 같았다.

> 그 발견은 베스트와 함께 한 거라고 이야기함. 노벨위원회가 제대로 알지 못했다고 해서 상처받지 않길 바람. 절대로. 분명히 함께 나눌 것임.

며칠 후 매클라우드도 밴팅에게 질세라 자신의 상금을 콜립과 나누겠다고 발표했다. 어쨌거나 어떤 역사가의 말처럼 노벨위원회가 노벨상 수상자에서 베스트를 누락시킨 것은 "노벨위원회가 저지른 최악의 실수 가운데 하나"임이 분명하다.

밴팅에게는 학계의 찬사와 함께 질투도 쏟아졌다. 수많은 사람들이 밴팅에게 당뇨 전문의 자격증이 없다는 이유로 비난을 퍼부었다. 그러나 결국 과학은 자격증이 아닌 업적으로 말하는 분야다. 100년이 넘는 시간 동안 수천 명이 넘는 과학자들이 '설탕 병'이라고 부른 당뇨의 비밀을 밝히고자 노력했지만, 결국 세계인의 생명을 구한 위대한 약을 개발한 사람은 의사로서는 변변찮은 수입도 올리지 못한 채 대학 건물 맨 꼭대기에 있는, 연구실이라고 부르기도 힘든 무더운 방에서 땀을 흘리며 연구했던 농촌 출신 밴팅이었다. D. E. 로버트슨Robertson은 밴팅을 토론토 종합병원에서 당뇨병 환자를 치료하는 젊은 의사 월터 캠벨Walter Campbell과 비교하면서 다음과 같은 간결한 말로 밴팅의 자격을 가지고 떠드는 사람들에게 일침을 가했다.

"캠벨은 당뇨에 대한 모든 걸 알지만 정작 치료하지는 못했다. 그러나 밴팅은 당뇨에 대해서는 모르지만 치료는 해냈다."

밴팅과 함께 연구를 한 실험실 전문가들에게 더 많은 영예가 돌아가야 한다고 주장하는 사람들도 있었다. 그러나 훗날 콜립이 말한 내용에 진실이 들어 있는지도 모른다. 그는 "연구 공로의 80퍼센트는 밴팅에게, 10퍼센트는 베스트에게, 자신과 매클라우드에게는 각각 5퍼센트씩 있을 것"이라고 했다.

밴팅은 토론토 대학에서 높은 행정직을 맡고 개인 연구실을 갖게 됐으며 캐나다 정부가 주는 평생 연구비를 타게 됐고 영국 왕실이 주는 기사 작위를 받았다. 밴팅은 1924년에 결혼을 했다. 그리고 아들 윌리엄이 태어났다. 하지만 4년 후 아내와 헤어졌고 1937년에 재혼했다. 독일에서 나치 세력이 커져가던 1930년대 후반을 밴팅은 영국 공군이 사용할 G슈트(중력이 가해져 피가 하체로 쏠리는 것을 막아주는 비행 보조 장비-옮긴이) 개발에 필요한 연구를 하며 보냈다.

1941년 3월, 밴팅은 비행기를 타고 영국으로 날아갔다. 당시는 전쟁 중인 데다 비행기는 비교적 신기술에 속했기에 무척 위험한 여행 수단이었다. 밴팅은 친구들에게 비행기 여행은 위험한 것 같다고 이야기했지만, 그래도 어쩔 수 없이 가야 한다는 의무감을 느꼈다. 밴팅이 탄 폭격기는 비행 도중 뉴펀들랜드 황무지에 추락했다. 밴팅은 비행기를 몬 조지프 매키 공군 대위의 상처를 가까스로 붕대로 동여맸지만 자신은 곧 정신을 잃고 혼수상태에 빠지고 말았다. 매키 대위는 눈신을 신고 황무지를 벗어나 도움을 청했지만 구조대가 도착해 보니 밴팅은 이미 세상을 떠나 있었다. 밴팅이 무엇 때문에 영국에 가려 했는지는 아직도 비밀에 쌓여 있다.

밴팅은 성자도 아니고 전통적인 과학자도 아니었다. 그러나 일반적인 규칙을 다 지키며 역사를 만드는 것은 무척 드문 일이다. 많은 사람들이 밴팅의 과학적 자질을 의심했던 그 이유들이 사실은 밴팅이 대단한 업적을 세울 수 있었던 원동력이었을지도 모른다. 단지 관련 지식을 잘 훈련받아서 연구를 진행한다고 과학적 발견을 할 수 있는 것은 아니다. 수많은 과학자들이 완벽한 당뇨 치료법을 찾아내려고 했지만 실패한 이유다. 과학은 창의력과 통찰력이라는 연료를 필요로 한다. 열정적인 아마추어 화가로, 캐나다 화가들의 모임인 '그룹 오브 세븐the Group of Seven'과 긴밀한 관계를 맺었던 밴팅이야말로 인슐린의 비밀을 풀 적임자였는지도 모른다. 인슐린 이야기에서 진정한 영웅은 과연 누굴까? 라이더가 그 작은 손으로 적은 글이 그 답을 말해주는지도 모르겠다.

> 밴팅 박사님에게
>
> 저는 박사님이 저를 보러 오셨으면 좋겠어요. 이제 전 뚱뚱한 소년이랍니다. 기분도 좋아요. 이제 나무에도 오를 수 있어요. 마거릿도 선생님을 뵙고 싶어 해요.
>
> 사랑을 담아서, 테디 라이더가

1600만 명이 넘는 인명을 구하다

공헌한 일: 인슐린 발견

중요한 공헌자

- **프레더릭 밴팅**: 인슐린 연구를 처음으로 시작해 정제되지 않은 인슐린을 추출해내고, 개의 췌장이 아닌 소의 췌장으로 연구 범위를 넓혀 인슐린을 무한대로 공급할 방법을 찾아냈다.
- **찰스 베스트**: 인슐린 연구에 처음부터 참여했고 오랫동안 활용하게 될 인슐린 정제법을 완성해냈다.
- **버트 콜립**: 임상 실험에 사용할 수 있는 인슐린을 처음으로 정제해냈다.
- **존 매클라우드**: 일단 인슐린의 가능성을 확인한 후에는 인슐린을 약으로 만들려면 꼭 거쳐야 할 정밀하고도 꼼꼼한 연구를 이끌었다.

인슐린을 가장 먼저 맞은 사람은 밴팅과 베스트다. 두 사람은 인슐린이 인체에 안전한지를 보려고 서로에게 인슐린을 주사했다.

미국 자본가가 밴팅에게 인슐린에 대한 로열티로 100만 달러를 제안했다. 하지만 밴팅은 그런 제안을 거부하고 인슐린 개발로는 단 1달러도 벌어들이지 않았다.

밴팅은 학위를 가진 전문 학자가 아니었다. 처음 인슐린과 관련한 메모를 남길 때 밴팅은 당뇨를 뜻하는 영어 철자를 diabetes가 아닌 diabetus라고 썼다.

많은 당뇨 학자들이 밴팅의 성공을 시기했지만 로버트슨은 다음과 같은 간결한 말로 밴팅의 자격을 가지고 떠드는 사람들에게 일침을 가했다.
"캠벨은 당뇨에 대한 모든 걸 알지만 정작 치료하지는 못했다. 그러나 밴팅은 당뇨에 대해서는 모르지만 치료는 해냈다."

인슐린이 발견되기 전까지만 해도 소아 당뇨라고 부르는 1형 당뇨 진단을 받는 것은 사형 선고를 받는 것이나 마찬가지였다. 치료법이라고는 고작 몇 년 더 생명을 연장시킬 뿐인 굶는 것뿐이었다.

1형 당뇨병을 앓은 유명인들

메리 테일러 무어(여배우)

앤 라이스(작가)

패티 라벨(가수)

게리 홀 주니어(올림픽 수영 금메달리스트)

켈리 쿼니(LPGA 골프 선수)

미셸 매건(LPGA 골프 선수)

스콧 버플랭크(PGA 골프 선수)

애덤 모리슨(NBA 농구 선수)

"그 아이의 어린 시절이 늘 햇살처럼 빛나기를 바라지만, 분명히 구름도 폭풍도 안개도 겪게 될 거다. 나는 그 아이의 인생이 무엇보다도 쓸모 있기를 바란다. 결국 인생을 행복하게 해주는 것은 단 한 가지, 일뿐이다."

– 밴팅이 아들에게 바라는 소망

인슐린은 동물이 생존하는 데 꼭 필요한 물질이다. 인슐린이 생체에서 작용하는 메커니즘은 선충에서부터 어류, 포유류에 이르기까지 거의 동일하다. 사람의 경우 췌장을 제거하거나 파괴해 인슐린 분비를 막으면 며칠 혹은 몇 주 안에 죽는다.

사람의 혈액에 든 인슐린의 양은 커피용 설탕 한 봉지 정도에 해당하는 5그램 정도다.

Al Sommer

진리가 아니라고 믿기에는 너무 좋은 치료법 :

비타민A의 효능을 밝힌 알 소머

알 소머Al Sommer(1942~)

미국의 안과 의사. 존스홉킨스Johns Hopkins 대학병원 안과 의사였던 소머는 전 세계를 돌아다니며 의학 연구를 하던 중 비타민A 결핍증에 걸린 아이들이 많다는 사실과 비타민A 보조제가 면역계를 강화시켜준다는 사실을 발견한다. 이후 비타민A 보조제 개발로 영양학계를 깜짝 놀라게 한다.

비타민A

눈의 망막 성분에 관여하여 시력에 영향을 미치며, 상피세포 등의 성장에 관여하는 중요한 비타민이다. 동물성 식품에서는 레티놀, 식물성 식품에서는 카로틴의 형태로 섭취된다.

영양 결핍으로 눈이 먼 사람들

인도네시아 고지대에 펼쳐진 비참한 거리를 달리는 동안 앨프리드 소머Alfred Sommer는 의자에 달라붙어 있었다. 소머 가족은 앞에 펼쳐진 새로운 경관에 놀라움을 감추지 못했다. 도로는 좁디좁은 데다 구불구불하기까지 해서 이동하기가 무척 불편했다. 이런 시골 도로에서는 자칫하면 학살이 일어날 수도 있음을 잘 아는 의사에게 도로는 너무나도 좁았다. 차가 지나는 옆에는 60미터가 넘는 벼랑이 있었고, 앞에는 한 치 앞도 내다보이지 않는 구불구불한 산길이 있었다.

갑자기 차 한 대가 옆으로 추월해 갔다. 앞쪽에서 차가 오는 중이라면 분명히 충돌하고 말 터였다. 소머는 얼굴을 찡그리며 눈을 감았다. 금속이 부딪치는 소리는 들리지 않았다. 부지런히 움직이는 엔진 소리만이 산 위를 향하고 있었다. 저지대 열대우림 지역은 대나무, 난, 야자 같은 식물이 우거졌다. 온통 푸른 잎만이 무성했다. 한동안 평지를 달리던 차는 잠시 동안 가파른 길을 오른 후에 논과 차밭, 커다란 계수나무가 있는 평평한 길을 달렸다. 산을 올라 꽃의 도시 반둥으로 천천히 나아가는 동안 기온은 점점 내려갔다.

때는 1976년이었다. 안과 전문의인 소머는 영양 결핍으로 눈이 먼 사람들을 연구하고자 3년 동안 인도네시아에 머물고 있었다. 그 전에 머무른 방글라데시에서는 행복하기는 했지만 죽음의 침묵을 감당하기가 힘들었다. 방글라데시에서 소머는 내과의로 콜레라와 천연두를 앓는 아이들을 치료했다. 아이들이 크고 선량한 눈으로 소머를 올려다보며 자신의 생명을 구해달라고 간청했다. 내과의로서 아이들을 치료하는 일은 중요하고 의미 있는 일이었지만, 모든 아이들을 구할 수는 없었다. 너무나 많은 아이들이 죽어갔다. 소머는 자신의 아이들을 쳐다보았다. 그의 얼굴 위로 환한 웃음이 번졌다. 지금 소머는 영양부족으로 앞을 보지 못하는 아이들을 돌보고 있었다. 치명적인 치사율을 걱정해야 하는 분야는 아니었다. 실명도 내과 질환만큼이나 힘껏 노력해 치료해야 하는 질병이었지만 실명 때문에 생명에 위협을 받는 사례는 그리 많지 않았다.

야맹증을 일으키는 비타민A 결핍증

어머니가 아이들에게서 영양 결핍으로 인한 실명 증상을 처음 발견하는 계기는 보통 야맹증을 확인하는 것이다. 어두운 곳에서 앞을 보지 못하는 증상인 야맹증은 고대부터 알려진 질병으로, 적절한 치료법도 있었다. 히포크라테스는 야맹증을 앓는 사람은 동물의 간을 먹어야 한다고 했다. 히포크라테스나 다른 고대인들이 이 치료법을 어떻게 알게 됐는지는 밝혀진 바가 없지만.

1816년 무렵쯤에는 과학자들 대부분이 영양소가 실명에 직접적인 영향을 미친다는 사실을 알게 된다. 과학자들은 당이 부족한 음식과 증류수를 먹은 개는 눈에 궤양이 생긴다는 사실을 알아냈다. 미국이 남북전쟁을 치르는 동안 제대로 된 식사를 할 수 없었던 병사들 중 몇몇은 밤에 순찰을 나갈 수 없다고 주장해 꾀병 환자 취급을 받았다. 그런데 실제로 그 병사들은 밤에 볼 수가 없었다. 촛불로 실험해본 결과 그 병사들의 동공은 어두운 곳에서 제대로 수축하지 않았다.

영양소와 관계가 있는 안과 질환은 또 있다. 건성 각막염(결막염)이라는 질병이 러시아 사순절 축일과 아일랜드 감자 기근 때 유럽을 덮쳤다. 건성 각막염은 실명의 전조 증상일 수 있다. 1881년에 찾아낸 건성 각막염의 치료제는 전국 각지의 아이들을 괴롭혔다. 바로 대구 간에서 추출한 기름이었다. 건성 각막염을 치료할 방법이 있다는 소문이 퍼지자 엄마들은 쓴맛이 나는 대구 간의 기름을 매일같이 아이들에게 먹였다. 이 기름이 아이들을 건강하게 해줄 거라고 믿으며.

결국 엄마들이 옳았다. 대구의 간 기름에는 활력을 주는 요소뿐만 아니라 건강에 필요한 필수 요소가 들어 있었다. 1913년에 위스콘신 대학의 엘머 맥컬럼Elmer McCollum과 마거릿 데이비스Marguerite Davis가 그 물질의 공식 명칭을 정하지는 못했지만 그 물질을 추출해내는 데는 성공했다. 1917년에 덴마크의 칼 E. 블로흐Carl E. Bloch는 그 물질이 영양학적으로 훨씬 많은 일을 한다는 사실을 알아냈다.

코펜하겐 대학의 소아과 의사였던 블로흐는 86명이 지내는 고아원을 책임지고 있었다. 고아들은 모두 만 두 살 미만의 어린아이들이었다. 고아원은 두 구역으로 나뉘어 있었다. 한쪽에는 갓 태어났거나 약하고 병든 아이들이 있었고 다른 쪽에서는 건강한 아이들이 지냈다. 각 구역마다 건물이 두 채씩 있었다. 건강한 아이들은 오트밀 죽, 코코아, 맥주와 빵을 넣어 만든 덴마크 전통 수프, 삶은 생선이나 다진 고기 등을 먹었다. 기름은 식물성 기름만 먹었고 맥주 수프에는 모든 영양소가 다 들어 있는 완전유를 넣었다.

한 달 동안 아이들의 건강 상태를 점검하던 블로흐는 무언가 잘못됐다는 사실을 알아챘다. 건강한 아이들 중 절반이 건성 각막염 증세와

야맹증 증세를 보이고 있었다. 모두 한 건물에서 지내는 아이들이었다. 나머지 한 건물에서 지내는 아이들에게는 없는 증상이었고, 병든 아이들이 지내는 건물 두 채에서도 나타나지 않은 증상이었다. 사실 당시 덴마크에서 야맹증은 드문 증상이 아니었다. 제2차 세계대전이 한창일 때로 독일 잠수함이 식량 공급을 차단하고 있었기 때문이다. 그렇지만 왜 다른 아이들은 그렇지 않은데 한쪽 건물에 사는 아이들만 문제가 생긴 것인지 의문스러웠다. 야맹증이 나타난 곳에서 지내는 아이들이 그렇지 않은 곳에서 생활하는 아이들과 다른 점은 딱 한 가지, 아침 식사뿐이었다. 그 건물에서 아이들의 식사를 책임지는 보모는 몇몇 아이들이 설사를 일으키자 맥주 수프 대신 오트밀과 비스킷을 주었다. 몇 달 동안 맥주 수프를 먹지 못한 그 건물의 아이들은 완전유를 섭취하지 못했다.

블로흐는 보모에게 야맹증에 걸린 아이들에게 다른 아이들과 같은 식사를 주고, 건성 각막염에 걸린 아이들에게는 하루에 두 번씩 대구간 기름을 먹이라고 했다. 얼마 후 아이들의 눈은 건강해졌다.

아이들의 문제를 해결하려고 노력하는 동안 블로흐는 음식에 들어 있는 지방을 집중적으로 연구했다. 그는 야맹증을 예방하는 주요 인자가 '지방 용해 보조 인자 A fat-soluble accessory factor A'라는 결론을 내렸다. 지방 용해 보조 인자 A는 곧 비타민A라는 간단한 이름을 얻었다. 블로흐의 연구 결과를 토대로 덴마크 정부는 덴마크 아이들이 저렴한 가격으로 우유 지방을 사 먹을 수 있도록 조치를 취했다. 그 결과 덴마크에서는 야맹증이 사라졌다. 블로흐의 연구 결과는 잠깐 동안 언론의 주목을 받은 후 완전히 잊혔다. 선진국은 아이들이 먹는 음식의 질을 개선했으며, 야맹증은 빠른 속도로 사라져갔다. 개발도상국가 의사들은 안과 질환이 비타민A 결핍 때문임을 알게 됐다.

포레스트 검프처럼

유명한 영화 「포레스트 검프」에는 역사적으로 중요한 사건들이 많이 나온다. 춤을 배우는 엘비스 프레슬리, 「이매진」을 작곡하는 존 레넌, 워터게이트 사건 같은. 소머는 엘비스 프레슬리는 만난 적도 없고, 그의 지능은 포레스트 검프와 전혀 다르지만, 그 역시 20세기에 일어난 굵직한 의학 사건 세 건과 조우했다.

소머 박사와의 만남은 무척 인상적이었다. 교수가 쓸 법한 안경과 앞이마가 벗겨진 외모를 말하는 게 아니다. 그의 성격이 기억에 남았다. 소머 박사의 친구들 말처럼 그는 만나자마자 사람 좋은 웃음을 띠며 말을 시작하는 사람이었다. 정말로 그에게는 해야 할 말이 무궁무진했다. 소머 박사에게 의학은 단순한 직업이 아닌 모험이었다. 그는 이전에는 질병통제예방센터, 세계보건기구, 지금은 존스홉킨스 블룸버그 공립보건학교Johns Hopkins Bloomberg School of Public Health가 된 존스홉킨스 대학의 유명한 보건학교를 위해 전 세계를 여행하면서 힘들고 때로는 위험한 삶을 살았다. 그의 가족도 대부분 그와 함께했다. 새로운 자극이 그를 깨우면 그는 이제 새로운 여행을 떠날 시간이라는 듯 미지의 장소를 향해 떠났다.

소머는 1942년 브룩클린에서 태어났다. 10대 때 소머는 퀸즈로 이사했다. 역사에 관심이 많았기에 뉴욕에 있는 유명한 과학고등학교

(브롱크스 과학고등학교)에 가야 할까 하는 문제로 고민할 일은 없었다. 지도 그리기를 좋아한 소머는 지도를 그리면서 뉴잉글랜드의 작은 마을의 대학 교수가 된 자신을 떠올려보고는 했다. 1960년대가 막 시작될 무렵에 그는 뉴욕 북부에 있는 소규모 남자 대학교인 유니언 칼리지Union College에 들어갔다. 그가 유니언 칼리지를 선택한 이유는 친구가 그곳에 갔기 때문이었다. 그는 자신이 작은 남학교에 들어가야 "맹렬한 호르몬을 제대로 통제하고 무언가를 해낼 수 있을 것"임을 알았다.

이미 자신이 가야 할 길을 확신한 소머에게 대학 졸업은 일종의 정거장일 뿐이었다.

"내 길이 의사라는 건 분명히 알고 있었어요. 언젠가 내 생일날, 할머니가 그런 생각을 심어주었어요. 의사가 되기 싫다고 생각한 적이 단 한 순간도 없었던 것 같아요. 할머니는 동유럽에서 미국으로 건너오신 분인데 의사는 좋은 일을 하는 사람이라고 생각했어요. 그것도 좋은 일을 아주 잘하는 사람. 그러니 손자가 일생의 직업으로 택할 일에 의사만큼 좋은 일은 없다고 생각하셨어요. 하지만 강요는 하지 않았어요. 그래야 한다고 요구하는 사람도 없었어요. 억지로 해야 한다거나 꼭 그래야 한다고 말하는 사람도 없었죠. 하지만 전 자라면서 의사들을 많이 만나봤어요. 소아과 의사나 주치의 같은 사람들을. 나는 의사들보다 즐거운 사람은 없을 거라고 생각했어요. 그 사람들은 존경할 만했고 사려 깊고 영리한 데다 아는 것도 많고 무엇보다도 사람들을 돕는 이들이니까."

하버드로 떠나기 3주 전, 소머는 고등학교 때부터 연인 사이였던 질과 결혼했다. 두 사람은 1960년대의 낙관주의를 공유하고 있었다.

"의사 면허증을 따려고 공부할 당시 대통령은 케네디였어요. 케네디가 죽었을 때 우리도 다른 사람들처럼 엄청난 충격을 받았죠. 그날은 절대로 잊을 수가 없어요. 하지만 그때 깨달은 것도 있어요. 난 케네디가 대통령 취임식에서 했던 말을 잊을 수가 없었죠. '국가가 여러분을 위해 무엇을 할 것인가를 묻지 말고 여러분이 국가를 위해 무엇을 할 것인가를 물어라.' 그 말은 당시 젊은이들의 마음을 크게 울렸어요."

소머와 그의 아내는 평화봉사단the Peace Corps(1961년에 창단한, 개발도상국에서 봉사 활동을 벌이는 미국 정부의 청년 봉사 기구-옮긴이)에서 일하고 싶었지만 문제가 있었다. 선발 조건이 달라져서 소머는 평화봉사단에 들어갈 수 없었다. 친구와 동료들은 평화봉사단 대신 질병통제예방센터에 지원해보라고 했다. 역학조사부에 들어간 소머는 한 달 동안 질병통제예방센터 애틀랜타 본부에서 지내며 기본 교육을 받았다. 그곳에서 소머는 백신 실험실에 소속되어 풍진 백신인 루벨라rubella 백신을 개발하는 일에 참가했다.

훗날 소머가 말했듯이, 그곳에서 소머는 동료들에게 도무지 감동을 받을 수가 없었다. 동료들은 '매점 달걀 값'에 관심이 너무 많은 것 같았다. 그는 실험실에 꼭 필요하다고 생각하는 혁신안을 끊임없이 제안했다. 그가 쏟아내는 엄청난 혁신안들은 모두를 당혹스럽게 만들었다.

그의 상사가 말했다.

"알, 우린 자네가 집에 돌아가 조금 쉬었으면 한다는 데 동의했네."

소머는 임신한 아내가 있는 집으로 돌아가 아기가 쓸 가구를 만들었다. 소머가 다시 일터로 돌아왔을 때 질병통제예방센터의 책임자들은 동파키스탄에서 콜레라를 연구할 인재를 물색하고 있었다. 소머에게는 두 가지만 빼면 동파키스탄이 근사한 모험지처럼 여겨졌다.

"그 두 가지가 뭔가 하니, 내가 뜨겁고 습한 기후랑 쌀을 좋아해본 적이 없다는 거였죠. 그때 난 『내셔널지오그래픽 아틀라스』 뒷면을 들춰봤어요. 지구촌 곳곳의 온도와 습도가 실려 있었으니까요. 파키스탄은 그늘에 있어도 48도라고 했어요. 평균이 그렇다는 거였죠. 습도는 100퍼센트나 되고요."

하지만 소머는 자신이 하는 일에 흥분하는 사람들을 알고 있었다. 의사들이 바로 그런 사람들 아닌가! 그는 자원해서 파키스탄으로 갔다.

전염병학에 입문하다

소머 부부는 다섯 달 된 아기를 데리고 (곧 방글라데시로 불리게 될) 동파키스탄에 있는 다카Dacca로 갔다. 도착 후 얼마 되지 않아 소머는 『내셔널지오그래픽 아틀라스』가 소개한 내용을 몸소 체험할 수 있었다.

"뭐, 쌀을 좋아하는 법도 뜨겁고 습한 날씨를 좋아하는 법도 배우기는 해야 했죠. 하지만 정말 놀라운 사람들과 만날 수 있었어요. 그 나라를 앞으로 끌고 가는 경이로운 사람들과 곳곳에서 비슷한 일을 하려고 모인 놀라운 사람들을요. 사회적으로도 직업적으로도 정말 놀라운 경험이었어요. 내가 어떤 의학을 해야 할지, 어떤 곳에서 연구를 해야 할지를 깨닫는 계기가 됐죠."

소머는 콜레라 환자의 가족들이 백신을 맞으면 콜레라를 예방할 수 있는지 하는 의문의 해답을 찾는 것을 비롯해 기초적인 콜레라 연구를 시작했다(위 문제의 답은 '아니다'였다). 소머는 또한 깨끗한 물을 마시면 여러 종류의 콜레라를 모두 예방할 수 있는지를 알아보고자 여러 종류의 콜레라균을 연구했다. 실험 결과는 '깨끗한 물이 예방해줄 수 있는 특정 종류의 콜레라균들이 있다'였다. 콜레라가 창궐했을 때 예방접종을 하면 콜레라를 효과적으로 예방할 수 있을까? 아니다. 그다지 효과가 없다.

W. H. 모슬리Mosley를 책임 저자로 하여 소머의 연구 팀은 자신들의 연구 결과를 논문으로 압축해서 발표했다.

> 지금까지 밝혀진 사실을 토대로 우리가 찾아낸 가장 효과적인 콜레라 통제 방법은 인명 구조 장치인 치료 센터를 설립하는 것이다. 이것은 면역 프로그램처럼 경제적일 뿐 아니라 효과도 100퍼센트인 방법이다(이들은 다카에서 발견한 새로운 치료법을 '경구 수분 보충 요법'이라고 불렀다).

1970년 11월 8일, 벵골 만의 어두운 하늘 위로 사이클론(인도양에서 발생하는 열대성 저기압 - 옮긴이)이 드리웠다. 사이클론은 갠지스 강 어귀까지 올라왔다. 사이클론에 감싸인 볼라 시의 거대한 삼각주는 소머의 집에서 남쪽으로 110킬로미터 정도 떨어져 있었다. 높은 조수와 강한 바람을 동반한 폭풍이 전국을 덮쳤다. 콜레라 연구소도 할 수 있는 방법을 모두 동원해 복구 작업에 나서야 했다. 급한 구조 작업을 마친 후 연구소장 모슬리는 소머에게 사이클론이 남긴 재앙을 조사해 오라고 했다.

소머는 2인 1조로 열 팀을 짜서 사이클론이 지나간 지 두 달 후부터 각각의 가구를 방문하며 2973가구의 사망률과 부상 정도, 주거 및 영양 상태를 점검했다. 소머 팀은 사이클론 때문에 24만 명에 달하는 사람이 죽었다는 사실을 알아냈다. 사망자 중 29퍼센트는 네 살 미만의 아이들이고 20퍼센트는 노인들이었다. 18만 채의 집이 부서졌으며 60만 명이 거처를 잃었다. 그로부터 두 달이 지난 후에도 100만 명에 달하는 사람들이 길거리에서 구호 식품에 연명해 살아갔다. 역사적으로 기록된 자연재해 중에서도 아주 끔찍한 경우에 해당하는 재앙이었다.

소머는 자신의 일을 사랑했다. "생판 모르는 곳에서 의학 연구를 하고 조사를 하고 문제를 해결하려고 노력하는 일이었죠. 전 말 그대로 전염병학과 사랑에 빠졌어요. 정말로 전염병학은 의학계에서 탐정과 같은 역할을 하죠. 의학이라는 분야에서 셜록 홈스와 같은 일을 해요. 언제나 수백만 명의 목숨에 긍정적인 영향을 미칠 기회가 있어왔고 앞으로도 그럴 수 있는 탐정 일이에요."

당시 한창 진행 중이던 베트남전쟁은 소머에게 별다른 영향을 주지 않았다. 그러나 또 다른 전쟁이 일어나려 하고 있었다. 1971년 정부의 사이클론 재해 대처 방식에 불만을 품은 동파키스탄에서 내전이 발발했다. 방글라데시 해방 전쟁이었다. 서방 사람들이 파키스탄에서 철수하기 전, 소머는 벵골 사람들을 차 트렁크에 숨긴 채 동파키스탄 각지를 돌아다녔다. 국경을 넘어 인도로 가고자 하는 사람들이었다. 곳곳에서 AK-47 소총을 맨 국경수비대의 검문을 통과해야 했지만, 그때마다 소머는 특유의 사람 좋은 미소와 영혼을 울리는 대화로 위기를 모면했다.

엄청난 자료 수집가

9개월간 이어진 전쟁 끝에 방글라데시 사람들은 마침내 독립을 쟁취했지만, 이번에는 천연두가 그들을 기다리고 있었다. 세계보건기구가 질병통제예방센터에 도움을 요청해왔고, 소머도 즉시 구조 팀에 합류했다. 소머가 맡은 일은 예방접종을 받은 사람들을 전염병 창궐 지역에서 떨어뜨려놓는 일이었다.

소머는 당시를 이렇게 회상했다. "정말 끔찍한 시간이었어요. 그 나라는 이제 막 (동파키스탄과 서파키스탄이 싸운) 내전을 끝낸 직후였어요. 1000만 명이나 되는 피난민들이 집으로 돌아오고 있었고, 서파키스탄 편에서 싸운 비하리Bihari 사람들이 쫓겨났어요. 비하리 사람들은 난민 수용소로 갔어요. 난 천연두가 발생한 도심지와 사람들이 들어찬 난민 수용소를 모두 관리해야 했어요. 할 수 있는 일이라고는 일찍 발견해 병이 퍼지기 전에 예방접종을 할 수 있도록 기도하는 것뿐이었죠. 그땐 천연두에 걸리면 세 명 중 한 명은 죽었어요. 나는 대부분 남쪽 지역에서 일했는데, 그곳까지 가려면 내가 있는 곳에서 족히 24시간은 가야 했어요. 가끔 구호 활동에 참가한 러시아 헬리콥터를 탈 때는 그렇지 않았지만요. 천연두를 잡을 수 있느냐 없느냐는 수용소 사람들이 모두 예방주사를 맞느냐 그렇지 않느냐에 달려 있었어요. 많은 사람들이 예방접종을 거부했어요. 결국 예방주사를 맞기 전까지는 배급 카드를 주지 말라고 할 수밖에 없었죠."

천연두가 창궐하는 동안 소머는 조금도 관찰 수위를 낮추지 않았다. "왜 그래야 하는지는 생각하지도 않은 채 난 자료를 수집하는 데 매달렸어요. 우리 팀은 예방접종뿐 아니라 자료까지 수집해야 했어요. 그 덕분에 천연두 바이러스에 감염된 후 5일 안에 예방접종을 하면 천연두에 걸리지 않는다는 것도, 8일 안에 예방접종을 하면 죽지는 않는다는 것도 알아냈어요."

이 정보는 훗날 9·11 테러 후에 병원 관계자들에게 천연두 예방접종을 할 것인지를 놓고 논쟁이 벌어졌을 때도 유용하게 쓰였다. 천연두에 노출된 후에도 예방접종을 하는 것이 효과가 있다는 소머의 자료는 정부의 두려움을 가라앉혔고, 그 결과 대대적인 예방접종은 실시하지 않아도 됐다. 소머는 보건 의료 분야에 종사하는 수천 명의 인명을 구했을 뿐 아니라 지구에서 천연두가 사라지는 데 기여했다.

방글라데시에 있는 동안 소머는 아이들의 영양 상태를 쉽게 알아낼 방법이 있음을 알게 됐다. 영양학자들은 오랫동안 아이들의 영양 상태를 측정하는 방법을 찾고자 노력해왔다. 혈액 속 체지방이나 단백질의 양을 측정하는 것 같은 몇몇 효과적인 방법들이 있었지만, 그런 방법들은 개발도상국에서 폭넓게 적용하기가 어려웠다. 당시 가장 많이 활용한 방법은 아이의 나이와 몸무게를 비교해보는 것이었다. 그러나 아이의 정확한 나이를 알아내는 일은 쉬운 일이 아니었다. 짐작조차 하기 어려울 때도 많았다. 몸무게와 키를 비교해보는 방법도 있었지만 개발도상국 시골 지방에서는 정확하게 측정할 도구를 찾는 일이 쉽지 않았다. 1960년대에 나이지리아로 의료 선교 활동을 떠난 퀘이커 교도들이 어린아이들의 팔 위쪽 둘레와 키를 비교해보는 방법으로 아이의 영양 상태를 측정하는 방법을 개발해냈다(팔의 윗부분은 몸 전체 근육 양을 간접적으로 알려준다). 이 방법을 사용하면 따로 기록할 필요가 없었다. 장대에 붙인 표만 보면 즉시 영양 상태를 파악할 수 있었다.

그로부터 10년 후 방글라데시의 의료진이 어떤 연구의 일환으로 8292명의 아이들 팔 둘레와 키를 측정해놓았지만, 그 뒤 특별한 후속 조치는 취하지 않았다. 소머는 여가 시간을 이용해 그때 팔과 신장을 측정한 아이들에게 어떤 일이 일어났는지 알아보기로 했다. 그는 되도록 다양한 방법을 동원해 아이들의 흔적을 따라갔다. 사망 기록을 살펴보면서 그는 그중에 2.3퍼센트가 죽은 사실을 알아냈다. 그 아이들에게 어떤 일이 있었는지 조사하던 소머는 아주 놀라운 사실을 발견했다. 1세부터 4세까지의 아이들 중 팔 둘레를 측정할 때 영양 상태가 나쁘다고 평가받은 아이들은 그렇지 않은 아이들보다 한 달 사이에 사망할 확률이 20배나 높았다. 이는 팔 둘레만 측정해도 아이들의 사망률을 예측할 수 있다는 뜻이었다.

하지만 다른 사람들은 소머의 주장을 쉽게 납득하지 못했고, 연구 결과를 발표하는 일도 쉽지 않았다. 그가 제시한 자료는 진실이라고 믿기에는 너무나 간단했다. 영양학자들이 그의 주장을 심각하게 받아들이지 않은 까닭은 "그들은 결코 죽음 같은 임상 문제는 생각하지 않기 때문"이었다. 그의 주장이 받아들여지려면 누군가 다시 같은 작업을 반복해 검증해내야 했다. 현재 팔의 둘레는 영양 상태를 측정하는 표준 지표로 받아들여지고 있다.

방글라데시는 사람들을 변화시키는 곳이었다. 소머는 당시를 이렇게 회상한다. "정말 환상적인 시간이었어요. 물론 사이클론 때문에 많은 것이 파괴됐고 내전도 있었고 천연두도 창궐했고, 한 가지 일이 끝나면 계속해서 다른 일이 발생했어요. 하지만 새로운 문화, 나와는 다른 사람들을 접하는 것은 무척 매혹적인 일이었죠. 난 내가 하는 일에 한껏 매혹되었어요. 바다 건너 이국땅에서 수백만 명의 복지를 위해 일할 수 있는 엄청난 경험을 하는 것이었으니까요. 게다가 내가 직접 결정을 내리고 직접 연구를 실행하는 삶을 살았으니까요. 내가 하는 일은 한 사람의 의사와 환자가 만나서 할 수 있는 일보다 훨씬 큰 영향력과 상승작용을 만들어냈어요. 제대로만 해낸다면 보건 분야에 뭔가 공헌할 수 있는 일이었죠. 덕분에 나는 보건 분야 연구가 나를 행복하게 해준다는 사실을 알게 됐어요."

기회는 준비된 사람에게

잘 닦인 길을 따라 걷기 때문에 앞날이 훤히 보이는 사람들도 있다. 그러나 그와는 전혀 다른 길을 택한 소머 같은 사람들도 있다. "나는 한 분야를 포기해야 했어요. 자신을 통제하는 일이나 꼼꼼하게 처리하는 면에서는 저보다 훨씬 나은 사람들이 있었으니까요. 전 대부분 일하는 그 순간에 가장 흥미롭다고 느끼는 일을 해왔어요. '이걸 하면 훨씬 나은 미래가 기다리고 있을 거야'라는 생각으로 일을 하지는 않았어요."

미국으로 돌아온 소머는 안과의가 되기로 결심했다. 안과 분야에는 전적으로 연구에만 종사하는 학자가 아직 많지 않았기 때문이다. "처음에는 안과 공부를 시작하려고 했지만 3년 동안 전염병학을 연구해오면서 그쪽 분야를 더 배울 필요가 있다는 걸 알았죠. 레지던트 과정도 1년을 더 늦춰야 했어요. 존스홉킨스 보건학교에서 전염병학으로 석사 학위를 따야 했거든요. 전염병학을 공부한 덕분에 나는 전혀 다른 시각을 갖게 됐어요. 한 사람의 눈에서 나타난 병이 아니라 전 인류의 눈에 나타나는 안과 문제를 고민하게 된 거죠."

소머가 즐겨 인용하는 파스퇴르의 말("기회는 준비된 사람을 좋아한다")이 빛을 발하는 순간이 찾아왔다. 교수 한 명이 소머에게 수전 페티스Susan Pettis를 소개한 것이다. 페티스는 정말 놀라운 여성이었다. 페티스는 50대가 되어서야 박사 학위를 따고 해외 맹인들을 위한 미국 재단the American Foundation for Oversea Blind의 예방부서 책임자가 됐다. 해외 맹인들을 위한 미국 재단은 현재 헬렌 켈러 인터내셔널Helen Keller International로 바뀌었다. 해외 맹인들을 위한 미국 재단은 연구 영역을 확장하고 활력을 불어넣을 '건방진 젊은이'를 찾고 있었다. 페티스의 생각은 소머의 흥미를 끌었고, 결국 매혹되고 말았다. 레지던트 과정을 마친 소머는 프로그램을 개발하고 결과를 평가하는 일을 돕기 시작했다. 아이티와 엘살바도르에서 소규모 연구를 진행한 소머는 야맹증을 연구하기 시작했다.

비타민A는 왜 중요할까?

왜냐고 묻는다면, 중요하니까 중요하다고 해야겠다. 소머가 훗날 언급했듯이 "인도나 방글라데시, 네팔의 마을에서 자라는 야맹증 어린이는 스스로를 방어할 수 없다. 다른 아이들이 마을을 돌아다니거나 장난감을 가지고 노는 동안 야맹증에 걸린 아이들은 구석에 숨어 있어야 한다."

갓난아기에게서 야맹증 증상을 발견하기는 쉽지 않다. 그러나 어느 정도 자란 아이는 다르다. 어둠 속에서 행동하는 방식이 완전히 달라지기 때문이다. 야맹증을 치료하지 않으면 비극이 일어난다. "그런 아이들은 결국 앞을 보지 못하게 됩니다. 눈의 맨 앞쪽에 있는 투명한 각막이 녹아 없어져버려요. 단 하루 만에 완전히 사라지기도 하지요."

야맹증은 건성 각막염이라고 하는 안구건조증의 초기 증상 가운데 하나다. 그러니까 눈이 건조해져간다는 신호인 것이다. 그런 다음 눈의 흰자를 덮고 있는 세포층인 결막에 비토반점Bitot's spot이라고 하는 충혈 부위가 나타난다. 건조증이 각막을 넘어 퍼져나가면 울혈이 생기고 조직이 오그라든다. 이런 증상이 계속되면 결국 시력을 잃게 된다.

소머가 야맹증 연구를 시작할 무렵에는 한 해 50만 명에 달하는 아이들이 야맹증으로 시력을 잃었다. 비타민A가 건성 각막염의 원인이라는 사실을 알고 있었기에 1년에 두 번 예방 차원에서 비타민A 보조제를 먹으라고 권고하는 과학자도 있었다. 하지만 대조군 실험을 해보려는 사람은 아무도 없었다. 증상이 나타난 아이가 의학계에 등장하면 비타민A를 처방했고, 각막이 완전히 손상되기 전에 비타민A를 처방하면 효과가 좋았다. 실제로 건성 각막염 환자에게 비타민A를 복용하게 하면 24시간 안에 효과가 나타났다. 그러나 불행하게도 이런 식으로 치료하는 운 좋은 사례는 드물었다.

비타민A는 단일 물질이 아니라 비슷한 성질을 가진 다양한 물질들의 혼합물을 가리키는 말이다. 비타민A의 활성 물질로는 레티놀retinol과 레티날retinal, 레티날로 만드는 레티놀 산retinoic acid 등이 있다. 비타민A는 고기, 생선 기름, 우유 같은 동물성 식품에 들어 있다.

식물도 비타민A의 공급원이 될 수 있지만, 이때는 카로티노이드carotenoid라는 전구체 형태로 섭취하게 된다. 카로티노이드라는 이름은 당근을 뜻하는 캐럿carrot에서 온 말로, 카로티노이드에는 베타카로틴beta-carotene이라는 유명한 분자가 들어 있다. 카로티노이드는 장에서 분해되어 레티날을 만든다. 음식에 든 카로티노이드를 흡수하는 능력은 음식을 조리하고 먹는 방법에 따라 상당히 달라진다. 카로티노이드는 지용성으로, 조리하지 않은 야채에 많이 들어 있기 때문에 야채를 기름으로 요리하면 흡수량을 크게 높일 수 있다. 일반적으로 비타민A는 90퍼센트 이상이 간에 저장되기 때문에 생선이나 육류의 간에 많이 들어 있다. 따라서 대구 간 기름 같은 재료로 음식을 조리하면 비타민A의 섭취량을 크게 늘릴 수 있다.

비타민A는 다양한 성분만큼이나 체내에서 하는 기능도 무척 다양하다. 레티날은 어두운 곳에서 잘 볼 수 있게 해주며 레티놀 산은 배아의 발달에 중요한 역할을 한다. 여러 가지 활성 작용을 하는 비타민A는 세포의 성장과 분열을 포함해 300개가 넘는 유전자의 발현을 조절하는 호르몬이다. 비타민A의 조절 작용은 비뇨·생식기관이나 호흡기관 같은 다양한 조직의 점액층에 특히 중요한 역할을 한다. 낭포성 섬유증cystic fibrosis 환자는 비타민A를 제대로 흡수하지 못한다. 비타민A는 눈의 각막에도 영향을 미친다. 즉 비타민A 결핍증은 안구건조증과 밀접한 관계가 있는 것이다.

눈먼 사람들의 나라, 인도네시아로

1974년에 영양부족으로 인한 실명을 논의하는 국제회의가 인도네시아에서 처음으로 열렸다. 유명 인사가 아니었던 소머가 그곳에 갈 이유는 없었다. 그러나 페티스의 생각은 달랐다. 페티스는 소머가 인도네시아 회의에 참석할 수 있는 초대장을 구해 왔다. 인도네시아 문화를 잘 아는 친구 한 명이 소머가 인도네시아로 간다는 소식을 듣고 소머에게 "말을 삼가라"고 충고했다. 인도네시아 사람들은 엄숙한 분위기에서 대화를 나누는 것을 선호한다는 것이었다. 말을 말라니, 공정한 요구는 아닌 것 같았다. 더구나 소머에게 입을 다물고 있는 것은 거의 불가능에 가까운 일이었다. 소머는 친구의 충고를 무시하고 "경이로워 보이는 사람들이 사는 멋진 나라"에서 유창한 대화로 많은 사람들을 친구로 만들어버렸다. 그중에는 인도네시아 보건부 장관도 있었다. 인도네시아 사람들은 참새처럼 지저귀는 것을 소머의 특성으로 인정하고 전염병 학자이자 안과 학자인 그의 지식에 맞는 심각한 문제를 논의하고자 기꺼이 자신들의 사무실로 소머를 초대했다. 그 이유는 모르지만 영양부족으로 인한 실명은 세상 그 어느 곳보다 인도네시아에서 가장 많이 발생했다.

인도네시아 회의를 마치고 돌아온 소머에게 존스홉킨스 대학은 학부 교수로 와달라고 요청했다. 그러나 소머는 종신 교수나 하며 캠퍼스를 지키는 유형의 학자가 아니었다. 그는 인도네시아에서 연구를 하고 싶다고 했다. 소머의 동료들은 인도네시아로 떠나면 교수직을 잃게 될 뿐 아니라 학계에서도 잊히고 말 거라고 경고했다. 그러나 소머는 이렇게 말했다.

"천만에, 나는 외국에서 다른 문화를 간직한 사람들과 함께할 근사한 기회를 갖게 될 거라고. 내가 뭔가 해야 할 일이 있는 것 같아. 해답을 찾아야 할 여러 가지 의문들이 정말로 엄청나게 내 흥미를 끈다고."

1976년 봄이 되자 소머는 인도네시아 산길을 따라 올라갔다. 영양 결핍으로 인한 실명을 예방하는 프로젝트가 소머가 연구하기로 마음먹은 분야였다. 그가 반둥을 연구지로 택한 데는 몇 가지 이유가 있었다. 반둥은 인구가 100만 명이 넘는 현대 도시였지만 외부의 영향을 거의 받지 않는 곳이었다. 자카르타와 달리 반둥은 붐비는 곳이 아니었다. 50년 전까지 반둥을 지배했던 네덜란드 식민지 시대의 잔해인 건물들은 대부분 3층을 넘지 않았다. 더구나 반둥은 아주 덥지도 습하지도 않았다. 반둥을 둘러싼 해발 2652미터의 판다얀 산 덕분에 온화한 기후를 유지했다. 고지대에는 연구를 진행할 수 있는 마을도 많았다.

의과학 분야 중에서도 가장 영향력이 큰 전염병학은 개인이 아닌 집단에게서 발생하는 질병을 연구하는 학문이다. 전염병학은 병의 원인을 찾아내고 과학의 기본 도구 가운데 하나인 측정이라는 방법을 이용해 최선의 치료법을 체계적으로 분류하는 학문이다. 전염병학의 이 같은 정의는 과학자들에게는 더할 나위 없는 진리에 속하지만 과학자가 아닌 사람들은 종종 이러한 정의를 무시해버린다. 통계학적인 중요성을 측정할 수 없는 이야기(일화)나 연구에 의존하는 대체 의학이 인기를 끄는 것이 그 증거다. 전염병 학자는 정확한 측정을 통해 집단에서 나타나는 다양한 변수와 질병 때문에 생기는 다양한 결과를 분석해 질병이나 죽음 뒤에 감춰진 원인을 찾아내는 사람이다.

소머의 연구 계획은 야맹증을 일으키는 위험 인자들을 알아내기 위해 3년 동안 세 가지 통합 연구를 하고, 1년 동안 모은 자료를 분석하는 것이었다.

그러나 소머의 연구를 단순히 자료를 모으고 표를 만드는 일이라고 생각하면 안 된다. 자료를 분석하려면 환자 개인의 특성과 환자가 속한 문화의 특성을 잘 알아야 한다. 그렇기에 질병에 걸린 사람들을 제대로 이해하는 일이 중요하다. 소머와 그의 아내 질은 인도네시아의 통합 언어인 말레이어를 할 줄 알았다. 수많은 섬으로 이루어진 인도네시아는 300개가 넘는 언어를 사용하는 나라였다. 말레이어를 할 줄 아는 소머는 안과 질환에 걸린 아이들의 어머니가 하는 말에 귀 기울일 수 있었다.

소머가 가장 먼저 풀어야 했던 숙제는 야맹증을 객관적으로 정의하는 일이었다. 반둥 사람들은 야맹증을 잘 알고 있었다. 반둥 사람들은 야맹증 환자가 어둠 속에서 병아리들이 횃대에 앉으려고 야단법석을 떠는 것과 비슷한 행동을 한다고 해서 야맹증 환자들을 '병아리 장님'이라는 뜻의 '부타 아얌'이라고 불렀다.

소머는 객관적인 실험을 하는 것보다 "어머니들의 이야기를 듣는 것이 아이들이 어두울 때 제대로 보지 못한다는 것을 훨씬 더 분명하게 파악할 수 있게 해준다"는 사실을 알게 됐다. 그 이유를 소머는 이렇게 설명했다.

"우리가 검사한 결과와 어머니들이 말한 내용을 비교해보니, 검사 결과보다도 그녀들의 말이 혈청 내 비타민A의 수치를 더 정확하게 반영했어요. 그렇기 때문에 반둥에서는 그저 어머니에게 물어보는 것만으로도 아이의 상태를 정확하게 알 수 있었죠. 정말 놀라운 일이었어요. 전혀 예상하지 못했던 일이죠."

반둥 사람들의 민간요법을 연구하는 것도 의미 있는 일이었다. 자바에서는 야맹증이 있거나 비토반점이 생긴 아이들에게 살짝 구운 새끼 양의 간을 즙을 내어 그 액체를 아이의 눈에 넣었다.

"그곳 사람들이 쓰는 방법을 보고 놀라서 입이 다물어지지 않았어요. 도대체 새끼 양의 간즙이 어떻게 그런 효과를 내는지 궁금했죠. 우리는 마을 사람들이 자신들이 말한 대로 치료하는 과정을 몇 번 지켜봤어요. 그런데 마을 사람들이 말하지 않은 부분이 있더군요. 그들은 즙을 짜고 남은 간을 아이에게 먹였어요. 왜인지는 모르겠지만 그 사람들은 간을 먹는 건 치료 과정이 아니라고 했어요."

소머와 동료들은 놀라서 아무 말도 할 수 없었지만, 지금 우리는 어째서 그들이 간즙을 아이들 눈에 넣는 치료법을 몇백 년 동안 지속해왔는지 안다. 간은 새끼 양을 비롯한 모든 동물들이 비타민A를 저장하는 곳이다. 따라서 비타민A의 좋은 공급처일 수밖에 없었다.

먹는 방법이 더 좋다는 사실을 밝히다

소머 연구 팀의 첫 번째 공식 연구는 인도네시아 도시 빈민가와 96퍼센트에 달하는 시골 지방의 미취학 아동 3만 6060명을 조사하는 일이었다. 아이가 야맹증 증상을 보이면 그 부모들에게 식습관을 물어봤고, 그 아이들의 부모 중 20퍼센트도 검사해보았다. 치료가 필요한 아이들은 무료로 치료해주었다. 소머의 연구는 다른 연구들과 비교할 수 있는 통계적 기준을 제공했다. 그러나 그보다 더 중요한 연구 목적은 문제의 규모를 정확하게 측정해 정부와 국제 원조 단체가 정확한 대처 방안을 세우게 하는 일이었다.

소머는 두 번째 연구를 반둥에 있는 대규모 병원인 키켄도 안과 병원Cicendo Eye Hospital에서 진행했다. 영양 결핍으로 인한 실명 환자를 모두 조사해 치료를 진행하면서 경과를 살펴보는 실험이었다. 3년이 넘는 기간 동안 실명이 진행 중인 아이들 350명, 전조 증상이 있는 아이들 1000여 명 정도가 소머 연구 팀을 찾아왔다. 아이들은 모두 소아과 의사 한 명, 영양학자 한 명, 안과 의사 한 명의 진단을 받았고, 세 사람의 자료를 한데 모아 치료에 활용했다. 과학자들은 어린 환자들의 눈을 촬영하고 혈액을 검사한 후 치료를 시작했다.

소머의 연구 팀은 극도로 통제된 상태에서 연구를 했기 때문에 영양 결핍으로 인한 실명의 여러 가지 특성을 밝히는 특별한 임의 추출(무작위) 연구를 해나갈 수 있었다. 대조군 실험을 위해 소머의 연구 팀은 환자의 집을 방문해 인근에 사는 아이들 중 나이와 성별이 같은 아이들을 함께 비교해보았다. 대조군으로 비교한 아이에게서 영양 결핍으로 인한 안과 문제가 발견되면 그 아이 역시 실험군으로 전환해 치료해나갔다.

소머의 연구는 무척이나 역동적이었다. 예기치 못한 사건 때문에 연구를 진행할 수 없을 때면 과학자들은 대체할 방법을 찾아야 했다. 그러는 동안 새로운 발견을 하기도 했다.

연구를 시작하자마자 소머의 연구 팀은 장애물에 부딪혔다. 당시 세계보건기구가 권장하는 치료법은 비타민A 주사를 맞는 것이었다. 비타민A는 지용성이다. 그런데 동물실험 결과 기름에 녹인 비타민A는 치료 효과가 없다는 사실이 밝혀졌다. 소머의 말처럼 "기름에 녹인 비타민A는 덩어리처럼 뭉쳐 있어 혈액 속으로 녹아 들어가지 않았다." 비타민A를 물에 녹이는 것이 유일한 해결법처럼 보였다.

비타민A를 물에 녹이는 일은 우유를 균일화하는 일과 비슷하다. 비타민A가 든 지질을 액체 위에 떠 있는 크림 상태가 아니라 액체에 균일하게 퍼지게 만드는 것이다. 그러나 인도네시아에서는 물에 녹는 비타민A를 구할 수 없었다. 소머 연구 팀이 직접 만들 수도 없는 노릇이었다. 결국 로슈Roche 제약회사에서 만들어 반둥으로 보내주기로 했지만, 필요한 비타민A가 도착하려면 몇 달은 족히 걸렸다. 소머는 스스로에게 이런 질문을 할 수밖에 없었다. '그동안 내가 할 일은 뭘까?'

방글라데시에서 지낸 경험 덕분에 소머는 콜레라에 걸려 탈수 증상을 일으킨 환자에게는 정맥을 통해 액체를 주입하기보다는 직접 입으로 액체를 마시게 하는 것이 효과가 좋다는 사실을 잘 알았다. 소머는 비타민A를 주사로 놓지 않고 아이에게 직접 먹인다면 어떤 일이 벌어지는지 알고 싶었다. 소머는 자신의 의문을 실행에 옮겼고 효과가 있다는 사실을 알아냈다.

마침내 로슈 사에서 보낸 비타민A가 도착했다. 로슈 사의 비타민A를 놓고 소머는 고민을 할 수밖에 없었다. 효과가 좋은 비타민A 복용을 그대로 유지해야 할까, 아니면 의학 책에서 권고하는 방식을 따라야 할까? 사실 소머는 현대 의학이 증거를 바탕으로 하는 과학으로 재탄생하는 토대를 마련한 사람 가운데 한 명이다. 소머 같은 현대 의학의 선각자들은 전통 방식이나 추론이나 사례를 바탕으로 하는 의학이 아닌, 직접 확인할 수 있고 통계학적으로 의미가 있는 실증 가능한 증거를 기반으로 결론을 내렸다. 믿기 어렵겠지만, 지금도 의사들이 활용하거나 효과가 있다고 믿는 치료법 중에는 통계학적으로 명백한 증거가 없는 것들이 많다.

그래서 소머는 대조군 연구를 해보기로 했다. 소머는 각막에 영양 결핍으로 인한 실명 증상이 나타난 아이들 69명에게 기름에 녹인 비타민A 20만 IU를 먹이고 그와 비교해보려고 45명의 아이들에게 물에 녹인 비타민A 10만 IU(비타민의 양을 나타내는 국제단위 - 옮긴이)를 근육에 주사했다. 그리고 그다음 날 모든 아이들에게 비타민A를 먹였다. 실험군과 대조군의 치료 효과에는 별다른 차이가 없었다. 소머의 연구 결과는 치료 방법을 획기적으로 변화시켰다.

야맹증 같은 건성 각막염의 초기 징후를 보이는 아이들에게 가장 중요한 것은 시간이었다. 증상이 나타났다는 것은 아주 위급하다는 뜻이다. 인도네시아에서 비타민 주사를 맞는 것은 쉬운 일이 아니다. 의료 센터까지 가는 데 며칠이 걸릴 수도 있다. 제시간에 의료 센터에 도착하더라도 주사를 맞는 동안 감염될 수도 있다. 그러나 입으로 복용하는 것은 이야기가 달랐다. 비타민 복용제는 누구나 아이에게 줄 수 있었다. 비용도 한 알에 2센트면 충분했다. 처음에는 심각한 장애물처럼 보였던 (비타민A 공급이 원활하지 못했던) 문제가 환자를 직접 도울 길을 찾게 해준 것이다.

소머가 진행한 세 번째 연구는 특정 지역에서 건성 각막염을 일으키는 원인을 최대한 많이 찾아내는 것이었다. 소머와 연구 팀은 연구지를 자바 서쪽에 있는 푸르와카르타 구로 정했다. 반둥에서 북쪽으로 두 시간 정도 달려가야 하는 곳이었다. 이 지역을 택한 이유는 그곳에서 특히 건성 각막염이 많이 발생했기 때문이다. 연구 팀은 여섯 개 마을 6598명의 미취학 아동을 대상으로 조사를 진행했다. 이 아이들을 다시 마을별로 분류했다. 조사원 여덟 명, 간호사 두 명, 안과 의사 한 명, 소아과 의사 한 명, 영양학자 한 명이 한 팀이 되어 아이들의 상태를 측정하고 진단했다. 태어난 지 석 달이 안 된 아이를 둔 부모들은 마을의 미신을 이유로 조사를 거부했기에 자료는 충분하지 않았다. 반면에 석 달이 넘은 아이들을 둔 부모들은 대부분 적극적으로 협조했다. 석 달 이상인 아이들 가운데 조사하지 못한 아이는 1퍼센트에 불과했다.

건성 각막염 증상이 나타나는 아이들을 발견하면 주변에 사는 나이와 성별이 같은 아이들과 비교해보았다. 증상이 있는 아이들 모두와 대조군 아이들, 전체 아이들 가운데 5퍼센트에 해당하는 아이들의 혈액도 검사했다.

그런 다음 아이들을 세 그룹으로 나누었다. 각막에 건성 각막염 증상이 나타난 아이들은 치료를 받게 하려고 연구에서 제외했다. 나머지 두 그룹은 증상이 약한 아이들과 증상이 없는 아이들이었다. 증상이 약한 아이들의 비율은 나이가 많을수록 엄청나게 높아졌다. 한 살 미만인 아이들에게서는 0퍼센트였던 증상 발생률이 네 살이 되면 7퍼센트가 됐다.

소머 연구 팀의 주요 목표는 건성 각막염이 생기는 원인과 비타민A가 결핍되는 아이들과 그렇지 않은 아이들이 생기는 원인을 찾는 것이었다. 이 같은 연구는 장기간에 걸쳐 진행할 수밖에 없다. 소머 연구 팀은 석 달에 한 번씩 열여덟 달 동안 계속해서 같은 아이들을 관찰했다. 수많은 사람들을 대상으로 전염병 연구를 진행할 때면 언제나 그렇듯이, 진행 상황을 조사하러 돌아올 때면 이미 그곳을 떠난 아이들도 있고 증상이 심각해져 적극적인 치료를 받아야 하는 아이도 생겼다. 마지막까지 연구를 진행할 수 있었던 아이들은 모두 3481명이었다. 연구 팀은 모두 2만 885명의 아이들을 관찰했다.

3년 동안의 연구가 끝나고 여러 상자에 자료가 가득 쌓이자 소머는 런던에서 자료를 분석하고 분명하게 드러난 결과를 정리하며 1년을 보냈다. 소머는 전염병학에 대해 이런 말을 남겼다. "한 번에 한 겹씩 양파를 까는 것처럼 하나를 벗겨내면 또 다른 의문이, 또 다른 의학 이야기가 놓여 있었죠."

때때로 해답이 저절로 떠오를 때도 있었다. "해답이 아주 뜻밖의 순간에 찾아올 때가 있어요. 그 문제를 고민하고 있을 때는 해답도, 문제 해결 방법도 떠오르지 않는데 말이에요." 때로는 자는 동안에 해답을 찾기도 했다. "새벽 2시에 잠에서 깨어나 '아, 그래, 그건 그렇게 해야 하는 거야' 하고 말할 때가 있어요. 하지만 불행하게도 아침이 되면 뭘 적어놓은 건지 도무지 알 수 없을 때가 많았죠."

이것은 전형적인 전염병학 연구였다. 소머는 처음으로 건성 각막염과 관련한 포괄적인 연구를 진행했으며, 다음과 같은 특성을 밝혀냈다.

- 인도네시아에서는 해마다 어린아이 1000명당 2.7명꼴로 건성 각막염이 발병한다.
- 이는 인도네시아에서는 해마다 6만 3000명이 건성 각막염에 걸린다는 것을 뜻한다.
- 영양 상태와 생활환경이 비슷한 필리핀, 인도, 방글라데시에 이를 적용해보면 네 나라에서 한 해 발생하는 건성 각막염 환자는 50만 명에 달한다고 할 수 있다.
- 건성 각막염에 걸린 사람 중 절반 정도가 실명한다. 따라서 적극적으로 치료하지 않으면 네 나라에서 건성 각막염으로 맹인이 되는 아이들은 해마다 25만 명에 달하게 된다.

- 건성 각막염에 걸리지 않았다 하더라도 인도네시아 시골 지방에 사는 아이들 가운데 절반은 혈중 비타민A 수치가 낮았다. 인도네시아에 건성 각막염 환자가 많은 이유다.
- 모유는 비타민A의 중요한 공급원이다. 모유 수유를 하지 않는 두 살 미만의 아이들은 모유 수유를 하는 아이들에 비해 비토반점이 나타날 확률이 여덟 배나 높다.
- 건성 각막염이 나타난 아이들은 그렇지 않은 아이들에 비해 계란, 당근, 망고, 파파야, 짙은 푸른색 잎채소, 생선을 적게 먹었다.
- 비타민A 결핍증은 한 지역에서 집단적으로 나타나는 현상을 보인다. 따라서 마을 전체 어린이를 치료하는 것이 효과적이다.
- 각막에 질병이 생기는 아이는 비토반점이 나타나는 아이보다 키가 작으며, 비토반점이 나타나는 아이는 건강에 이상이 없는 아이보다 작다.

소머의 연구가 갖는 가장 큰 의의는 아이들이 비타민A를 입으로 섭취할 수 있게 됐다는 것이다. 이는 개발도상국처럼 의료 기관을 방문하는 것 자체가 힘든 지역에 사는 아이들도 저렴하게 치료를 받을 수 있다는 뜻이었다.

아이들은 어디로 사라진 걸까?

연구 활동을 끝낸 소머는 마침내 미국으로 돌아와 존스홉킨스 대학의 전임 교수가 됐다. 그는 비타민A 결핍증을 계속해서 연구하는 동시에 녹내장에 대해서도 연구해나갔다. 환자를 진료하고 일주일에 하루는 수술을 하는 것이 그의 일과였다.

1982년 크리스마스 휴가 기간이었다. 존스홉킨스 대학의 윌머 안과 병원Wilmer Eye Clinic의 일상도 느긋하게 흘러갔다. 크리스마스 휴가 기간에 백내장 수술을 받는 사람도 전혀 없었다. 긴박한 일이라고는 없는 크리스마스 휴가였다. 소머는 이때야말로 인도네시아에서 가져온 자료를 살펴볼 좋은 기회라고 생각했다. 소머는 전염병 학자가 의문을 제기하면 통계학자나 컴퓨터 프로그램이 답을 제시하는 방식 따위는 처음부터 믿지 않았다.

"나는 이렇게 말했어요. '자료야 나한테 말해주렴. 넌 무슨 말이 하고 싶은 거냐?' 하고요. 학자라면 자신의 자료를 제대로 이해해야 해요. 자료를 파고들지 않으면 가장 흥미로운 내용을 놓치게 되죠. 가장 흥미로운 것들은 원래 품었던 의문 속으로 들어가지 않아요. 전혀 생각지도 않았던 질문 속으로 이끌어가지요."

크리스마스 휴가가 끝난 후 한 주 사이에 소머는 18개월 동안 3개월마다 한 번씩 마을의 모든 아이들을 검사하고 남겨두었던 연구 자료를 분석해보았다. "정말 양파 껍질을 한 겹 한 겹 벗겨내는 것과 같은 과정이었어요. 한 달 전에 호흡기 질환을 앓은 아이는 누구나 예상할 수 있듯이 비타민A 결핍일 가능성이 높았어요. 설사를 한 아이도 마찬가지였죠. 비타민A가 부족하거나 비타민A의 전구체인 카로티노이드를 적게 섭취한 아이도 비타민A 결핍증에 걸릴 확률이 높았어요."

아직 데스크톱 컴퓨터가 널리 보급되지 않았을 때였기에 소머는 밝은 녹색과 흰색 줄이 번갈아 배열된 막대한 양의 구식 출력 자료를 들여다봐야 했다. 소머는 표에 담긴 모든 정보를 꼼꼼하게 분석했다.

나이	1세 이하	1세	2세	3세	4세	5세	6세	7세	합계
맹인이면서 비토반점이 있는 아이들	0	1	38	75	47	37	15	2	215
%	0.0%	0.0%	1.0%	2.1%	1.3%	1.3%	0.9%	0.6%	1.0%
비토반점이 있는 아이들	0	11	40	53	65	55	38	7	269
%	0.0%	0.3%	1.1%	1.5%	1.8%	2.0%	2.2%	1.9%	1.3%
야맹증인 아이들	0	8	61	133	180	86	68	11	547
%	0.0%	0.2%	1.6%	3.7%	4.9%	3.1%	3.9%	3.1%	2.6%
건강한 아이들	1,398	3,658	3,566	3,324	3,359	2,580	1,629	340	19,854
%	100%	99%	96%	93%	92%	94%	93%	94%	95%
표본의 수	1,398	3,678	3,705	3,585	3,651	2,758	1,750	360	20,885

자료를 분석하는 방법은 아주 많다. 나이별로 분류할 수도 있고 성별로 분류할 수도 있다. 소머는 자료를 분석하면서 해답은 물론 질문도 함께 찾아나갔다. 야맹증이나 비토반점이 다음 단계에서는 얼마나 증가할까? 첫 번째 조사에서 집계한 야맹증 아이들의 수와 후속 연구에서 집계한 야맹증 아이들의 수는 어떻게 변했는가? 시간이 아이들의 크고 까만 눈동자에 어떤 변화를 일으켰는지를 점검해나가는 동안 소머는 그 아이들이 생각났다. 어떤 아이들은 완전히 나았고 어떤 아이들은 처음으로 비토반점이 나타났다. 조사를 진행하는 동안 어느 아이할 것 없이 슬프고도 선한 눈으로 간청하듯 쳐다보곤 했다.

소머는 자료를 들여다보면 볼수록 "자료 속에 아주 재미있는 사실이 숨어 있음이 분명해졌다." 연구 자료 속에서 야맹증인 아이들은 점점 사라져가는 것처럼 보였다. 야맹증인 아이들은 건강한 아이들보다 '어떻게 됐는지 모름' 항목에 더 자주 들어갔다. 그 아이들의 큰 눈은 어떻게 됐을까? 그 아이들은 어째서 조사에 참여하지 않은 걸까?

아이들은 밭에 일하러 가거나 친척과 함께 여행을 하는 일이 잦았지만 후속 조사에 참가하는 아이들 비율은 90퍼센트가 넘었다. 그런데 사라지는 10퍼센트의 아이들은 건강한 아이들이 아니라 몸이 아픈 아이들이었다. 아이들의 부모들은 무료 검진이 또 있다는 사실을 알았다. 그런데도 왜 무료 검진에 참가하지 않은 걸까? '검진에 참가하지 못할 정도로 아팠던 걸까?' 소머의 고민은 깊어만 갔다. '아니, 아이가 아팠다면 엄마들이 도움을 요청했겠지. 부모들은 눈이 안 보이는 것쯤은 괜찮다고 생각한 걸까? 아니면 너무 바빠서 아이들을 데리고 오지 못한 걸까?' 그럴 리 없었다. 인도네시아 사람들은 아이들에게 무척 헌신적이었다. 그렇다면 아픈 아이들이 어디로 간 걸까?

"이런 맙소사!" 소머가 소리쳤다. 소머는 아픈 아이들이 검진을 받으러 오지 않은 것은 건강한 아이들과는 전혀 다른 이유 때문이라는 사실을 깨달았다. 사라진 아이들은 밭에 일하러 간 게 아니었다. 소머는 사라진 아이들이 단순히 어딘가로 간 게 아니라 세상을 떠났다는 사실을 깨달았다.

"정말로 놀라운 깨달음이었어요. 전 계산기를 들고 모든 자료를 하나하나 다시 살펴보았어요. 야맹증인 아이들이 죽다니, 도대체 원인이 뭘까? 비토반점이 생긴 아이들이 죽은 까닭은 무엇일까? 야맹증도 있고 비토반점도 있는 아이들은 어떻게 될까? 눈이 건강한 아이들은? 전 18개월 동안 진행한 여섯 차례의 조사 결과를 모두 분석해봤어요."

야맹증은 죽음에 이르게 하는 병이 아니라고 알려져 있었다. 그렇기에 연구 팀은 야맹증을 사망 원인에 넣지 않았다. 조사 자료를 모두 점검해 본 소머도 역시 같은 결론을 내렸다. 야맹증은 사망 원인이 아니었다.

하지만 뭔가 석연치 않은 구석이 있었다. 자료는 다양한 변수들로 가득 차 있었다. 그러니 비타민A 결핍증이 아닌 다른 원인이 아이들을 죽음에 이르게 한지도 몰랐다. 소머는 다시 자료를 분석해나갔다. 아이들에게 흔히 나타나는 설사와 호흡기 질환은 일단 원인에서 배제했다. 나이도 제외했다. 영양 결핍에 따른 기력 약화도 원인이 되지 못했다. 사실 영양 섭취가 좋지 않아도 비타민A를 적당량 섭취하는 아이가 영양 섭취는 좋아도 비타민A를 제대로 섭취하지 못한 아이보다 생존할 확률이 높았다. 어떤 그룹의 아이들을 평가해봐도 결국 사망 원인은 비타민A 결핍이라는 결론이 나왔다.

소머는 사망자 수를 포함하는 자료를 새로 만들었다.

나이	1세 이하	1세	2세	3세	4세	5세	6세	7세	합계
건강한 어린이 수	1,398	3,658	3,566	3,324	3,359	2,580	1,629	340	19,854
사망한 수	11	30	36	18	6	2	3	1	107
1000명당 사망자 수	9	8	10	5	2	1	2	3	5
영양 결핍으로 인한 안과 질환이 있는 어린이 수	0	20	139	261	292	178	121	20	1,031
사망한 수	0	2	9	6	5	0	2	0	24
1000명당 사망자 수	없음	100	65	23	17	없음	17	없음	23

소머가 새로운 사실을 발견한 게 분명했다. "모든 결과를 합계해보면 야맹증인 아이들은 정상적인 아이들보다 사망률이 세 배 높고, 비토반

짐이 있는 아이들은 일곱 배가 높았습니다. 야맹증과 비토반점이 모두 있는 아이들은 정상인 아이들보다 사망률이 아홉 배나 높았죠."

그러니까 소머의 연구 팀을 비롯해 의료계 전체가 잘못된 전제에 따라 환자를 치료해왔던 것이다. 비타민A 결핍증의 초기 증상은 시력 변화만이 아니었다. 건성 각막염은 아이의 면역계에 심각한 문제가 생겼음을 알리는 징후며 신체 기관에 문제가 생겨 결국 죽을 수도 있다는 사실을 알려주는 신호였다. 비타민A 결핍증은 눈에 증상이 나타나기 훨씬 전부터 신체 여러 곳에 문제를 일으켰다.

조사 결과	정상	야맹증	비토반점	야맹증과 비토반점	합계
조사 대상자 수	19,889	547	269	215	20,920
사망한 수	108	8	6	10	132
1000명당 사망자 수	5	15	36	47	6

주류 의학계의 냉담한 반응

소머가 발견한 사실은 영국의 유명한 의학 잡지 〈랜싯*Lancet*〉 지의 표지 기사로 실렸다. 그러자 놀라운 일이 벌어졌다. "아무도 그 기사에 관심을 보이지 않았어요. 표지 기사였는데도요. 정말 아무런 관심도 없었죠. 잡지로 편지를 보내오는 사람 하나 없었어요. 전혀 없었어요."

과학역사가 토머스 쿤Thomas Kuhn은 과학자들이란 (자신의 믿음을 바꿔야 할 때면 사람들 대부분이 그렇듯이) 일이 진행되는 방식을 고정해놓고 잘 고치려 하지 않는 보수주의자들이라고 했다. 쿤은 모든 사람이 진리라고 알고 있거나 진리라고 추정하는 보편적인 상식에 '패러다임'이라는 유명한 용어를 붙였다. '천연두는 바이러스 때문에 걸린다', '태양은 지구 둘레를 돈다', '중력은 사과가 떨어지게 만든다' 같은 명제들이 보편적인 상식에 속한다. 물론 태양은 지구 둘레를 돌지 않는다. 이렇듯 인류가 500년 동안 사실이라고 믿어온 것들 가운데도 틀린 상식이 있을 수 있다. 쿤은 기존에 진리로 받아들이던 것을 부정하는 현상을 '패러다임 시프트'라고 했다. 드물게 일어나지만 과학의 발전에 엄청난 영향을 미치는 인식의 전환인 것이다. 패러다임 시프트는 엄청난 혼란을 가져오는 경우가 많다. 의학계가 잘못된 패러다임을 받아들인다면 인명 손실이라는 결과를 가져올 수 있다. 따라서 의사들은 안전한 기존 관습을 따르려는 경향이 크다.

소머가 먹는 비타민A 보조제도 주사를 맞는 것과 같은 효과를 낸다는 엄청난 연구 결과를 발표했을 때도 동료 의사들은 그런 태도를 취했다. 의학계는 비타민A를 알약 형태로 먹으면 2센트라는 저렴한 비용으로 아이들에게 먹일 수 있다는 사실을 알면서도 주사를 맞을 것을 권했다. 소머는 당시를 이렇게 회상한다.

"의사들은 '안 돼요, 처방을 바꿀 순 없어요' 하고 말했어요. 왜 바꿀 수 없냐고 물어보면 이렇게 말했죠. '사람들이 주사를 좋아해요.' 정말 바보 같은 생각이었어요."

소머의 연구 결과는 오랫동안 주목을 받지 못했다. 5년이 지나서야 의사들은 소머의 권고를 받아들였다. 영양학자들도 자신들 나름의 패러다임을 가지고 있었다. 아이들은 단백질과 열량이 부족하다는 생각이었다. 영양학자들은 그와 관련한 자신들의 연구 결과를 한마디로 요약해줄 용어도 구사했다. PEMproteinenergy malnutrition이라는. 그러니 외부

인사가 영양 전문가들에게 비타민 제제 한 알이 아이들의 생명을 구할 수 있다고 주장하는 것을 달가워할 리 없었다. 그러나 영양학자들은 코펜하겐의 소아과 의사 블로흐가 맥주 수프를 소재로 해서 쓴 것과 같은 이야기를 읽어본 적이 없었다. 소머의 말처럼 "잘사는 나라들이 비타민A 결핍증을 걱정하지 않게 된 후로는 심각한 건망증이 도처에 퍼진 것" 같았다. 비타민A가 면역계와 여러 조직의 성장에 영향을 미친다는 동물 연구와 임상 관찰 결과가 많이 나와 있는데도 과학자들은 비타민A는 눈에만 영향을 준다는 믿음을 고집했다.

아이들의 생명을 구하다

소머는 자신의 연구 결과에 과학자들이 보인 반응에 실망했지만 그렇다고 손을 놓고 주저앉을 사람은 절대 아니었다. 그는 또 다른 연구에 착수했다. 이번에는 인도네시아 아체 주가 연구 장소였다. 이곳은 2004년 해일(쓰나미)이 덮쳐 유명해진 곳이다. 수마트라 섬 북쪽 끝에는 450곳에 달하는 마을이 있다. 이 마을들 중 무작위로 선택된 마을에 1년 동안 비타민A 보조제를 공급하기로 했다. 229개 마을의 아이들 전부에게 비타민A 20만 IU를 먹인 후 6개월 후에 또다시 먹이는 방법으로 연구를 진행했다. 나머지 221개 마을의 아이들은 대조군으로 비타민 보조제를 먹이지 않았다. 모두 2만 5939명의 아이들이 처음 연구와 그다음 해 연구에 참가했다. 연구 결과는 무척 놀라웠다. 비타민A를 먹은 마을의 유아사망률이 34퍼센트나 감소한 것이다(소머는 첫 번째 연구 때는 비타민A 보조제의 효능을 제대로 평가하지 못했다고 생각했다. 왜냐하면 증상이 조금만 심각해지면 아이들은 치료를 받았고 그래서 비타민A 보조제의 효능을 측정할 기회도 없이 아이들이 나았기 때문이다).

다시 한 번 〈랜싯〉 지가 소머의 논문을 실었다. 이번에는 편집자도 힘을 실어주었다. "이번에는 모든 사람이 주목했어요. 하지만 모두 화를 내는 사람들이었죠. 사람들이 전혀 예상치도 못한 일이 벌어졌으니 화를 내는 게 당연했죠. 이건 '당신은 죽을 거예요'와 같은 무서운 이야기를 듣는 것과 같은 일이에요. 처음에는 부정하고 화를 내다가 결국 그 사실을 받아들이죠. 우리에게 벌어진 일도 그와 같아요. 우린 그런 과정들을 헤쳐 나가야 했어요. 사람들은 우리의 결론을 검증해보려고 같은 실험을 반복했죠. 무작위(임의) 표본 추출 실험을 해본 거예요."

소머의 실험 결과가 너무 분명한 것도 문제로 작용했다. 비판자 중 한 명은 사망률이 10퍼센트라고만 했어도 소머의 실험을 믿는 사람이 많았을 거라고 했다. 위약도 문제가 됐다. 소머는 인도네시아 정부의 요청 때문에 위약을 쓰지 않았다.

"그것이 문제가 되지는 않았어요. 대부분의 경우 위약은 주관적인 편견이 작용하기 때문에 약의 잠재력을 제대로 파악할 수 없습니다. 환자는 자신이 약을 먹는다는 사실에 많은 위안을 느낍니다. 그러나 이 경우는 죽을 때까지 엄청난 고통을 받는 병을 다룬 겁니다. 위약을 먹는다고 해서 환자의 고통이 줄어들지는 않습니다. 정확한 결과를 얻으려면 위약은 없는 게 나았죠. 하지만 정치적인 면도 분명히 말씀드릴 필요가 있겠어요. 많은 과학자들은 물론이고 정해진 자원을 비타민A 결핍증을 막는 데 쓸 것인지를 결정해야 하는 정책 입안자들에게는 위약 실험을 하지 않은 게 큰 문제가 됐죠. 그 사람들은 위약 대조 실험을 하지 않았으므로 내 실험은 믿을 수 없다고 했어요."

비타민A 보조제가 위험하다고 주장하는 사람들도 있었다. 하지만 부작용은 나타나더라도 일시적이었고 그나마도 드물게 나타난다는 연구 결과들이 있었다. 그리고 비판자들 대열에 끼지 않은 사람들도 있었다. 인도네시아의 정책 결정자들은 실험 결과를 직접 눈으로 확인한 사람들이었다. 그들은 즉시 전국적으로 비타민A 섭취를 권장하는 프로그램을 만들었다.

현명한 동료 한 명이 이런 일은 예상치 않던 새로운 발견에 흔히 따라붙는 일이라며 "사람들을 자료 속에 파묻어버려라"고 충고했다. 그래서 소머는 그렇게 했다. 그는 필리핀에서 새로운 연구를 시작했다. 그런데 몇 년 동안 필리핀에서 연구하며 200만 달러나 사용했지만 게릴라 활동 때문에 더는 연구를 진행할 수 없었다. 할 수 없이 소머는 네팔로 연구 장소를 옮겼다. 소머는 다른 학자들에게도 여러 나라에서 검증 실험을 해보라고 권유했으며, 때로는 직접 도움을 주기도 했다.

네팔에서는 사망률 40퍼센트 감소라는 결과가 나왔다. 아이들에게 일주일에 한 번씩 비타민A를 먹인 인도에서는 미취학 아동의 사망률이 50퍼센트나 감소했다. 가나에서는 23퍼센트 감소했다.

소머는 비타민A가 야맹증뿐 아니라 홍역을 치료하는 데도 도움이 된다고 생각했다. 홍역은 바이러스성 질환이며 상피조직을 파괴하기 때문이었다. 레티놀 산 형태의 비타민A는 상피조직을 유지하는 데 없어서는 안 될 영양소다. 장과 폐, 눈의 상피조직은 외부 감염을 막는 점액질 층으로 되어 있다. 비타민A는 또한 면역계에서 중요한 역할을 하는 백혈구의 성장에 영향을 미친다.

탄자니아에서 소머는 홍역에 걸린 수많은 아이들이 실명 위기에 처했다는 한 의료 선교사의 기록을 발견했다. 그 아이들의 각막 울혈은 약을 조금 쓰면 나았지만 소머는 이번에야말로 홍역에 걸린 아이들에게 미치는 비타민A의 작용을 실험해볼 절호의 기회라고 생각했다. 무작위 표본 추출 실험을 실시한 소머는 눈에는 문제가 없지만 홍역 증세가 심각한 아이들 중 절반에게는 이틀 연속으로 비타민A를 먹게 했고 나머지 절반에게는 일반적인 치료를 해주었다. 비타민A를 먹은 아이들의 사망률은 50퍼센트나 감소했다.

소머의 실험 결과는 〈영국 의학 저널*British Medical Journal*〉에 실렸고, 곧 전 세계가 소머를 주목했다. 일전에 비타민A 치료법은 "진리라고 믿기에는 너무 좋다"라며 소머와 논쟁을 벌인 동료 한 사람은 소머의 글이 〈영국 의학 저널〉에 실린 지 얼마 되지 않아 〈뉴잉글랜드 의학 저널*The New England Journal of Medicine*〉에 "진리가 아니라고 믿기에는 너무 좋은 비타민A"라는 글을 실었다. 그로부터 몇 달 되지 않아 세계보건기구와 유니세프는 홍역에 걸린 아이를 치료할 때는 비타민A도 함께 처방하는 게 좋다는 권고를 발표했다. 홍역이 많이 진행된 아이에게도 비타민A는 빠른 효과를 나타냈다. 비타민A가 결핍되면 아이들의 주요 사망 원인 가운데 하나인 설사가 심해진다는 연구 결과도 나와 있었다. 이때도 비타민A 보조제 몇 알이면 불행을 크게 줄일 수 있었다.

여전히 실험 결과를 믿지 않는 사람들이 있었지만 소머는 타협하는 것은 비윤리적인 일이라고 생각했다. 분명히 비타민A 보조제는 효과가 있었고 치료를 방해하는 행위는 도덕적으로 받아들일 수 없다고 믿었다. 이탈리아에 있는 록펠러 요양 센터Rockefeller retreat center에서 소머를 초청했고, 그곳에서 소머는 세 가지 질문을 던졌다. 비타민A 결핍증은 아이들의 건강과 생존을 위협하는가? 비타민A 결핍증은 홍역에 걸린 아이에게 특히 위험한가? 비타민A를 먹는 아이는 일반적인 사망률뿐 아니라 홍역으로 인한 사망률도 줄일 수 있는가?

록펠러 요양 센터에 참석한 사람들은 모두 세 가지 질문에 "그렇다"고 답했고, 회의 참석자들은 자신들이 얻은 결론을 유명한 의학 저널에 발표하기로 했다. 그러자 상황이 완전히 바뀌었다.

소머는 아이들에게 비타민을 먹일 방법은 세 가지라고 했다. 정책적으로 가장 옳은 방법은 아이들의 식습관을 개선하는 것이다. 하지만 이것은 무척 어려운 방법이다. 최근 과학자들은 비타민A가 든 유전자조작 쌀을 개발해 비타민A가 부족한 지역의 토종 쌀과 접목하는 방법을 개발하고 있다. 이는 7장에서 소개할 노먼 볼로그Norman Borlaug가 결실량이 많은 밀을 자연종과 접목하려고 한 것과 같은 방법이다. 물론 볼로그의 밀은 유전자조작 종이 아니었지만. 과학자들이 유전자조작 쌀을 개발하는 이유는 비타민A 결핍증이 많이 나타나는 지역은 대부분 쌀이 주식이기 때문이다. 비타민A가 풍부하게 든 쌀이 쌀을 주식으로 하는 곳의 비타민A 결핍 문제를 해결해줄지도 모른다. 그러나 이른바 '황금 쌀'이라고 부르는 유전자조작 쌀은 아직 논쟁의 여지가 많으며, 실제로 그런 쌀이 아이들에게 필요한 비타민A를 충분히 공급해줄지도 확실치 않다.

영양분을 첨가하는 것도 한 가지 방법이 될 수 있다. 수십 년 동안 유럽과 미국 사람들은 아이들 식단에 반드시 빵과 우유와 마가린을 넣었다. 중앙아메리카에서는 설탕에 비타민A를 넣었다. 정부 차원의 이런 비타민A 정책 덕분에 모든 시민들이 사회적 지위나 재정 상태에 상관없이 비타민A를 섭취할 수 있었다.

하지만 대부분 개발도상국에서는 보조제가 해답이다. 현재 70개 국가가 비타민A 보조제를 표준 치료 방법으로 활용한다. 유니세프가 비타민A보조제를 공급하며, 그 비용을 대부분 지불하는 캐나다 정부가 필요한 양의 절반 정도인 6억 알을 해마다 무상으로 보조하고 있다. 그러나 지금도 1억 명에 달하는 아이들이 비타민A 보조제를 먹지 못해 비타민A 결핍증으로 고생하고 있다. 저렴한 비타민 보조제는 많은 아이들의 삶을 바꾸어놓았다. 유니세프가 집계한 바에 따르면 해마다 50만 명에 달하는 아이들이 비타민A 보조제 덕분에 목숨을 구한다고 한다. 이 말은 즉 1990년대에 비타민A 복용이 국가 정책이 된 후 600만 명이 넘는 아이들이 목숨을 구했다는 뜻이다.

새로운 패러다임으로 문제를 해결한 소머

소머는 전염병학 연구 방식을 다른 안과 질환 연구에도 적용했다. 1980년대만 해도 눈의 상태를 정확하게 진단할 과학적 방법이 없었기 때문에 여러 가지 방법을 치료에 활용했다. 소머는 예전부터 해온 방식을 관행적으로 답습할 것이 아니라 증거를 바탕으로 진단하고 치료해야 한다고 주장했다. 그는 녹내장을 진단할 때 사용하는 마법의 숫자 magic number는 논리적이지도 않으며 마법의 숫자를 사용하는 사람들의 예지력도 대단하지 않다는 사실도 함께 지적했다.

소머는 계속해서 비타민A를 연구해나갔다. 소머와 동료들이 네팔에서 진행한 대규모 조사 결과를 바탕으로 한 새로운 연구에서는 비타민A나 베타카로틴을 먹은 임산부는 유산 확률이 45퍼센트 낮아진다는 사실을 밝혔다. 또한 갓 태어난 아기에게 출생 후 몇 시간 안에 소량의 비타민A를 먹이면 유아사망률 가운데 높은 비중을 차지하는 신생아 사망률을 낮출 수 있다는 사실도 밝혔다.

비타민A와 관련한 이야기는 20세기 전반에 걸쳐 진행된 과학에 대한 이해가 발전하는 과정을 멋지게 보여주는 한 가지 예다. 본질적으로 전혀 달라 보이는 분야들이 한데 접목됐다는 점에서 더욱 그렇다. 시작은 화학이었다. 맥컬럼과 데이비스가 지방 속에 숨은 비타민A를 발견한 것이다. 그런 다음 영양학 문제가 나온다. 블로흐는 〈뉴잉글랜드 의학 저널〉을 통해 영양 결핍이 야맹증의 원인임을 밝혔다.

그다음에 등장하는 사람이 바로 소머다. 콜레라, 경구 수분 보충 요법, 천연두 근절 같은 연구 성과로 동료들의 인정을 받은 소머는 비타민A 결핍증을 안과학이 아닌 전염병학의 방법론을 이용해 풀어나갔다. 전염병학의 방법론을 이용해 안과 문제를 푸는 동안 소머는 비타민A 결핍증은 안과 문제일 뿐 아니라 생사를 결정하는 영양학의 문제이기도 하다는 새로운 패러다임을 세웠다. 마침내 소머는 단지 생명을 구하는 것만이 과학자가 해야 할 일의 전부는 아니라는 사실을 깨달았다. 그는 개발도상국가의 모든 아이들이 1년에 두 번씩 비타민을 먹음으로써 미래를 꿈꿀 수 있을 때까지, 모든 과학자들과 예산을 집행해야 할 정책 결정자들이 1년에 5센트를 쓰는 것이 무엇을 의미하는지 확신할 수 있을 때까지 스스로 연구하고 다른 과학자들도 연구할 수 있도록 힘껏 지원했다.

600만 명이 넘는 인명을 구하다

공헌한 일: 어린아이들의 생명을 구한 비타민A 보조제 개발
중요한 공헌자
• **앨프리드 소머**: 비타민A 결핍증에 걸린 아이들이 많다는 사실과, 비타민A 보조제가 질병을 막아줄 면역계를 강화하고 병에 걸려도 쉽게 회복할 수 있도록 신체 기관을 튼튼하게 만들어준다는 사실을 알아냈다.

"아이들은 진짜로 맹인이 될 수 있어요. 눈 앞쪽에 있는 각막에 문제가 생겼으니까요. 각막이 녹아내리는 거죠. 각막은 단 하루 만에 녹아내릴 수도 있어요."

- 앨프리드 소머

"인구통계학 자료에 따르면 미취학 아동 가운데 비타민A 결핍증을 앓는 아이는 1억 2500만 명가량 되고, 해마다 100만에서 250만 명 정도가 죽어요."

- 앨프리드 소머

소머가 연구를 시작할 때는 해마다 50만 명에 달하는 아이가 시력을 잃었다. 연구 팀은 모두 2만 885명의 아이들을 관찰했다.

"나는 이렇게 말했어요. '자료야 나한테 말해주렴. 넌 무슨 말이 하고 싶은 거냐?' 하고요. 학자라면 자신의 자료를 제대로 이해해야 해요. 자료의 냄새를 맡고 그 안에 들어가야 해요. 자료를 파고들지 않으면 가장 흥미로운 내용을 놓치게 되죠. 가장 흥미로운 것들은 원래 품었던 의문 속으로 들어가지 않아요. 전혀 생각지도 않았던 질문 속으로 이끌어가지요."

- 앨프리드 소머

비타민A에 관한 사실들

- 비타민A는 단일 물질이 아니라 비슷한 성질을 가진 다양한 물질들의 혼합물을 가리키는 말이다.
- 음식에 든 카로티노이드를 흡수하는 능력은 음식을 조리하고 먹는 방법에 따라 상당히 달라진다. 카로티노이드는 지용성으로, 조리하지 않은 야채에 많이 들어 있어서 야채를 기름으로 요리하면 흡수량을 크게 높일 수 있다.
- 일반적으로 비타민A는 90퍼센트 이상 간에 저장되기 때문에 생선이나 육류의 간에 많이 들어 있다. 따라서 대구 간 기름 같은 재료로 음식을 조리하면 비타민A의 섭취를 크게 늘릴 수 있다.
- 미국 남북전쟁 당시 야맹증 증상을 호소해 꾀병 환자 취급을 받은 병사들이 있었다. 그 병사들은 사실 비타민A 결핍증이었다.

"정말 놀라운 사람들과 만날 수 있었어요. 그 나라를 앞으로 끌고 가는 경이로운 사람들과 곳곳에서 비슷한 일을 하려고 모인 놀라운 사람들을요. 사회적으로도 직업적으로도 정말 놀라운 경험이었어요. 내가 어떤 의학을 해야 할지, 어떤 곳에서 연구를 해야 할지를 깨닫는 계기가 됐죠."

-앨프리드 소머

1971년 방글라데시 해방 전쟁이 발발했을 때 소머는 방글라데시가 된 동파키스탄에서 일하고 있었다. 서방 사람들이 파키스탄에서 철수하기 전, 소머는 벵골 사람들을 차 트렁크에 숨긴 채 동파키스탄 각지를 돌아다녔다. 국경을 넘어 인도로 가고자 하는 사람들이었다. 곳곳에서 AK-47 소총을 맨 북서 국경수비대의 검문을 통과해야 했지만, 그때마다 소머는 특유의 사람 좋은 미소와 영혼을 울리는 대화로 위기를 모면했다.

Endo
Akira

5장

이 세상에 한 가지라도 쓸모 있는 일을 하고 죽고 싶다:

콜레스테롤 억제제를 개발한 엔도 아키라

엔도 아키라Endo Akira(1933~)

일본의 과학자. 1960년대 중반 일본의 대기업 연구소에 다니던 엔도 박사는 체계적인 곰팡이 연구를 위해 미국으로 건너가 6000개의 곰팡이를 연구한 끝에 콜레스테롤 억제 물질인 스타틴 개발에 성공했다. 그의 개발 덕분에 계속해서 새로운 약품이 개발되고 있으며, 지금까지 1000억 달러가 넘는 매출을 올리고 있다. 그러나 엔도는 이 위대한 발견의 대가로 단 한 푼도 받지 못했다.

스타틴
혈관 노화 증상의 하나인 협심증, 심근경색증, 뇌졸중 등의 심혈관계 질환을 일으키는 주요 위험 인자인 고지혈증을 치료하는 데 사용되는 물질이다.

전쟁에서 패망한 나라의 가난한 소년

해마다 이른 봄이면 일본 사람들은 계속해서 북상하는 벚꽃 전선을 따라 이동한다. 벚나무가 이제 막 녹은 눈 사이로 생동하는 초록색 잎이 산속 개간지를 덮으려 하는 북쪽 끝까지 꽃을 피우려면 몇 달 정도가 걸린다. 엔도 아키라는 1933년 11월 14일, 일본 북쪽에 있는 아키타 현에서 태어났다. 엔도의 집 뜰에는 해마다 아름다운 벚꽃이 폈다. 일본에서 벚꽃은 나라의 문화를 상징할 정도로 중요한 봄의 전령이다. 제2차 세계대전의 패색이 짙어갈 무렵 일본 가미카제 비행사들은 자신들이 벚꽃으로 환생하기를 기원하며 비행기 옆쪽에 벚꽃을 그려 넣었다. 미국인들이 훈장 같은 곳에 별을 그려 넣듯이 지금도 일본 군인들과 경찰들은 벚꽃을 자신들의 상징으로 사용한다.

제2차 세계대전이 한창일 때였지만, 일본 시골에서 자라는 소년의 삶에서 전쟁은 멀리 떨어져 있었다. 폭탄도 군인도 군수공장도 없었다. 하지만 소년이 사는 곳에는 남자도 음식도 태평한 어린 시절도 존재하지 않았다. 미국이 일본을 처음 폭격했을 때 엔도의 나이는 아홉 살이었다. 엔도는 자신의 자서전에 일할 남자의 부재가 어린아이에게 어떤 영향을 미쳤는지를 자세히 적었다.

> 초등학교 고학년이 되자 우리는 근처 농부를 돕는 근로 봉사를 나가야 했다. 반 아이들 모두가 농부들을 도와 들이나 산을 돌아다니며 먹을 수 있는 식물을 채집해 와야 했다.

시골 농장에서 자라는 아이들이 모두 그렇듯이 엔도도 어디에서 쌀이 자라는지, 양과 염소, 토끼, 닭이 어떻게 자라는지 같은 자연의 특성을 잘 알았다. 대가족 속에서 자란 엔도는 대부분의 시간을 할아버지 할머니와 보냈다. 조부모의 침실에서 잠을 잤고 할머니 할아버지의 이야기를 들으며 자랐다. 마을에서 인기가 많은 할아버지는 점술가이자 아마추어 의사였다. 엔도가 사는 지방에는 의사가 없었기에 사람들은 조그만 상처가 나거나 가벼운 병에 걸리면 엔도의 할아버지에게 와서 약을 타 가거나 치료를 받았다. 엔도가 4학년이던 해 가을에 사랑하는 할머니가 병에 걸렸다. 어느 날 밤에 할머니는 엔도의 손을 잡고 이렇게 말했다.

"할머니 병은 나을 수 없는 병이란다."

할머니가 엔도에게 배를 만져보라고 했다. 엔도는 손가락으로 조심스럽게 할머니의 배를 만져보았다. 작고 오돌오돌한 게 만져졌다. 할머니의 병은 할아버지가 치료할 수 없는 병이었고, 의사를 부를 방법도 없었다. 할머니 배에 있는 조그만 혹은 갈수록 커져갔고 할머니는 갈수록 야위어갔다.

여느 시골 소년들과 마찬가지로 엔도도 공부를 하거나 놀기 전에 맡은 일을 먼저 해야 했다. 닭을 돌보고 직접 손으로 한 포기씩 벼를 심는 일도 엔도의 몫이었다. 자유 시간에는 농장 근처에 있는 들이나 냇가, 산으로 놀러 갔다. 소년들이라면 누구나 그렇듯이, 엔도에게도 어른이 되면 이루고 싶은 꿈이 있었지만 꿈을 현실로 만들기에는 소년의 환경이 너무나 꿈과 동떨어져 있었다. 그가 닮고 싶어 한 영웅들은 모두 진지한 사람들이었다. 화상을 입어 손이 약해졌지만 그러한 장애를 극복한 한 사람이 20세기가 태동하던 시기에 유명한 세균학자가 되었다. 엔도는 이렇게 회상한다.

"그때 내가 의사나 과학자가 되고 싶다고 생각한 데는 몇 가지 이유가 있습니다. 그중에서도 가장 큰 이유는 노구치 히데요野口淸作에 대해서 들었기 때문입니다. 화상을 입은 그처럼 저도 다섯 살 때 화로 옆에 있다가 화상을 입었어요. 두 번째 이유는 4학년 때 폐렴을 앓았기 때문입니다."

그해 5월, 엔도의 집 마당에 벚꽃이 한창 피어오를 때 할머니가 암의 고통에서 벗어나셨다. 그때 그는 '의사가 돼서 병으로 고통받는 사람들을 도와줘야겠다'고 생각했다.

엔도의 소년기는 엄숙하고도 진지했다. 엔도가 열한 살 때 전쟁이 끝났다. 그는 당시를 이렇게 회상했다. "일본은 전쟁에서 졌습니다. 어른들도 어떻게 할지 갈피를 잡지 못했죠. 우리에게는 음식도 옷도 없었어요. 모든 것이 정지해버렸어요. 아이들에게는 꿈이 없었죠. 아이들도 희망을 품지 못할 정도로 힘든 시기였으니까요."

일본의 무조건항복으로 제2차 세계대전이 끝났다. 그와 함께 일본의 국가적 자존심도 무너졌다. 잿더미 속에서 일어나려면 젊은 세대가 새로운 일본을 만들어나가야 했다. 엔도는 현대식 사고방식을 익히며 자라났고 과학을 배우며 성장했다. 현대식 사고방식과 과학으로 무장한 엔도는 일본의 자존심을 다시 한 번 세우고 모든 나라 사람들의 칭송을 받는 일에 자신의 재능을 사용했다.

곰팡이를 공부하는 학생

봄이면 벚꽃이 만개하던 일본의 북쪽 산촌 지방은 가을이면 만화경 같은 형형색색의 세상으로 변했다. 너도밤나무와 떡갈나무 잎이 떨어지는 숲속에서 소년 엔도는 가장 매혹적인 장소를 찾아가 나무 밑의 축축하고 얼룩덜룩한 바닥 위에 누워 있고는 했다.

"중학생 때 할아버지는 자주 절 데리고 집 근처 산으로 가셨어요. 가을이면 버섯을 따셨죠. 할아버지는 버섯과 '두꺼비 똥'이 어떻게 다른지 알려주셨어요(독버섯을 두꺼비 똥이라고 부르는 나라도 있다). 두꺼비 똥의 독소는 대부분 수용성이에요. 그러니까 두꺼비 똥을 끓이면 독성분이 물속으로 녹아들어가죠. 그러니까 팔팔 끓여서 국물은 따라버리고 깨끗이 씻어 먹으면 두꺼비 똥도 먹을 수 있어요."

엔도의 가족은 매끼마다 버섯을 먹었다. 엔도의 초등학교 성적은 그 자신도 인정하듯이 훌륭하긴 했지만 생활 태도 점수는 그다지 좋지 않았다. "저는 덜렁거리는 데다 가만히 있지 못하는 학생이었어요."

중학교에 진학한 후에는 학업을 계속하겠다는 생각을 했지만, 엔도에게 고등학교 진학은 사실 쉽지 않은 일이었다. 가장 가까운 학교도 걸어서는 도저히 갈 수 없을 만큼 멀리 있는 데다가, 가족들도 엔도를 학교에 보낼 여력이 없었다.

엔도의 어릴 적 친구 다다오 하타케야마는 어느 날 엔도가 학교에 지각한 일을 아직도 기억하고 있다. 왜 늦었느냐고 묻자 엔도는 이렇게 대답했다고 한다.

"아버지하고 고등학교에 보내달라고 담판을 짓고 왔어. 보내주겠다고 할 때까지 아주 난리를 쳤거든."

"도대체 어떻게 난리를 쳤기에?"

"부츠를 신고 떡판에 올라가서 난리를 쳤지."

친척들 모두 엔도가 고집쟁이라는 걸 알았기에 아버지의 허락을 받아냈다는 소식에도 별로 놀라지 않았다.

소동을 벌인 결과로 엔도는 주말에만 나가는 노동 학교에 들어갈 수 있었다. 그러나 집에서 두 시간이나 걸어가야 하는 학교인 데다 대학에 갈 수 있는 학교도 아니었다. 그러던 중 다행히 엔도는 아키타 시로 이사 가는 아저씨를 따라갈 수 있었다. 그곳에서 엔도는 진짜 고등학교에 들어갔다.

고등학교에 들어간 엔도는 귤이나 누룩에 핀 곰팡이를 비롯해 다양한 균류를 공부했다. 현미경으로 들여다봐야 하는 균류 외에도 엔도는 할아버지 덕분에 많이 접한 버섯 같은 커다란 균류에도 관심이 많았다. 버섯 중에는 파리와 사람 모두에게 치명적인 종류도 있었고 파리잡이무리버섯fly-catching mushroom이라고 하는 버섯도 있었다. 특히 파리잡이무리버섯은 서서히 엔도의 관심을 사로잡았다. 레몬색 파리잡이무리버섯을 잘라서 접시 위에 놓고 집 안 곳곳에 놓아두면 파리가 날아와 먹고 죽었다. 하지만 사람에게는 해가 되지 않았다.

파리잡이무리버섯의 습성이 신기했던 엔도는 여름방학 기간에 직접 자신이 실험을 해보기로 했다. 파리잡이무리버섯을 끓인 엔도는 접시 한쪽에 익은 버섯을 놓고 다른 쪽에는 버섯 삶은 물을 놓았다. 파리는 양쪽 접시 모두에 날아들었지만 삶은 물을 먹은 파리만 죽었다.

"그때 전 파리를 죽이지만 사람에게는 무해한 파리잡이무리버섯의 독성분이 수용성임을 알았어요. 할아버지 말씀 그대로였죠."

엔도는 화학을 사랑했다. 그런 그에게 교장 선생님은 도호쿠 대학에 진학해보라고 권했다. 그러나 엔도의 부모님은 아들이 대학에 합격한다고 해도 아들을 대학에 보낼 능력이 없었다. 부모님은 엔도의 형에게 동생을 찾아가 대학을 포기하도록 설득하라고 했다. 부모님이 내세운 협상 조건은 옷이었다. 엔도의 옷차림은 누추했고 양말도 한 켤레뿐이라 매일 밤마다 빨아서 화로 옆에서 말려 입어야 했다. 엔도의 형수 도미코는 그때의 일을 이렇게 기억했다.

"시부모님은 도련님한테 이렇게 말하라고 하셨어요. '우리 집에 너만 있는 게 아니잖니. 너에게는 형제들이 있잖냐. 너는 대학에 가면 안 돼.' 그러시면서 2만 엔을 주셨답니다. '아키라에게 대학에 가지 않는다면 양복을 한 벌 해주겠다고 말해라. 이걸로 그 아일 설득하라'고요."

자신을 찾아온 형과 형수에게 엔도는 크게 화를 냈다.

"난 옷 필요 없어요. 대학에 가게 내버려둬요. 부모님 돈은 필요 없어요."

부모님 돈이 필요 없다는 것은 부모님 유산은 받을 생각이 없다는 뜻이었다. 형네 부부는 그때 동생의 확고한 결심을 알았다. 다행히 엔도가 부모님 재산을 포기할 필요는 없었다. 교장 선생님이 장학금을 받을 수 있도록 주선해주셨기 때문이다.

'이 세상에 한 가지라도 쓸모 있는 일을 하고 죽고 싶다'

대학에 들어간 엔도는 다른 세 학생과 함께 다다미가 열 장 깔린 기숙사 방에서 생활했다(다다미 한 장의 크기는 대략 7.5×15.2cm다). 대학 졸업

앨범 속 엔도는 양 볼이 움푹 파여 있다. 학생 식당의 음식이 젊은 남자에게는 턱없이 부족했던 것이다.

"어떤 때는 배가 너무 고파서 도무지 집중할 수가 없었어요. 강의 내용이 귀에 들어오지 않았죠. 때로는 너무 어지러워서 기절하지 않으려고 복도에 웅크리고 있어야 할 때도 있었죠."

도호쿠 대학 식당에는 학생들이 '즈바이'라고 부르는 제도가 있었다. 저녁 8시 무렵에 다른 학생이 음식을 남겼다는 사실을 북을 쳐서 알려주는 것이다. 북소리가 들리면 학생들은 잔반을 먹으러 학교 식당으로 달음질쳤다. 엔도는 매일 밤 7시부터 12시까지 공부를 했지만 언제나 젓가락을 옆에 두고 있었다.

"달리기는 아주 잘했어요. 세일 때 물건을 사려고 뛰는 여자들 같았죠. 저녁을 먹은 후에도 배가 불렀던 적은 없었어요."

음식은 부족했지만 엔도는 많은 지식을 쌓아나갔다. 처음에 엔도가 택한 학문은 농업공학이었다. 그러다 항생물질학의 선구자인 알렉산더 플레밍Alexander Fleming과 셀먼 왁스먼Selman Waksman의 전기를 읽었다. 두 사람의 전기는 잊고 있던 균류에 대한 흥미를 되살려주었고 세균에 대한 안목을 넓혀주었다. 그리하여 엔도는 전공과목을 응용 미생물학으로 바꾸었다.

대학을 졸업한 엔도는 도쿄에 있는 산쿄 주식회사에 들어갔다. 의학품부터 농업 관련 제품에 이르기까지 다양한 제품을 생산하는 곳이었다. 산쿄 주식회사는 1912년 워싱턴의 봄을 알리는 호화로운 봄의 전령이 된 벚나무 3000그루를 기증한 다카미네 조키치高峰譲吉 박사가 20세기가 시작될 무렵에 세운 회사다.

입사 후 2년 동안 엔도는 자신의 귀중한 균류로 생화학 연구를 진행했다. 250종에 달하는 균류를 연구한 엔도는 그중에 한 종이 펙틴의 분해 효소인 펙티나아제pectinase를 만든다는 사실을 발견했다. 펙틴은 사과나 포도즙을 뿌옇게 만드는 섬유소다. 그로부터 2년 후 엔도는 펙티나아제를 대량생산하는 방법을 상업화하는 데 성공한다. 펙티나아제를 만드는 일이야말로 산쿄 사가 연구원들이 해냈으면 하고 바라던 일이었다. 펙티나아제는 명백한 효자 상품으로 산쿄 사에 막대한 이익을 가져다주었다.

당시 일본에서는 대학을 졸업한 후 5년 동안 회사에서 연구원으로 근무하면 박사 학위를 받을 수 있었다. 펙티나아제에 관한 논문을 열다섯 편 발표하고 박사 자격시험과 박사 논문을 통과한 엔도는 1966년에 박사 학위를 받았다. 빛나는 연구 성과와 펙티나아제 생산에 따른 상업적 성공은 그에게 적절한 보상을 가져다주었다. 2년 동안 미국에서 연구할 기회가 온 것이다.

펙티나아제를 개발했다는 기쁨도 점차 사그라져갈 무렵, 엔도는 자신의 인생을 되짚어보았다. 나름 출세도 했다고 생각했고 결혼도 했고 아들도 있었다. 미래도 유망했다. 이제는 다른 사람들을 위해 자신의 시간을 쓸 여유가 생겼다. 엔도는 생각했다.

이 세상에 인간으로 태어난 이상 죽기 전에 내 흔적을 남기고 싶다.
이 세상에 한 가지라도 쓸모 있는 일을 하고 죽고 싶다.

아파하며 죽어간 할머니를 떠올린 엔도는 그때부터 의학 연구를 하기 시작했다. 산쿄 사는 몇 가지 항생제를 제조해 판매하고 있었다. 엔도는 산쿄 사에서 자신이 원하는 분야를 마음껏 탐색해볼 수 있었다. 오랫동안 엔도는 자신이 전념할 연구 분야를 찾고자 고민했다.

"그때는 과학자들이 핵산과 단백질 연구에 매달릴 때였어요. 그래서 전 그 분야는 피하기로 했죠. 전 지질의 생화학적 특성을 연구하기로 했어요. 그러니까 콜레스테롤과 지방산을 연구하기로 한 거죠. 내가 지방을 연구 주제로 택한 이유는 그 분야를 연구하는 과학자들이 거의 없었기 때문이에요. 그건 경쟁자가 별로 없다는 뜻이었죠."

엔도는 콜레스테롤 대사 과정을 밝혀 노벨상을 탄 콘래드 블로흐Konrad Bloch가 있는 하버드 대학으로 가고 싶었다. 그러나 블로흐의 연구실에는 자리가 없었다. 결국 1966년 서른두 살이던 엔도는 아내인 오리에와 두 살 된 아들 다다스를 데리고 알베르트 아인슈타인 의과대학에 들어가려고 뉴욕으로 떠났다.

비행기에서 내리는 순간부터 엔도와 그의 가족은 미국의 거대한 규모를 실감했다. 모든 것이 일본에 비해 엄청나게 컸다. 엔도 가족이 살 집은 일본의 아파트보다 세 배나 넓었으며 의과대학에서 박사후연구원으로 받는 월급은 일본 회사에서 받은 것보다 네 배나 많았다. 미국 사람들도 마찬가지였다. 엔도와 오리에는 미국 사람 중에는 스모 선수 같은 사람들이 많다는 사실에 무척 놀랐다. 식당에서도 마찬가지였다. 미국 사람들은 일본이라면 한 가족이 모두 먹을 수 있는 샌들만 한 스테이크를 혼자 먹었다. 거기다 요리하기 전에 지방은 제거해버렸다. "정말 커다란 문화적 충격이었어요. 일본에서는 상상도 할 수 없는 일이었죠."

일본 사람들은 붉은 살코기를 많이 먹지 않았다. 엔도도 미국에 오기 전까지는 스테이크를 먹어본 적이 없었다. 일본 사람들은 스테이크를 먹는다 해도 지방이 적절하게 마블링 된 고기를 먹었다. 일본 사람들이 가장 좋아하는 비싼 고베 소고기는 지방 비율이 50퍼센트에 달한다. 소가 곡물과 맥주를 먹고 자라기 때문이다.

엔도의 연구 분야는 생물 세포막을 구성하는 주요 성분인 인지질phospholipid이었지만, 그는 자신의 중요한 멘토 가운데 한 명인 블로흐와의 관계도 계속해서 유지했다.

"나는 블로흐 박사의 연구실에서 일할 기회를 한 번도 갖지 못했어요. 하지만 그분은 30년이 넘는 세월 동안 언제나 저를 격려해주고 이끌어 주셨어요. 제가 알베르트 아인슈타인 의과대학에 들어간 직후부터 돌아가시기 몇 년 전까지 계속 그러셨죠. 박사님은 1990년대 중반에 돌아가셨어요. 그분은 정말 위대한 과학자였는데도 무척 겸손했어요. 온화하고 따뜻한 분이었죠. 전 그분이 좋았고, 그분을 존경했어요. 그분을 알지 못했다면 콜레스테롤 연구를 이만큼 해내지는 못했을 거예요."

미국을 뒤흔든 빅뉴스! -범인은 콜레스테롤이었다

엔도는 높은 혈중 콜레스테롤 수치가 심장병의 주요 원인 가운데 하나일 거라고 생각했다. 콜레스테롤은 모든 신체 조직의 세포막에 존재하는 왁스 비슷한 지방성 물질이다. 콜레스테롤이라는 이름은 그리스어로 담즙을 뜻하는 '콜레Chole'와 고체를 뜻하는 '스테레오스stereos'가 합쳐진 용어다. 콜레스테롤은 동물이 생명을 유지하는 데 반드시 필요한 요소로, 다양한 온도 변화 속에서도 세포막의 구조와 유동성이 사라지지 않게 해준다. 콜레스테롤은 또한 지방의 소화를 돕는 담즙의 생성에도 중요한 역할을 하며, 에스트로겐이나 테스토스테론 같은 다양한 스테로이드계 호르몬의 생성에도 관여한다. 또한 비타민A, D, E, K 같은 지용성비타민의 신진대사에도 중요한 역할을 한다.

신체 내 콜레스테롤의 93퍼센트가 세포에 들어 있다. 세포는 자신에게 필요한 콜레스테롤을 직접 생산할 수 있다. 혈관 속에 녹아들어 있는 콜레스테롤의 양은 전체 양의 7퍼센트 정도에 불과하다. 혈관을 도는 콜레스테롤은 음식으로 섭취했거나 간에서 녹아 나온 것이다. 간은 신체가 필요로 하는 콜레스테롤을 충분히 만들어낸다. 물에 녹지 않는 콜레스테롤은 리포프로테인lipoprotein이라고 부르는 단백질과 결합해 동맥과 정맥, 심장을 돌아다니며 필요한 곳을 찾아간다. 그런데 이 리포프로테인 중에는 나쁜 리포프로테인이 있고 좋은 리포프로테인이 있다.

저밀도 리포프로테인(LDL, Low-density lipoprotein)은 간에서 나온 콜레스테롤을 온몸으로 운반한다. 이 리포프로테인은 나쁜 콜레스테롤이라고 불리는데, 이는 사실 잘못된 명칭이다. 저밀도 리포프로테인도 인체에 중요한 작용을 하기 때문이다. 저밀도 리포프로테인이 인체에 유해한 작용을 할 때는 지나치게 많을 때뿐이다. 또 다른 리포프로테인인 고밀도 리포프로테인(HDL, high-density lipoprotein)은 좋은 콜레스테롤이라고 부른다. 지나치게 많거나 쓰지 않아 문제를 일으킬 수 있는 콜레스테롤을 동맥에서 제거해 간으로 가져가 분해하거나 외부로 배출할 수 있게 해주기 때문이다.

콜레스테롤 수치는 저밀도 리포프로테인과 고밀도 리포프로테인을 모두 합한 값으로 나타낸다. 콜레스테롤 수치가 190mg/dl 이하면 모든 것이 정상이다. 190에서 240 사이라면 한계 수치에 도달했다고 할 수 있다. 240이 넘으면 위험하기 때문에 동맥경화가 올 수 있다고 생각해야 한다.

봄비에 떨어진 벚꽃은 도랑과 하수구 파이프와 벽에 설치한 빗물 관을 막아버린다. 혈관에 콜레스테롤이 쌓이면 비슷한 일이 벌어진다. 혈관에 저밀도 리포프로테인이 많으면 심장의 관상동맥 벽에 달라붙어 염증을 일으킨다. 혈관 벽에 생긴 염증은 종기 같은 덩어리를 만들고 결국 혈액의 흐름을 막아버린다. 동맥에 댐이 생기는 것이다. 이러한 현상을 죽상동맥경화증이라고 한다. 플라크가 쌓이고 조직에 상처가 생기면 혈관의 석회화 현상이 일어나 동맥은 유연함을 잃고 단단해진다. 그러면 온몸으로 혈관을 보내야 하는 심장의 펌프 작용에 문제가 생긴다.

동맥에는 아주 일찍부터 플라크가 쌓일 수 있다. 제2차 세계대전 당시 죽은 병사를 부검한 의사들은 20대 초반인 병사들 중 많은 수의 동맥에 플라크가 두툼히 쌓여 있는 것을 보고 깜짝 놀랐다. 플라크가 동맥에 쌓이는 것을 죽상동맥경화증의 초기 단계라고 할 수 있다. 동맥에 쌓인 플라크를 그대로 두면 심장에서 나오는, 산소를 가득 실은 혈액의 양이 줄어들어 협심증에 걸릴 수 있다. 플라크가 혈관 벽에서 떨어져 나오면 혈액이 응고되어 덩어리가 생긴다. 이 덩어리가 혈액의 흐름을 막으면 심장에 충분한 혈액이 공급되지 않아 심장근육이 죽어 심장마비를 일으킬 수 있다. 뇌졸중도 같은 과정을 거쳐 발생한다. 혈액에 생긴 덩어리가 뇌로 가는 혈관을 막으면 뇌에 산소가 부족해져 뇌세포가 죽고 만다.

엔도는 이런 일을 일으키는 주범이 콜레스테롤이라는 사실을 알게 됐다. 당시 콜레스테롤은 미국에서 큰 뉴스거리였다. "내가 사는 곳은 브롱크스의 아주 조용한 마을이었어요. 나이가 무척 많은 분들이 사는 곳이었지요. 그러다 보니 밤낮 할 것 없이 구급차가 들락날락하는 일이 많았어요. 심근경색 때문에 실려 가는 분들이 많았죠. 그때 미국에서는 많은 사람들이 심장병으로 죽었어요. 암 환자보다 많았죠. 해마다 60만에서 80만 명이 심장병으로 죽었으니까요. 콜레스테롤 수치가 높아서 관상동맥에 문제가 생긴 환자는 1000만 명이 넘는다고 했어요. 미국 사람들이 당시 일본에서는 관심조차 없는 콜레스테롤 때문에 공포에 떨고 있다는 사실이 정말 놀라웠어요. 그때 일본에서는 암과 뇌일혈로 죽는 사람이 가장 많았기에 심장병이나 콜레스테롤엔 관심이 없었어요. 하지만 저는 일본인들도 점점 열량이 높은 음식을 섭취해가는 추세였기 때문에 언젠간 심장병이 문제가 되는 날이 올 거라고 생각했죠. 그때가 되면 콜레스테롤이 분명히 문제가 될 거라고요."

블로흐의 영향을 많이 받은 엔도는 콜레스테롤 수치를 조절하는 약을 개발하고 싶다는 꿈을 품게 됐다. "콜레스테롤이 혈관 속으로 들어가는 경로는 두 가지예요. 음식으로 섭취한 콜레스테롤이 소화관에서 흡수되거나 신체가 만들어내는 거죠. 콜레스테롤은 주로 간이 만들어요. 음식으로 섭취한 콜레스테롤의 양이 충분하지 않으면 신체는 직접 콜레스테롤을 만들어요. 만약 음식으로 충분한 양의 콜레스테롤이 들어왔는데도 간에서 콜레스테롤을 만들면 콜레스테롤이 너무 많아지죠. 그러면 콜레스테롤의 양이 많아지지 않도록 신체가 방어기전을 작동해요. 1960년대 말에 이미 콜레스테롤의 합성을 HMG-CoA 환원효소가 조절한다는 사실을 밝혀냈죠."

블로흐는 페어도어 리넨Feodor Lynen과 함께 신체가 콜레스테롤을 합성하는 방법에 대해 많은 내용을 밝혀냈다. 신체가 초기 전구체 물질을 콜레스테롤로 전환하는 과정은 다섯에서 열 가지 주요 단계를 거쳐야 하는 아주 복잡한 과정이다. 각 단계마다 세부 단계들이 또 있고 관여하는 효소만 해도 30가지가 넘는다. 이름도 어려운 HMG-CoA 환원효소가 관여하는 것은 그중의 한 단계다(참, HMG-CoA 환원효소의 본명칭은 3-하이드록시 3-메틸글루타릴 코엔자임 A 리덕타아제다. 간단히 줄여서 HMGCR이라고 하기도 한다). HMG-CoA 환원효소는 HMG-CoA의 환원 분열을 촉진해 메발론산mevalonic acid을 만든다. 콜레스테롤 합성에 중요한 역할을 하는 HMG-CoA 환원효소는 제한효소로도 작용해 콜레스테롤이 감소하면 증가하여 콜레스테롤의 합성을 촉진하고, 콜레스테롤이 증가하면 감소하여 콜레스테롤의 합성을 억제한다.

과학자들은 훗날 신체는 HMG-CoA 환원효소를 이용해 콜레스테롤의 양뿐 아니라 저밀도 리포프로테인의 양을 조절하는 피드백 시스템을 갖추고 있음을 알아냈다. 간세포 중에는 저밀도 리포프로테인을 감지하는 수용체가 있는 세포도 있다. 이 단백질은 저밀도 리포프로테인과 결합해 혈액 속 저밀도 리포프로테인의 양을 줄인다. 간에 있는 수용체의 수는 식습관과 유전자의 영향을 받는다. 100만 명당 한 명꼴로, 유전자 두 개에 변이가 일어나 다른 사람보다 훨씬 적은 저밀도 리포프로테인 수용체를 가지고 태어나는 사람들이 있다. 동형 FH(homozygous *familial hypercholesterolemia*, 가족성 고콜레스테롤 혈증)라고 부르는 증상을 보이는 이런 사람들은 혈액 속 콜레스테롤을 제거하는 능력이 훨씬 떨어지기 때문에 콜레스테롤 수치가 일반인보다 여섯 배 내지 열 배 높은 1000~2000mg/dl을 나타낸다. 이런 사람들은 어린 아이일 때도 심장마비가 올 수 있다. 동형 FH 유전자가 하나인 사람은 500명당 한 명꼴로 나타난다. 이런 사람들은 태어날 때부터 콜레스테롤 수치가 다른 사람의 두 배가 넘으며, 30~40대가 되면 심장마비를 걱정해야 한다.

역사를 통틀어 인류는 생존에 필요한 지방을 확보하고자 사투를 벌여왔지 콜레스테롤 수치가 높아서 고생한 적은 거의 없다. 여러 나라의 대다수 국민이 지방이 너무 많이 든 음식을 먹게 된 것은 불과 100여 년에 지나지 않는다. 아직 대사 과정이 완벽하게 밝혀지지 않아 그 이유는 알 수 없지만, 산업국가의 전체 인구 가운데 약 3분의 2는 포화지방을 많이 섭취하면 저밀도 리포프로테인 수용체 유전자의 발현을 억제하는 유전자가 활동을 시작한다고 한다. 이런 사람들은 콜레스테롤의 합성을 촉진하는 음식을 먹어도 증가한 저밀도 리포프로테인을 제거할 수용체가 생기지 않는다. 결국 전체 국민의 3분의 2에 달하는 사람들이 높아진 콜레스테롤 수치 때문에 동맥 관련 질환에 걸리는 것이다.

사람들이 자신의 유전자를 바꿀 방법은 없다. 하지만 콜레스테롤 수치에 영향을 미치는 식습관은 바꿀 수 있다. 그러나 단순히 의지만으로 콜레스테롤 수치를 바꿀 수는 없다. 음식에 든 콜레스테롤을 제거하는 방법은 혈액 속 저밀도 리포프로테인의 수치를 아주 조금 낮출 뿐이다. 포화지방을 제거하면 좀 더 나은 효과를 볼 수 있지만 유전자에 문제가 있는 사람은 아무리 지방 섭취를 낮추어도 저밀도 리포프로테인의 수치가 10퍼센트 정도밖에 줄지 않는다. 죽상동맥경화증을 막기에는 턱없이 부족한 수치다.

눈부신 가설

일본으로 돌아온 엔도는 저밀도 콜레스테롤을 치료할 약을 개발하려는 생각에 무척 흥분해 있었다. 그러나 곧 좌절할 수밖에 없었다. "일본으로 돌아온 후 1년 동안 아무것도 할 수 없었어요. 내 직속상관과 그의 상관인 연구소장, 그리고 내 상관과 나 사이에 연구 정책이 너무 달랐거든요."

그때 산쿄 사가 특허약을 만들겠다는 현명한 결정을 내렸다. 회사는 새로운 항생제 개발을 위해 발효 연구소라는 새로운 연구소를 설립했다. 그곳 연구 팀 가운데 한 팀을 책임지게 된 엔도는 그때부터 자유롭게 연구할 권한을 얻었다.

엔도가 직접 쓴 글을 읽거나 인터뷰를 읽어보면 그의 사고방식이 무척이나 명백하다는 사실을 곧 알 수 있다. 그는 되도록 많은 분야의 기초과학을 접하고 철저하게 분석해나갔다. 그의 사고는 분명하고 꼼꼼했으며 엄청나게 논리적이었다.

당시 엔도는 혈중 콜레스테롤 수치를 떨어뜨리는 저밀도 리포프로테인 수용체에 대해 알지 못했다(저밀도 리포프로테인 수용체의 역할을 밝힌 것은 마이클 S. 브라운Michael S. Brown과 조지프 골드스타인Joseph Goldstein으로, 두 사람은 그 공로로 1985년 노벨 의학상을 받았다). 그러나 엔도는 당시 사용하던 콜레스테롤을 몸에서 제거하거나 음식물 섭취를 줄이는 방법으로 콜레스테롤 수치를 떨어뜨리는 약은 그다지 효과가 없으며 심각한 부작용을 유발할 수 있다는 사실을 알고 있었다.

"이런 일을 다루는 데는 음식물 속에 든 콜레스테롤 흡수를 억제하는 것보다는 간에서 콜레스테롤 합성을 막는 HMG-CoA 환원효소 억제제가 훨씬 효과가 있을 거라고 생각했어요. 물론 회의적인 사람들도 많았죠. 그 사람들은 '콜레스테롤 합성을 억제하는 것은 위험한 일이야'라고 말할 게 뻔했어요. 콜레스테롤 합성을 막는 약은 담즙 산의 합성을 막을 테고, 아드레날린 코르티코이드 호르몬이나 성호르몬의 합성도 함께 막을 거라고요. 그 결과 엄청난 부작용이 나타날 거라고요. 하지만 전 이런 생각들에 동의할 수 없었어요. 콜레스테롤 합성 억제제는 건강한 사람들을 위한 약이 아니니까요. 이 약은 콜레스테롤이 너무 많아 문제가 생긴 환자들을 위한 약이었어요. 우리가 할 일은 콜레스테롤 수치를 정상치까지 낮추는 일이었죠. 혈당 수치가 낮거나 혈압이 낮으면 심각한 문제가 생기는 것처럼 건강한 사람도 정상 수치 이하로 콜레스테롤 수치가 낮아지면 문제가 생겨요. 그러나 지나치게 많은 콜레스테롤을 없애 콜레스테롤 수치를 정상으로 유지하면 문제가 생길 리 없지요. 콜레스테롤 억제제라고 해서 콜레스테롤 합성을 완전히 멈추게 하지는 않으니까요."

사실 엔도가 콜레스테롤 합성에 없어서는 안 될 중요한 효소인 HMG-CoA 환원효소를 억제할 생각을 최초로 한 사람은 아니었다. 그러나 엔도는 누구보다도 탁월한 통찰력으로 HMG-CoA 환원효소 조절 물질을 발견하게 해줄 가설을 세워나갔다.

엔도는 미생물에 대한 지식이 해박했다. 그는 '(결핵 치료약인) 스트렙토마이신이 발견된 후 1960년대 말까지 근 20년 동안 1000종이 넘는 항생물질이 개발됐다'는 사실을 알았다.

그는 또한 무자비한 미생물의 세계에서 진화가 어떤 역할을 하는지 이해했다. "항생제를 예로 들어본다면 저는 미생물로 콜레스테롤 합성 억제제를 만들 수 있을 거라고 생각했어요. 미생물은 외부에서 온 다른 미생물을 죽이는 항생제 역할이나 성장을 억제하는 억제제 역할을 한다는 학설이 있는데, 전 이 학설이 옳다고 생각했죠. 그래서 콜레스테롤 합성을 억제하는 미생물도 있을 거라고 생각했어요."

그런 미생물이 존재할 거라고 생각한 데는 그럴 만한 이유가 있었다. 동물에 비해 아주 적은 양이기는 했지만 식물과 균류도 콜레스테롤을 합성했다. HMG-CoA 환원효소가 콜레스테롤 합성 과정의 일환으로 만들어내는 메발론산은 다른 생화학물질의 전구체이기도 했다. 따라서 균류 중에는 생장에 콜레스테롤이나 콜레스테롤 전구체가 필요한 미생물의 공격으로부터 자신을 보호하고자 콜레스테롤 합성을 막는 방법을 개발해낸 종이 있을 수도 있었다.

콜레스테롤 합성 억제라는 특이한 형질을 발현할 물질을 찾으려면 무엇을 먼저 해야 할까? 그런 형질을 나타낼지도 모를 후보자는 수천 종에 달했다. 엔도는 먼저 가능성이 낮은 후보자부터 제거해나갔다. "당시에는 방사선균류Actinomycete가 생리학적인 활성 물질로 각광받고 있었죠. 방사선균류는 전 세계 토양에서 사는 보물이었죠. 그때는 정말 어마어마하게 채집했어요."

당시 과학자들은 방사선균류에 매혹됐다. 지금은 더 전문적인 용어로 방선균Actinobacteria이라고 부르는 방사선균류로 수많은 항생제를 만들어냈다. 엔도에게 영향을 미친 과학자 중 한 명인 왁스먼도 수천 종에 달하는 방사선균류를 연구했다. 엔도는 활성 물질을 찾아내는 일은 무척 중요하지만, 그것이 전부가 아님을 알았다. 콜레스테롤 수치를 낮추는 물질은 많은 사람들이 평생 복용해야 할 약이 될 것이 분명했다. 따라서 찾아낸 활성 물질은 꾸준히 복용해도 문제가 없을 정도로 안전해야 했다.

실제로 방사선균류로 만든 항생제 중에는 불안전한 것도 있었다. 예를 들어 스트렙토마이신은 청력에 문제를 일으키기도 했다. 엔도는 방사선균류로 식품을 만들거나 가공한 예가 없었다는 점이 걱정됐다. 그러나 곰팡이나 버섯은 먹을 수 있는 종이 많았다. 균류를 이용해 항생제를 만든 예는 별로 없지만 페니실린이 그렇듯이 일단 만들어냈다 하면 놀라울 정도로 안전했다.

"나는 곰팡이나 버섯으로 콜레스테롤 생성 억제제를 만들어야겠다고 생각했어요. 당시의 흐름과는 방향이 전혀 달랐지만 방사선균류로는 만들지 않겠다고 생각했죠."

엔도는 논리적이기도 했지만 실용적이기도 했다. "사람들 말처럼 제가 HMG-CoA 환원효소를 만들어낼 거라는 보장은 없었죠. 그래서 전 2년 동안 수천 종에 달하는 균류를 연구해보기로 했어요. 일종의 도박이었던 셈이죠. 2년 후에도 제가 원하는 물질을 찾지 못하면 연구를 그만둘 생각이었어요."

보물찾기

산쿄 사의 발효 연구소 소장이 엔도의 연구를 지원해줬지만 엔도는 정해진 예산만 쓴다는 원칙을 세웠다. 산쿄 사는 엔도가 건물 한 채를 연구소로 사용할 수 있게 해주었다. 차가운 콘크리트 바닥과 녹슨 창문이 있는 오래된 건물로, 비바람이라도 불면 비가 들이치는 외풍이 센 건물이었다.

주로 기차를 타고 다닌 엔도는 오사키 역에서 내린 다음 10분 정도 걸어야 연구소에 도착했다. 연구소까지 걷는 동안 엔도는 효과적으로 문제를 풀 방법을 고심하고는 했다.

"중요한 건 한꺼번에 100종 이상 실험할 수 있는 방법을 찾아야 한다는 것. 그리고 아주 비싼 방사능 물질을 되도록 조금만 사용해야 한다는 거였어요. 저는 이 두 가지 문제를 해결하고자 쥐의 간 효소를 일반적으로 사용하던 양인 5밀리리터가 아니라 0.2밀리리터만 사용하는 방법을 개발했고 검증 절차를 향상시켜서 보통 이틀 걸리던 검사 시간을 하루로 단축했어요. 제대로 연구하려면 최소한 네 명이 필요했지만 우리 팀은 고등학교를 졸업한 연구 조교 두 명과 저, 이렇게 세 사람밖에 없었죠."

1971년 4월, 벚꽃이 만발할 무렵 이제 막 화학과를 졸업한 신참을 고용했다. 이로써 엔도 연구 팀이 완성됐다. 마침내 엔도는 진정한 진보를 향해 나아갈 수 있게 됐다.

첫 번째 시도

연구에 필요한 곰팡이는 무궁무진했다. 산쿄 사의 발효 연구소에는 토양, 낙엽, 과일에서 채집한 2000종이 넘는 곰팡이와 버섯이 있었다. 발효 연구소는 부지런히 곰팡이를 모아들였다. 엔도는 전 세계 연구소에 있는 곰팡이도 구입할 수 있었다. 곰팡이를 모으는 것은 어렵지 않았다. 문제는 분석하는 일이었다.

1단계: 배양액 100개 만들기

1단계는 일주일 동안 배양액 100개에 각기 다른 균류 100종을 길러내는 일이었다. 연구실에는 언제나 하얀 균류가 자라는 배양지가 가득했다.

2단계: 한데 섞어 방사능 실험하기

제일 먼저 콜레스테롤 합성을 억제하는 배양지를 골라내는 실험을 했다. 100개의 후보군을 가능성 있는 몇 개로 압축하는 과정이었다. 이 실험은 쥐의 간 추출물로 진행했다. 쥐의 간도 사람의 간처럼 전구체를 중간물질로 바꾼 후 최종적으로 콜레스테롤을 생산하는 효소를 분비하기 때문에 전구체 물질인 아세트산에 쥐의 간에서 추출한 효소액을 섞으면 콜레스테롤이 만들어졌다. 만약 이때 전구체가 방사능을 띤다면 생산된 콜레스테롤의 존재를 확인할 수 있다. 이 균류를 섞은 비슷한 배양액과 균류를 섞지 않은 순수 배양액을 비교해보면 된다. 만약 두 배양액의 콜레스테롤 수치가 큰 차이를 보인다면 균류가 콜레스테롤 생산을 억제했다고 생각해도 된다.

콜레스테롤 합성을 억제하는 곰팡이를 몇 개 정도 찾아낸 엔도는 크게 기뻐했다. 그의 가설이 옳았다. 곰팡이 중에는 콜레스테롤 합성을 억제하는 쪽으로 진화한 종이 있었다. 그러나 그런 곰팡이를 찾아내는 일은 그저 시작에 불과했다.

3단계: 부적합한 곰팡이 골라내기

콜레스테롤 합성을 억제한다고 해서 모두 약으로 만들 수는 없다. 실제로 인류가 사용할 약을 만들려면 여러 가지 필수 조건을 갖추어야 한다. 무엇보다도 약을 만들 재료가 안전해야 한다. 또한 쉽고 싸게 만들 수 있어야 한다. 엔도는 골라낸 배양액 가운데 분자의 크기가 크거나 가열했을 때 불안정해지는 배양액은 모두 골라냈다. 생산량이 적은 것도 골라냈다. 그런 재료로는 효과적인 약을 만들 수 없기 때문이다.

4단계: 콜레스테롤 합성 억제 초기 단계가 나타나지 않는 배양액 버리기

콜레스테롤은 여러 단계를 거쳐야 합성되는 물질이다. HMG-CoA 환원효소는 아주 초기에 활성화되어 HMG-CoA를 메발론산으로 만든다. 메발론산은 나중에 진행할 콜레스테롤 합성 후기 단계 재료다. 그렇기 때문에 선택한 배양액 중에 메발론산을 지질로 만드는 합성 과정을 억제하는 능력이 있는지 알아보는 실험을 해야 한다. 만약 그런 능력이 있다면 콜레스테롤 합성 후기 과정이 진행되기 때문에 버려야 한다.

5단계: HMG-CoA 환원효소 억제 실험

후보 배양액에 HMG-CoA 환원효소가 작용할 전구체 물질과 쥐의 간

효소를 섞은 액체를 첨가한다(쥐의 간 효소에는 HMG-CoA 환원효소도 들어 있다). 이 혼합 액체를 사람의 체온인 37도 상태로 30분간 끓인다. 화학 반응이 모두 진행되면 다시 37도 상태로 15분간 끓인 후 실리카겔 접시에 붓는다. 접시 위에서 HMG-CoA 환원효소의 부산물인 메발로놀락톤mevalonolactone이 있는 곳을 긁어내 방사능 실험을 해본다. 이때 측정한 방사능의 양을 배양액이 들어 있지 않은 용액의 방사능 양과 비교해보면 후보 배양액이 HMG-CoA 환원효소를 억제하는지 그렇지 않은지를 알 수 있다.

6단계: 배양액 속 활성 물질 추출하기

엔도의 설명처럼 배양액 속에는 단백질이나 다당류 같은 고분자 물질이나 수용성 혹은 (물에 녹지 않고 특별한 유기용매에 녹는) 지용성 물질 같은 저분자 물질이 있다. 또한 끓여도 변하지 않는 안정한 물질이 있고 가열하면 변하는 불안정한 물질도 있으며 산이나 알칼리에 반응하거나 반응하지 않는 물질도 들어 있다. 독성이 강한 물질과 독성이 약한 물질도 들어 있으며 알려진 물질도 알려지지 않은 물질도 들어 있다. 아무리 적게 계산해도 배양액 속에는 100종이 넘는 물질이 들어 있으며, 많게는 1000종이 넘는 물질이 들어 있을 수도 있다.

곰팡이 속에 들어 있는 활성 물질을 추출하려고 엔도는 다양한 유기용매와 다양한 크로마토그래피를 활용했다. 유기용매란 탄소를 기반으로 하는 안정된 화학물질로, 다양한 물질을 분리해낼 때 쓴다. 크로마토그래피를 사용하면 액체나 기체 같은 한 가지 상태 속에 들어 있는 혼합물이 화학 필터를 통과하면서 각기 다른 층으로 분리되기 때문에 각각의 물질을 추출할 수 있다. 크로마토그래피는 혼합물 속 물질들이 매질을 통과하는 시간이 모두 다르다는 원리를 적용한 분리 방법이다.

하지만 순수한 물질을 추출해내는 과정에 오랜 시일이 걸렸다. "억제 작용이 관찰된 배양액 속에 든 활성 물질이 우리가 찾는 물질인지를 알아보려면 배양액에서 순수한 상태 혹은 정제된 상태로 물질을 추출해야 합니다. 일주일 정도면 순수한 형태로 추출할 수 있는 물질도 있었지만 추출해내는 데 1년이 넘게 걸리는 경우도 있었습니다."

7단계: 알려진 물질 배제하기

엔도와 연구진이 추출한 활성 물질 가운데는 이미 알려진 물질도 있었다. 이런 물질들의 특성은 이미 잘 알려져 있어서 누구나 책을 찾아보면 알 수 있었기 때문에 실험 대상에서 제외했다. 엔도 연구 팀이 찾는 실험 대상은 누구도 알지 못하는 새로운 물질이었다.

8단계: 새로운 물질의 합성 억제 능력 측정하기

엔도와 연구진은 HMG-CoA 환원효소 억제 능력이 뛰어난 물질만을 분류해 연구를 계속했다. 연구진은 질량에 따른 억제 능력을 측정해 실험 재료를 선택했다.

9단계: 활성 물질의 독성 측정하기

활성 물질이 HMG-CoA 환원효소를 억제하는 능력이 아무리 뛰어나도 안전하지 않으면 약으로 만들 수 없다. 엔도 연구 팀은 생쥐를 이용해 후보 물질들의 독성을 측정했다.

2600개의 배양액을 실험한 결과 엔도의 손에 남은 물질은 세 가지

1971년 5월부터 1972년 1월까지 엔도 팀은 2600개의 배양액을 실험했다. "정말 지겨울 정도로 투덜거리며 일을 했죠. 연구실이 너무 추워서 바람이 들어오지 못하게 창문을 모두 테이프로 막아야 했어요."

엔도 연구 팀은 실험을 다섯 차례 진행했고, 세 종류의 균류에서 활성물질을 찾아냈다. 그 활성 물질들은 옥살산과 말레산이었다. "균류가 옥살산, 말레산, 시트르산, 글루콘산 같은 유기산을 만든다는 사실은 아주 오래전에 알려졌어요. 이런 유기산들은 모두 비슷한 정도의 HMG-CoA 환원효소 억제 작용을 한다고 알려져 있었죠."

결국 첫 번째 시도는 시행착오로 끝났다.

엔도는 자신들의 실험이 너무 방대했다는 사실을 깨달았다. 실험을 시작하기 전에 미리 알려진 물질은 배제할 필요가 있었다. 엔도는 '미리 유기산을 제거한 추출물'을 사용하는 방식으로 실험 방법을 변경했다.

두 번째 시도

1972년 봄 내내 엔도 연구 팀은 유기산을 미리 제거하는 더욱 진보한 실험 방법을 이용해 1222종에 달하는 균류를 연구했다. 연구 팀은 HMG-CoA 환원효소 억제 능력이 있는 네 가지 물질을 찾아냈는데,

그중에 두 물질이 유력한 후보 같았다.

두 물질 가운데 하나는 쌀이나 오이에 서식하는 균류에서 추출한 물질로, 훗날 시트리닌citrinin이라고 불리게 된 물질이다. "시트리닌은 강력한 HMG-CoA 환원효소 억제 물질입니다. 일주일 동안 쥐에게 투여하자 혈청콜레스테롤은 14퍼센트, 중성지방은 36퍼센트 감소했습니다. 하지만 이미 알려진 대로 시트리닌을 투여하면 신장에 문제가 생기기 때문에 시트리닌 연구는 거기서 중단했습니다. 시트리닌은 새로운 약을 만들 재료가 아니었던 거지요. 하지만 시트리닌을 발견한 일 자체는 우리가 가까운 미래에 더 나은 재료를 찾아낼 수 있다는 희망을 갖게 했습니다. 용기를 갖게 한 거죠."

그해 여름, 엔도와 연구진은 자신들이 펜 51Pen 51이라고 이름 붙인 활성 물질을 추출해 정제해냈다. 1950년대 교토의 어느 쌀가게에서 발견한 쌀에 핀 청녹색 페니실륨 곰팡이blue-green penicillium에서 추출한 물질이었다. 엔도와 그의 조교들은 같은 배양액에서 시트리닌를 포함한 여러 물질도 함께 발견했다. 정체를 알 수 없는 활성 물질을 추출해 실험해보려면 더 많은 배양액이 필요했기에 9월까지 연구자들은 250리터에 달하는 배양액을 만들어냈다. 그해 가을, 유기용매 추출법과 크로마토그래피를 이용해 활성 물질 8밀리그램을 추출해냈다. 제대로 된 실험을 하기에 충분한 양이었다. 엔도의 연구 팀은 그 물질이 지금까지 알려지지 않은 물질임을 확인하고 ML236C라는 이름을 붙였다.

추가 실험 결과는 이 물질이 강력한 HMG-CoA 환원효소 억제 물질이라는 사실을 확인시켜주었다. "이 물질은 옥살산보다는 1400배, 시트리닌보다는 300배나 HMG-CoA 환원효소 억제 효과가 강했어요. 우리가 얼마나 힘이 났는지는 말할 필요도 없겠죠."

청녹색 페니실륨 곰팡이를 계속해서 연구한 엔도 연구 팀은 1973년 2월까지 순수한 ML236C를 162밀리그램 추출해냈다. 생쥐를 대상으로 실험한 결과, '독성이 아주 낮다'는 결과를 얻었다. 다음은 쥐를 대상으로 실험할 차례였다. 그러자면 ML236C가 5그램 정도 필요했다. ML236C를 5그램 만들려면 배양액 15만 6000리터가 있어야 했다. 가로, 세로, 길이가 모두 9미터인 수영장을 채울 수 있는 어마어마한 양이었다. 연구 팀으로서는 도저히 만들 수 없는 양이었다.

엔도의 연구 팀은 (2570종에 달하는 후보군인) 다른 균류로 계속 실험하면서 유력한 후보자를 많이 찾아내려고 노력했다. 그러려면 곰팡이를 빠르게 번식시킬 필요가 있었다. 연구 팀은 배양기 온도를 높이고 배양하는 동안 사용하는 환기 장치의 부피를 늘렸으며 배양액에 넣는 재료를 포도당 2퍼센트, 맥아추출물 2퍼센트, 고기즙(펩톤) 0.1퍼센트로 바꿨다. 그러자 곰팡이 번식 속도가 40퍼센트가량 증가했다. 맥아추출물이 큰 역할을 했다.

가을까지 엔도의 연구 팀은 엄청난 양의 배양액을 만들었다. 그리고 분석한 배양액에서 ML236C 외에도 ML236A와 ML236B를 추가로 발견했다.

10월에 엔도 연구 팀은 또 다른 산쿄 연구소에서 추출한 세 물질의 X선 스펙트럼 사진X-ray spectrography을 찍어보았다. 세 물질의 구조는 모두 비슷했다. 그런데 ML236B는 HMG-CoA 환원효소 억제 능력이 ML236C보다는 10배, ML236A보다는 20배 높았다. 따라서 엔도와 그의 연구 팀은 ML236B를 계속 연구하기로 했다.

그때까지 엔도의 연구 팀이 완전히 분석을 끝낸 균류는 2570종에 달했다. 세 종류의 곰팡이가 강력한 억제 능력을 보였지만 세 종 모두 약의 재료로는 부적합했다. 2년 반 동안 엔도 팀은 6392종의 균류를 다뤘다. 그리고 단 한 가지 물질 ML236B를 얻었다. 훗날 콤팍틴compactin이라는 이름을 얻는 ML236B는 엔도가 찾아 헤매던 바로 그 물질이 분명할까?

떨어지지 않는 콜레스테롤 수치

어떤 사람들은 과학자들은 마음이 넓다고, 또는 영리하다고, 심지어는 어린아이 같은 면이 많다고 이야기한다. 과학자들 스스로도 자신들의 접근 방식을 '우스꽝스럽다'고 표현할 때가 많다. 이런 평가를 들을 때마다 엔도는 자신의 과학 실험은 놀이터라면 어디에나 있는 놀이기구 같다는 생각이 든다고 했다. 과학 실험을 할 때면 왠지 자신이 하늘에 떠 있는 구름을 보면서 시소를 타는 어린아이 같다는 생각이 든다고 했다. 하늘로 솟구칠 때면 갑자기 가벼워져 푸른 하늘에 도달할 수 있을 거라고 생각하는.

새로운 약을 만들어내는 것은, 약을 만드는 것만으로는 그저 절반의 완성일 뿐이라는 점에서 다른 과학 발견과 다르다. 새로운 약은 대부분 시험관에서 만들어진다. 따라서 살아있는 유기체에도 효과적으로 작용하는지 알아보는 과정을 반드시 거쳐야 한다. 결국 약이라는 것은 사람이 써야 하는 것이다. 따라서 반드시 안전해야 한다.

1974년 1월에 엔도는 콤팍틴의 독성과 효율성을 측정하고자 콤팍틴

5그램을 산쿄 사 중앙연구소로 보냈다. 실험 결과가 나올 때까지 엔도와 연구 팀은 초조해하면서도 나름 확신을 가지고 기다렸다. 실험 대상은 전 세계 연구실에서 실험동물로 가장 많이 사용하는 쥐였다.

1974년 2월 25일에 엔도는 실험이 끝났다는 소식을 들었다. 독성 문제는 없었다. 그런데 중앙연구소는 엄청난 소식도 함께 보내왔다. 콤팍틴은 엔도가 기대한 기능이 전혀 없다고 했다. 쥐의 콜레스테롤 수치를 조금이 아니라 전혀 낮추지 못한 것이다. 엄청난 충격을 받은 엔도는 실험 결과를 믿을 수 없었다. "3년 동안의 노력이 완전히 헛수고였다는 걸 알게 되니 정말 너무나도 슬퍼서 어쩔 줄 모르겠더군요."

그 뒤 2년 동안 엔도는 어려운 시기를 보내야 했다. 그의 삶은 이도 저도 아닌 것처럼 보였다. 이미 산쿄 사는 콤팍틴에 완전히 흥미를 잃었기 때문에 다시 실험을 시작한다면 그때부터는 모든 책임을 엔도 연구실에서 전적으로 져야 했다. 몇 달 동안 엔도는 전체 실험을 되짚어 보고 또 되짚어봤다. 실험에서 잘못된 부분은 없었다. 그런데 왜 쥐의 콜레스테롤은 감소하지 않았을까? 엔도는 훗날 이렇게 회상했다.

"그때는 쥐에게 효과가 없으면 사람에게도 당연히 효과가 없을 거라고 생각했어요. 하지만 얼마간의 시간이 흐른 후 전 이 기본 전제가 틀릴지도 모른다는 생각을 하게 됐어요."

참고 자료를 살펴보던 엔도는 사람과 개에게는 효과가 있었지만 쥐에게는 효과가 없었던 콜레스테롤 억제제가 있다는 사실을 찾아냈다. "저에게는 정말 가뭄의 단비 같았죠."

엔도는 새로운 생각을 해냈다. "그때는 어린 쥐로 실험하는 게 당연한 일이었지만 저는 어째서 콤팍틴을 어린 쥐로 실험해야 하는지 의문이 들더군요. 콜레스테롤은 어린 쥐가 성장하려면 반드시 있어야 하는 물질입니다. 어린 쥐에게 불필요한 콜레스테롤이란 없는 거지요. 그러니 외부에서 콜레스테롤을 낮추려고 해도 어린 쥐들의 몸은 필사적으로 콜레스테롤이 낮아지는 걸 막을 거예요. 그러니 어린 쥐에게 콤팍틴이 효과가 없는 게 당연하죠. 우리는 콜레스테롤 수치가 높은 늙은 쥐로 실험해보기로 했어요. 분명 효과가 있을 것 같았어요. 사실 우리가 개발한 약을 복용해야 하는 사람들도 나이가 들어 콜레스테롤 수치가 높아진 사람들일 테니까요."

지질 수치를 낮추는 실험을 할 때 중간 나이의 쥐를 쓰는 일은 없었기에 처음부터 시작해야 했다. 엔도는 실험실에 쥐 사육장을 만들었다. 어린 쥐에게 콤팍틴은 콜레스테롤 수치를 낮추는 데 전혀 도움이 되지 않았다. 그러나 중간 나이의 쥐들은 복용 후 8시간 만에 콜레스테롤 수치가 20에서 30퍼센트 정도 낮아졌다. 그러나 그 뒤로는 다시 복용을 해도 콜레스테롤 수치에 변화가 없었다. 실험 결과에 당황한 엔도는 왜 그런 현상이 벌어지는지 알아내려고 노력했다. 마침내 콤팍틴이 쥐의 몸속에서 배출된다거나 콤팍틴이 쥐의 몸속으로 들어가면 억제 효과가 떨어진다는 가설을 배제한 엔도 팀은, 젊은 쥐는 콤팍틴이 들어가면 HMG-CoA 환원효소가 여덟 배 내지 열 배 정도 증가하는 피드백 시스템을 가지고 있을지도 모른다는 결론을 내렸다. 그래서 쥐에 투여하는 콤팍틴 양이 증가하면 콜레스테롤이 합성되는 양도 증가해 결국 콜레스테롤 수치가 변하지 않는 것 같았다. 쥐의 콜레스테롤 피드백 시스템은 HMG-CoA 환원효소 억제 작용을 상쇄하는 쪽으로 발달해 있는 것 같았다.

획기적인 발견을 한 후 2년이 지난 1976년 1월, 엔도 연구 팀은 드디어 쥐에게 콤팍틴이 작용하지 않는 이유를 완벽하게 알아냈지만, 여전히 상업화할 수 있는 약은 개발하지 못하고 있었다. 신체가 필사적으로 콜레스테롤을 원한다면 어떤 억제제를 투여해도 콜레스테롤을 보충하는 방법을 찾고 말 테니, HMG-CoA 환원효소를 억제한다는 생각은 처음부터 잘못된 생각인지도 몰랐다. 지난 5년간의 노력이 무위로 돌아갈 수도 있었다. 콤팍틴을 약으로 만들 가능성은 거의 없어 보였다. 이제는 정말로 포기해야 할 때인 것 같았다.

1월의 어두운 밤, 집으로 돌아가던 엔도는 기차역 근처에 있는 식당 겸 술집인 요모기에 들렀다. 열 명 정도가 들어갈 수 있는, 탁자가 둘뿐인 작은 주점이라 손님들 모습이 한눈에 보였다. 그곳에는 산쿄 사에 근무하는 노리토시 기타노가 있었다. "기타노 씨가 중앙연구소에 수의사로 근무하는 연구원이라는 건 알고 있었지만 실제로 인사를 나눈 건 그때가 처음이었어요."

그리고 다음 주, 엔도는 또다시 요모기에서 기타노를 만났다. "아마도 술이 들어갔기 때문이겠지만, 우리 두 사람은 활발하게 이야기를 나누었어요. 그때 기타노 씨가 알을 낳는 암탉을 이용해 병리학 연구를 하고 있다는 말을 했어요. 그때 이런 생각이 들더군요. 알을 낳는 닭은 매일같이 알을 낳아야 하니까 콜레스테롤 수치도 아주 높겠구나 하고요."

언제나 연구 생각에 몰두해 있던 엔도는 기타노의 말을 듣는 순간 매일 알을 낳는 닭의 콜레스테롤 수치가 높다는 이야기는 닭이 콜레스테롤을 아주 많이 합성한다는 뜻임을 깨달았다. 이는 곧 닭의 혈중 콜레스테롤 수치가 사람처럼 높다는 것을 의미하는 말일 수도 있었다. "기타노 씨는 실험을 끝낸 닭은 폐사 처분해야 한다고 했어요. 2월 중순까지 끝내야 한다고 했죠. 그때 전 제가 처한 곤란한 상황을 이야기했어요. 그러곤 물어봤죠. 닭을 폐사 처분하기 전에 콤팍틴 실험을 해볼 수 있겠느냐고요."

술을 좋아하는 유쾌한 성격의 기타노는 그렇게 하겠다고 했다. 하지만 한 가지 조건이 있었다. 실험에 쓴 닭은 엔도가 직접 처리해야 했다. 엔도는 그렇게 하겠다고 했다.

"중학생 때 전 직접 닭 스무 마리를 키워야 했어요. 그러니 닭을 키우는 것만이 아니라 닭장에서 나는 고약한 냄새랑 요란하고 시끄러운 소리쯤은 충분히 견딜 수 있었어요. 우리는 레그혼 닭을 열 마리씩 두 무리로 나누었어요. 한 무리는 직접 콤팍틴을 투여할 닭이었고 다른 무리는 대조군이었죠. 대조군에는 시판 사료를 먹였고 실험군에는 시판 사료에 콤팍틴을 0.2퍼센트 비율로 섞여서 먹였죠. 제 예상은 들어맞았어요. 2주에서 4주 정도 지나자 닭의 혈중 콜레스테롤 수치가 50퍼센트 정도 떨어졌어요. 같은 기간에 난황의 콜레스테롤 수치도 10퍼센트 이상 감소했죠. 콤팍틴을 투여하는 동안 닭은 건강했고 투여를 끝낸 후에도 특별한 병리학 증후는 나타나지 않았어요. 콤팍틴의 엄청난 힘을 확인한 후 저와 제 연구 팀은 정말 기쁨의 함성을 질렀어요."

8월, 산쿄 사는 지금은 스타틴statin이라고 부르는 콤팍틴의 약품으로서의 가능성을 재고하기 시작했다. 시소가 다시 올라가기 시작한 것이다. 그러나 1977년 벚꽃이 다시 한 번 꽃을 피울 무렵, 엔도는 다시 시소가 땅으로 내려오는 것을 느껴야 했다. 엔도는 개를 대상으로 양을 달리해서 콤팍틴을 투여하는 실험을 하고 있었다. 개의 몸무게 1킬로그램당 콤팍틴 250밀리그램을 투여하는 것은 안전했다. 그러나 500, 1000, 2000밀리그램을 투여하면 개의 간세포에 조그만 결정이 생겼다. 엔도는 사람에게는 1킬로그램당 1밀리그램 정도만 투여하면 될 테니 그 정도는 아무런 문제가 되지 않는다고 생각했다. 그러나 산쿄 사의 간부들은 위험이 전혀 없는 약을 원했다. 또다시 콤팍틴은 폐기 위기를 맞았다.

은밀한 인체 실험

대부분의 일본 의사들에게 엔도의 약은 그리 절박하게 필요한 약이 아니었다. 현재 콜레스테롤 수치가 높은 사람이라도 당장 콜레스테롤 수치를 낮춰야 한다는 절박함은 별로 없었다. 엔도의 약은 몇 년 후에나 찾아올 심장마비를 예방해주는 것이었기 때문이다. 그러나 콜레스테롤 수치가 그다지 문제가 되지 않는 일본에서도 아주 심각한 증상을 동반하는 FH(가족성 고콜레스테롤 혈증) 때문에 고생하는 사람들이 있었다.

야마모토 아키라 박사는 1977년 6월 교토에서 열린 일본 지질생화학학회의 연례회의 때 엔도의 발표를 들었다. 당시 야마모토는 동형 FH를 앓는 18세 환자를 돌보고 있었다. 환자는 동맥이 막히고 피부에 콜레스테롤이 쌓이고 협심증이 오는 등 심각한 증세로 고생하고 있었다. 적절한 치료를 받지 않으면 오랫동안 살지 못하고 젊은 나이에 죽을 게 분명했다. 이 젊은 환자의 콜레스테롤 수치를 낮추는 방법은 정맥 영양 치료법intravenous nutritional therapy이나 십이지장 영양 치료법밖에 없었다. 둘 다 일반적인 음식을 통해 지방이나 콜레스테롤이 인체로 들어가는 것을 막는 방법이었다.

그보다는 나은 치료법을 찾고 싶었던 야마모토는 엔도를 붙잡고 자신의 사연을 늘어놓았다. 야마모토는 당시 오사카 대학병원에 근무하고 있었다. "제 관심사는 약효의 효율성이 아니라 환자를 치료하는 거였어요." 훗날 야마모토는 이렇게 말했다.

엔도는 야마모토의 요청을 상사인 아리마에게 보고했으나 산쿄 사는 요청을 거절했다. 이것이 산쿄 사가 심각한 환자에게 쓸 약을 보내달라는 요청을 거절한 두 번째 사례였다. 사실 산쿄 사는 그보다 앞서 미국인 과학자와 의사인 브라운과 골드스타인의 요청을 거절한 적이 있었다. 가을 내내 야마모토는 엔도에게 샘플을 보내달라고 요청했다. 엔도는 기꺼이 보내주고 싶었지만 아리마는 다른 부서들의 결정을 기다려보자는 신중한 태도를 취했다. 하지만 점점 나쁜 소식만 들려왔다. 콤팍틴에 관해 논의하는 자리에 엔도는 참석하지 말라는 명령이 전달됐다. 산쿄 사의 다른 부서에서 콤팍틴과 비슷한 약품을 만들어 엔도가 속한 발효 연구소와 경쟁을 벌일 예정이었다. 엔도가 가만히 있으면 다른 부서가 만든 약이 주목을 받을 게 뻔했다. 엔도는 고집을 피워 회의에 참석했지만 다른 사람들이 엔도를 탐탁지 않게 여긴다는 사실만 분명하게 깨달았다.

그해 말, 회사가 콤팍틴을 폐기 처분할 거라는 사실이 분명해지자 아리마는 콤팍틴 샘플을 야마모토에게 보내기로 했다. 그는 엔도에게 "당분간은 이 사실을 비밀로 하자"고 했다.

엔도는 직접 콤팍틴 50그램을 가지고 오사카로 갔다. 엔도를 만난 야마모토는 엔도를 니시카와 교수에게 소개했다. 니시카와 교수는 사람을 대상으로 개발 중인 약을 실험하는 책임은 대학병원이 지겠다고 약속했고, 야마모토는 자신이 직접 약을 투여할 것이라고 말했다. 두 사람에게 허리를 굽혀 인사를 한 엔도는 조심스럽게 콤팍틴 가루가 담긴 병을 건넸다. 그 뒤 한 달 동안 늦은 밤이면 엔도는 아무도 듣지 못하도록 자신의 집으로 돌아와 은밀한 전화를 걸었다.

치료를 받을 첫 환자는 열여덟 살의 소녀였다. 처음에는 약이 효과가 있어 혈중 콜레스테롤 수치가 20퍼센트 정도 낮아졌다. 그러나 약을 투여하고 3주가 지났을 때 심각한 근육 통증을 호소하며 걷지 못했기 때문에 투약을 중단해야 했다. 엔도는 다시 한 번 시소가 내려가는 느낌을 받았다. 그런데 몇 가지 좋은 징후가 나타났다. 동맥이 막혔는지를 판단할 때 들어보는 경동맥 소리가 훨씬 호전됐고 콜레스테롤이 많이 쌓였을 때 나타나는 피부의 황색종도 많이 가라앉았다. 오사카 대학병원의 다른 의사들은 모두 치료를 그만두자고 했지만 야마모토는 치료를 멈추지 않았다. 며칠 후 환자의 상태가 호전되자 야마모토는 투여량을 500밀리그램에서 200밀리그램으로 낮추었다. 그는 또한 몇 달 동안 다른 환자들에게도 콤팍틴을 소량씩 투여했다. 환자들은 평균 30퍼센트의 콜레스테롤 감소 효과를 보였다.

엔도는 야마모토의 치료 결과를 산쿄 사에 알렸다. 콤팍틴의 효능은 분명해 보였다. 콤팍틴 연구는 다시 활기를 띠었다. 그리고 그해 가을, 산쿄 사는 1단계 임상 실험을 시작했다.

이제 콤팍틴은 곧 시판될 것처럼 보였다. 천연 물질로 만든 약인 데다 첫 환자인 18세 소녀에게 나타났던 부작용은 대부분 사람들에게서 나타나지 않았다. 훗날 〈뉴잉글랜드 의학 저널〉의 편집자는 "콤팍틴은 HMG-CoA 환원효소를 경쟁적으로 억제하고자 자연이 만들어낸 이상적인 조절자처럼 보인다. HMG-CoA 환원효소는 구조가 비슷한 HMG-CoA보다 콤팍틴과 결합하는 능력이 1만 배나 더 크다"고 했다.

일본 업계의 따돌림

임상 실험이 시작되자 엔도는 이제는 쉬어도 되겠다고 생각했다. 그는 새로운 목표로 눈을 돌렸다. 그는 도쿄 대학 농업 및 기술 대학으로 자리를 옮겼다. "콤팍틴 개발이 어느 정도 수위에 오르면 대학으로 가서 젊은 연구원들과 연구해보는 게 오랜 꿈이었죠."

당시 엔도는 최근에 중앙연구소 소장으로 임명된 무라야마 게이스케와 아리마와 함께 일하고 있었다. 엔도는 두 사람이 중앙연구소로 온 것은 "산쿄 사의 연구원들을 도쿄 대학 농업 및 기술 대학으로 파견해서 나와 함께 고지혈증과 비만 치료법을 개발하도록 하기 위해서였다"고 했다.

그러나 산쿄 사 간부들이 엔도가 퇴직할 생각이라는 소식을 전해 들으면서 모든 상황이 바뀌었다. 당시만 해도 일본의 기업 문화는 아주 보수적이었다. 정년인 55세를 채우지 않고 조기 퇴직하는 직원은 신의가 없는 사람이라고 생각했다. "스타틴이라는 아주 중요한 약을 개발해줬으므로 회사에서 제게 심하게 대하지는 않을 거라고 생각했죠. 하지만 조기 퇴직을 한 다른 사람들과 똑같은 방식으로 저를 대했어요. 회사는 제가 연구실에서 물건을 챙겨 갈 때도 다른 직원들이 돕지 못하게 했어요. 그 정도는 정말 사소한 예에 불과하지만요."

엔도는 직접 소지품이 든 상자를 들고 21년하고도 8개월을 근무한 산쿄 사를 쓸쓸히 떠나왔다. 퇴직금은 같은 직위에 있는 사람들이 받는 수준인 한 달에 2000달러 정도였다. "스타틴을 만들었지만 회사가 그 공로로 내게 해준 건 하나도 없었어요."

거대 제약회사에 뒤통수를 맞다

시판 약으로 성공한 스타틴의 사례는 전혀 다른 두 경영 대학원에서 중요하게 다룬 연구 주제다. 어떻게 머크Merck 제약회사가 인류 역사상 가장 큰 수익을 남긴 약품을 손에 넣었는가 하는 문제는 이익을 극대화하는 방법과 업계를 완전히 바꾸어버린 방법과 관련한 엄청난 연구 주제였다. 이는 또한 산업 윤리에 관한 문제이기도 했다.

"1976년 4월, 보이드 우드러프Boyd Woodruff가 산쿄 사의 본점으로 편지를 한 통 보냈어요. 그는 머크(당시 이름은 머크, 샤프앤드돔Merck, Sharp, and Dohme) 연구소의 행정 이사였죠. 편지 내용은 간단히 말해서 '콤팍틴으로 특허 신청한 걸 알고 있다. 머크 연구소에 있는 생화학자들이 콤팍틴에 관심이 많으니 평가할 기회를 주었으면 좋겠다'는 거였죠. 샘플을 5그램 정도, 아니 그 정도는 불가능하다면 0.5그램만 보내주면 자기들이 평가해보고 특허 인증서를 발행해주겠다고요."

산쿄 사는 그때부터 2년 동안 머크 사의 연구를 위해 상당량의 콤팍틴을 미국으로 보냈다. "산쿄 사가 보낸 샘플로 페니실륨에서 발견한 콤팍틴의 구조를 알 수 있었죠. 일본에서 보낸 샘플은 건강한 배양세포와 동형 FH를 가진 배양세포에서 모두 뛰어난 HMG-CoA 환원효소 억제 효과를 보였어요. 쥐의 고지혈증을 낮추는 효과도 뛰어났어요."

엔도도 직접 머크 사를 방문해 콤팍틴을 가지고 실험하는 방법을 조언하기도 했다. 산쿄 사가 머크 사에 보낸 콤팍틴의 양은 100그램이 넘었다.

그런데 갑자기 머크 사에서 연락이 오지 않았다. "머크 사는 어떠한 실험 결과도 보내오지 않았어요. 뭔가 음모를 꾸미고 있는 것 같아서 정말 하루하루가 불안했어요."

세월이 흘러 드디어 결과가 도착했다. "1978년 4월 중순이었죠. 정말 오랫동안 기다리던 소식을 들었어요. 머크 사는 개를 대상으로 한 실험이 아주 잘됐다고 했어요. 머크 사는 콤팍틴의 독성과 관련한 자료를 요구하면서 샘플을 조금 더 보내라고 했어요. 그러고는 자신들이 콤팍틴을 완전히 평가하기 전에는 다른 회사와 특허권 계약을 맺지 말라고 했어요. 그 편지를 받고 산쿄 사의 간부들은 물론이고 우리도 머크 사가 우리와 함께 콤팍틴을 공동 개발할 생각을 진지하게 하고 있다고 생각했죠."

일본 사람들에게 함께 일한다는 것은 서로를 믿는 것을 의미한다. 그러나 1978년 10월, 머크 사가 엄청난 폭탄을 떨어뜨렸다.

처음 머크 사가 연락을 해왔을 때 엔도와 그의 상사인 오카자키 히로시 박사는 머크 사에 콤팍틴 샘플과 연구 승인서를 보내주는 건 큰 문제가 될 수 있다고 산쿄 사의 수뇌부에 경고했다. 산쿄 사는 지나치게 많은 정보를 머크 사에 넘겨주었다. 위대한 약품이 하나 발명되면 비슷한 약품이 엄청나게 많이 쏟아져 나온다는 것은 이미 수십 년 전에 페니실린을 발견했을 때 입증된 사실이었다. 페니실린이 탄생한 후 20년 동안 비슷한 기술을 이용해 새로 만든 항생제 수는 수천 개에 달했다. 엔도와 오카자키 박사는 산쿄 사 간부들에게 머크 사에 연구 제한 동의서를 요구하라고 주장했다. 연구 제한 동의서는 지금은 당연히 체결해야 하는 동의서로, 엔도와 오카자키는 산쿄 사의 아이디어를 도용해 살짝 바꾸는 방법으로 로열티를 지불하지 않고 이득을 취하는 일은 절대 하지 않겠다는 약속을 받아내라고 한 것이다. 그러나 산쿄 사 간부들은 동의서를 요구해야 할 필요를 느끼지 못했다.

머크 사는 산쿄 사가 보내온 콤팍틴을 콜레스티라민cholestyramine이라는 약과 섞어서 실험을 했다고 알려왔다. 머크 사의 통고에는 두 약의 혼합물을 자신들의 고유 발명품으로 특허를 신청할 거라는 암시가 들어 있었다. "정상적인 상황이라면 머크 사는 콤팍틴과 콜레스티라민을 섞은 약품을 실험할 수 없었겠죠. 설사 그런 실험을 할 수 있었다 해도 그 혼합물에 대한 권리는 산쿄 사와 머크 사가 함께 나누어야 합니다. 하지만 비밀 동의서의 세부 항목 때문에 산쿄 사는 머크 사가 권리를 독점한다 해도 불만을 표시할 수 없었어요."

그런 일까지 해놓고도 머크 사는 또다시 콤팍틴 결정 300그램을 보내달라고 요청했다. 엔도는 위장이 발밑으로 떨어지는 것 같은 아픔을 느꼈다. 그 무렵 엔도는 산쿄 사를 떠나려 했다. 20년 동안 진행한 연구 결과가 자부심은커녕 자신을 괴롭히는 아픔이 되었다. 엔도는 20년 동안 노력해서 개발한 약품이 산쿄 사에게는 아무런 이익도 가져다주지 않은 채 상업화되는 현실을 받아들여야 했다.

그러나 전쟁에서 지고 아이들은 꿈을 빼앗긴 세상에서 살아야 했던 어둡기만 한 어린 시절에도 그랬듯이, 엔도는 또다시 힘을 냈다. 활력을 되찾은 엔도는 즐거운 마음으로 도쿄 대학에 도착했다. "대학에 도착하자마자 연구를 시작할 준비가 되어 있었어요. 이번 연구는 학생들을 위한 거였죠. 그래서 연구 주제와 관련해 두 가지 결정을 내렸어요. 첫째는 연구가 기술적으로 쉬워야 한다는 것, 둘째는 비용이 많이 들면 안 된다는 거였죠. 홍국균*Monascus purpureus* 배양 방법을 연구하는 것도 그중 하나였죠."

한 달도 되지 않아 엔도는 또 다른 스타틴을 발견했다. 쌀로 만든 붉은 누룩에 피는 곰팡이인 홍국균은 콤팍틴과 구조가 비슷한 물질을 함유하고 있었다. 엔도는 이 물질에 모나콜린 Kmonacolin K라는 이름을 붙였다. 1979년 2월 20일, 엔도는 모나콜린 K의 특허 신청서를 제출했다.

그로부터 1년 후 엔도는 의학 잡지에 모나콜린 K에 대한 논문을 실었다. 1979년 9월 11일, 잡지에 실린 논문을 본 머크 사의 우드러프가 엔도의 연구실을 찾아왔다. 그는 자신이 모나콜린 K에 관한 기사를 봤다며 모나콜린 K가 머크 연구소가 발견한 물질과 비슷하다는 이야기를 했다. 그러면서 두 물질이 같은 물질인지를 알아보고자 모나콜린 K 샘플을 가져가고 싶다고 했다. 엔도는 자신의 귀를 의심했다. 도저히 믿을 수가 없었다. 엔도로서는 경악할 수밖에 없었다. 이미 머크 사는 콤팍틴에 다른 약을 섞는 방법으로 로열티를 전혀 지불하지 않고 이득을 취한 전적이 있었다. 그런데 이번에는 엔도가 처음으로 특허를 신청한 약을 자신들이 발명했다고 주장하고 나선 것이다.

하지만 엔도는 명예를 중시하는 사람이었다. 그는 자신을 추슬렀다. "일단 기운을 차리고 모나콜린 K를 몇 그램 넘겨주었습니다."

그리고 한 달 후, 머크 사는 모나콜린 K가 자신들이 벌써 발견해놓은 물질과 같다는 통고를 해왔다. 특허 신청은 하지 않았지만 엔도가 특허를 신청한 날짜보다 넉 달 앞서 발견했다고 했다. 머크 사는 자신들이 발견한 물질의 이름이 로바스타틴lovastatin이라고 했다.

미국과 일본은 특허법이 달랐다. 일본은 개발 날짜가 아닌 특허권을 신청한 날짜를 중요하게 생각했다. 모두 30개국 정도가 일본과 같은 특허법을 운영한다. 그러나 미국은 특허를 신청한 날짜보다 발명한 날짜를 중요하게 여기는 나라였다. 결국 머크 사는 콤팍틴을 상업화하지 않았다. 대신 1987년 로바스타틴을 출시했고, 자사에 유리한 특허법을 적용받을 수 있는 나라에서 메바코Mevacor라는 이름으로 시판함으로써 막대한 이익을 얻었다.

"머크 사는 콤팍틴 결정과 비밀 정보나 문서를 원하는 대로 가져가도 될 뿐 아니라 우리 쪽에서 2년 동안 비밀을 지켜야 한다는 비밀 동의서를 갖고 있었어요. 그래서 머크 사는 우리 허락도 없이 메비놀린mevinolin(로바스타틴)을 개발하고 독점 판매권을 갖게 됐죠. 2년 동안 우리 회사는 머크 사를 믿었지만 결국 배반당하고 말았어요. 우리나라에서는 절대 있을 수 없는 일이었죠. 하지만 그렇다고 계약을 위반한 건 아니니 어디에다 하소연할 수도 없었어요. 외국 회사와 일한 경험이 있었다면 당하지 않아도 될 일이었죠."

일본 내 모나콜린 K의 특허권은 산쿄 사가 도쿄 대학에 3500만 엔(14만 달러)을 주고 사 갔다. 이 사건은 이제 역사가 되었다. 아인 랜드Ayn Rand의 자유방임주의 자본론을 믿는 학자들이 경영 대학에서 가르치는 역사이자 이기주의의 원리를 그다지 믿지 않는 학자들이 윤리학 강의 시간에 가르치는 역사가.

콜레스테롤 수치를 낮추는 스타틴

콜레스테롤이 관상동맥에 문제를 일으키는 주범이라는 생각은 1970년대와 1980년대에 많은 논란을 일으켰다. 영국의 과학자 길버트 R. 톰슨Gilbert R. Thompson은 자신이 일했던 해머 스미스 병원의 원장은 "철저한 콜레스테롤 반대파"였다고 회상한다. 즉 그는 콜레스테롤이 주범이라고 생각하지 않았던 것이다. 존 맥마이클John McMichael은 의견을 묻는 사람에게 "콜레스테롤과 심장마비의 관계는 분명 심장마비가 콜레스테롤의 수치를 높이는 관계는 아닐 것"이라고 했다. 콜레스테롤이 관상동맥 질환의 주범이라는 가설을 믿지 않는 심장병 학자들은 "지방 함량이 낮은 음식을 먹는다고 오래 살지는 않는다. 그저 인생이 너무 길다고 느껴지게 만들 뿐"이라는 농담을 하곤 했다.

가족성 고콜레스테롤 혈증인 사람들은 아주 어릴 때부터 동맥이 막히고 심장마비가 올 수 있다는 증거가 너무 적어서 과학자들 중에도 믿는 사람이 많지 않았다. 콜레스테롤 수치가 높으면 심장마비나 뇌졸중을 일으킬 수 있는 죽상동맥경화증에 걸릴 수 있다는 사실을 입증하려면 오랜 기간 방대한 규모로 연구를 진행할 필요가 있었다. 그러나 그런 연구는 부작용 없이 콜레스테롤 수치를 낮추는 방법을 개발하기 전에는 불가능한 일이었다. 엔도가 만든 스타틴은 부작용이 거의 없는 최초의 콜레스테롤 합성 억제제였기 때문에 콜레스테롤 수치가 지금 당장 위험한 수준은 아니더라도 꾸준히 올라가고 있는 사람들이 복용할 수 있었다. 4S, 즉 스칸디나비안 심바스타틴 서바이벌 스터디Scandinavian Simvastatin Survival Study는 정말 놀라운 연구였다. 콜레스테롤 수치가 높은 4444명을 대상으로 일부에게는 스타틴을 처방하고 일부에게는 처방하지 않은 뒤 예후를 비교한 연구였다. 4S 연구는 이중 맹검 연구였으므로 실험에 참가한 환자도 실험을 진행한 연구자들도 스타틴을 복용한 사람이 누구인지 알 수 없었다. 연구는 5년이 넘게 진행됐고 전 세계 심장병 학자들의 주목을 받았다.

연구를 지휘한 사람은 저밀도 리포프로테인 치료에 부정적이던 마이클 올리버Michael Oliver였다. 올리버는 당연히 약효가 없거나 심각한 부작용이 나타날 거라고 생각했다. 실험 결과가 나온 후 올리버는 영국의 경제학자 메이너드 케인스Maynard Keynes에게 이렇게 말했다. "환자들 상태가 바뀌자 내 마음도 바뀌었습니다. 당신은 어떻게 하실래요?"

4S 연구는 콜레스테롤 수치를 낮추면 생명을 구할 수 있다는 결정적인 증거를 제시했다. 연구가 진행되는 동안 모두 438명이 죽었는데, 위약을 먹은 사람은 12퍼센트가, 스타틴을 먹은 사람은 8퍼센트가 세상을 떠났다. 스타틴을 처방한 사람 중 25퍼센트가 콜레스테롤 수치가 감소했고 관상동맥 질환으로 죽은 사람은 스타틴을 처방하지 않은 사람보다 42퍼센트 적었고, 전체 사망률은 30퍼센트가 적었다. 그보다 고무적인 사실은 심장 혈관계 이상이 아닌 다른 질환으로 사망한 사람의 비율은 전혀 증가하지 않았다는 것이다. 이는 곧 스타틴이 별다른 부작용을 유발하지 않았다는 뜻이다.

산쿄 사에서 만든 프라바스타틴pravastatin을 가지고 스코틀랜드에서 실시한 연구에서도 비슷한 결과가 나왔다. 스코틀랜드 과학자들은 다음과 같은 판단을 내렸다. "고콜레스테롤 혈증이지만 심근경색의 증후는 없는 중년 남성 1000명을 대상으로 5년 동안 프라바스타틴을 처방한 결과 혈관 촬영이 필요해진 사례는 14퍼센트, 혈관 재생술을 받아야 하는 사례는 8퍼센트, 심각한 심근경색이 온 사례는 20퍼센트, 심혈관 질환으로 사망한 사례는 7퍼센트, 프라바스타틴 치료를 받지 않았을 경우 발병이 예상되는 질환으로 사망한 사례는 2퍼센트 줄었습니다."

콜레스테롤 수치를 낮추는 것이 생명을 연장시켜주는지는 아직 논란의 여지가 있지만 심장마비의 위험이 있는 환자들에게는 스타틴이 생명을 지켜주는 약이라는 증거는 많이 나오고 있다.

1970년대에 브라운과 골드스타인은 간에 있는 저밀도 리포프로테인 수용체가 혈중 콜레스테롤을 제거한다는 사실을 발견했다. 엔도가 만든 스타틴은 바로 이 수용체를 늘려주었다. 엔도가 처음에 생각한 'HMG-CoA 환원효소를 억제한다'는 가설은 '혈중 콜레스테롤 수치를 낮춘다'는 개념과 아주 비슷했다. 사실 다른 점이라고는 직접적인 방법이 아니라 간접적인 방법으로 혈중 콜레스테롤을 낮춘다는 것뿐이었다. 스타틴은 간에서 합성되는 콜레스테롤을 줄여 간에 있는 저밀도 리포프로테인 수용체 유전자를 더욱 활성화하는 역할을 한다. 그 결과 혈액 속에 들어 있는 저밀도 리포프로테인과 결합하는 간의 수용체가 늘어나 혈중 콜레스테롤 수치가 낮아진다. 스타틴이 혈관을 손상시키는 다른 효소들의 생성도 억제한다는 증거도 나오고 있다.

스타틴이 상업화되기 전인 1985년, 브라운과 골드스타인은 저밀도 리포프로테인 수용체를 발견한 공로로 노벨상을 탔다. 사실 두 사람이 노벨상을 타게 된 데는 열세 명에 달하는 과학자들이 콜레스테롤 연구에 도움을 주었다는 이유도 있었다. 엔도가 생각하기에는 두 사람이 상을 받은 것이 분명 무척 어처구니없었을 것이다. 노벨위원회는 두 사람의 수상 이유를 스타틴을 이용해 콜레스테롤 수치를 낮추는 방법을 개발해냈기 때문이라고 했다. 여기 시소가 하나 있다고 생각해보자. 시소 양쪽에는 같은 문제를 발견한 사람들이 있다. 한쪽에서는 열세 명의 과학자들이 어린아이처럼 천진한 미소를 지으며 하늘 높이 올라가고 있다. 밑으로 내려가는 한쪽에 있는 것은 당연히 엔도다. 두 사람의 노벨상 수상은 문제를 언급한 사람이 모든 영예를 다 거머쥐고 정작 문제를 푼 사람은 완전히 잊히게 만든 셈이다.

브라운과 골드스타인은 오래전부터 엔도의 팬이었다. 두 사람은 이렇게 말했다.

> 스타틴 덕분에 생명이 연장된 수백만 명의 사람들은 산쿄 사에서 곰팡이 추출물을 연구한 엔도에게 감사해야 합니다.

위대한 약

엔도와 그의 연구 팀은 핵자기공명(NMR, Nuclear Magnetic Resonance) 기술이나 질량분석기 등을 통해 콤팍틴의 분자구조를 알아냈다. 콤팍틴 분자는 머리, 목, 몸통, 팔 한 개씩으로 되어 있다. 머리는 HMG-CoA 환원효소가 결합하는 곳이다. 엔도의 연구 팀은 콤팍틴의 팔 부분을 바꾸면 HMG-CoA 환원효소 생성을 억제하는 정도가 달라진다는 사실을 알아냈다. 제일 처음 발견한 비슷한 성질을 가진 세 물질의 차이점은 주로 분자의 결합 부분인 팔에 있었다. 제약회사들은 그 점에 무게를 싣고 엔도의 스타틴을 분석해나갔다. 그리고 머지않아 전 세계 제약회사들은 특허를 받을 수 있을 정도로만 변형시킨 스타틴을 만드는 일에 뛰어들었다. 제약회사들은 머리와 목 부분은 그대로 두고 몸통과 팔 부분만을 변형시켰다. 노바티스Novartis 사는 플루바스타틴fluvastatin을 만들었고 워너램버트Warner Lambert 사는 아트로바스타틴atrovastatin을, 파이저Pfizer 사는 아토바스타틴atorvastatin(리피토르Lipitor)을 개발했다. 산쿄 사와 머크 사는 로바스타틴을 각각 독자적으로 개발했으나, 서로 특허권에 이견이 있었기 때문에 이름은 다르게 불렀다. 머크 사는 특허권 문제 때문에 전 세계 모든 나라에서 판매하는 게 불가능한 로바스타틴 대신 또 다른 스타틴을 만들었다. 심바스타틴이라고 부르는 머크 사의 새로운 스타틴은 조코Zocor라는 이름으로 판매했다.

스타틴은 평범한 제약회사를 거대한 대기업으로 바꾸어버릴 정도로 인기를 끌었다. 스타틴의 판매 수익은 주식 소유자들뿐 아니라 생명을 구하는 약을 만들고자 노력하는 연구소에게도 돌아갔다. 2005년 전 세계에서 팔린 1만 가지 약 중에서 매출 1위는 120억 달러의 매출을 올린 리피토르고, 2위는 40억 달러의 매출을 올린 조코였다. 머크 사의 주식은 처음 시판용 스타틴을 판매한 후 7년 사이에 두 배로 뛰었다. 스칸디나비아에서 진행한 4S 연구가 끝난 후 머크 사의 주식은 6년 만에 네 배나 올랐다.

산쿄 사도 다양한 스타틴을 만들어 세계 유수의 제약회사들과 어깨를 나란히 하게 됐다. 스타틴 제제는 산쿄 사가 니혼바시에 건물을 지으며 메바로틴 빌딩이라고 이름 붙일 정도로 중요한 제품이었다. 전 세계적으로 스타틴 제제의 매출액은 100억 달러가 넘는다. 그러나 언제나 시소의 맞은편에 앉아 있는 엔도는 산쿄 사에게도 또 전 세계 수많은 제약회사 가운데 단 한 곳에게도 공로를 인정받은 적이 없다. 일본 업계의 따돌림은 무척이나 생명력이 길다. 지금도 산쿄 사의 웹페이지에서는 엔도의 이름을 찾을 수 없다.

의사들이 스타틴 제제를 폭넓게 처방하기 시작한 것은 1990년대 말부터다. 스타틴의 효력은 몇 년 혹은 몇십 년이 지나야 나타난다. 따라서 이 책을 쓰는 이 순간 스타틴 덕분에 생명을 연장한 사람이 몇 명이나 되는지는 추정할 수 없다. 그러나 피어스는 심장마비나 뇌졸중으로 사망할 수도 있었지만 스타틴 덕분에 생명을 구한 사람이 500만 명이 넘을 거라고 했다.

"스타틴은 페니실린이 감염 질환에 했던 일을 심장 질환에 한 약품이죠." 호주 세인트 빈센트 병원의 콜레스테롤 임상학 교수 레온 사이먼스Leon Simons의 말이다. "스타틴이 지금까지 만들어진 심장 질환 약 중에 가장 중요한 약은 아닐지도 모릅니다. 그러나 아주 중요한 약임은 틀림없습니다."

현재 미국에서 스타틴 제제를 복용하는 사람은 전체 성인의 10퍼센트에 이른다. 65세 이상 노인의 25퍼센트가 매일같이 이 귀중한 약을 먹는다. 이 같은 추정만으로도 스타틴을 복용하는 사람이 2000만 명에 이르며 복용해야 하는 사람은 그보다 두 배는 더 많을 것으로 예상할 수 있다. 최근 스타틴을 복용해야 하는 이유를 입증하는 연구 결과들이 나오고 있다. 이런 연구 결과들에 따르면 스타틴은 몇 가지 암을 비롯해 다양한 질병을 예방하는 효과도 있다고 한다. 빵에 엽산을 넣고 수돗물에 불소를 넣는 것처럼 먹는 음식이나 마시는 음료에 스타틴을 첨가해야 한다고 주장하는 사람들도 있고 처방전 없이도 살 수 있어야 한다고 주장하는 사람도 있다. 이런 주장이 받아들여질 것 같지는 않지만, 어쨌거나 스타틴의 위상은 이런 주장이 나올 정도로 높아졌다.

전쟁 당시 일본의 꼬마였던 한 사람이 발견한 스타틴으로 생명을 연장하고 있는 제2차 세계대전 참전 용사는 현재 수백만 명에 달한다. 하지만 정작 스타틴을 발견한 엔도는 그 공로로 한 푼의 보상도 받지 못했을 뿐 아니라 단 한 사람의 참전 용사에게도 그 이름을 알리지 못했다.

돈으로 환산할 수 없는 공헌

엔도의 자녀는 모두 셋이다. 지금은 은퇴한 엔도는 도쿄에 산다. 여전히 엔도는 아내와 중학생 아들 하타케야마와 함께 집 근처에 있는 조카이 산에 오른다. "벌써 일흔이 넘었지만 여전히 도쿄 주변에 있는 산에 자주 갑니다. 가장 좋아하는 취미는 베토벤과 모차르트, 바흐를 듣는 거지요."

여러 가지 삶의 굴곡을 겪었음에도 엔도는 여전히 유머 감각을 잃지 않았다. 2004년 일본에서 열린 페스트슈리프트(Festschrift, 독일어로 '기념 논문집'이라는 뜻) 발표회에서 그의 업적을 기렸다. 엔도와 관계가 있는 과학 논문과 사람들의 기념품을 전시하고 출판하고, 그의 업적을 칭송하는 만찬을 여는 행사였다. 자신이 연설할 순간이 되자 엔도는 이렇게 말했다.

"오늘은 기쁜 소식과 나쁜 소식을 한꺼번에 들은 날입니다. 나쁜 뉴스는 제 콜레스테롤 수치가 240mg/dl이라는 겁니다. 스키야키나 샤브

샤브를 너무 많이 먹었나 봅니다. 그런데 의사 양반이 이렇게 말하더군요. '걱정하지 마세요. 콜레스테롤 수치를 낮춰줄 좋은 약이 있으니까요.'"

분명 그 의사는 그 약을 만든 사람을 몰랐던 것 같다.

시간이 흐르면서 엔도는 자신이 부유하지 않다는 사실에 철학적인 의미를 부여하게 됐다. "약을 만들어내는 건 시소를 타는 것처럼 끊임없이 어려움에 부딪쳐야 하는 일입니다. 그러나 어려움을 하나씩 극복할 때면 땀을 흘려 운동을 하고 난 뒤에 느끼는 기쁨을 만끽합니다. 스타틴을 발견하고 개발하는 과정은 제게는 꿈을 성취해나가는 굉장한 도박이었습니다. 스타틴을 만든 덕분에 소년 시절부터 꾸어온 꿈이 현실이 되었고 전 세계 수많은 사람들에게 감사 인사를 받았습니다. 그 덕분에 정말 말할 수 없이 행복했습니다. 스타틴을 연구하고 개발해나가는 동안 우수한 과학자들을 아주 많이 만났습니다. 그중에서도 콘래드 블로흐, 조지프 골드스타인, 마이클 브라운 이 세 분에게 정말 많은 것을 배웠습니다."

엔도는 연구를 시작할 당시 품었던 목표에 대해서도 회상했다. "제가 큰돈을 벌겠다거나 엄청난 사람이 되겠다는 마음으로 연구를 시작한 것은 아닙니다. 이 세상에 태어났으니 뭔가 흔적을 남기고 죽고 싶었습니다. 이 세상에 무언가 하나 정도는 의미 있는 일을 하고 떠나고 싶었습니다. 그런 생각이 있었기에 연구를 시작할 수 있었습니다. 그 결과 앞으로 스타틴이 귀중한 생명을 얼마나 구하게 될 것인가, 그것은 측정할 수 없습니다. '세상에 무언가 의미 있고 유용한 일'은 간단하게 돈으로 환산할 수 없으니까요. 그런 건 아마 할 수 없는 일일 겁니다."

엔도는 계속해서 말했다. "지금 세상은 돈이 중요하다고들 합니다. 그러나 사명을 가지고 세상을 위해 무언가를 할 때면 엄청난 행복과 삶의 가치를 발견하게 됩니다. 저는 그저 일본의 한 회사 혹은 일본이라는 나라가 아니라 이 세상을 위해 일하고 싶었습니다. 제 일이 이 세상에 필요하다고 생각했기에 도전할 수 있었습니다. 특히나 지금은 세계화 시대로 국경도 명확하지 않습니다. 원래 국경은 사람이 만들었고 엄연히 존재하지만 왠지 이제는 국경이 존재하지 않는 것처럼 보입니다. 젊은 사람들에게 하고 싶은 말은, 세상을 위해 무엇인가를 한다는 가치관과 철학을 돈을 버는 것보다 더 중요하게 여겼으면 좋겠다는 것입니다. 그런 가치관을 심어주는 것, 그것이 지금부터 제가 해야 할 일일 겁니다."

500만 명이 넘는 인명을 구하다

공헌한 일: 스타틴 제제 개발

중요한 공헌자

- **엔도 아키라**: 6392종의 곰팡이와 균류를 분석한 후 스타틴 제제라고 알려진 약을 개발했다. 스타틴은 혈액 속 저밀도 리포프로테인 콜레스테롤의 수치를 낮추고 죽상동맥경화증을 예방한다. 죽상동맥경화증은 심장마비와 뇌졸중을 일으키는 원인이다.

엔도가 열한 살 때 전쟁이 끝났다. 그는 당시를 이렇게 회상했다. "일본은 전쟁에서 졌습니다. 어른들도 어떻게 할지 갈피를 잡지 못했죠. 우리에게는 음식도 옷도 없었어요. 모든 것이 정지해버렸어요. 아이들에게는 꿈이 없었죠. 아이들도 희망을 품지 못할 정도로 힘든 시기였으니까요."

엔도의 형수 도미코는 그때의 일을 이렇게 기억했다. "시부모님은 도련님한테 이렇게 말하라고 하셨어요. '우리 집에 너만 있는 게 아니잖니. 너에게는 형제들이 있잖냐. 너는 대학에 가면 안 돼.' 그러시면서 2만 엔을 주셨답니다. '아키라에게 대학에 가지 않는다면 양복을 한 벌 해주겠다고 말해라. 이걸로 그 아일 설득하라'고요."

"이 세상에 태어났으니 뭔가 흔적을 남기고 죽고 싶었습니다. 이 세상에 무언가 하나 정도는 의미 있는 일을 하고 떠나고 싶었습니다."

-엔도 아키라

"사람들 말처럼 제가 HMG-CoA 환원효소를 만들어낼 거라는 보장은 없었죠. 그래서 전 2년 동안 수천 종에 달하는 균류를 연구해보기로 했어요. 일종의 도박이었던 셈이죠. 2년 후에도 제가 원하는 물질을 찾지 못하면 연구를 그만둘 생각이었어요."

-엔도 아키라

2년 반 동안 엔도의 연구 팀은 6392종에 달하는 균류를 분석해 효과가 있다고 생각되는 물질을 한 가지 발견했다. "저와 제 팀은 콤팍틴의 놀라운 효과를 발견하고 정말 뛸 듯이 기뻐했어요."

-엔도 아키라

"엔도 박사가 발견한 (첫 번째 스타틴인) 콤팍틴은 현대 의학사에서도 으뜸가는 위대한 발견 가운데 하나라고 생각합니다."

-스콧 M. 그룬디Scott M. Grundy(텍사스 대학 의학박사)

"스타틴은 페니실린이 감염 질환에 했던 일을 심장 질환에 한 약품이죠." 호주 세인트 빈센트 병원의 콜레스테롤 임상학 교수 레온 사이먼스의 말이다. "스타틴이 지금까지 만들어진 심장 질환 약 중에 가장 중요한 약은 아닐지도 모릅니다. 그러나 아주 중요한 약임은 틀림없습니다."

2004년 한 해 동안 심장의 관상동맥 질환으로 죽은 미국인은 45만 2300명이다. 관상동맥 질환은 미국에서 남녀 모두에게 사망 원인 1위의 질환이다. 1500만 명에 달하는 미국인이 심장마비나 협심증으로 고생한다. 2009년 심장마비를 조심해야 하는 미국인은 120만 명에 달한다.
엔도가 만든 스타틴을 비롯한 관련 약품 덕분에 1994년부터 2004년까지 관상동맥 관련 심장 질환으로 사망한 비율은 33퍼센트 감소했다.

2005년 전 세계에서 팔린 1만 가지 약 중에서 매출 1위는 120억 달러의 매출을 올린 리피토르이고, 2위는 40억 달러의 매출을 올린 조코였다.

David Nalin

6장

이것은 게토레이가 아니다:

경구 수분 보충 요법ORT의 데이비드 날린

데이비드 날린 David Nalin(1941~)

미국의 소아과 의사. 몇 학년을 뛰어넘을 정도로 똑똑하고 영리했던 날린은 의과대학 시절 교환학생으로 남아메리카 대륙의 가이아나Guyana에 다녀온 후 인생이 달라졌다. 문화를 넘나드는 의료 활동에 매력을 느낀 그는 미국 국립보건원의 국제연구부에 지원하여 방글라데시로 간 후, 몇 달 만에 아이들을 죽음으로 내모는 무서운 질병을 물리칠 간단한 방법을 발견한다. 바로 획기적인 설사 치료법인 경구 수분 보충 요법이다.

경구 수분 보충 요법

경구로 포도당과 전해질 용액을 섭취하는 것으로서, 설사로 인한 급성 체액 소실을 보전한다. 세계보건기구의 경구 수액은 설사로 고통받는 전 세계의 수백만 어린 생명을 구했다. 경구 수액 요법은 20세기의 가장 중요한 의학 발달 가운데 하나로 손꼽힌다.

아이들의 목숨을 위협하는 무서운 병, 설사

콜레라처럼 무시무시하면서도 사람을 비참하게 죽어가게 만드는 병이 또 있을까? 콜레라 환자들은 대부분 아이들인데, 심한 고통 속에서 토하거나 설사를 하며, 혼수상태에 빠져 죽어간다. 축축하고 비린내가 나는 설사는 콜레라의 대표적인 증상이다. 인도, 파키스탄, 방글라데시 등지는 콜레라가 많이 발병하는 곳으로, 콜레라는 대부분 남아시아에서 발병한다. 콜레라는 지금도 많은 인명을 앗아가는 무시무시한 병이다. 1980년대와 1990년대에는 아프리카 난민 캠프에 콜레라가 덮쳤고, 70년 만에 남아메리카 대륙에 콜레라가 재상륙했다. 콜레라의 원인 균은 비브리오 콜레라이Vibrio cholerae로, 작은창자를 공격한다. 콜레라는 진행 속도가 아주 빠른 병으로 알려져 있다. 콜레라에 걸리면 첫 번째 증상인 설사가 시작된 후 세 시간 만에도 죽을 수 있다. 그러나 보통은 며칠 동안 끔찍하게 고통을 받다가 죽는다.

물론 콜레라는 설사를 일으키는 여러 가지 원인 가운데 하나일 뿐이다(설사를 뜻하는 diarrhea는 '흘러내리다'라는 뜻의 그리스어에서 왔다). 원인이 무엇이건 간에 설사는 이내 탈수를 일으켜 환자를 죽게 만든다. 아직 수돗물 염소 소독이 일반화되지 않았고 하수구 시설이 갖추어지지 않았던 1900년대, 설사는 미국에서 사망 원인 4위를 차지하는 무서운 증상이었다. 설사는 특히 어린아이들의 주요 사망 원인이었다. 질병통제예방센터에 따르면 전 세계적으로 한 해 동안 15억 명이 심각한 설사로 고생하며, 150만 명이 이 가벼운 병 때문에 죽는다고 한다.

최근까지만 해도 설사를 치료하는 데 가장 많이 사용한 방법은 설사로 빼앗긴 염분과 체액을 정맥주사로 보충하는 것이었다. 그러나 이 방법은 너무 거추장스럽고 비용이 많이 들어서 파키스탄의 작은 시골 마을이나 다카의 슬럼가 같은 곳에서는 거의 사용할 수 없었다. 게다가 그런 곳에서는 필요한 장비도 구할 수 없었다. 그런 지역에서는 콜레라나 다른 질병에 걸려 설사를 하는 아이들을 치료할 방법이 없었다. 그러던 중 젊은 미국인 과학자 데이비드 날린과 그의 동료들이 누구나 특별한 훈련을 받지 않아도 활용할 수 있는 간단하고도 효과적인 치료법을 개발해냈다. 이들이 개발한 치료법은 개발도상국의 보건 상태를 완전히 바꾸어놓았다.

필라델피아 부처

날린의 현대식 집은 필라델피아 서쪽에 있는 언덕에 있다. 미국 독립전쟁 당시 브랜드와인 크리크Brandywine Creek 전투가 벌어진 곳에서 가깝다. 사방에 풀이 자라는 그의 집은 그리 크지 않다. 그나마도 날린이 가끔 이용하는 낮고 작은 수영장이 집 면적의 대부분을 차지한다. 집에는 파키스탄인 요리사가 있어, 수영장에서 기껏 소비한 열량을 채우고도 남을 만한 음식을 만들어준다. 벗겨지기 시작한 머리, 약간 둥근 체형, 숱은 적지만 짙은 콧수염 등, 그는 어딘가 모르게 애거사 크리스티 소설의 주인공인 프와로 탐정과 닮았다.

추억에 잠긴 날린 위를 가득 덮고 있는 것은 거대하고 화려한 부처의 머리였다. 날린의 설명에 따르면 그 반신상은 1400년도 더 된 것으로, 그리스-인도 양식으로 만들었다고 한다. 크기만큼이나 자비로운 표정을 한 그 반신상의 이마에는 한때는 엄청난 크기의 보석이 박혀 있었을 게 분명한 구멍이 있다. 부처의 얼굴에는 자신의 지혜를 마음껏 즐기는 듯한 어렴풋한 미소가 서려 있다. 날린은 그 반신상의 조각 양식이 알렉산더 대왕이 중앙아시아를 침략해 인도에 식민지를 남긴 후에 나타난 양식이라고 했다. 부처가 전통적인 그리스 양식과 아시아 양식을 합쳐놓은 듯한 모습을 하고 있는 것도 바로 그 때문이라고.

과학과 보건 연구를 위해 전 세계를 돌면서 날린은 부지런히 놋쇠 주전자와 구리 주전자, 동상을 수집해 자신의 집 선반을 채워나갔고, 인도, 태국, 티베트를 찍은 오래된 사진을 벽에 걸어놓았다. 그런 수집품 중 하나가 날린의 영혼을 정확하게 반영하는 듯했다. 그 조각상은 창문 가까이에 걸려 있었다. 원래 그 조각상은 두 손으로 머리를 움켜잡은 모습이었을 것이다. 그러나 역사의 어느 순간엔가 손은 부러져 나가고 머리에 닿은 손가락만 남았다. 우수에 가득 찬 그 조각상은 불행한 중생을 위해 열반을 미룬 보살이라고 한다.

이제 현역에서 은퇴한 날린은 글을 쓰고 수집 활동을 할 시간이 생겼다. 그에게는 푹 쉴 권리가 있다고 생각하는 사람들이 많다. 날린은 콜레라를 비롯해 설사를 유발하는 여러 질병에 걸려 허무하게 죽어가던 사람들을 구했다. 그의 이야기는 인간이 범하는 오류, 뛰어난 연구, '불가능하다'는 말을 받아들이길 거부하고 해답을 찾으려고 노력한 사람들에 대한 이야기다. 날린의 발견은 정말로 위대한 사건이었다. 1987년 유니세프가 특별 보고서에 다음과 같이 적은 것도 당연한 일이다.

> 20세기 의학계가 이룩한 성과 가운데 이처럼 짧은 시기에 이렇게

적은 비용으로 수많은 죽음을 막을 수 있었던 획기적인 발견은 또 없을 것이다.

이 발견은 또한 아는 사람이 가장 적은 과학 발견 가운데 하나이기도 하다. 정말로 이 발견에 대해 들어본 사람은 얼마 되지 않는다. 이 발견은 ORT라는 약어로 알려져 있다.

기존 치료법들의 한계

콜레라라는 말만 들어도 사람들은 몸서리를 친다. 엄청난 물을 몰고 오는 해일(쓰나미) 같은 자연재해가 발생한 지역에서는 시체 때문에 물이 오염돼 콜레라가 발생할 수 있으니 조심하라는 말을 듣는다. 그러나 날린에 따르면 그것은 틀린 정보라고 한다. 콜레라는 보통 콜레라균이 들어 있는 동물성 플랑크톤이 적조 현상을 일으키는 강의 하구에서 발생한다. 동물이 콜레라균을 먹고, 사람이 그 동물을 먹거나 콜레라균에 오염된 물을 마시면 콜레라에 걸릴 수도 있다. 사람의 배설물에 들어 있는 콜레라균은 하수도로 들어간다. 하수도가 관개시설을 오염시키면 콜레라가 널리 퍼질 수 있다. 손가락을 빠는 어린아이는 당연히 콜레라균에 더 많이 노출된다. 콜레라는 감염되는 질병이 아니라서 직접적인 대인 접촉을 통해 걸리는 경우는 많지 않다.

기본적으로 콜레라는 예전에도 그랬고 지금도 아시아에서 주로 발생하는 병이다. 그러나 가끔 다른 지역에서도 나타난다. 가장 유명한 콜레라 환자로는 제임스 포크James Polk 전 미국 대통령, 작곡가 차이코프스키, 『프랑켄슈타인』의 작가 메리 셸리의 형제와 아들이 있다. 유럽이 콜레라의 습격을 여러 번 받은 후인 1854년에 존 스노John Snow가 콜레라는 오염된 물 때문에 생긴다는 사실을 밝혀냈다. 그로부터 30년 후, 독일 의사 코흐가 현미경으로 콜레라균(비브리오 콜레라이)의 존재를 확인했다. 코흐는 또한 지금까지도 여전히 전염병을 막는 최고의 수단인 위생 규칙을 확립했다. 코흐가 세운 규칙 덕분에 1899년에 퍼지기 시작한 여섯 번째 전염병은 유럽에 큰 영향을 미치지 못했다. 물론 아시아에서는 여전히 맹위를 떨쳤지만.

현대 의학이 확립되기 전까지 콜레라 치료법이라고 해봐야 탈수를 막는 것밖에 없었다. 물론 탈수를 막는 가장 간단한 방법은 환자에게 물을 많이 먹이는 것이다. 그런데 물을 먹이는 것은 사실 치료법으로는 형편없는 방법이다. 물을 많이 먹이는 방법이 전혀 소용이 없는 데다 오히려 해롭기까지 한 이유는 오랫동안 풀리지 않는 의문이었다.

유럽에 콜레라가 기승을 부린 1831년, 한 의학 회의에 참석한 아일랜드 의사 W. B. 오샤네시O'Shaughnessy는 당시 의사들이 사용하던 잡다한 치료법이 효과가 없다고 말했다. 환자에게 흔히 토주석이라고 부르는 주석산 안티오닐 칼륨을 먹여 토하게 하는 의사도 있었고, 허브, 석회가루, 채소, 아편을 섞은 조제약을 먹이는 의사도 있었지만 둘 다 효과가 없었다. 파마자유 치료도 마찬가지였다. 뜨거운 담요를 뒤집어쓰거나 물속에 들어가 있는 방법도 효과가 없었다. 설사를 막으려고 항문에 마개를 넣는 의사도 있었다. 정말 끔찍하지 않은가? 잘못하면 환자가 폭발할 수도 있다! 어쨌거나 이런 치료들은 효과가 없었고, 콜레라 치사율은 70퍼센트에 달했다.

의사들이 가장 많이 사용한 치료법은 사혈(방혈)이다. 혈관을 절개했을 때 혈액이 너무 진해 흘러나오지 않으면 의사들은 피를 빼내려고 거머리를 붙인다. 오샤네시는 이미 설사 때문에 체액이 많이 빠져나간 환자의 몸에서 혈액을 빼면 아주 위험할 수 있다고 했다. 콜레라 환자의 혈액을 분석한 오샤네시는 콜레라 환자는 수분뿐 아니라 생명을 유지하는 데 반드시 필요한 염분도 상당량 빠져나간다는 사실을 알아냈다. 하긴 혈액 자체가 생리식염수 아닌가! 〈랜싯〉 지에 실은 논문에서 그는 정맥에 거위 깃대를 꽂아 미지근한 생리식염수를 넣는 방법을 권고했다.

그러나 의사들은 50년 동안 오샤네시의 권고를 무시했다. 그런데 1800년대 후반, 약학이 과학적 토대를 세우기 시작하면서 정맥으로 생리식염수를 넣는 방법이 효과가 있다는 사실이 거듭 입증됐고, 콜레라 치사율도 40퍼센트대로 떨어졌다. 1900년대 초반 정맥 용액IV solution을 더욱 순수하게 정제하자 치사율은 20퍼센트로 떨어졌다. 정맥주사 요법이 효과가 있는 이유는 신체가 면역 능력을 끌어올려 감염균에 맞서 싸울 수 있을 때까지 탈수를 막아주기 때문이다.

1940년대에 항생제가 개발되면서 의사들은 이제 단순히 증상을 가라앉히는 것이 아닌 질병의 원인을 치료할 수 있게 됐다고 믿었다. 항생제는 콜레라를 일으키는 병원균을 직접 공격한다. 그러나 불행하게도 콜레라에 걸린 사람은 탈수 반응이 너무 빨리 시작되기 때문에 항생제만으로는 제대로 대처할 수 없었다. 하루에 빠져나가는 수분의 양이 전체 몸무게의 10에서 20퍼센트를 차지하는 20리터가 될 경우, 환자는 항생제가 효력을 발휘하기 전에 사망할 수 있다. 백신을 함께 투여하는 것도 그다지 효과가 없었다.

1940년대에 정맥주사 요법을 이용한 탈수 방지 분야에서 가장 두각을 나타낸 전문가는 예일 대학의 대니얼 대로Daniel Darrow다. 대로는 환자를 제대로 치료하려면 환자 몸에서 빠져나간 화학물질을 정확히 파악하고, 환자 몸의 화학 상태가 어떤 식으로 또한 어느 정도나 바뀌었는지 정확히 알아야 한다고 믿었다. 그는 환자의 몸에서 빠져나간 화학물질을 비교적 정확하게 추정해냄으로써 환자에게 필요한 물질을 알아낼 수 있었다. 여러 차례의 실험 끝에 대로는 정맥주사 용액에는 설탕, 포도당, 소금, 칼륨, 염화나트륨을 집어넣어야 한다는 결론을 내렸다.

대로는 콜레라 같은 질병이 유발하는 심각한 설사를 정맥주사 용액으로 치료할 수 있다는 과학적 근거를 제시했다. 1948년 미 해군 의사 로버트 A. 필립스Robert A. Phillips는 대로의 제조법대로 만든 정맥 용액으로 콜레라 사망률을 5퍼센트 이하로 낮추었다. 그런데 문제가 있었다. 대로의 정맥 용액을 사용하려면 의사, 간호사, 적절한 장비, 살균 처리 같은 복잡한 조건이 필요한데, 콜레라가 유행하는 곳들 대부분이 그런 조건들을 제대로 갖추지 못했거나 갖출 수 없는 지역에 있었다. 그런 지역에서 탈수를 막으려면 현대 의학 장비 없이 환자의 수분 함량을 정상으로 돌려놓을 방법이 있어야 했다. 병원이 없는 곳에서는 환자의 탈수를 치료하는 데 채소, 과일, 구주콩나물, 바나나, 소금물 같은 다양한 혼합물을 섞어 만든 조제약을 쓰는 일이 많았다. 그러나 그런 혼합물은 맹물을 마실 때 그렇듯이 그대로 다시 토하게 되거나 설사를 통해 환자의 몸 밖으로 배설됐다. 개발도상국에서는 여전히 콜레라가 죽음을 부르는 심각한 병이었다.

정맥주사 요법을 비롯해 설사를 치료하는 모든 치료법에서 공통으로 실행하는 것이 한 가지 있다. 바로 금식 요법이다. 설사를 하는 다른 질병에 걸린 환자와 마찬가지로 콜레라 환자도 소화관이 회복될 수 있도록 며칠 동안 금식을 하게 했다.

인생을 바꾼, 눈이 번쩍 뜨이는 경험

1941년 4월 22일에 태어난 날린은 뉴욕 토박이로 뉴욕 시에 있는 유명한 브롱크스 과학고등학교의 저명한 졸업생 가운데 한 명이다. 브롱크스 과학고등학교는 노벨상 수상자를 일곱 명이나 배출한, 여느 나라에서도 세우지 못한 업적을 세운 곳이다. 노벨상 수상 분야는 모두 물리학이었다. 그뿐만이 아니다. 퓰리처상도 다섯 명, 미국 과학 메달the National Medal of Science도 다섯 명이나 탔고, 국립과학아카데미와 국립기술아카데미 회원 중 1퍼센트 정도가 브롱크스 과학고등학교 출신이다.

날린은 아주 어릴 때부터 야구 카드, 곤충, 동물 등 무언가를 수집했다. 욕조는 거북을 키우는 곳이었고, 지하실은 뱀과 도롱뇽이 사는 곳이었다. "부모님이 무척 관대하셨죠."

맨해튼에 살던 날린은 몇 날 며칠을 박물관에서 보냈고, 가끔 경매장을 찾아가 이집트 구슬이나 골동품을 가져오고는 했다. 아주 영리했던 날린은 한 번에 몇 학년을 뛰어넘어 열여섯 살에 코넬 대학교에서 동물학을 공부했다. 뉴욕 주립대학교 올버니 캠퍼스 의과대학에 입학했을 때 그의 나이는 스무 살이었다. 물론 날린은 대학 동기 중에서도 아주 어린 편에 속했다. 올버니 대학에 다니는 동안 날린은 교환학생으로 남아메리카 대륙에 있는 가이아나로 갔다. 그리고 그곳에서 인생이 바뀌었다. 그는 동문지에 다음과 같은 글을 실었다.

> 3학년 때 교환학생으로 가이아나에 갈 수 있었다. 나는 그곳에 한 번 갔을 뿐이지만 세 번 간 것이나 마찬가지다. 처음에 그곳 이름은 영국령 기아나British Guiana였다. 그런데 영국에서 독립하려고 하면서 기아나Guiana라고 불렀다. 그리고 독립 후 가이아나가 됐다.

날린은 신기하게도 자신이 체류할 무렵에 나라 이름이 바뀐 곳을 자주 찾아갔다. 가이아나에 있는 동안 날린은 문화가 다른 곳에서 의료 활동을 벌이는 것이 무엇을 의미하는지 알 수 있었다. "정말 눈이 번쩍 뜨이는, 내 인생을 바꾼 경험이었죠."

19세기에는 타밀어로 말하는 인도 남부 사람들이 연한부 계약 노동자로 가이아나 해안 지방에 많이 와 있었다. 그곳에는 또한 원래부터 그곳에 살던 아메리카 원주민도 있었다. 코넬 대학에서 외국어를 공부하는 법을 익힌 날린은 빠른 시일 안에 가이아나 사람들의 언어를 익혀 의학 연구에 필요한 조사를 직접 할 수 있었다. "그때 전 가이아나 사투리 하나랑 가이아나 원주민 사람들이 주로 사용하는 언어를 하나 익혔죠."

가이아나에 있는 동안 날린은 아름다운 구슬 작품을 만드는 공예가들을 만났다. 당연히 날린은 그 작품들을 열심히 모았다. 날린은 자신의 인생이 그 무렵 바뀌었다고 했다. "문화를 넘나들며 의료 활동을 하고 예술품을 수집하는 삶을 살게 된 게 바로 그 무렵이죠."

날린은 계속해서 말했다. "그 전까지만 해도 난 임상의학을 정말 사랑했어요. 하지만 그 무렵 내가 연구 활동에 끌린다는 걸 알았죠. 정말 놀라운 일이었어요. 내가 연구원이 될 거라고는 한 번도 생각해본 적이 없으니까요. 난 미국 국립보건원의 국제연구부에 지원했어요. 연구부에서는 세계 여러 지역에 있는 연구소 열아홉 곳 중에서 한 곳을 고르라고 하더군요. 가이아나에 가본 경험 때문인지 난 열대 지역, 그중에서도 전염병을 연구할 수 있는 곳으로 가고 싶었어요. 그래서 다양한 암 환자의 몸에 절지동물이 옮기는 바이러스를 치료하는 항체를 넣고 건강한 사람과 암 환자의 혈청을 비교하려 한다는 연구 계획서를 제출했어요. 그 연구는 파나마에 있는 중앙아메리카 연구소에서 할 예정이었죠. 하지만 불행하게도 거기 책임자는 의학박사를 싫어하는 이학박사 학위 선호자였어요. 그는 내 계획서에는 불만을 표시하지 않았지만 연구소에서 직책을 갖고 근무하는 것은 안 된다는 점을 분명히 했어요. 그런데 그때 보고서를 제출한 적이 있는 국립 알레르기 및 전염병 연구소의 하워드 미너스Howard Minners 박사가 동파키스탄에서 돌아왔어요(동파키스탄은 독립하여 현재 방글라데시가 되었다). 동파키스탄은 콜레라 연구를 활발히 진행할 수 있는 곳이었어요. 미너스 박사는 내게 그곳에 가보면 어떻겠냐고 제안하더군요. 물론 처음에는 어안이 벙벙했어요. 그땐 파나마에 갈 생각이었기 때문에 스페인어 공부도 다시 해놓았고 동파키스탄이 어떤 곳인지 전혀 몰랐으니까요. 내키진 않았지만 그러겠다고 했어요. 물론 그 뒤로 동파키스탄으로 간 걸 후회한 적은 한 번도 없어요."

레지던트 1년차를 마친 스물여섯 살의 날린은 다카에 있는 파키스탄

SEATO(동남아시아조약기구, the Southeast Asia Treaty Organization) 콜레라 연구소에서 근무한다는 계약서에 서명했다. 파키스탄 SEATO 콜레라 연구소는 냉전 때문에 생겨났다. 1959년 미국은 아시아에서의 영향력을 강화해서 공산주의의 확산을 막으려고 했다. 그 한 가지 방법이 아시아에 원조를 제공하는 것이었다. SEATO와 파키스탄의 승인을 받아 콜레라 연구소를 세운 것도 그런 노력의 일환이었다. 물론 날린이 획기적인 콜레라 치료법을 찾기 위해 파견된 것은 아니었다. 대부분의 미국 의사들과 마찬가지로 날린도 콜레라에 대해 아는 바가 거의 없었다. 그러나 파견이 결정되자 과학자로서의 본능이 꿈틀거렸다.

"새로운 연구를 시작하기 전에 그 연구와 관련된 모든 자료를 샅샅이 뒤져보는 게 내 습관이에요. 긍정적인 내용이든 부정적인 내용이든 앞으로 진행할 연구에 참고가 될 만한 내용을 모두 알아두는 거지요."

자료를 뒤지며 날린은 콜레라균이 그렇게 흉포한 세균은 아니라는 사실을 알게 됐다. 연구 결과에 따르면 건강한 사람이 콜레라에 걸리는 일은 거의 없었다. 과학자들은 영양 섭취를 충분히 하는 건강한 사람이라면 수십억 개의 콜레라균을 먹어도 병에 걸리지 않는다는 사실을 알아냈다. 그러나 산을 중화하는 제산제를 먹으면 콜레라에 감염되기 쉽다. 콜레라를 막는 신체의 방어 수단은 위산이다. 위산은 작은창자를 공격하는 비브리오 콜레라이가 작은창자에 닿기 전에 녹여 없애버린다. 콜레라에 걸린 사람들은 대부분 그전부터 소화관에 문제가 있었거나 영양 상태가 좋지 않아 위산이 제대로 분비되지 않았다(지역에 따라서는 전체 인구 중 3분의 1이 이런 상태인 곳도 있다). 그래서 비브리오 콜레라이가 위를 통과할 수 있었던 것이다.

아무도 믿지 않은 경구 요법

미국을 떠나기 전, 날린과 그와 함께 동파키스탄으로 가게 된 스물여섯 살 동갑내기 리처드 캐시Richard Cash는 캘리포니아에서 열린 콜레라 심포지엄에 참가했다. 이제 막 파키스탄 SEATO 콜레라 연구소에서 돌아온 노르베르트 허쉬호른Norbert Hirschhorn 박사가 발표하는 자리였다. 허쉬호른 박사는 현재 연구소장을 맡고 있는 저명한 콜레라 학자인 필립스가 제안한 가설을 소개했다. 필립스는 콜레라균이 사람의 장에 있는 나트륨펌프sodium pump를 망가뜨린다고 생각했다. 따라서 콜레라균이 작은창자의 나트륨펌프를 공격해 나트륨이 장벽으로 들어가지 못하기 때문에 경구 요법은 효과가 없을 거라고 믿었다. 그러나 불과 1년 전, 역시 다카에서 근무하는 데이비드 새커David Sachar가 그런 생각이 틀렸음을 입증해 보였다. 그 때문에 허쉬호른 박사와 동료들은 경구 요법의 가능성을 검토해보기로 했다.

1962년 필립스는 필리핀에서 물, 소금물, 포도당을 넣은 소금물, 이 세 가지를 가지고 환자 둘에게 경구 요법 예비 실험을 실시한 적이 있다. 허쉬호른 박사는 필립스의 제조법대로 소금, 포도당, 물을 섞어 콜레라 환자에게 먹인 후 그 효과를 직접 확인해보았다. 허쉬호른 박사는 자신의 실험 결과 설사가 멎지 않았다는 것과 필립스의 어두운 비밀 때문에 경구 수분 보충 요법ORT이 정규 치료법으로 적합한지는 확신할 수 없다고 했다(허쉬호른 박사는 필립스의 어두운 비밀이 무엇인지는 말해주지 않았다).

비행기를 타고 지구 반대편으로 가면서 날린은 이런 생각을 했다.

'시골 지방은 물론이고 병원에서도 경구 요법이 효과가 있다고 믿는 사람은 아무도 없는 것 같군.' 그러니까 경구 요법에 대해서는 모든 사람이 회의적이었던 것이다. 경구 요법을 쓴다고 해도 용액을 어떤 식으로 만들 것인지, 용액의 양을 어느 정도로 할 것인지가 문제였다. 의사들은 보편적인 조제법이 있을 거라고는 생각하지 않았고, 각 환자에게 맞는 용액을 정확하게 만드는 것도 불가능하다고 생각했다. 더구나 콜레라 환자의 몸에서 빠져나간 용액만큼을 입으로 마시게 하는 것은 불가능한 일이라고 생각했다. 콜레라 환자에게 하루 종일 한 시간마다 용액을 1리터씩 먹게 한다면 과연 견뎌낼 수 있을까? 콜레라 환자는 안 그래도 위에 있는 용액을 걸핏하면 게워내는데 말이다.

다카의 미국 젊은이

당시에는 동파키스탄이라고 불렀던 방글라데시는 세계에서 시골 지방의 인구 밀도가 가장 높은 나라다. 또한 지형의 영향을 많이 받는 나라이기도 하다. 벵골 만으로 갈수록 넓게 퍼지는 갠지스 강 유역의 낮은 삼각주는 방글라데시 국토의 대부분을 차지한다. 인도 북부와 히말라야산맥에서 시작하는 갠지스 강은 지구에서 가장 큰 삼각주를 만들어 내는데, 그곳은 콜레라균을 연구하는 데 최적의 장소다. 벵골 만은 콜레라균의 자연 저장고라고 할 정도로 콜레라가 많이 발생하는 지역이다. 벵골 만 부근에서 콜레라는 풍토병이라고 할 수 있을 정도로 자주 발생한다. 콜레라는 여름 몬순(장마)이 끝나고 범람한 물이 빠질 때 발생한다. 몬순 때는 몇 달 동안 1520밀리미터에 달하는 비가 내린다. 게

다가 몬순 때는 사이클론이 불어와 바닷물이 내륙까지 들어온다.

날린은 1967년 8월 17일에 다카에 도착했다. 오래된 다민족 도시 다카는 200년 동안 지속된 영국 식민지 시대 건축물이 마치 유령처럼 남은 곳이다. 영국인들은 1947년에 다카를 떠났다. 다채로운 빛이 어우러진 다카 시장은 수많은 사람들과 담배 연기, 말린 생선, 카레 냄새로 가득했다. 작은 택시들이 경적을 울리며 유서 깊은 도시의 붐비는 거리 위에서 인력거와 경쟁하며 좁은 길을 여기저기 잘도 빠져나가고 있었다.

"다카를 보고 처음 느낀 인상은 놀랍고도 당혹스러우면서도 매혹적이구나 하는 거였어요. 공항으로 마중 나온 제임스 테일러James Taylor 박사의 차를 타고 막 떠나려는데 여덟 살쯤 된 꼬마 아이가 테일러의 폭스바겐 창문을 움켜쥐더니 아주 슬픈 표정으로 눈물까지 흘리며 동그랗게 감싼 손을 입으로 가져가더군요. 음식을 사 먹을 돈을 달라는 거였어요. 정말 불쌍해 보였는데, 그때 테일러 박사의 반응을 보고 얼마나 놀랐는지 모릅니다. 박사는 벵골어로 아이에게 몇 살인지, 이름이 뭔지 물어봤어요. 그러자 그 아인, 자기에게 흥미를 보인 게 놀라웠는지, 그것도 자기 나라 말로 이야기하는 게 신기했는지 자기가 하려던 일은 완전히 잊어버리고 미소를 짓더군요. 구걸을 하려던 걸 완전히 잊어버리고 수줍은 소년으로 돌아간 거죠. 어쨌거나 전 그 아이에게 동전을 건네줬지만, 그때 기억은 잊을 수가 없어요."

콜레라 연구소는 다카의 외곽 지역에 있었다. 연구소 뒤쪽에는 옛 다카 지역의 구석구석을 잇는 수로 역할을 하는 부리강가 강이 있었다. 넓게 퍼지고 수없이 갈라지면서 삼각주를 만드는 강들은 폭만 해도 1.6킬로미터가 넘는 곳이 여러 곳 있었고, 곳곳에 셀 수 없이 많은 운하가 있었다. 강은 배로 가득 차 있었다. 긴 장대 노를 든 사람이 양 끝을 뾰족하게 만든 나무배인 페티트 파탐petit patam 뒤에 앉아 있는 모습을 곳곳에서 볼 수 있었고, 코코넛이나 파인애플 같은 짐을 실은 큰 배인 판시panshi도 보였다. 우기가 되면 뱃사공은 뱃전의 한쪽 끝에서 다른 쪽까지 아치를 그리는 조그만 초가지붕을 설치했다. 여객선도 사람들이 즐겨 이용하는 교통수단이며, 저 멀리에는 수세기 전 아라비아 해를 주름잡던 해적선처럼 생긴 끝이 높고 사각형 돛을 단 배인 삼판shampan도 보였다. 사방이 물로 둘러싸인 육지는 평평했다. 그곳에서 농부들은 쌀, 멜론, 황마 같은 작물을 키웠다. 길고 빛나는 황마 섬유로는 매트, 카펫, 의자 커버, 시골 사람들의 초가집에 칠 장막을 만들었다.

"도착하고 몇 주 안 되어 독립기념일 보트 시합에 출전한 배를 타게 됐어요. 당시 동파키스탄의 주지사였던 모넴 칸이 요트 한 척의 끝 부분에 서 있었고, 수십 척이나 되는 나무배들이 먼저 가려고 치열한 경쟁을 벌였어요. 그러다 보니 선원이 물에 빠지고 배가 뒤집히는 일도 있었죠. 공무원이 주최하는 전형적인 보여주기 식 행사에서 곧잘 일어나는 혼란이 벌어진 거죠."

그는 또 다른 추억도 이야기했다. "두르가 여신을 위한 두르가 푸자Durga Puja(축제 이름) 기간이었는데 어느 날 밤에 부리강가 강에 나갔죠. 진흙으로 만든 두르가 여신상을 물에 담그는 침례 의식을 보려고요. 두르가 여신은 벵골 지방의 모신mother goddes같은 존재입니다. 각 배마다 한 개씩 올라가 있는 여신상 주변에서 젊은 숭배자들이 춤을 추다가, 서서히 격앙되면 강으로 여신상을 쓰러뜨려 넣었어요. 여신상 중에는 키가 2.5에서 2.7미터나 되는 것도 있었죠."

정맥주사 요법

날린은 동파키스탄에 도착하고 얼마 되지 않아 첫 번째 콜레라 유행을 경험했다. 9월이 되자 미얀마 동쪽과 국경을 접한 치타공 산악 지대에서 콜레라가 발병했다. 방글라데시에서 가장 큰 항구도시인 치타공은 카르나풀리 강이 벵골 만으로 흘러들어가는 곳에 있었다. 치타공 남동쪽에는 세상에서 가장 긴 해변에 야자수가 줄지어 늘어서 있다. 치타공 해변은 미얀마 쪽으로 120킬로미터 정도나 이어진다. 현재 해변의 일부 지역은 선박 폐기장으로 쓰고 있다. 밀물 때면 세상에서 가장 크고 오래된 배들이 빠른 속도로 해변에 밀려드는 파도 때문에 출렁거리며 서로 부딪친다. 바닷물이 빠져나가는 썰물 때면 폐선박들은 개펄에 박혀 꼼짝을 못하고, 땅 위로 높게 솟은 거대한 프로펠러들 때문에 을씨년스러운 분위기마저 감돈다. 거대한 선박 밑으로 선박 해체 작업을 위해 해변에서 망치와 블로 토치(소형 발염기)를 들고 무거운 발걸음을 옮기는 일꾼들이 보인다.

날린은 그때 일을 이렇게 회상했다. "환자들은 그저 마을에서 죽어가고 있었어요. 왜냐하면 거긴 병원이 기독교 선교회에서 운영하는 딱 한 곳밖에 없었거든요. 마을 물라mullah(이슬람 율법학자)들은 이슬람교도가 선교사 병원에 가면 돼지라는 낙인이 찍힐 것이라고 마을 사람들을 겁줬어요. 그래서 우리는 먼 마을까지 정맥주사 용액을 들고 찾아가, 집에서 환자들을 돌볼 수 있게 해달라고 부모들을 설득해야 했어요. 마침내 몇 명이 그렇게 해도 좋다고 승낙했죠. 그런데 치료 효과가 너무 좋았던 거예요. 그러자 환자가 콜레라에 걸린 게 아니라는 소문이

돌기 시작했어요. 그도 그럴 것이 그 사람들은 콜레라에 걸렸다 살아난 사람을 한 번도 보지 못했거든요."

그리고 얼마 지나지 않아 환자들이 병원으로 몰려들기 시작했다. 사실 콜레라는 의사와 과학자들조차도 객관적인 자세를 유지하기 힘든 병이다. 건강에 아무런 문제가 없던 사람이 불과 몇 시간 만에 지독한 냄새가 나는 싸늘한 시체로 변해버리는 과정을 흔들림 없이 지켜볼 수 있는 사람은 거의 없다. 콜레라는 장, 그중에서도 작은창자(소장)를 공격한다. 작은창자는 위에서 절반쯤 소화된 음식과 물이 내려가는 소화관이다. 작은창자로 내려간 유미죽(위가 소화시킨 음식과 물이 섞인 혼합물-옮긴이)은 정상적인 상태라면 체액 분비물을 받아 6~7리터 정도 부피가 늘어난다. 액체의 함량이 늘어나야 하는 이유는, 그래야 장벽과 닿는 표면적이 최대로 늘어나기 때문이다. 작은창자는 소화된 음식물을 흡수해 혈관으로 보낸다. 건강한 사람이라면 유미죽이 6미터에 달하는 작은창자를 지나가는 동안 분비했던 수분의 80퍼센트를 다시 흡수해 신체가 탈수 상태에 빠지지 않도록 혈관에 수분을 공급한다. 작은창자에서 흡수하지 못한 물질은 수분을 흡수하는 기능만 하는 결장으로 내려가고 그곳에서 수분이 약간 섞인 배설물 상태가 된다.

콜레라균이 누군가를 아프게 하려면 적어도 100만 개체는 있어야 한다. 위산의 공격에도 살아남아 유미죽 속에 섞여 작은창자로 내려가는 콜레라균이 100만 개에 달해야 한다는 뜻이다. 콜레라균은 편모를 프로펠러처럼 이용해 장벽의 점액층을 뚫고 들어가, 그곳에서 콜레라 독소cholera toxin를 분비한다. 필립스는 콜레라 독소는 장의 나트륨펌프를 망가뜨린다고 생각했다. 또한 어떤 과학자들은 콜레라 독소가 장의 세포를 손상시킨다고 생각했다. 그러나 이러한 생각은 모두 틀렸다. 콜레라 독소는 장벽의 세포가 염화이온을 방출하게 해, 장의 전해액electrolyte의 균형을 깨뜨림으로써 탈수 상태에 이르게 했다.

이온이란 전자를 잃거나 얻음으로써 전하를 띠게 된 원자나 분자를 일컫는다. 전해액은 물에 이온이 녹아 있는 상태를 뜻한다. 신체의 전해액을 구성하는 물질의 대부분은 소금이라고 부르는 염화나트륨이다. 염화나트륨은 염소 이온과 나트륨 이온이 1대 1의 비율로 결합해 있다. 염소 이온은 음(-)이온이고 나트륨 이온은 양(+)이온이다. 전해액은 세포의 다양한 작용에서 중요한 역할을 한다. 따라서 신체는 세포막에 있는 다양한 이온 채널ion channel을 통해 세포 안팎의 여러 이온 농도를 세심하게 조절한다. 예를 들어, 사람의 세포라면 어떠한 세포든 수십만 혹은 수백만 개의 나트륨-칼륨 펌프sodium-potassium pump가 있다. 나트륨-칼륨 펌프는 끊임없이 나트륨 이온 세 개를 세포 밖으로 내보내고 칼륨 이온 두 개를 세포 안으로 집어넣는다. 장벽의 세포가 나트륨 이온을 혈관으로 방출하면 세포 속으로 나트륨 이온이 더 많이 들어간다. 자연은 균형을 유지하려 한다. 따라서 세포막 같은 반투과성막이 전해액, 이온, 염화나트륨의 농도 균형을 맞춘다.

세포에는 또한 염화이온 채널도 있다. 바로 이 채널이 콜레라 독소가 노리는 곳이다. 음이온인 염화이온이 장 속으로 들어오면 자연의 또 한 가지 특성 때문에 나트륨 이온은 장벽 세포로 돌아가지 못하게 된다. 바로 전하를 띤 물질들은 기회만 있으면 전기적 성질을 버리려 하는 특성 때문이다. 염화이온과 나트륨 이온이 만나면 겨울에 바닥에 대고 발을 비빈 후 문 손잡이를 만지거나 금속 물질을 만졌을 때 일어나는 바로 그러한 현상이 일어난다. 자연은 발로 바닥을 문지를 때 생겨난 수많은 음전하를 손가락을 통해 금속 물질로 전해주고, 금속 물질은 받은 전하를 땅에 되돌려준다. 그때 인체는 정전기를 느낀다. 마찬가지로 양이온인 장 속 나트륨 이온도 음이온인 염화이온과 균형을 맞추고 싶어 한다. 그런데 이 때문에 다량의 물이 장 속으로 들어온다. 세포막을 사이에 둔 이온의 농도를 맞추려고 삼투압 현상이 일어나는 것이다. 신체의 화학 균형이 깨지면서 장 속으로 쏟아져 들어온 물은 폭포수처럼 직장으로 흘러내려가는데, 직장에서 흡수할 수 있는 수분의 양은 하루에 4.5리터 정도뿐이다. 결국 삼투압 현상으로 세포 밖으로 나온 수분은 고스란히 몸 밖으로 나갈 수밖에 없다.

흔히 별다른 고통 없이 배출되는 물 많고 양 많은 설사는 감염된 후 12시간에서 24시간 사이에 갑작스럽게 시작된다. 구토도 비교적 일찍 시작하는 증상이다. 구토와 설사로 체내 수분이 빠져나가면 환자의 피부는 차가워지고 쭈그러들며, 얼굴에 주름이 생기고, 혈압은 떨어지고, 맥박은 희미해진다. 탈수 현상이 계속되면 환자는 결국 쇼크 상태에 빠져 의식을 잃고 죽게 된다. 아이들에게서 나타나는 탈수 증상은 훨씬 뚜렷하고 진행 속도도 빠르다. 목마름, 움푹 들어간 눈, 마른 혀, 주름진 손가락, 허약해짐 등이 아이들의 탈수 증상이다. 탈수가 진행된 아이들의 손등을 집었다 놓으면 몇 분 동안 집은 자국이 그대로 남는다. 아이들의 장은 하루 동안 전체 체액의 절반을 교환하는 반면에 어른의 경우 하루 동안 교환되는 체액의 양은 전체 양의 7분의 1에 불과하다. 그래서 어른보다 아이들에게서 탈수 현상이 빠르게 진행된다. 콜레라에 걸린 5세 미만의 어린아이가 사망할 확률은 70퍼센트가 넘는다.

수세기 동안의 경험을 통해 과학자들은 콜레라 환자에게 물을 마시게 하는 것은 탈수에 도움이 되지 않는다는 사실을 알게 되었다. 소금은 삼투압 작용을 통해 물을 흡수할 수 있지만 소금물도 콜레라 환자에게는 도움이 되지 않았다. 신체가 물을 흡수하도록 하는 데 결정적인 역할을 하는 것은 당이다. 당이 수분 흡수에 중요한 역할을 한다는 사실이 늦게 밝혀진 이유는 신체가 물을 흡수하는 원리인 삼투압과 당은 관계가 없었기 때문이다. 사실 지금도 당이 어떤 식으로 물을 흡수하는 데 관계하는지는 자세히 모른다.

그러나 1960년대 들어 과학자들은 장에서 물을 흡수하는 복잡한 원리를 조금씩 밝혀내기 시작했다. 세포막에는 나트륨과 포도당과 결합해 두 물질을 동시에 이동시키는 특별한 단백질이 있다. 이 단백질은 동시에 포도당 분자 한 개와 나트륨 이온 두 개와 결합한다. 포도당 분자와 나트륨 이온이 따로 세포막을 통과하는 일은 있을 수 없다. 나트륨 이온 두 개와 결합해 세포막을 통과하는 포도당은 수백 개의 물 분자도 함께 운반한다. 이것이 바로 장에서 물을 흡수하는 원리다. 물 분자가 이동하는 원리는 작은창자와 작은창자 벽을 이루는 세포 안의 나트륨 이온의 농도 차였다.

과학자들이 맨 처음 알아낸 사실은 물을 흡수하려면 소금이 필요하다는 것이었다. 그다음으로 알아낸 사실이 수분 흡수에는 당이 필요하다는 것이었다. 그리고 마침내 장에서 수분을 흡수하려면 물, 소금, 당이 반드시 있어야 한다는 사실을 알아냈다.

1967년에 다카에 있었던 사람들 중에는 이런 사실을 잘 아는 사람들이 몇 명 있었다. 하지만 그 같은 원리를 콜레라 환자에게도 적용할 수 있을지는 확신할 수 없었다. 당시 다카의 콜레라 연구소 사람들이 아는 것이라고는 필립스가 두 환자를 대상으로 진행한 실험 내용과 허쉬호른 박사가 진행한 여덟 환자에 대한 자료뿐이었다. 그 자료들에 따르면 콜레라 환자들에게 물, 소금, 당을 넣은 용액을 먹이자 소금과 물을 약간 흡수하는 것 같았다고 했다. 그러나 과학자들은 그렇게 소규모로 진행된 연구 결과를 가지고 생명을 다루는 문제를 결정할 수는 없었다. 두 사람이 관찰한 콜레라 환자들이 물, 소금, 당을 넣은 용액을 처방받은 후 소금과 물을 흡수할 수 있었던 것은 이미 심각한 고비를 넘겼기 때문일 수도 있었다. 어쩌면 특정 연령 이상의 나이였거나 특정 몸무게 이상인 사람들이었기 때문에 효과가 있었는지도 모를 일이었다. 필립스와 허쉬호른의 환자들이 어느 정도 차도를 보인 데는 다양한 변수가 작용했을 가능성이 있었다. 어쨌거나 그 환자들은 오랜 기간 정맥주사 용액을 맞은 것도 사실이었다.

더구나 전통 방식(정맥주사 요법)으로 치료하는 의사들에게는 새로운 치료법을 찾지 않아도 되는 타당한 이유도 있었다. 콜레라 환자는 갑작스럽게 상황이 나빠져 죽는 경우도 있었지만, 반대로 눈에 띄게, 그것도 놀라울 정도로 갑자기 호전되는 경우도 있었다.

"다 죽어가는 상태로 병원에 오는 환자들도 있어요. 그런 환자는 맥박과 혈압은 잡히지 않지만 심장과 뇌는 살아있는, 다시 말해서 사실상 죽은 것이나 다름없는 상태일 때가 많죠. 그런데 이렇게 생사를 오가던 환자들도 체내에서 빠져나간 이온 함량을 정확하게 맞추고, 저혈당증을 없애는 포도당을 섞은 정맥 용액을 맞으면 무사히 살아나곤 했어요. 아무리 치명적인 환자라도 체액의 10퍼센트에 해당하는 정맥 용액을 넣으면 쇼크 상태를 벗어날 수 있죠. 일단 쇼크 상태를 벗어나면 계속해서 정맥주사를 맞힙니다. 쇼크 상태에서 벗어난 환자의 정맥 용액에는 설사가 나오는 시간 간격을 평균 32시간 정도로 줄이려고 테트라사이클린tetracycline 같은 항생제도 함께 넣죠. 정맥주사 요법이 발휘하는 이런 신기한 마술 덕분에 응급실에 실려 오는 심장마비 환자나 뇌졸중 환자, 천공성 궤양 환자에 비해 설사 환자는 살아서 나갈 확률이 훨씬 높아집니다."(심장마비, 뇌졸중, 천공성 궤양 같은 응급을 요하는 질병들은 즉시 치료하지 않으면 치료 자체가 실패로 끝날 확률이 높고, 그렇지 않다 해도 일시적인 완화 작용만 한다거나 다른 합병증에 걸릴 수 있다.)

수분 부족, 수분 과다

11월이 되자 콜레라가 유행하기 시작했다. 그해 12월 날린과 그의 동료들은 말룸갓에 있는 기독교 기념 병원에 있었다. 말룸갓이라는 이름은 '인식의 항구port of perception'라는 어딘지 모르게 불길한 뜻을 가지고 있었다. 병원 부지는 1년 전 정글을 밀어 만든 곳으로, 여전히 코브라나 재칼 같은 야생동물을 볼 수 있는 곳이었다. 벵골 만과 가까운 감조하천(조수 간만의 차가 큰 바다로 흘러가는 하류부에 있는 하천. 조석 현상 때문에 강물의 염분, 수위, 유속이 주기적으로 크게 변한다 - 옮긴이)에 있는 병원이라 정글에서 대나무를 베어 온 원주민 일꾼들이 병원을 지나 벵골 만에 있는 항구까지 뗏목을 타고 가는 일이 잦았다. 뗏목으로 실어 나른 대나무는 오래된 나무배에 실어 앞바다에서 가까운 내륙으로 보냈다.

콜레라가 퍼지기 시작한 후 병원은 환자들과 환자의 가족들로 발 디딜 틈이 없었다. 그러나 병원에는 침대가 얼마 없었기 때문에, 병원 직원들은 병이 조금 호전된 환자는 병원 옆에 쳐둔 커다란 천막으로 옮겼다. 날린은 몇 날 며칠 동안 계속해서 정맥 용액을 환자에게 투입했다. 언어 감각이 뛰어난 날린은 지역 일꾼들이나 환자들과도 벵골어로 대화를 나눌 수 있었다. 환자들 중에서도 몸이 약한 어린아이들이 가장 위급했다. 어린아이들을 치료할 때는 아이들이 정맥주사기를 빼지 않도록 묶어놔야 하는 경우도 있었다.

이전에도 기독교 기념 병원은 허쉬호른 박사가 개발한 소화 요법을 따르고 있었는데, 이번에는 새로운 시도를 해보기로 했다. 콜레라가 확산되면 콜레라 환자들이 어마어마한 양의 정맥 용액을 쓰기 때문에 정맥 용액이 부족할 때가 많았다. 정맥 용액을 만들려면 살균한 증류수가 필요하다. 기독교 기념 병원 의사들은 콜레라 환자에게 마실 수 있는 용액을 주면 정맥주사 요법을 더 일찍 끝낼 수도 있을 거라고 생각했다. 정맥주사 요법을 일찍 끊을 수 있으면 그만큼 다른 환자에게 돌아갈 양이 늘어난다. 동파키스탄의 젊은 의사 라피쿨 이슬람Rafiqul Islam이 치타공에서 실시할 구강 치료법을 설계했다. 구강 치료법이란 허쉬호른의 처방대로 설탕과 소금을 넣은 용액 1리터를 튜브를 이용해 환자의 위에 여덟 시간마다 한 번씩 집어넣는 것이었다. 날린과 캐시가 그 일을 관리하기로 했다.

"그 방법은 즉시 실패란 게 드러났죠." 환자들 모두에게 다시 정맥주사 요법을 실시했고 경구 요법은 중단했기 때문에 사망자는 나오지 않았다. 경구 요법을 받은 환자들은 여전히 탈수 상태로 고통받거나 수분 과다로 고통받았다.

차가운 1월의 어느 날 이른 아침에 날린은 회복기에 접어든 콜레라 환자들이 밀려드는 천막 안에 설치한 간이 책상에 앉아 있었다. 벌써 몇 시간째 실패로 끝난 실험 결과를 들여다보며 실패한 원인을 찾고 있었다. 날린은 환자들의 기록을 하나하나 살펴보았다. 환자의 기록을 살펴보는 동안 날린의 머릿속에서는 계속해서 '수분 부족, 수분 과다, 수분 부족, 수분 과다'라는 두 말이 도무지 떠나지 않았다.

계획은 잘못되지 않았다. 분명 효과가 있어야 마땅한 방법을 시도했다. 그런데도 실패했다. 무엇이 잘못된 걸까? 수분이 부족하면 탈수 상태가 되고 수분이 많으면 폐에 물이 차 환자가 익사하게 된다.

날린은 천막 밖을 쳐다봤다. 수분 부족이라는 말과 수분 과다라는 말이 찬가처럼 머릿속에서 울려 퍼졌다.

그때 천막 저쪽에서 차차 건강을 회복해가고 있는 아이의 아버지가 보였다. 사롱sarong(미얀마와 인도네시아 등지에서 남녀가 허리에 두르는 민속 의상-옮긴이)처럼 생긴 룽기lunghi를 입고 하얀 기도 모자를 쓴 아버지가 우유병에 든 우유를 아이에게 먹이고 있었는데, 그 모습은 왠지 어울리지 않았다. 왠지 모르게 구세대와 신세대의 대립처럼, 과거와 미래의 대립처럼 느껴진 것이다. 콜레라 때문에 죽은 사람들과 콜레라에서 회복된 사람들이 그렇듯이.

"그때 갑자기 번쩍하고 깨달은 게 있어요. 경구 요법은 분명히 효과가 있었어야 해요. 문제는 방법이었던 거죠. 경구 요법에 사용하는 용액의 양은 환자가 잃어버린 체액과 비슷하거나 살짝 많았어야 하는 거였어요. 그때 지구 전역에서 의료 시설도 없는 오지에 누워 죽음과 싸우고 있는 수많은 환자들에게 지금 내 생각이 어떤 영향을 미칠까를 생각하니 등줄기가 서늘해지더군요. 그때 느낌을 지금도 기억해요. 그리고 전 콜레라에 효과가 있는 방법이라면, 콜레라균보다는 약한 질병이지만 그래도 사망에 이를 수 있는, 통증이 심한 비콜레라성 설사도 치료할 수 있을 거란 생각이 들었어요."

날린은 그 즉시 펜을 들어 새로운 치료 계획을 세워나갔다. "정맥주사 요법을 실시하는 동안 콜레라 환자는 잃어버린 체액만큼 정맥 용액을 맞아야 한다는 사실을 알고 있었어요. 그리고 테트라사이클린 같은 항생제를 투여하면 설사하는 양이 줄어든다는 것도 알고 있었죠. 여러 가지 현실적인 이유 때문에 환자에게 용액을 투여하고 배설하는 시간 간격은 네 시간이나 여섯 시간으로 잡았어요. 한 단계가 지날 때마다 설사량이 줄어들기 때문에 전 단계에서 설사한 양만큼 체액을 공급해주어야 해요. 그래야 전 단계에서 잃어버린 수분을 맞출 수 있으니까요. 물론 제대로 측정할 수 없는 땀과 호흡으로 사라진 수분과 소변으로 나가는 양을 보충하려면 좀 더 넉넉한 양을 넣어야 했죠."

자신의 구상을 실현할 방법들이 머릿속으로 물밀듯이 밀려왔다. 날린의 생각을 들은 캐시는 자신도 돕겠다고 했다. 자신들이 전혀 알지 못했던 세계로 들어와 콜레라라는 병을 접한 지 불과 3개월밖에 되지 않은 두 젊은 의사가 과학계에 혁명을 일으키려 하고 있었다. 두 사람 모두 실패를 두려워하기에는 너무 젊었다. 두 사람 모두 콜레라의 흉악한 면에 좌절하고 포기하기에는 콜레라에 대해 아는 것이 거의 없었다. 그 순간 그들은 자료를 분석하고 새로운 가설을 세우고 그 가설을 실험해보고 자신들의 가설을 입증해내는, 그저 과학자일 뿐이었다.

경구 용액이 설사에 효과가 있다는 사실을 밝히다

날린과 캐시는 한껏 고무되어 다카로 돌아왔다. 당시 연구소장이던 필립스는 다카에 없었으므로 두 사람은 켄드릭과 루스 헤어Ruth Hare에게 계획을 말했다. 두 사람은 젊은 의사들의 계획을 승인해주었다. 켄드릭이 소장 대리였기에 가능한 일이었다. 경구 요법도 받은 사람과 오직 정맥주사 요법만 받은 사람의 차이를 알아보려면 대조군 실험을 진행해야 했다. 환자들 상태가 아주 안 좋았기에 연구원들은 신중에 또 신중을 기해야 했다. 연구 장소는 콜레라 연구소로 국한되었고 환자들의 탈수 상태가 악화될 경우 그 사실을 분명히 알 수 있도록 경구 요법을 실시하는 환자들에게는 특별한 혈장 농도 측정 실험specific gravity plasma test을 해야 했다. 더구나 날린과 캐시는 24시간 내내 대기 상태로 있어야 했다. 수백 년 동안 과학자들은 콜레라 환자에게 마실 것을 주어서 탈수를 막으려는 시도를 해왔지만, 그러한 시도는 한 번도 성공한 적이 없었다. 두 사람이 과연 경구 요법을 성공시킬 수 있을까?

1968년 4월, 다카에 다시 콜레라가 돌기 시작했다. 콜레라 연구소의 과학자들은 병원에서 가장 아픈 환자 29명을 선택했다. 모두 맥박이 잡히지 않는 쇼크 상태에 빠진 환자였다. 혈압도 아주 낮거나 측정할 수 없었다. 29명 모두 혈압이 정상으로 돌아올 때까지 정맥주사 요법을 실시한 후 세 그룹으로 나누었다.

첫 번째 그룹: 일반적인 정맥주사 요법만 받을 대조군 환자들. 열 명.

두 번째 그룹: 위장관 튜브를 식도와 연결해 위로 경구 용액을 집어넣을

환자들. 열 명.

세 번째 그룹: 직접 입으로 경구 용액을 마실 환자들. 아홉 명.

경구 용액은 염화나트륨 4.2그램, 염화칼륨 0.5그램, 중탄산염(베이킹 소다) 4그램, 포도당 20그램, 물 1리터를 섞어 만들었다. 체내 흡수를 돕고자 용액의 온도는 섭씨 43도를 유지했다. 두 번째 그룹과 세 번째 그룹 환자들은 몸무게가 24킬로그램이 넘을 경우 한 시간에 경구 용액 750밀리리터(세 컵)를, 그 이하일 경우에는 500밀리리터를 섭취하게 했다. 날린이 고안한 방법의 획기적인 점은 설사와 구토를 한 양을 측정해 환자의 몸에서 빠져나간 수분을 다시 보충한다는 데 있었다. 수분 보충 양이 너무 적으면 환자는 탈수 상태가 되고 반대로 수분 보충 양이 너무 많으면 울혈성 심부전증에 걸릴 수 있다. 과학자들은 환자들에게 공급한 양과 환자들이 배설한 양의 차이를 '장의 차감률net gut balance'이라고 불렀다.

사람들의 이타심을 결코 과소평가해서는 안 된다. 병원 직원들은 콜레라 환자들을 위해 가운데에 구멍이 뚫린 목제 간이침대를 만들어주었다. 와튼 콜레라 침대Watten cholera cot라고 부르는 침대다. 콜레라 환자를 비닐 커버로 덮은 와튼 콜레라 침대에 눕힌다. 침대 가운데에 있는 구멍에는 관이 연결되어 있다. 관을 타고 흘러나온 설사는 그 밑에 있는 양동이에 모인다. 날린은 병원 직원들과 일하는 게 즐거웠다.

"그들은 헌신적이고 아주 경험이 풍부한 사람들이었으므로 간단한 지침 정도는 달달 외우고 있었죠. 그 사람들은 아주 능숙한 솜씨로 자신들의 일을 해나갔어요. 기술도 헌신적인 마음도 경건함도 모두 갖춘 사람들이었죠."

병원 직원들은 대부분 이슬람교도였지만 힌두교도와 기독교도도 섞여 있었다. 몇 년 후 방글라데시 독립전쟁이 발발했을 때 극단적인 종교 분쟁이 일어나리라고는 도저히 상상할 수 없을 만큼 서로에게 협조적이었다. 인정 많고 친절한 직원들은 네 시간마다 한 번씩 눈금이 있는 양동이를 들여다보며 환자가 배설한 설사의 양을 살펴보았다. 토사물은 대야에 담아 따로 측정했다. 환자에게 공급하는 경구 용액의 양은 환자 몸에서 빠져나온 수분의 양에 따라 늘리거나 줄였다.

"우리로서는 선택의 여지가 없었어요. 24시간 내내 환자를 살펴보려고 의사 네 명이 8시간마다 교대로 근무를 섰죠. 밤 근무를 맡은 의사는 연구실에 딸린 방에서 잠을 자다가 용액을 투여하고 배설량을 측정해야 할 때나 긴급 상황이 생기면 간호사가 깨워주기로 했어요."

처음에는 아무 문제없이 계획대로 되어가는 듯했다. 그러나 날린과 캐시가 근무를 마치고 동파키스탄인 의사에게 근무를 맡기자 계획에 없던 변수가 실험을 방해했다.

"리처드와 난 정말 경악했어요. 근무를 교대한 현지 의사들이 간호사에게 환자들한테 정맥주사 요법을 실시하라고 말하는 걸 들었거든요. 경구 요법으로도 잘 버티고 있는 환자들에게요. 그들에게 정맥주사 요법이 필요하다는 객관적인 이유 하나 없이요. 그 의사들은 자신들이 실패했던 경구 요법을 우리 방식대로 실시한다고 해서 성공할 수는 없다고 믿었던 거죠. 그 의사들은 우리 방법을 믿지 않는 데다, 자신감 넘치는 애송이들에게서 환자를 보호해야 한다고 생각했어요."

현지인 의사 중 한 명이던 이슬람 박사는 당시 상황을 이렇게 회상했다. “아픈 환자에게 경구 요법 하나만을 할 수는 없었어요. 정맥주사 요법을 하지 않으면 환자가 죽을지도 모른다는 걱정이 들었거든요. 날린은 굳게 확신하고 있었지만, 우린 확신이 들지 않았어요.”

날린은 과학적 증거를 원했다. 쓸데없는 참견은 필요 없었다. 그는 의사들과 병원 직원들에게 환자들이 경구 요법 하나만 계속 받아야 한다고 강조했다. 정확한 실험을 위해 날린과 캐시는 두 사람이 12시간 교대로 근무를 서기로 했다.

병원 직원들은 날린이 경구 요법이 성공할 거라고 굳게 확신하고 있다고 생각했지만, 사실 날린이 확신한 것은 자신의 가설이 아니라 구강 치료법이 효과가 있는지 없는지는 실험 결과가 알려주리라는 거였다. 환자의 혈장도 검사했다. 물의 밀도에 대한 혈장의 밀도비가 1.030이 넘으면 신장에 문제가 생길 만큼 탈수가 진행됐다는 뜻이다. 그것은 곧 장의 수분 비율이 다시 균형을 찾을 때까지 정맥주사 요법을 다시 시작해야 한다는 뜻이며, 배출한 양보다 많은 양의 수분을 공급해야 한다는 뜻이다.

날린과 캐시가 훗날 첫 번째 연구 논문에서 다음과 같이 쓸 정도로 실험 결과는 놀라웠다.

> 경구 요법을 받은 환자들은 놀라울 정도로 잘 이겨냈다. 처음 24시간 동안 환자들은 섭취량과 배설량으로 계산한 필요량에 따라 400밀리리터에서 1050밀리리터를 한 시간마다 한 번씩 섭취했다. 두 컵에서 네 컵 정도 되는 양이었다. 경구 용액을 마신 환자 아홉 명 중 세 명은 첫 몇 시간 동안 가벼운 구토를 했지만, 조금 시간이 흐르자

> 구토가 멎었다. 용액의 맛을 좋게 하려고 레몬주스를 넣기도 했다. 환자들은 용액 맛을 좋아했다.

이틀 정도 지나자 심하게 설사를 하던 스물아홉 명 모두 설사가 멎었고, 결국 완전히 나았다. 경구 용액을 위장관 튜브로 공급받은 환자에게도, 경구 용액을 직접 마신 환자에게도 정맥 용액은 처음 쇼크 상태에 빠졌을 때만 투입했기 때문에, 오직 정맥 용액만 주사한 대조군에 비해 정맥 용액을 80퍼센트 정도 절약할 수 있었다. 다음 표는 날린과 캐시의 실험 결과를 정리한 것이다.

날린과 캐시는 재빨리 실험 결과를 정리해 넉 달 후 〈랜싯〉 지에 「성인 콜레라 환자의 구강 투여 요법Oral Maintenance Therapy for Cholera in Adults」이라는 제목으로 글을 발표했다. 당시 필립스는 동파키스탄에 없었지만 두 사람은 공동 저자로 필립스의 이름을 올렸다. 두 사람 모두 필립스가 진행한 선구적인 포도당 연구 업적을 인정했기 때문이다.

두 사람은 논문에서 다음과 같은 결론을 내렸다.

> 우리가 내린 결론은, 포도당과 전해액을 넣은 경구 용액을 사용하면 심각한 성인 콜레라 환자에게 투입해야 하는 정맥 용액의 양을 4분의 3가량 줄일 수 있다는 것이다. 경구 용액에 들어가는 재료는 아주 저렴할 뿐 아니라 콜레라가 발생하는 지역에서도 쉽게 구할 수 있다. 경구 용액은 살균할 필요도 없으며, 식수만 있으면 언제라도 만들 수 있다. 재료들을 미리 비율에 맞게 비축해두었다가 콜레라가 발생했을 때 사용하면 된다. 경구 요법을 실시함으로써 필요

각기 다른 방법으로 콜레라 설사 치료를 받은 환자들 대조표

치료 방법	경구 요법(위장관 튜브)	경구 요법(직접 섭취)	대조군(정맥주사만)
바이털 사인(활력 증후)	10명 중 7명, 맥박과 혈압 없음 3명, 수축기 혈압 70~80mmHg	5명, 맥박과 혈압 없음 1명, 수축기 혈압 80mmHg 1명, 수축기 혈압 110mmHg 1명, 기록 없음	입원 시 환자 모두 맥박과 혈압 잡히지 않음
남성 수/여성 수	7/3	5/4	6/4
평균 나이	26세(17~46세)	24세(10~40세)	29세(11~60세)
구토 여부	10명 중 9명	9명 중 8명	10명 중 9명
시간당 평균 설사량			
처음 네 시간	0.50리터	0.55리터	0.46리터
처음 24시간	0.46리터	0.50리터	0.33리터
전체 연구 기간	0.35리터	0.30리터	0.24리터
몸무게			
연구 시작 전	42.5kg	36.4kg	40.0kg
연구 끝난 후	43.1kg	37.3kg	40.8kg
시간당 경구 용액 섭취량			
처음 24시간	571ml	618ml	
전체 연구 기간	513ml	462ml	
시간당 장의 수분 농도 회복량			
처음 24시간	98ml	125ml	
전체 연구 기간	100ml	108ml	
배설물 내 콜레라균 유무	콜레라균 양성반응 입원 2일째, 환자 중 80퍼센트 양성반응 4일째, 모두 음성	콜레라균 양성반응 입원 2일째, 환자 중 80퍼센트 양성반응 4일째, 모두 음성	콜레라균 양성반응 입원 2일째, 환자 중 90퍼센트 양성반응 5일째, 모두 음성
입원 전 평균 설사 기간	13시간	12.5시간	11시간
입원 후 평균 설사 시간	39시간(±10시간)	51시간(±7시간)	44시간(±11시간)
환자당 정맥 용액 투입 총량	4.3리터	3.6리터	19.3리터

한 정맥 용액의 양이 엄청나게 줄었다. 그 덕분에 경구 요법을 실시하기 전에는 정맥 용액이 없으면 엄청난 사망률을 보였던, 정맥 용액의 공급량이 정해져 있는 콜레라 치료 센터의 콜레라 환자 사망률이 대폭 낮아졌다. 증상이 약한 콜레라 환자는 (쇼크 상태에만 빠지지 않으면) 경구 요법만으로도 치료할 수 있었다.

이제 머리글자로 이루어진 ORT의 각 철자가 무엇을 뜻하는지 분명해졌다. ORT란 경구 수분 보충 요법oral rehydration therapy의 약자다. 그러니까 설사로 인해 생기는 가장 큰 문제인 탈수를, 마시는 방법으로 치료한다는 뜻이다. 물론 날린과 캐시의 실험은 환자들의 혈압이 정상으로 되돌아올 때까지 정맥주사 요법을 진행했다는 점에서, 경구 치료법의 효능을 완벽하게 밝힌 실험이라고 볼 수는 없다. 그러나 두 사람은 경구 용액이 설사를 치료하는 데 효과가 있다는 사실을 처음으로 밝혀냄으로써 가치를 매길 수 없는 귀중한 치료법을 발견하는 계기를 마련했다.

필립스의 어두운 비밀

〈랜싯〉 지에 논문을 발표한 날린과 캐시는 또 다른 연구를 계획했다. 다카의 콜레라 연구소는 다카에서 동쪽으로 64킬로미터 떨어진 마틀랍에 야전 병원을 운영하고 있었다. 마틀랍의 야전 병원은 일종의 연중 전염병 센터로 현대식 병원에 갈 수 없는 설사 환자들이 모이는 곳이었다. 따라서 이곳은 개발도상국가의 의료 현실을 제대로 보여줄 장소였으며, 또한 날린과 캐시 두 사람에게는 가장 이상적인 실험 장소였다.

두 사람의 실험이 과학계의 인정을 받으려면 적어도 수백 명의 환자를 대상으로 한 권위 있는 실험 결과가 나와야 한다. 날린과 캐시는 정맥 용액을 투입한 후 경구 용액을 투여하는 방법이 아닌, 처음부터 환자들의 위에 직접 튜브를 꽂아 경구 용액을 투여하는 궁극의 실험을 하고 싶었다. 두 사람은 또한 훨씬 일반적인 결과도 함께 얻고 싶었다. 설사 환자 중에는 콜레라가 아닌 다른 원인 때문에 설사를 하는 사람도 있었다. 날린은 이런 환자들에게도 경구 요법이 효과가 있을 거라고 생각했다. 당시 생리학자들은 포도당과 글리신이라는 아미노산을 함께 처방하면 장의 나트륨 흡수율이 증가한다는 사실을 알아냈다. 따라서 날린은 글리신을 경구 용액에 넣으면 치료 효과가 훨씬 뛰어날 거라고 확신했다.

당시 필립스는 미국에 있었다. 그래서 날린과 캐시는 연구 계획을 콜레라 연구소를 관리하고자 다카에 와 있던 국립보건원의 존 실John Seal에게 보고했다. 두 사람은 완벽한 협조와 찬사를 기대했다. 그러나 날린과 캐시는 청천벽력 같은 대답을 들었다. 필립스가 영향을 미쳤음이 분명해 보이는 편지에서 존 실은 새로운 실험 계획의 단점을 지적하면서, 계획을 조금 미루고 기술 및 임상연구위원회the Technical and Clinical Research Committees의 평가를 받아보라고 했다. 그러나 날린과 캐시 두 사람에게 존 실이 언급한 것처럼 오랫동안 실험을 미루라는 것은 콜레라 실험을 영원히 접으라는 말이나 마찬가지였다. 위원회가 소집되려면 내년까지 기다려야 하는데, 그때는 콜레라가 유행하는 시기가 이미 지난 뒤다. 더구나 실험의 핵심 주역인 날린과 캐시도 그때쯤이면 다시 미국으로 돌아가야 한다.

날린과 캐시는 기가 막혔다. 이미 두 사람에게는 실험에 성공한 경험이 있었다. 두 사람의 실험 계획에도 성급한 내용은 없었다. 두 사람은 의학 발전에 필요한 기초 단계를 철저하게 지킬 계획이었다. 환자의 안전을 보장할 여러 가지 안전장치도 마련해두었다. 더구나 내년에 콜레라가 발병하면 정맥 용액이 부족할 것 같았다. 그러나 두 사람의 실험이 성공하면 정맥 용액의 부족도 큰 문제가 되지 않을 수 있었다. 도대체 무엇이 문제란 말인가? 병원 직원들도 두 사람의 실험에 상당한 열정을 보이고 있었다. 필립스는 무엇 때문에 고집을 피우는 걸까?

필립스는 지난해 콜레라 연구를 인정받아 저명한 미국 의학상인 래스커 상Lasker Award을 수상했는데도 전혀 행복하지 않았다. 오히려 당시 필립스는 알코올중독과 우울증에 시달렸다. 압박을 받을 때마다 필립스는 자신은 임상 실험 과학자들이 실제 현장에 나가 직접 문제를 다루는 일을 원치 않는다고 말했다. 그러나 그 말은 쉽게 인정하기 어려운 말이었다. 임상 실험에 성공하려면 당연히 현장에 나가 실험을 해야 한다.

필립스에게는 날린과 캐시가 모르는, 허쉬호른에게만 이야기한 비밀이 있었다. 1962년에 필립스는 필리핀에 있었다. 그곳에서 예비 연구를 진행하던 필립스는 콜레라 때문에 생기는 설사를 멈추게 할 좋은 방법을 생각해냈다. 한때 대만의 타이베이에 있는 해군의학연구부대에서 해군 대령으로 복무한 적이 있는 필립스는 15년 동안 콜레라 환자를 치료하면서 최신 정맥 용액 치료법을 활용해 환자의 사망률을 1퍼센트 이하로 떨어뜨렸다. 필립스는 예비 연구를 통해 물, 전해액, 포도당을 섞은 용액은 체내로 흡수된다는 사실을 밝혀냈고, 콜레라는 장의 나트륨

펌프를 공격하기 때문에 자신이 만든 콜레라 치료 용액을 사용하면 나트륨펌프가 제구실을 할 수 있어 설사가 멈춘다는 가설을 세웠다. 그는 정맥 용액을 주사하는 동시에 자신이 만든 용액을 환자들에게 직접 마시게 하는 실험을 대규모로 진행했다. 실험에 참가한 환자는 모두 서른 명이었는데, 그중에 다섯 명이 사망했다. 필립스가 만든 경구 용액과 정맥 용액을 한꺼번에 처방받은 환자 몸에 수분이 너무 많이 쌓여 체내 전해액에 균형이 깨진 것이 원인이었다. 당시 실험을 지켜본 사람에 따르면 수분 과다로 인한 울혈성 심부전증이 문제였다고 한다.

필립스는 실험 결과에 엄청난 충격을 받았다. 이전까지 해온 정맥주사 요법은 사망률을 1퍼센트 이하로 떨어뜨렸지만, 새로운 치료법을 실시하자 사망률이 엄청나게 증가했다. 이전 치료법을 사용했다면 죽지 않았을지도 모를 사람들이 다섯 명이나 사망한 것이었다. 절망에 사로잡힌 필립스는 진행하던 콜레라 연구를 대부분 그만두고 비참한 죄의식에 빠져들었다. 또한 필립스는 사망자가 나온 자신의 연구 결과를 세상에 알리지도 않았다.

필립스는 새로운 실험을 원치 않았다. 날린의 연구 결과가 희망적이라 해도 마찬가지였다. 1971년에 미국으로 돌아와서야 필립스의 비밀을 알게 된 날린으로서는 당시 그런 필립스의 태도를 도무지 납득할 수 없었다. 날린과 캐시는 계속해서 연구를 진행할 수 있도록 허락해 달라는 편지를 보냈다. 그리고 마침내 실험을 그만두라는 국립보건원의 전보를 받아야 했다. 두 사람은 궁지에 몰렸다. 현장 연구를 그만두라는 지시를 받았지만, 두 사람은 자신들의 치료법이 현장에서 효력을 발휘해 많은 생명을 구할 거라고 확신했다. 하지만 두 사람이 할 수 있는 일은 없었다. 상부의 지시를 어기고 하고 싶은 대로 했다가는 큰 문제가 생길 게 뻔했다. 국립보건원 직원은 사실상 군대 소속이기 때문에 명령을 어겼다가는 군법회의에 회부될 수도 있었다. 하지만 자신들이 포기하면 생명을 구할 수도 과학을 발전시킬 수도 없었다. 과학계가 고작 열아홉 명을 대상으로 진행한 실험 결과를 인정해줄 리도 없었다. 좀 더 나아가려면 규모가 큰 실험을 진행할 수밖에 없었다.

방법을 모색하던 두 사람은 마침내 필립스의 방해를 교묘히 비껴갈 해결책을 찾았다. 두 사람은 콜레라 연구소의 전염병학 책임자로 있던 헨리 모슬리Henry Mosley에게 조언을 구했다. 모슬리는 국립보건원이 아니라 질병통제예방센터에 소속된 사람이었다. 모슬리는 두 사람에게 탁월한 해결책을 제시해주었다. "그런 문제는 간단히 해결할 수 있어. 내가 질병통제예방센터 소속 과학자를 네 명 보내주지. 그 사람들에게 할 일을 지시해주면 돼. 그러면 직접 실험을 할 필요도, 명령을 어길 필요도 없어지지."

모슬리는 역학조사부에 있는 랭뮤어에게 연락했다. 랭뮤어도 날린과 캐시의 발견이 의학계에 엄청난 혁명을 일으킬 수도 있다는 것을 알고 있었기에 모슬리의 의견에 찬성하였다. 비밀 실험을 계획한 사람들은 모두 필립스가 질병통제예방센터에는 관심이 없다는 것을 잘 알았다. 더구나 필립스가 실험 계획서를 철저하게 살펴볼 것 같지도 않았다.

마틀랍 시장에서 태어난 경구 수분 보충 요법

1968년 가을이 되자 언제나 그렇듯이 콜레라가 마틀랍을 강타했다.

날린와 캐시를 포함한 콜레라 연구소 과학자들은 다섯 시간 동안 쾌속 모터보트를 타고 마틀랍으로 달려갔다.

날린은 마틀랍 시장이 아주 낙후된 곳이었다고 기억한다. "그곳 병원은 아주 좁고 긴 땅 위에 세운 벽돌과 시멘트로 만든 1층짜리 건물이었어요. 방이 몇 칸 정도 있었는데, 그곳에 병원을 세운 이유는 그곳이 해마다 발생하는 콜레라 중심지였기 때문이에요. 병원에서 부서질 것 같은 대나무와 널빤지를 댄 나무다리를 건너면 운하 건너편에 있는 시장으로 갈 수 있었어요. 운하에는 강에서 사는 벵골 유목민들이 있었어요. 배에서 생활하는 사람들이었죠. 이 사람들의 집인 배가 강둑에 매어 있고는 했죠. 병원에 상주하는 의사는 한 명뿐이었어요. 지금은 세상을 떠난 미자누르 라만Mizanur Rahman이었는데, 이분은 보조사들과 간호사들을 훈련시켜 환자를 돕고 병원을 운영하게 했어요. 대변혁을 꿈꾸는 우리 과학자들은 강 위에 떠 있는 병원에서 내준 거룻배에서 묵었어요. 빗장을 친 창문이 있는 배는 마치 영국의 통치를 받던 시기에 있었던 보트 감옥을 연상시켰죠. 그 거룻배에는 정말 어마어마하게 큰 바퀴들이 있었어요. 밥을 먹을 때는 정말 조심해야 했죠. 갑자기 까마귀들이 엄청난 속도로 내려와서는 깜빡 방심하고 있는 사람들 식사를 채 가곤 했거든요. 하루 종일 콜레라 환자를 병원으로 실어 나르는 구급선들이 드나들던 곳이었어요."

그 무렵 벵골어를 완전히 익힌 날린은 환자들과 직접 이야기를 나누며 환자의 병력을 알아낼 수 있었다. "병원은 언제나 시끌벅적했어요. 특히 콜레라 전파 속도가 엄청나게 빠를 때면 매일같이 수백 명이 넘는 환자들이 몰려들었죠. 그것도 아주 많은 수가 쇼크 상태에 빠진 채

로요. 문 앞에는 저울이 있어서 환자들은 병원으로 오자마자 몸무게를 쟀어요. 환자가 혼자 서지 못하는 상태라면 조무사가 저울에 함께 올라가 무게를 재고 나중에 조무사의 몸무게를 뺐어요. 병원으로 들어온 환자에게는 즉시 정맥주사 요법을 실시했어요. 맥박과 혈압이 정상으로 돌아올 때까지 한두 시간 정도 실시해서 환자 몸무게의 10퍼센트 정도 되는 양을 공급했죠."

일단 정맥주사 요법을 실시한 다음에는 환자의 콜레라 감염 여부를 검사하고, 첫 네 시간 동안 한 시간에 750에서 1500밀리리터까지 경구 수분 보충 요법을 실시했다. 첫 네 시간이 지나면 그다음부터는 환자의 몸에서 빠져나간 수분을 토대로 경구 용액의 양을 결정했다. 장의 수분 균형을 나타내는 장의 차감률 수치가 양의 값이 나오면 배설량보다 섭취량이 많다는 뜻이므로 정맥주사 요법을 중단했고, 반대로 장의 차감률 수치가 음의 값이 나오면 정맥주사 요법을 다시 실시했다.

날린과 캐시가 세운 새로운 치료법은 즉시 효과를 나타냈다. 네 시간 만에 환자의 78퍼센트가 체내 수분 균형을 되찾았고(장의 차감률 수치가 양으로 전환), 여덟 시간 만에 환자의 87퍼센트가 수분 균형을 되찾았다. 체내 수분 균형이 일단 정상이 된 후 다시 정맥주사 요법을 해야 했던 환자는 전체 135명의 환자 중 다섯 명뿐이었다. 몇 주 정도 시간이 흐르자 경구 요법으로 회복되는 환자의 수가 계속해서 늘어났다. 그러자 의사들은 그다지 심각하지 않은 환자들은 처음부터 정맥주사 요법 없이 경구 용액만으로 치료하기 시작했다. 경구 수분 보충 요법이 효과가 있음이 확실해지자, 의사들은 아주 심각한 환자 다섯 명에게 정맥주사 요법을 시행하지 않고 곧바로 경구 요법만 실시해보았다. 그러자 상태가 아주 심각했는데도 다섯 명 모두 혈압이 정상으로 돌아왔다. 정맥주사 요법은 실시할 필요조차 없었다.

현장 실험에 참가한 환자들과 비교해볼 대조군은 전년도 콜레라 환자들이었다. 같은 수의 환자에게 사용한 정맥 용액 양은 전년도 대비 30퍼센트 정도에 불과했다. 이때의 실험을 정리한 날린과 캐시는 혁명에 가까운 결론을 내렸다.

> 첫 번째 연구가 끝난 후 정맥주사 요법과 경구 요법을 병행하는 것이 야전 병원에서 으레 쓰는 치료법이 되었다. 외래환자들은 경구 요법만으로도 치료할 수 있었다. 콜레라 환자 350명이 포함된 입원 환자 445명도 경구 요법으로 충분히 치료할 수 있었다. 콜레라가 유행하는 동안 경구 요법으로 치료한 환자는 모두 580명이고, 정맥 용액은 대략 3250리터 정도를 절약할 수 있었다. 경구 용액은 의료 관계자는 물론이고 준의료 관계자도 쉽게 준비하고 투여할 수 있다. 경구 요법을 실시하면 경미한 콜레라 환자에게 정맥 용액을 주사하지 않아도 된다. 또한 심각한 콜레라 환자에게 처음부터 경구 요법을 실시하면 경구 요법만으로도 치료할 수 있을 것 같았다. 보건 분야에서 경구 요법의 의미는 명확하다. 경구 요법은 싸고 간단하며 효과적이다. 경구 요법이 널리 보급되면 정맥주사 요법을 실시할 수 없거나 정맥주사 공급이 부족한 오지에서도 콜레라 환자의 사망률을 분명히 낮출 수 있을 것이다.

두 사람은 한 사람에게 특별히 감사하는 것으로 논문을 끝맺는다. "우리 저자들은 모슬리 박사에게 심심한 감사를 표하는 바다. 우리가 연구를 진행하는 데 크나큰 도움을 주셨다."

최상의 설사 치료법

생물학 역사에서 획기적인 실험 하나가 수없이 많은 후속 연구를 낳은 사례는 얼마든지 있다. 설사 치료에 이정표를 세운 연구를 끝낸 후 날린과 캐시는 후속 연구에서 경구 요법이 아주 심각한 환자를 치료하는 데도 효과가 있음을 밝혀냈다. 두 사람은 또한 경구 요법이 어린아이들에게도 효과가 있음을 밝혀냈고, 더 뒤에 진행한 연구를 통해 생후 한 달밖에 되지 않은 갓난아기에게도 효과가 있음을 알아냈다. 글리신을 첨가하는 것도 효과가 있었다. 글리신은 콜레라 환자의 설사량과 설사가 나오는 기간을 줄여주었다. 날린과 캐시의 연구는 그 후 두 사람의 발견을 다듬고 발전시킬 여러 연구의 초석이 되었다. 날린과 캐시는 또한 경구 요법을 받는 동안 환자가 쇼크 상태를 벗어나면 곧 식사를 하게 했다. 며칠 동안 금식을 하게 했던 기존 치료법을 바꾼 것이다. 실제로도 투병 중에 먹는 식사는 환자가 콜레라와 싸울 힘을 준다.

몇 년 후 애리조나에서 아파치족 아이들을 연구한 허쉬호른 박사는 놀라운(사실 놀랄 필요까지는 없어 보이지만) 발견을 했다. 허쉬호른 박사는 아파치족 아이들이 경구 용액을 얼마나 마셔야 자신의 몸에 수분을 보충할 수 있는지를 본능적으로 알고 있다는 사실을 밝혀냈다. 치료법에 맞는 특별한 약을 처방하고 싶어 하는 것은 의사의 본능이다. 하지만 특정한 상황이 그 본능을 억제하는 경우도 있다. 그런데 아파치족은 의사의 처방 없이도 아이들이 필요한 만큼만 마셨고 더는 수분이 필요 없으면 마시지 않았다. 왜 그런지는 생각해보면 알 수 있다. 사람들은 평생 동안 스스로 신체 내부의 수분 양을 조절하며 살아간다. 아프다고 해서 그런 능력이 사라질 리 없었다.

무엇보다도 의사들이 중요하게 받아들이고 놀라워한 점은, 날린과 캐시가 진행한 경구 수분 보충 요법이 콜레라 환자뿐만 아니라 콜레라 이외의 원인으로 설사를 하는 환자를 치료하는 데도 효과가 있다는 사실이었다. 콜레라에 걸리지 않은 설사 환자들도 경구 수분 보충 요법을 받자 콜레라 환자들이 그러했듯이 체내 수분 양이 정상으로 돌아왔다.

이 같은 실험 결과는 엄청난 의미를 지닌다. 콜레라는 세계인이 주목하는 무서운 질병이다. 그렇기 때문에 사람들은 탈수에 이르게 하는 설사가 무척 위험한 증상이라는 사실을 깨달을 수 있었다. 그러나 사실 콜레라 때문에 설사를 하는 환자는 전체 설사 환자의 10퍼센트 정도에 지나지 않는다. 설사는 세균이나 아메바 때문에 걸리는 이질의 주요 증상이기도 하다. 위생 시설이 제대로 갖추어지지 않은 곳을 여행할 때 걸리는 여행자 설사는 보통 대장균 때문에 생긴다. 오염된 물이나 식품을 먹었을 때는 노로바이러스norovirus로 인한 설사를 할 수도 있다. 2002년 한 해에 크루즈선에서 노로바이러스 때문에 장염에 걸린 사람만 해도 2648명에 이른다. 크루즈선 25척에서 일어난 일이다.

설사를 가장 빈번하게 일으키는 주범은 로타바이러스rotavirus다. 이 바이러스는 불결한 하수 시설을 매개체로 삼는 병원체가 아니라서 소득수준에 상관없이 다양한 사람들에게 영향을 미친다. 로타바이러스는 사람과 사람이 직접 병원균을 옮기는 대인 감염을 통해 전염되는데, 질병통제예방센터의 추산에 따르면 전 세계적으로 설사로 입원하는 어린아이 중 39퍼센트가 로타바이러스에 의한 장염 환자이며, 사망률은 50퍼센트에 육박한다고 한다. 날린과 캐시가 개발한 경구 수분 보충 요법은 원인에 상관없이 설사로 인한 탈수를 막는 주요 수단임이 입증됐다. 1972년에 허쉬호른 박사는 정맥주사 요법은 이제 구식 치료법이며, 경구 수분 보충 요법이야말로 최상의 치료법이 분명하다고 했다.

소금은 조금, 포도당은 많이

"설사를 하는 사람의 목숨을 구하는 것은 의학 활동 가운데 가장 저렴한 비용으로 할 수 있는 방법일 겁니다." 방글라데시에 있는 국제설사병연구센터the International Centre for Diarrhea Disease Research의 소장을 지낸 바 있는 데이비드 색David Sack이 한 말이다. 실제로 경구 수분 보충 용액은 1팩에 8센트 정도면 만들 수 있다.

그런데 이 기술을 꼭 배워야 하는 사람들은 대부분 교육 자원이 부족하고 언론을 쉽게 접하지 못하는 곳에 살고 있다. 날린은 많은 사람들에게 경구 수분 보충 요법의 효과를 알리고자 세계보건기구의 자문위원으로 여러 나라를 돌아다니며 코스타리카, 자메이카, 요르단, 파키스탄 같은 나라에서 경구 수분 보충 요법을 실시하게 했다. 경구 수분 보충 요법의 놀라운 장점은 뭐니 뭐니 해도 의료진의 도움이 필요 없다는 것이다. 방법만 제대로 익힌다면 누구나 실시할 수 있다.

"경구 수분 보충 요법이 최상의 효과를 보려면 의사와 간호사가 아닌 아이를 잘 아는 어머니들이 방법을 익혀야 해요. 아이가 아플 때 의사나 간호사들이 어머니에게 서너 가지 규칙을 알려주는 방법이 가장 효과가 컸죠. 먼저 아이의 눈이 움푹 들어갔는지를 살펴야 해요. 아이의 상태는 의사보다 어머니가 훨씬 잘 알지요. 설사 증세가 처음 나타나면 아이의 눈 상태가 평소처럼 돌아오거나 오줌을 누기 전까지 30분마다 한 번씩 물 1리터에 경구 수분 보충 제제 한 팩을 타서 마시게 합니다. 우리는 어머니에게 아이 눈이 원래대로 돌아올 때까지 아이에게 경구 수분 보충 용액을 주라고 했어요. 또 아이에게 용액을 마시게 하는 동안 자주 아이의 손등을 집어보라고 합니다. 아이의 손등에 집힌 자국이 오랫동안 남아 있으면 탈수 상태가 계속된다는 뜻이니까 경구 용액을 좀 더 마셔야 합니다. 우린 마을로 돌아가는 어머니들에게 경구 수분 보충 제제를 몇 팩씩 나누어주었어요. 물론 모든 지역 의료진들이 저희 권고를 받아들이진 않았어요. 정맥주사 요법은 의사들에게 돈이 되는 치료법이지만 경구 수분 보충 요법은 몇 달러가 아닌 몇 센트만 받아야 하는 치료법이니까요. 하지만 경구 수분 보충 요법을 받은 어머니 한 명이 마을로 돌아가면 소문은 퍼질 수밖에 없었어요."

1971년까지만 해도 경구 수분 보충 요법을 받는 개발도상국 아이들은 1퍼센트도 되지 않았다. 그러나 1980년이 되자 그 수치는 30퍼센트로 증가했고, 1990년에는 60퍼센트까지 올라갔다. 현재 한 해 동안 생산하는 경구 수분 보충 제제는 8억 팩이 넘는다.

날린의 치료법은 의사들이 설사를 치료하는 방법을 완전히 바꾸어 놓았다. 이제 의사들은 환자가 설사를 시작하면 바로 경구 수분 보충 용액을 마시게 한다. 의사들은 또한 오랫동안 식사를 하지 않으면 장

기능에 문제가 생길 수 있다는 사실을 알기에 환자들에게 (단단한 형태의) 충분한 영양분을 섭취하라고 권한다. 이제 의사들은 탈수가 진행되면(일반적으로 가장 먼저 나타나는 탈수의 징후는 소변량이 적어지는 것이다) 제일 먼저 경구 수분 보충 요법을 실시한다. 인체는 수분과 영양 상태만 정상으로 유지하면 면역계를 작동시켜 설사의 원인을 물리치고 며칠 안에 건강한 몸으로 되돌아올 수 있는 능력이 있다.

경구 수분 보충 요법이 널리 보급된 1980년대를 기점으로 한 살 이하의 유아가 설사로 사망하는 비율은 경구 수분 보충 요법을 실시하지 않았을 때와 비교해 65퍼센트나 감소했다. 한 살에서 다섯 살 사이의 영유아의 경우에는 사망률이 62퍼센트 감소했다. 설사로 사망한 아이들의 숫자는 1980년에는 450만 명이던 것이 지금은 150만 명으로 감소했다. 2007년 〈영국의학회the British Journal of Medicine〉 지는 경구 수분 보충 요법이 5000만 명이 넘는 사람들의 목숨을 구했다고 추정했다.

물론 경구 수분 보충 요법은 설사를 멈추게 할 뿐 설사의 원인을 치료하지는 않는다. 따라서 설사 환자의 수는 그다지 줄어들지 않았다. 경구 수분 보충 요법은 증상만 치료하는 방법이다. 설사를 하지 않을 최선의 방법은 철저한 예방뿐이다. 설사를 하지 않으려면 먼저 깨끗한 물을 마셔야 하고, 하수도 시설을 청결하게 해야 하며, 비타민A 보조제를 먹어 면역계를 튼튼하게 하는 것이 좋다. 물론 사실상 사람이 사는 거의 모든 장소에서 발병하는 로타바이러스에 의한 장염을 예방하려면 로타바이러스 백신을 맞는 것도 잊어선 안 된다.

1993년 방글라데시 우편국은 이상한 문구가 적힌 봉투를 발행했다. 1971년 방글라데시 독립전쟁이 끝난 후 치타공에 있는 셸 오일Shell Oil

사에서 회계사로 근무한 바 있는 아베드 파즐 하산Abed Fazle Hasan은 자신의 나라를 재건하고 싶었다. 방글라데시 농촌발전위원회라는 개인 재단을 세운 하산은 곧 경구 수분 보충 요법의 가능성을 알아봤다. 그러나 당시 방글라데시에는 경구 수분 보충 제제를 만들 산업 시설이 없었다. 그래서 하산은 자신이 부엌에서 직접 만들기로 했다. 처방전대로 만든 제제는 연구실로 가져가 직접 실험해보았다. 그 결과 집에서 경구 수분 보충 제제를 만들려면 소금 세 자밤과 설탕 두 움큼을 넣어야 한다는 것을 알아냈다.

캐시가 주요 자문위원을 맡고 있는 방글라데시 농촌발전위원회는 훈련받은 여성들을 방글라데시 시골 지방으로 보내 경구 수분 보충 제제 만드는 법을 어머니들에게 알려주게 했다. 그런데 재료의 양을 거꾸로 넣어 아주 맛없는 용액을 만드는 어머니들도 있었다. 결국 농촌발전위원회는 '소금은 아주 조금, 설탕은 왕창'이라는 식으로 제조법을 바꾸었다. 연구소에서 만든 경구 용액은 물론 맛이 좋았다. 농촌발전위원회는 1만 명의 여성을 시골로 보내 의학 제제를 집에서 직접 만드는 법을 알리게 했다. 시골로 간 여성들은 1300만 명에 달하는 문맹 여성들에게 경구 용액 제조법을 알렸다. 농촌발전위원회는 또한 교실을 열어 수많은 아이들에게 경구 수분 보충 용액 만드는 법을 가르쳤다. 농촌발전위원회의 이러한 활동은 전국적으로 진행하는 프로그램이 되었고, 결국 방글라데시 우체국이 봉투를 발행해 알리는 캠페인이 되었다.

신중하게 섞어야 해요.

깨끗한 물 1리터

소금은 한 자밤만 설탕은 한 움큼.
나쁜 녀석을 물리칠 수 있는 방법이에요.

경구 수분 보충 요법은 가난한 사람들에게 힘을 실어주어 자신의 나라를 변화시키고 싶어 하는 하산에게 앞으로 나아가도록 촉진하는 자극제 역할을 했다. 현재 방글라데시 농촌발전위원회는 여성들의 권리를 향상시키고 있으며, 형편이 어려운 사람들이 가난에서 벗어날 수 있도록 돕는 소액 융자 사업을 벌이고 있다. 교육 또한 농촌발전위원회가 힘쓰는 분야다. 방글라데시에 농촌발전위원회가 세운 학교는 4만 7602개교에 달한다. 하산의 농촌발전위원회는 여러 나라에서 본보기로 삼고 있다.

경구 수분 보충 요법이 게토레이를 따라잡지 못하는 미국

과학에 종사하는 사람이라고 해서 언제나 과학을 실천한다고는 할 수 없다. 미국에서는 대부분 의료 기관이 설사 환자에게 정맥주사 요법을 실시한다. 경구 수분 보충 요법을 광범위하게 조사한 역사학자 조슈아 루신Joshua Ruxin은 이렇게 지적했다.

"완벽한 물리학의 패러다임으로 무장한 최상의 치료법이라도 언제나 채택되지는 않는다. 경구 수분 보충 요법이 개발된 지 25년이나 지났는데도 서구 사회 의사들은 경구 수분 보충 요법을 철저하게 무시한다. 경구 수분 보충 요법에 대한 이들의 무시는 경이로울 정도다."

의사들의 권고가 없으니 당연히 미국 환자들은 대부분 경구 수분 보충 제제를 약국에서 의사의 처방전 없이 살 수 있다는 사실을 모른다. 경구 수분 보충 용액은 복잡한 기술이나 지식이 없어도 간단하게 만들 수 있지만, 효과 면에서는 복잡한 기술을 이용해서 만든 용액보다 훨씬 뛰어나다. 그러나 돈을 많이 들여야 자녀들을 효과적으로 치료할 수 있다고 믿는 부모들은 경구 수분 보충 요법을 받는 것을 꺼려한다.

그러나 냉소적인 비평가들은 서구 의사들이 정맥주사 요법을 고집하는 이유는 순전히 탐욕 때문이라고 지적한다. 경구 수분 보충 요법은 몇 달러만 있으면 할 수 있다. 그러나 어린아이나 노인이 정맥주사 요법을 받으려면 보통 입원해서 보살핌을 받아야 하기 때문에 수천 달러 정도가 들어간다. 정맥주사 요법을 경구 수분 보충 요법으로 대체할 경우 미국이 한 해 동안 절약할 수 있는 금액은 수십억 달러에 달할 것으로 추정된다.

미국에서 설사를 치료할 때 경구 수분 보충 용액을 사용하지 않는 것은 정말 이상한 일이다. 왜냐하면 미국 사람들은 거의 대부분 경구 수분 보충 용액을 마시고 있기 때문이다. 1960년대 미국 남부 지방에서 미식축구를 하는 선수들은 DDT에 파리가 쓰러지듯 열사병으로 쓰러지는 일이 잦았다. 미식축구 선수 출신으로 당시 플로리다 대학교 미식축구 팀 코치를 맡고 있던 드웨인 더글러스Dewayne Douglas는 시합을 하는 동안 선수들이 땀을 많이 흘리고 소변을 누지 못한다는 사실을 잘 알았다. 더글러스 코치는 의사들에게 미식축구 선수들을 위한 음료수를 만들어달라고 부탁했다. 의사들은 물과 소금, 당을 섞은 선수용 음료수를 만들었다. 그리고 그 음료수는 세계사의 한 자리를 차지하게 됐다. 그해 게토레이로 힘을 얻은 플로리다 게이터스는 침체에서 벗어나 7승 4패라는 전적을 세웠다. 대부분 상대 팀 체력이 현저히 떨어지는 후반에 거둔 승리였다. 그해가 바로 10년 이상의 부진을 깨고 플로리다 대학 팀이 우승을 차지한 해로, 다음 해 플로리다 대학의 전적은 9승 2패였다. 곧 모든 미식축구 팀이 과학적으로 보면 경구 수분 보충 용액이라고 할 수 있는 게토레이를 마시게 됐다.

게토레이도 신체에 흡수되면 경구 수분 보충 용액과 비슷한 일을 하지만, 경구 수분 보충 용액 대신 설사 치료제로 사용할 수는 없다. 게토레이는 건강한 운동선수들이 단순히 땀으로 흘린 수분을 보충하게 하려고 만든 용액이기 때문이다. 따라서 아픈 아이들이나 어른들의 치료제와는 여러모로 다른 점이 많다. 바쁜 미국인들이 훨씬 쉽게 경구 수분 보충 용액을 마실 수 있도록 애보트 래버러토리스Abbot Laboratories 사에서 설사 환자를 위한 전해질 용액을 병에 담아 페디알리트Pedialyte라는 상품으로 출시했다. 미국 사람들은 재미가 있어야만 약을 먹는다. 애보트 래버러토리스 사는 미국인들의 페디알리트 복용을 늘리고자 다양한 맛이 나는 페디알리트 프리저 팝스Pedialyte Freezer Pops를 생산하기 시작했다. 머지않아 미국도 경구 수분 보충 요법을 널리 행하는 나라가 될지도 모르겠다.

삶은 촛불이다

다시 날린의 집이다. 날린은 웃고 있는 커다란 부처상이 만든 그늘 밑에 앉아 있었다. 지금도 날린은 무언가를 수집하던 어릴 적 기질을 그대로 간직하고 있음이 분명했다. 날린의 수집품 중에는 유명한 상도 두 개 있었다. 프로 농구 팀 워싱턴 위저즈의 구단주였던 아베 폴린Abe Pollin과 아이린 폴린Irene Pollin은 해마다 의학 업적을 세운 사람들에게 상을 수여한다. 2002년에는 경구 수분 보충 요법에 기여한 날린과 허쉬호른, 딜립 마할라나비스Dilip Mahalanabis, 너대니얼 피어스Nathaniel Pierce가 '소아질환 연구 부문 폴린 상'을 시상했다. 2006년에는 날린과 캐시, 마할라나비스가 태국에서 수여하는 '마히돌 국왕 상'을 수상했다. 날린이라면 노벨상도 받을 자격이 있다.

오랫동안 날린은 자신이 방문한 지역에서 예술품을 수집해 가져왔다. 날린은 스스로를 영적이거나 종교적인 사람이라고 생각하지는 않지만, 어딘가 잘난 척하는 예술품보다는 경배를 드리는 개인 소장품이 더 마음에 든다고 했다.

"나는 경건하면서도 직설적인, 솔직한 매력과 해학이 있는 민속 조각상에 끌릴 때가 많아요. 경배할 때 쓰던 용기가 온전한 상태로 있는 것을 볼 때 가장 큰 만족을 느껴요. 뱀에게 바치던 성스러운 갠지스 강의 물이나 우유를 가득 채우던 항아리, 두르가 푸자 기간에 여신상 앞에서 무용수들이 흔들던 장뇌樟腦 판, 벵골 사탕을 수북이 쌓아 받치던 거울처럼 맑은 큰 놋쇠 접시 같은 것들이죠. 힘찬 원뿔형 모양의 향로도, 살짝 치면 또 다른 시대의 또 다른 실재를 느낄 수 있는 반향을 일으키는 소박한 그릇도 마찬가지죠."

날린과 역시 수집가인 그의 형제는 1000점이 넘는 예술품을 박물관에 기증했다. 날린은 또한 수업을 받는 학생들에게 전 세계 의료 현장을 돌아다니며 직접 몸으로 의료 상황을 경험할 기회를 제공하고 있다. 그는 학생들이 현장에서 경험을 쌓으면서 자신이 가이아나나 방글라데시에서 얻은 교훈을 직접 느끼기를 바란다. 2006년 날린은 20만 달러를 기부해서 '국제 연구를 위한 데이비드 날린 1965년 석좌 기금'을 조성하겠다고 약속했다. 이 석좌 기금은 해마다 전공 분야에 상관없이 두 명의 학생이 해외로 나가 활동하는 것을 지원한다.

"가이아나에 갈 수 있었던 기회가 내게 국제적인 연구를 해야겠다는 생각을 품게 했죠. 그 경험은 제 인생을 바꾸었어요. 이제는 제가 만든 재단이 다른 사람의 인생을 바꾸는 데 도움을 줄 수 있으면 좋겠어요."

날린이 예술품을 모으는 것처럼 부처의 말씀을 모으는 사람들도 있다. 날린은 여러 면에서 부처의 말씀에 걸맞은 인생을 살아왔다. "촛불 하나가 수천 개의 양초를 켤 수 있어요. 그런 촛불 같은 삶은 결코 짧아지는 법이 없죠. 행복은 널리 나누어도 조금도 줄어들지 않는답니다."

물론 부처의 말씀 중에는 경구 수분 보충 요법을 설명할 수 있는 훨씬 근사한 문구가 있다.

> 진리를 찾아가는 길에서 저지를 수 있는 잘못은 단 두 가지밖에 없다. 길을 나서지 않는 것, 그리고 그 길을 끝까지 가지 않는 것이다.

필립스는 묘약을 찾는 연구를 시작했다. 그러나 그 길을 끝까지 걸어간 사람은 날린이다.

5000만 명이 넘는 인명을 구하다

공헌한 일: 경구 수분 보충 요법 개발

중요한 공헌자

- **데이비드 날린**: 환자가 잃어버린 체액만큼 전해질 용액을 마시게 하면, 정맥주사 요법만으로 치료하던 콜레라 치료법을 대체할 수 있거나 정맥주사 용액의 사용량을 줄일 수 있을 것이라는 획기적인 생각을 해냈다. 최초로 경구 수분 보충 요법을 실시하면서 경구 수분 보충 용액이 콜레라뿐만 아니라 콜레라가 아닌 다른 원인으로 발생한 설사로 인한 탈수도 막을 수 있음을 알아냈다.
- **리처드 캐시**: 날린이 연구를 진행하는 동안 중요한 조력자로 활동했다.
- **로버트 필립스**: 최초로 경구 요법을 실시해 포도당 용액이 환자의 장에서 흡수된다는 사실을 밝혀냈다.
- **데이비드 새커**: 필립스의 첫 번째 실험이 효과가 있음을 입증해 보이고 포도당, 나트륨, 물을 섞은 용액이 콜레라 환자의 체내로 흡수된다는 사실을 증명해 보였다.
- **노르베르트 허쉬호른**: 포도당, 나트륨, 물을 섞은 용액이 콜레라 환자의 체내로 고스란히 흡수된다는 필립스의 관찰을 입증하는 한편 임상학 연구로 발전시켰다.

경구 수분 보충 요법이 콜레라 환자에게 효과가 있다는 사실이 밝혀지고 얼마 되지 않아 날린과 캐시는 이 치료법이 대부분의 설사 환자들에게도 효과가 있다는 사실을 알아냈다.

"20세기 의학계가 이룩한 성과 가운데 이처럼 짧은 시기에 이렇게 적은 비용으로 수많은 죽음을 막을 수 있었던 획기적인 발견은 또 없을 것이다."

-G. A. 윌리엄스, 「1987년 유니세프 특별 보고서-단순한 용액」

경구 수분 보충 요법이 널리 보급된 1980년대를 기점으로 설사로 인한 영유아 사망률은 60퍼센트 이상 감소했다. 설사로 사망한 아이들의 숫자는 1980년에는 450만 명이던 것이 지금은 150만 명으로 감소했다.

게토레이도 신체에 흡수되면 경구 수분 보충 용액과 비슷한 일을 하지만, 경구 수분 보충 용액 대신 설사 치료제로 사용할 수는 없다. 게토레이는 건강한 운동 선수들이 단순히 땀으로 흘린 수분을 보충하게 하려고 만든 용액이기 때문이다.

하루에 빠져나가는 수분이 전체 몸무게의 10에서 20퍼센트를 차지하는 20리터에 이를 경우, 환자는 사망할 수 있다.

콜레라는 진행 속도가 아주 빠른 병으로 알려져 있다. 콜레라에 걸리면 첫 번째 증상인 설사가 시작된 후 세 시간 만에도 죽을 수 있다.

과학자들은 영양 섭취를 충분히 하는 건강한 사람이라면 수십억 개의 콜레라균을 먹어도 병에 걸리지 않는다는 사실을 알아냈다. 위산이 콜레라균을 죽이기 때문이다. 그러나 산을 중화하는 제산제를 먹으면 콜레라에 감염되기 쉽다. 콜레라에 걸린 사람들은 대부분 그전부터 소화관에 문제가 있었거나 영양 상태가 좋지 않아 위산이 제대로 분비되지 않았다(지역에 따라서는 전체 인구 중 3분의 1이 이런 상태인 곳도 있다). 그래서 비브리오 콜레라균이 위를 통과할 수 있었던 것이다.

생후 한 달 된 갓난아기에게도 경구 수분 보충 요법을 실시할 수 있다. 아이들의 장은 하루 동안 전체 체액의 절반을 교환하는 반면에 어른의 경우 하루 동안 교환되는 체액의 양은 전체 양의 7분의 1에 불과하다. 그래서 어른보다 아이들에게서 탈수 현상이 빠르게 진행된다. 콜레라에 걸린 5세 미만의 어린아이가 사망할 확률은 70퍼센트가 넘는다.

아직 수돗물 염소 소독이 일반화되지 않았고, 하수구 시설이 갖추어지지 않았던 1900년대, 미국에서 설사는 사망 원인 4위를 차지하는 무서운 증상이었다. 설사는 특히 어린아이들의 주요 사망 원인이었다.

Norman Borlaug

7장

모든 사람이 적당량의 음식을 먹는 것이 사회정의다 :

녹색혁명의 아버지 노먼 볼로그

노먼 볼로그Norman Borlaug (1914~2009)

미국의 농학자이자 식물병리학자. 아이오와 주 농장 출신의 볼로그는 고수확 작물을 개발하여 멕시코, 파키스탄, 인도 등에 소개하고 재배법을 가르쳤다. 그 결과 전 세계 수십억 명의 사람들이 굶주림에서 벗어날 수 있었다. 그가 일으킨 녹색혁명은 지구인들의 열량 섭취량을 일시에 23퍼센트나 늘린 농업계의 기적이다. 세계적인 식량 증산에 기여한 공로로 1970년 노벨 평화상을 수상했다.

녹색혁명

20세기 후반 이후 활발해진 작물의 품종개량 등 새로운 기술 도입으로 인한 식량 생산량의 획기적 증가를 말한다. 이러한 변화는 농업 생산량을 증가시켜 굶주림에 시달리던 인류가 많은 곡물을 확보할 수 있게 해주었지만, 동시에 화학비료 및 농약의 사용량을 늘려 환경을 오염시켰다는 비난을 초래했다.

전 세계 사람들을 배불리 먹이겠다는 꿈을 품은 남자

멕시코 햇살 밑에서 익어가는 밀로 가득 찬 넓은 밭 한가운데에 작은 접이식 의자가 놓여 있다. 그리고 체크무늬 셔츠, 갈색 바지를 입고 워크 부츠를 신은 키 크고 마른 남자가 그 의자에 앉아 있다. 밭에서 그리고 근처 도로에서 날아오는 먼지가 남자의 얼굴을 가득 덮고, 흘러내리는 땀이 이마에 두른 손수건은 아랑곳없이 연신 그의 눈을 적신다. 오랜 밭일로 거칠어진 커다란 한 손에는 끝이 바늘처럼 뾰족한 핀셋이 들려 있다. 남자의 나머지 손은 이제 곧 알갱이가 생길 것임을 암시하는 하얗고 노란 작은 이삭이 붙어 있는 밀의 머리 부분을 부드럽게 감싸고 있다. 수술을 하는 외과 의사처럼 꼼꼼하면서도 정확한 솜씨로 남자는 이제 막 생긴 꽃을 핀셋으로 헤치며 암술은 전혀 건드리지 않은 채 작은 수술들만 떼어냈다. 수술을 떼어낸 밀의 머리는 글라신지로 감싼 후 한 번 접어 클립으로 고정했다. 남자는 5일 안에 다시 이곳으로 돌아와 클립을 떼어내고, 다른 품종의 밀 둘이 만나 새로운 제3의 품종을 만들기를 기원하며 다른 밀 꽃에서 떼어낸 수술을 이 꽃에 바를 것이다. 남자가 얻고자 하는 것은 전 세계 사람들을 배불리 먹일 새로운 밀 품종이다.

첫 번째 밀 작업을 마친 남자는 접이식 의자의 위치를 살짝 옮겨 다른 밀을 가지고 같은 작업을 한다. 그 밀이 끝나면 다음 밀로, 또 다음 밀로. 날마다 같은 일을 반복한다. 해가 뜰 때부터 질 때까지, 남자는 하늘 한번 쳐다보는 일 없이 같은 일을 반복한다. 근육은 강렬한 피로로 아우성치고 먼지에 시달린 눈은 한껏 충혈되어 있다. 밤이 되면 남자는 조악하게 만든 야외 연구소에서 침낭을 펴고 잠을 잔다. 저녁은 모닥불에 올려놓고 익히는 콩 통조림이다.

이런 고통스러운 수고를 하는 이유는 균류가 밀에 일으키는 끔찍한 병을 이길 새로운 품종을 만들 수 있을 거라는 기대 때문이었다. 다양한 멕시코 기후에서도, 인도나 파키스탄의 척박하고 혹사당하는 땅에서도, 많은 가족들이 기대어 살아가는 조그만 밭에서도 많은 수확을 기대할 수 있는 새로운 밀을 만들어내고 싶은 바람 때문이었다. 이 남자, 노먼 볼로그라는 이름의 시골 출신 남자가 한 일이, 녹색혁명이라는 이름으로 많은 사람들을 굶주림에서 구하고 자연과 사람의 경계에 대한 개념을 완전히 바꾸어놓았다.

미래로 납치된 소년

볼로그는 1924년 아이오와 주 소드Saude라는 작은 마을에 있는 할아버지의 농장에서 태어났다. 노르웨이 이민자의 증손자이자 네 아이의 첫째였던 볼로그는 어릴 때부터 '힘든 일'이 무엇을 의미하는지 잘 알았다. 볼로그는 일곱 살 때부터 밭갈이, 우유 짜기, 가축 먹이기, 외양간 청소하기, 장작 패기 같은 농사일을 해야 했다. 겨울이면 눈발을 맞으며 2.5킬로미터를 걸어가, 교실이 하나뿐인 학교에서 공부를 했다. 집으로 돌아오는 동안 어린 볼로그의 코와 손가락과 발가락은 자주 얼어서 무감각해지곤 했다.

그러나 볼로그는 자신이 특별히 힘든 삶을 산다고는 생각해본 적이 없었다. 그는 마을의 또래 소년들이 모두 자신처럼 힘들게 살아간다는 사실을 알고 있었다. 그러나 볼로그는 여느 소년들과 다른 점이 있었다. 볼로그의 가족에게는 그를 평생 밭만 갈며 사는 사람으로 만들지 않겠다는 원대한 야망이 있었다. 볼로그의 할아버지 넬스 볼로그는 볼로그가 말귀를 알아듣는 나이가 되자마자 계속해서 손자에게 원대한 야망을 불어넣었다.

"제대로 배워야 해."

할아버지는 정규교육을 3년밖에 받지 못했지만, 언제나 배움에 대한 열망이 있었다.

"나중에 배를 두둑하게 채우고 싶다면 지금 머리를 채우는 것이 현명한 일이야."

할아버지는 언제나 첫째 손자에게 그렇게 말했다. 학창 시절의 볼로그는 주위를 깜짝 놀라게 하는 신동은 아니었지만, 6촌이자 볼로그의 8학년 담임 교사였던 시나 볼로그의 말처럼 근성 있는 학생이었다. 시나는 볼로그에게 집에서 24킬로미터나 떨어진 크레스코 고등학교에 가라고 조언했다. 그곳에서 공부하면 원하는 삶을 살게 될 거라고 했다.

시나의 말이 맞았다. 크레스코 고등학교는 볼로그의 삶에 커다란 도움을 주었다. 단지 공부를 할 수 있다는 게 전부는 아니었다. 고등학교에서 볼로그는 스포츠의 세계를 접했고, 레슬링을 자신의 운동으로 삼을 수 있었다. 볼로그에게 레슬링을 가르친 사람은 1924년 올림픽에 출전한 적이 있는 데이비드 바텔마David Bartelma였다. 바텔마는 볼로그에게 레슬링 기술을 가르쳐줬을 뿐 아니라 살아가면서 언제나 되새기게 만든 여러 가지 교훈을 주었다. 예를 들면 이런 교훈이었다. "단지 상대를 제압하려고 하면 안 된다. 행동하는 동시에 상대를 완전히 파악해야 한다." 그중에서도 특히 볼로그의 가슴속 깊이 남은 지침은 "신이 주신 재능을 최대한 발휘하라. 그렇게 할 수 없다면 감히 경쟁할 생각을 하지 말라"는 것이었다.

그러나 볼로그의 유년 시절은 1929년 주식시장이 붕괴되고 경제 대공황이 시작되면서 엉망이 되고 말았다. 경제적으로 엄청나게 쪼들리는 상황이었지만 그래도 엄청난 절약 정신을 발휘한 가족들 덕분에 볼로그는 무사히 고등학교를 졸업할 수 있었다. 볼로그가 고등학교를 졸업한 것은 1932년이었다. 당시 미국은 국민들에게 일자리를 제공할 수 없었고, 당연히 볼로그의 가족도 볼로그를 대학에 보낼 여유가 없었다.

그러나 볼로그는 아주 심지가 굳은 청년이었다. 볼로그는 아이오와 주 시더 폴스에 있는 아이오와 주립교육대학 과학교육과에 장학생으로 갈 수 있다는 걸 알았다. 그런데 한 가지 문제가 있었다. 장학금을 받으려면 그해에 대학에 진학해야 했다. 그러나 고등학교를 졸업한 해에 볼로그는 담장을 만들 기둥을 자르고, 고기와 가죽을 얻으러 동물을 사냥하고 덫을 놓으며 보내야 했다. 볼로그는 또한 하루에 50센트를 주기로 한 이웃 농장에 가서 봄에는 파종을 하고 가을에는 수확도 해야 했다. 하루에 50센트를 받은 볼로그는 부자가 된 것 같은 느낌이 들었다. 볼로그에게는 1센트도 무척 소중했다. 1센트 1센트가 쌓일 때마다 대학으로 가는 길이 가까워졌기 때문이다. 여름 무렵까지 볼로그는 50달러를 모을 수 있었고, 대학에 가면 부분 장학금을 받을 수 있다는 사실도 알게 됐다.

볼로그가 살아오는 동안 자주 그랬듯이, 갑자기 운명이 그의 삶에 끼어들었다. 일주일 후면 볼로그가 시더 폴스에 있게 될 때였다. 볼로그는 2년 전에 크레스코 고등학교를 졸업하고 미네소타 대학에 가 있던 젊은 남자에게 납치되고 말았다. 볼로그를 납치한 조지 챔플린George Champlin에게 볼로그의 이야기를 해준 사람은 고등학교 때 레슬링을 가르쳐준 바텔마 코치였다. 느닷없이 볼로그의 집 앞에 나타난 챔플린은 고등학교 레슬링 선수였던 볼로그를 데리고 미니애폴리스로, 그러니까 미네소타 대학에 이제 막 생긴 레슬링 팀으로 데려갔다. 볼로그에게 2년제 교육대학이 아닌 4년제 종합대학에 갈 기회가 생긴 것이다. 바로 자신과 할아버지가 꿈꾸던 고등교육을 받을 기회가 온 것이다.

챔플린의 제안을 거절할 이유가 없었다. 할아버지가 주신 비상금 11달러 덕분에 모두 61달러가 된 돈을 주머니에 넣고 볼로그는 챔플린의 차에 올라탔다. 볼로그를 태운 챔플린의 차는 볼로그의 고등학교 친구이자 동료 레슬링 선수였던 어윈 업턴Erwin Upton을 태우러 한 번 섰을 뿐, 그대로 240킬로미터를 달려 대도시 미네소타로 향했다.

굶주린 사람은 굶주린 짐승보다 훨씬 나쁘다

볼로그는 미니애폴리스로 오는 동안 기분이 한껏 고취됐지만 그런 기분은 첫 주가 지나기도 전에 사라져버리고 말았다. 아이오와와 미네소타의 고등학교 교육은 상당히 달랐기 때문에 볼로그와 업턴은 대학 입학시험을 봐야 했다. 업턴에게는 어렵지 않은 시험이었지만 볼로그는 입학시험에 떨어졌다. 미네소타 대학은 볼로그에게 '예비 대학General College'에 들어가라고 제안했다. 예비 대학은 심술궂은 학생들이 '얼간이들을 위한 대학'이라고 부르는 곳이었다. 그곳에서 볼로그는 다양한 과목을 공부하고 2년 후에 대학 입학이 가능한 학점을 받아야 했다. 예비 대학은 볼로그가 꿈꾸던 곳이 아니었다. 하지만 볼로그에게는 선택의 여지가 없었다. 입학시험에 떨어졌다는 사실이 창피하고 화가 났지만 볼로그는 대학의 제안을 받아들였다.

챔플린은 학기가 시작하기 전인데도 후배들에게 일자리를 찾아주겠다는 약속을 충실히 지켰다. 볼로그와 업턴은 아침, 점심, 저녁 시간에 커피숍에서 일했다. 두 사람은 그 대가로 그곳에서 식사를 해결할 수 있었다. 그곳에서 볼로그는 마거릿 깁슨Margaret Gibson을 만났다. 스무 살의 세련되고 아름다운 마거릿은 교육학과 2학년 학생이었다. 시골 출신이라는 비슷한 성장 환경과 무엇이든지 솔직하게 이야기하는 비슷한 성격 덕분에 두 사람은 쉽게 가까워졌다. 볼로그가 미니애폴리스에서 첫 학기를 보내며 마거릿과 나눈 대화 중에는 예비 대학에 다녀야 하는 볼로그의 실망에 관한 내용도 있었다. 어느 날 밤 볼로그는 마거릿에게 이렇게 말했다.

"내가 특별하지 않은 건 알아. 하지만 난 더 잘할 수 있었다고. 거긴 당연히 낙제할 거라고 생각하는 낙오자들이 가는 곳이야."

그 말을 들은 마거릿은 그렇다면 그곳에서 나오라고 했다. 더 열심히 공부해서 벗어나라는 뜻이었다. 그 말을 들은 볼로그는 레슬링 시합을 할 때면 그랬듯이, 사냥을 나간 들판에서 그랬듯이, 살아오는 동안 어떤 일을 해야 할 때면 늘 그랬듯이 목표를 정하고 그 목표에만 집중했다. 그 어떠한 것도 볼로그의 주의를 빼앗을 수 없었다. 볼로그의 첫 번째 전기를 쓴 레너드 비켈Leonard Bickel이 1974년에 쓴 것처럼 볼로그는 “다른 사람의 주의를 끌 정도로” 열심히 공부했다. 예비 학교에서 한 학기를 보낸 볼로그는 미네소타 대학 관계자들에게 그가 예비 대학을 그만두고 농과 대학에서 산림학을 전공해도 되겠다는 확신을 심어 주었다.

볼로그가 미네소타에 도착한 해에 두 가지 중요한 사건이 일어났다. 첫 번째 사건은 볼로그가 대도시인 미니애폴리스에 도착한 직후에 일어났다. 그때 볼로그는 세인트폴 외곽에 있는 미네소타 대학 농과대 캠퍼스에 다녀오는 길이었다. 마을로 돌아오는 길에 공장 사람들이 파업을 벌이는 광경을 목격했다. 공장 관리자들이 직원들 월급을 반으로 삭감한 일로 화가 난 노동자들이 파업을 벌인 것이었다. 자신들의 가족을 부양하고자 맨손으로 곤봉에 맞서 싸우는 노동자들 얼굴에 서린 필사적인 절망감은 평생 동안 볼로그의 마음에서 떠나지 않았다. 그 일을 계기로 볼로그는 배고픔을 없애야겠다는 소망을 품게 됐다.

두 번째 사건은 볼로그의 삶에 더욱 직접적인 영향을 미쳤다. 레슬링 팀의 선수였을 때 볼로그는 체급을 낮추려고 단식을 하는 일이 잦았다. 한번은 나흘 동안 음식은 먹지 않은 채 물만 조금 먹었다. 몸무게를 줄이려고 하루에 몇 시간씩 증기탕에 들어가 땀을 뺐다. 한 끼도 못 먹고 5일을 보냈는데도 볼로그의 몸무게는 목표 체중보다 0.5킬로그램 정도가 더 나갔다. 볼로그는 엄청나게 실망했다. 평소에 늘 공손하게 행동하는 그였지만 그날은 다른 레슬링 선수와 싸움이 붙어버리고 말았다. 다른 선수들이 말리지 않았다면 볼로그는 상대방 얼굴을 정면으로 가격하고 말았을 것이다. 언제나 차분했던 그로서는 전혀 생각지도 못한 폭주였다. 그날 밤 볼로그는 마거릿에게 이렇게 말했다.

"난 자연의 본성을 배운 것 같아. 자기도 알겠지만, 그건 내가 아니었어. 너무 미개하고 미숙한 사람이었다고. 그때 내가 얼마나 배가 고팠는지는 아무도 모를 거야. 나는 정말 굶주려 있었다고. 덕분에 굶주린 사람은 굶주린 짐승보다 훨씬 나쁘다는 걸 깨달았어."

1935년 겨울, 마거릿은 직업을 갖고자 학교를 중퇴해야 했다. 엄청나게 절약하고 아꼈지만 더는 경제적인 어려움을 견딜 수 없었기 때문이다. 교정 일을 찾은 마거릿은 방이 하나뿐인 아파트에서 살았다. 그 무렵 두 사람은 형편이 허락하는 대로 결혼식을 올리자는 약속을 한 상태였다. 여전히 대공황 시기였기에 한 푼이라도 아쉬운 시절이었다. 볼로그는 여름이면 미국 산림청에서 산불을 감시하는 일을 했다. 그가 담당한 곳은 미국 본토 48개 주에서 가장 험한 오지라는 아이다호 국유림의 콜드 마운틴이었다. 대학에 다니는 동안 볼로그는 전국청소년협의회the National Youth Administration의 도움을 받아 등록금을 마련한다는 조건으로 한 시간에 15센트를 받는 아르바이트를 할 수 있었다.

마지막 학기를 시작하려고 준비하던 1937년, 미국의 경제 상황은 나아지는 듯 보였다. 미국 산림청은 볼로그에게 졸업하면 아이다호 국유림에서 산림감독원 보조로 일해달라고 제의했다. 산림청의 정규직 채용 제안에 의기양양해진 볼로그는 마거릿에게 프러포즈했다. 마거릿의 대답은 물론 '예스'였다. 그로부터 며칠 뒤인 9월 27일, 두 사람은 마거릿 오빠의 거실에서 가족들만 참석한 채 조촐하게 결혼식을 올렸다. 화려한 피로연도 신혼여행도 없었다. 결혼식을 마친 두 사람은 복도에 욕실이 있는 마거릿의 방 한 칸짜리 아파트로 돌아왔다.

그런데 크리스마스와 졸업을 며칠 앞두고 볼로그는 모든 상황을 뒤집는 한 통의 편지를 받았다. 산림청 예산이 삭감되는 바람에 볼로그의 일자리가 사라졌다는 편지였다. 결과적으로 그 편지는, 볼로그에게는 물론이고 전 세계 수많은 사람들에게도 행운을 가져다주었다.

레슬링 선수에서 석학의 수제사로

대학에서 마지막 학기를 보내는 동안 볼로그는 식물병리학과 학장이자, 식물병리학 분야에서 아주 존경받는 과학자인 E. C. 스태크먼Stakman을 우연히 만나게 됐다. 실제로 볼로그는 그 후로도 몇 년 동안이나 자신이 스태크먼을 만난 것은 우연이라고 생각했지만, 사실 스태크먼은 레슬링 시합에서 그가 보여준 끈기와 담력에 깊은 인상을 받아 젊은 레슬링 선수의 지능을 시험해보려고 일부러 찾아온 것이었다. 산림병리학 연구실로 불쑥 들어온 스태크먼은 현미경으로 나무 표본을 관찰하고 있던 볼로그에게 자신이 누군지 소개하지도 않고 그가 보고 있던 나무 표본에 대한 질문을 퍼부어댔다. 볼로그가 훗날 알게 된 바대로, 박사과정에서나 나올 법한 수많은 질문은 스태크먼이 볼로그의 지식 수준을 알아보려고 던진 질문들이었다. 볼로그는 스태크먼의 시험을 당당히 통과했다.

몇 주 후 볼로그는 스태크먼이 몇십 년 동안 연구해온 밀의 녹병rust disease에 관한 연구 결과를 발표하는 자리에 참석했다. 모든 농부들을 괴롭히는 밀의 녹병은 기생균류 때문에 생기는 식물의 질병으로, 빠른 속도로 유전자 변이를 일으키기 때문에 그 전해 녹병균의 공격을 받아 내성이 생겼다 해도 아무 소용이 없을 때가 많았다. 내성이 생긴 작물이 1년도 되지 않아 다시 녹병균의 공격을 받아 그해 농사를 망치는 일도 있었다. 스태크먼은 강의에 참석한 사람들에게 이렇게 말했다.

"녹병은 무시무시하고 탐욕스러운 식량 약탈자입니다. 우리는 모든 과학 수단을 사용해 반드시 녹병을 없애야 합니다."

스태크먼은 그 정도로 강의를 끝낼 수는 없었다. 그는 전 세계 식량 공급을 위협하는 존재가 또 하나 있다고 했다. 바로 인간 자신이다. 스태크먼은 인구 증가가 식량 공급을 앞서 갈 것이라고 하면서, 그것을 막을 수 있는 것은 과학뿐이라고 했다. 하지만 그러면서도 그는 반드시 염두에 두어야 할 경고도 잊지 않았다.

"그러나 과학을 활용한다고 해서 행여나 과학이 모든 일을 해결할 수 있다는 자만에 빠져서는 안 됩니다. 과학도 물론 실수를 합니다. 그러나 과학은 지상에서 굶주림과 배고픔을 없앨 수 있는 가능성으로 우리를 한층 가깝게 데려다줄 것입니다."

한 연사의 강연이 다른 사람을 자극하고 동기를 부여할 수 있다면, 스태크먼의 강연이야말로 바로 그런 경우였다. 그날 밤 볼로그는 마거릿에게 말했다.

"할 수만 있다면 다시 대학으로 돌아가서 그분 밑에서 공부하고 싶어."

산림청에서 제안한 일자리가 사라진 사실을 알게 된 후 마거릿은 볼로그에게 자신의 소원을 실현할 기회를 주었다. 마거릿은 볼로그에게 대학원에 입학해 스태크먼의 가르침을 받으라고 했다. 생활은 자신이 좋아하는 교정 일을 통해 번 돈으로 충분히 가능할 거라며.

마거릿의 격려를 받은 볼로그는 다음 날 아침 스태크먼의 연구실로 찾아가 몇 달 동안 대학원에서 산림병리학 연구를 해보고 싶다고 말했다. 당시 볼로그는 가벼운 마음으로 스태크먼에게 말을 한 것 같다. 마치 '이제 분장을 하고 서커스단과 함께 떠나도 될 것 같아요'라고 말하는 느낌이었다. 볼로그의 부탁을 들은 스태크먼은 "안 된다"고 말했다. 스태크먼은 대학원이라는 세계에 발만 담그지 말고 풍덩 뛰어들라고 했다. 또한 산림병리학을 공부하는 것은 스스로를 제한하는 일이라고 했다. 스태크먼은 볼로그에게 식물병리학을 공부하면 어떠한 식물 종도 자유롭게 연구할 수 있다고 했다.

그렇게 볼로그는 스태크먼의 제자가 되었다. 1940년 석사 학위를 받은 볼로그는 계속해서 스태크먼 밑에서 박사과정을 밟았다. 1941년 말, 볼로그가 박사 논문을 완성하자 스태크먼은 자신의 제자를 위해 첫 번째 전문직을 찾아주었다. 스태크먼은 볼로그가 대학원을 졸업하자마자 델라웨어 주 윌밍턴에 있는 화학회사인 듀퐁DuPont의 생화학연구실에서 일하라고 제안하였다. 1년 연봉은 2800달러였다. 볼로그는 그 제안을 받아들였다. 1940년 초에 볼로그와 마거릿은 생애 처음으로 자신들의 차를 장만했다. 중고 폰티악이었다. 두 사람은 그 차를 타고 윌밍턴으로 달려갔다.

멕시코에서 맞닥뜨린 절망적인 상황

볼로그가 연구원으로 입사한 지 얼마 되지 않아 미국이 제2차 세계대전에 참전했다. 진주만 공습이 일어난 후 볼로그는 입대하고 싶었지만 듀퐁 사에서 하는 일이 전쟁에 직접 참가하는 것보다 훨씬 중요하다는 말을 듣고 그만두어야 했다. 미국이 전쟁을 벌이는 동안 볼로그와 듀퐁 사 동료들은 위장 페인트, 에어로졸, 식수를 정화할 화학물질 같은 다양한 제품을 만들었다. 볼로그는 또한 새로운 살충제인 DDT를 대량생산하는 과정도 감독했다. 그러는 동안 볼로그는 아버지가 됐다. 1943년 9월 27일, 딸 노르마 진(지니)이 태어난 것이다.

그러던 중 록펠러재단에서 의뢰가 들어왔다. 1940년, 록펠러재단은 스태크먼을 비롯한 농업 전문가들을 멕시코에 파견해 굶주림으로 고생하는 나라에 도입할 효과적인 농업 프로그램을 연구해보라고 했다. 조사단은 농업 연구 기반을 조성하는 것이 답이라고 보고했다. 조사단은 멕시코 같은 나라가 미국과 같은 부유한 나라의 원조에 기대지 않고 자국민을 먹여 살리려면 그 방법밖에 없다고 했다. 그 같은 보고를 받은 록펠러재단은 스태크먼에게 기꺼이 연구 기반을 조성할 자본을 제공할 테니 그 프로젝트를 이끌 적임자를 추천해달라고 했다. 스태크먼은 자신의 제자였던 조지 하라George Harrar를 추천했다. 스태크먼과 하라는 멕시코에서 해야 할 일을 계획했다. 두 사람은 멕시코 정부와 협력해서 운영해나갈 특수 연구소를 세우기로 했다. 그러나 연구소를 실제로 운영할 사람은 두 사람이 아니었다. 특수 연구소의 가장 큰 목표는 젊은 멕시코 과학자들에게 최신 농업기술을 가르쳐 이른 시일 안에 직접 연구소를 운영하게 하는 것이었다. 그러니까 "물고기 잡는 법을 가르쳐라"라는 격언을 실천한 방법이었다.

하라는 자신의 팀에 식물병리학자가 포함되기를 바랐다. 스태크먼은 그에게 자신의 제자 볼로그를 추천했다. 스태크먼은 록펠러재단에 제출한 추천서에 이렇게 썼다. "그는 강단도 있고 결단력도 있습니다. 어렵다고 해서 결코 포기하지 않을 겁니다. 사명감과 열정으로 불타고 있는 젊은이입니다."

볼로그에게도 연구소 참여는 희소식이었다. 한 나라의 삶의 질을 향상시킬 수 있다는 생각은 정말 매혹적으로 느껴졌다. 수십 년 동안 볼로그를 알고 지낸 미네소타 대학 식물병리학 교수 리처드 자이엔Richard Zeyen은 당시의 볼로그를 이렇게 평했다.

"그에게는 작은 마을에 사는 농부들이 그러하듯이 서로서로 도와야 한다는 마음가짐이 있었다. 그는 강할 뿐 아니라 자신이 강하다는 사실도 잘 알았고, 자신의 힘으로 다른 사람을 도울 수 있다는 것도 알았다."

1944년에 록펠러재단의 중재로 전시 대기 상태가 풀려 볼로그는 자유롭게 멕시코로 갈 수 있었다. 당시 마거릿이 둘째를 임신한 상태였고 멕시코는 아직 낙후된 데다 3200킬로미터나 떨어져 있었지만, 볼로그는 록펠러재단의 제의를 받아들였다.

볼로그는 윌밍턴에서 텍사스 주 러레이도까지 차를 타고 가서, 멕시코 프로젝트에 참여할 커뮤니케이션 전문가 에드윈 웰하우센Edwin Wellhausen을 만났다. 러레이도를 떠난 두 사람은 사흘 동안 무더운 비포장도로지만 무척이나 다채로운 길을 따라 1300여 킬로미터를 달려갔다. 두 사람이 도착한 곳은 멕시코시티에서 32킬로미터 떨어진 곳에 있는 차핑고 농업학교였다. 잡초가 무성하게 자란 800에이커의 밭으로 둘러싸인 곳에 이제 막 아도베adobe 벽돌로 지어 타르지를 지붕으로 얹은 헛간 같은 건물이었다. 트럭도 트랙터도 없었고 연구 재료도 관개시설도 연료도 타이어도 없었다. 전쟁이 모든 것을 앗아가버린 멕시코에는 남은 것이 아무것도 없었다.

미국인들을 괴롭힌 것은 또 있었다. 웰하우센이 "깃털 침대를 주먹으로 치는 것과 같다"고 표현한 멕시코의 관료주의는 미국인들을 절망에 빠뜨렸다. 멕시코시티에 있는 호텔에서 첫날 밤을 보낸 볼로그는 이 생소한 나라에서 자신이 무슨 일을 할 수 있을지 도무지 확신이 서지 않았다.

그러나 차핑고에 온 세 주역(볼로그와 웰하우센, 그리고 토양 전문가 한 명)은 곧 작업에 착수했다. 길을 내고 지하 수로를 설치하는 일부터 파종할 땅을 만드는 일까지 모든 일을 처음부터 시작해야 했다. 작업 속도를 높이려고 과학자들은 인근 농부들에게 연구용 텃밭을 경작하게 했다. 그러나 얼마 지나지 않아 멕시코 농부들은 너무 가난하고 굶주렸으며 교육을 받지 않은 탓에 그런 일을 수행할 능력이 없다는 사실을 알게 됐다. 멕시코에서 맞닥뜨린 상황은 미국 과학자들을 점점 절망에 빠뜨렸다.

그런 볼로그에게 11월 초 마거릿이 전화를 해왔다. 두 사람의 아기가 척추가 완전히 닫히지 않은 척추 피열spina bifida 상태로 태어났다는 전화였다. 볼로그는 갓 태어난 스콧을 보려고 윌밍턴으로 날아갔다. 그것이 그가 아들을 처음이자 마지막으로 본 순간이었다. 생명을 유지할 수 없을 만큼 허약한 아기는 병원을 떠날 수 없었다. 볼로그는 마거릿에게 자신이 미국으로 돌아와야 하지 않겠느냐고 물었다. 그러나 이미 스콧은 살아날 가망이 없다는 사실도, 남편의 마음이 멕시코에 있다는 사실도 알고 있던 마거릿은 그렇게 하지 말라고 했다. 볼로그가 떠난 후 마거릿은 스콧과 함께 병원에 남았지만, 스콧이 살아날 가망이 없음이 분명해지자, 의사의 충고대로 지니만 데리고 멕시코시티로 향하는 열차에 올랐다. 스콧을 뒤로하고 차마 떨어지지 않는 발길로. 몇 달 후 스콧이 세상을 떠났다. 그로부터 4년 후 멕시코시티에서 볼로그의 또 다른 아들이 태어났다. 아이 이름은 빌이라고 지었다.

세 가지 혁신

다른 학문과 달리 농업을 공부하면서는 '아하!' 하고 감탄을 내뱉을 만한 순간을 찾기가 힘들다. 중요한 발견의 순간도, 기적 같은 회복도, 획기적인 변혁도 거의 없는 분야가 농업이다. 느리기는 하지만 계절에 맞추어 수백 년 동안 이어져온 방법으로 농사지을 땅을 준비하고, 씨를 뿌려 자란 식물의 특성을 살펴보는 것, 이것이 바로 농업이다.

그러나 한 나라의 식량난을 해결하는 과제를 그런 속도로 진행한다면 기운이 빠져 제대로 해낼 수 없을 것이다. 볼로그는 농업과학 지식을 철저히 활용해서 작업 진행 속도를 높였다. 멕시코 전역에서 잘 자라는 밀 품종을 찾아내려면 수천 종에 달하는 밀 품종을 교배해서 녹병균에 강하면서도 결실을 많이 맺는 쪽으로 유전자 변이를 일으킨 품종을 찾아내야 한다. 만약 예전부터 농업학자들이 써온 방법으로 밀을 교배한다면 새로운 품종을 심고 그 식물이 자란 후에 특성을 관찰하는 동안 수십 년이 지나버릴 것이다. 그러나 멕시코의 비참한 상황을 목격한 볼로그는 수십 년이라는 시간을 기다릴 수 없었다. 시간을 단축할 방법을 찾아야 했다.

멕시코에서 볼로그가 이룩한 혁신은 모두 세 가지다. 그중 첫 번째는 한 장소의 밀 품종을 다른 장소에서도 재배한 것이다. 볼로그는 한 품종의 밀을 심어 그 밀이 자란 후 수확량이 얼마나 나오는지 관찰하는 방법 대신 한 해에 생장 환경이 다른 두 품종을 같이 심는 방법을 택했다. 멕시코 밀은 여름 품종과 겨울 품종이 있다. 여름 품종은 멕시코시티 외곽에 있는 차핑고 지역의 메마르고 건조한 고지대에서 자라고, 겨울 품종은 멕시코시티에서 북쪽으로 2000킬로미터 정도 떨어진 소노라 주 야키 계곡에서 자란다. 해수면과 높이가 비슷한 야키 계곡의 토양은 수분이 많고 비옥하다. 밀이 생장하는 시기가 다른 이유는 고도와 기온이 다르기 때문이다. 1년에 두 종만 재배할 수는 없었던 볼로그는 두 품종의 지역적 차이를 이용하면 한 지역에서 잘 자라는 품종이 다른 지역에서도 잘 자라는지를 관찰할 수 있을 것이라고 생각했다. 볼로그는 여름에 차핑고에서 수확한 밀을 겨울에 소노라에 심었고, 겨울에 소노라에서 수확한 밀을 여름에 차핑고에 심었다.

이런 볼로그의 방식은 당시 농업학계에 종사하던 과학자들에게는 생소한 것이었다. 동료들은 볼로그를 괴짜라고 여겼다. 연구소를 담당하던 하라는 두 지역으로 자원이 나뉘는 것을 원치 않았다. 당시 멕시코를 육로로 여행하는 것이 얼마나 어려운지 잘 알았던 하라는 "멕시코를 가로지르며 왕복 4000킬로미터나 왔다 갔다 해야 하다니, 정말 터무니없는 일"이라고 했다. 하라는 볼로그에게 이렇게 말했다.

"당신은 모든 것을 다 잃을 수도 있어. 도대체 무엇 때문에 그래야 하지? 우리가 문제를 풀어야 할 곳은 바로 이곳, 낙후된 지역이야. 그 점을 명심했으면 하네."

하라는 또 다른 담당자인 웰하우센에게 볼로그를 설득해달라고 부탁하기도 했다. 그러나 비켈이 전기에도 썼듯이, 볼로그는 하라의 말에 턱을 내밀며 눈썹을 찡그렸다. 볼로그의 태도는 강인한 레슬링 선수였을 때의 모습을 연상케 했다. 단지 레슬링 시합에서는 젊은 선수를 상대했지만 지금은 자신의 상관을 상대해야 한다는 것, 시합은 이기고 지는 여부가 문제지만, 지금은 수백만 멕시코 사람들의 삶과 굶주림이 문제라는 것이 달랐다. 그때 볼로그는 이렇게 말했다.

"내 사기를 꺾지 말아요, 에드윈. 나도 내가 얼마나 중요한 일을 하고 있는지 잘 알아요. 어떤 일을 해서는 안 된다고 말하지 말고, 어떤 일을 해야 하는지 말해줘요. 그리고 내가 내 일을 할 수 있게 해주고요. 야키 계곡에서 하는 일은 시도해볼 가치가 있어요. 녹병을 이겨낼 방법이란 말입니다. 1년에 두 세대를 동시에 재배할 수 있다는 건 교활한 녹병균을 물리치고 앞서 나갈 수 있다는 뜻이에요. 내가 문제를 해결할 수 있도록 소노라에서 작업하게 해준다면 우리가 녹병균을 이길 게 분명해요. 더 많은 일을 한다느니 부담이 된다느니 하는 게 뭐가 중요해요. 분명히 제대로 될 거예요. 난 내가 할 수 있다는 걸 믿어요."

결국 하라가 볼로그의 고집에 두 손을 들었고, 볼로그는 한 해 동안 원하는 대로 밀을 재배할 수 있었다. 그러나 다음 해 스태크먼을 비롯한 록펠러재단 사람들 셋이 멕시코를 찾아오자 이 문제가 다시 불거졌다. 그때 멕시코를 찾아온 세 명 중 하나인 식물유전학자 H. K. 헤이즈Hayes는 볼로그에게 이렇게 말했다.

"자네가 하는 프로그램은 원 안을 뱅글뱅글 도는 것과 같아. 한발 앞으로 나간 것 같다가도 다음번엔 한발 뒤로 물러나게 된다고."

헤이즈는 식물이 자라게 될 곳에서 품종을 개량해야 한다고 믿는 고전적인 학자였다. 그는 식물이 자라는 데는 다양한 지역적 변수가 작용하기 때문에 한 곳에서 개량한 식물을 다른 곳으로 옮기는 것은 효과가 없다고 생각했다.

록펠러재단 사람들이 소노라에서 밀을 재배하는 것을 반대하자 하라가 볼로그에게 짜증을 내며 말했다.

"그러니까 바히오 지역에서 진행하는 연구에 몰두해야 한다고 누누이 말했잖나(바히오 지역은 볼로그가 체류하는 곳이었다). 자네 고집 때문에 두 번이나 자네 계획을 검토했지만, 두 번 다 안 된다는 말만 들었어. 그런데도 상부의 결정을 받아들이지 않는 이유가 뭔가?"

볼로그는 이렇게 대답했다.

"그게 여러분의 확고한 대답이라면 제게도 확고한 생각이 있습니다. 여러분은 여러분의 규칙을 얌전히 따를 다른 사람을 구해야 할 겁니다. 여러분이 정한 정책은 틀린 겁니다. 전 그 정책을 따를 수 없습니다. 이제 전 그만둘 테니, 내일 아침에 사직서를 받으실 수 있을 겁니다."

말을 마치고 볼로그는 성큼성큼 걸어서 나가버렸다.

다음 날 아침 볼로그를 찾아온 스태크먼은 볼로그가 계속해서 치팡고 연구소에서 일할 수 있도록 하겠다고, 그날 중으로 사직서를 되찾아 오겠다고 약속했다. 볼로그의 계획이 효과가 있을 것이라고 확신한 스태크먼은 하라를 만나러 갔다. 그런데 공교롭게도 소노라 농부가 하라에게 보낸 편지가 한 통 도착해 있었다. 그 농부는 소노라에서 병에 강한 새로운 품종을 심어준 볼로그와 록펠러재단에게 고마움을 표시하려고 편지를 보낸 것이었다. 그 농부는 "볼로그 박사님이 정말 짧은 기간에 얼마나 엄청난 결과를 만들어내셨는지를 말씀드리고 싶었다"고 했다. 다시 회의가 열렸다. 비록 농부의 편지가 얼마나 영향을 미쳤는지는 아무도 모를 일이지만, 하라는 볼로그가 밀을 신고 멕시코의 두 지역을 오가는 것을 허락해주었다.

볼로그가 멕시코에서 일으킨 두 번째 혁신은 교배하는 품종의 수를 엄청나게 늘린 것이다. 당시 식물을 교배하는 사람들은 매해마다 몇몇 종의 품종만 교배한 후, 교배한 품종이 자라면 그중에 괜찮은 품종을 골라 다음 해 파종하는 방법을 썼다. 하지만 그런 방법으로는 강인한 생명력을 가진 새로운 품종을 얻는 데 몇십 년이 걸릴 수도 있었다.

오랜 세월 느긋하게 기다리는 것이 전혀 체질에 맞지 않았던 볼로그는 새로운 방법을 쓰기로 했다. 볼로그는 자신이 원하는 하나의 품종을 얻으려면 적어도 교배를 1000번은 해야 한다는 사실을 알고 있었다. 따라서 그는 세계 전역에서 자라는 수천 종에 달하는 밀 품종을 한꺼번에 수집해서 동시에 교배하는 방법을 택했다. 물론 녹병균 같은 균류가 일으키는 질병에 강하고 토양과 기후 상태가 다양한 멕시코에서 잘 자라는 품종을 찾기 위해서였다.

볼로그는 또한 다계품종(특정 지역에서 발생하는 질병에는 각각 다른 저항을 갖는 유전자를 가지고 있지만, 그 유전자 외에 다른 농업적 특성은 동일한 품종 - 옮긴이) 교배 방식을 적극 활용해 한 개의 단일 모종을 역교배하여 질병에 저항하는 다양한 유전형질을 한 품종에 넣는 방법을 택했다. 그 일은 따가운 멕시코 햇살 아래서 재배하는 밀 품종을 하나하나 손으로 교배해야 하는, 엄청난 시간이 걸리는 고단한 일이었다. 금요일 저녁이면 볼로그는 한 주의 작업을 마치고 여섯 시간 동안 차를 달려 멕시코시티로 돌아왔다. 주말을 가족들과 보내기 위해서였다. 토요일 아침이면 볼로그는 아들이 속한 야구 팀 감독이 되어야 했다. 아들의 야구 팀은 볼로그와 록펠러재단의 과학자인 존 니더하우서John Niederhauser가 창설한 멕시코 최초의 어린이 야구 리그에서 활약했다. 그 무렵 멕시코에서 함께 지낸 동료는 볼로그에 대해 훗날 이렇게 썼다.

> 그저 일을 했다고 말하는 것은 볼로그에게 맞지 않다. 그는 흡사 격투를 벌이는 것 같았다. 전력을 다해 수고를 감내하는 것도 재능이라면, 볼로그에게는 분명 그런 재능이 있었다.

무엇보다도 중요한 것은 볼로그는 결코 완벽을 추구하지 않았다는 것이다. 그가 바란 것은 그저 좀 더 나아지는 거였다. "완벽하게 될 때까지 기다릴 시간이 없었으니까요."

당장 굶주리고 있는 사람들을 생각하면 정말 그랬다. 볼로그에게는 그해에 수확량이 40퍼센트 증가하는 것이 5년 후에 90퍼센트 증가하는 것보다 훨씬 중요했다. 1952년에 볼로그의 묘목장에서는 4만 종이 넘는 밀 품종이 자라고 있었고, 6000번이 넘는 교배를 진행했다. 볼로그는 모든 일을 정확하고 꼼꼼하게 기록해두었다. 생장 시기가 다른 품종을 두 장소에서 교차 재배하는 방법으로 볼로그는 새로운 품종을 개발하는 시간을 절반으로 단축할 수 있었다. 1956년까지 볼로그는 녹병에 강한 키 큰 밀 품종을 40종 개발했다. 이 밀들의 문제점은 단 한 가지였는데, 사실 아주 심각한 문제였다. 그 무렵 농부들은 더 많은 수확을 얻고자 비료를 사용하기 시작했다. 그 결과 밀은 점점 길게 자라다가 픽 쓰러져버렸다. 농부들 말을 빌리자면 키 큰 밀들은 바람과 비에 쉽게 넘어졌기 때문에 한 해 농사를 한순간에 망쳐버릴 수 있었다.

그리하여 볼로그는 이 문제를 해결하고자 세 번째 혁신에 착수했다.

볼로그는 자신이 개발한 녹병에 강한 품종을 일본에서 가져온 키 작은 밀과 교배해 단단하면서도 키 작은 새로운 밀 품종을 만들어냈다. 결과는 놀라웠다. 새로 개발한 키 작은 멕시코 밀은 1에이커당 2톤에서 1에이커당 4톤이라는 경이로운 수확량 증가로 이어졌다. 생산량이 두 배가 된 것이다.

인도에서 녹색혁명을 시작하다

1950년대 말이 되자, 볼로그가 멕시코에서 개발한 밀 품종 덕분에 멕시코의 밀 생산량은 자급자족이 가능할 정도가 됐고, 멕시코 과학자들도 자신들이 스스로 만들어낸 프로그램을 진행할 수 있는 수준에 이르렀다. 이제 볼로그가 멕시코를 떠날 때가 된 것이다. 볼로그는 바나나 질병을 연구하는 일자리를 놓고 열대 과일 회사와 조건을 조율하기 시작했다. 그런데 그 무렵 록펠러재단이 또 다른 재앙에 눈을 돌렸다. 이번에는 아시아에 임박한 기근이 문제였다.

1960년대 초반에 아시아 인구는 엄청나게 증가했다. 그러나 아시아 농부들은 충분한 식량을 생산하지 못했다. 전문가들은 그 때문에 엄청난 기아 현상이 발생할 거라고 예측했다. 그중에는 미국이 인도 문제에 관여하지 말고 수백만 명이 굶어 죽게 함으로써 스스로 인구를 조절하게 해야 한다는 사람도 있었다. 그 무렵에는 미국의 식량 수출 계획이 인구 증가를 따라가지 못하자 국회의원들이 살릴 사람과 죽일 사람을 선택하게 된다는 내용을 담은 패덕Paddock 형제의 『기아 1975년, 미국의 결정-누구를 살릴 것인가!』를 비롯해 기아와 관련된 여러 권의 책이 베스트셀러에 올랐다. 그중에서도 『인구 폭탄*The Population Bomb*』을 쓴 생물학자 파울 에를리히는 특히 유명해졌다. 그는 인도가 자급자족하게 된다는 주장은 '환상'일 뿐이라면서, "지금에 와서 아무리 요란한 프로그램을 시작한다고 해도 1970년대와 1980년대에는 수십억 명이 기아로 죽을 것"이라고 했다.

이런 상황에서 록펠러재단은 볼로그를 비롯한 여러 과학자들을 현장에 보내 현지 실정을 조사하도록 했다. 아시아로 달려간 미국 과학자들은 그곳에서 굶주림과 가난을 목격했다. 너무나도 비참한 나머지 많은 이들이 넋을 잃을 지경이었다. 그러나 볼로그는 패배주의자와는 거리가 멀었다. 그는 아시아가 처한 문제를 타파하기로 했다. 아시아에서 볼로그는 농업 시스템을 완전히 개조하고자 기술적·심리적·경제적 요소를 이용한 킥오프(활동 시작) 전략을 실시하기로 했다.

기술이 필요한 작업은 아주 이른 시기부터 실행할 수 있었다. 1963년에 록펠러재단은 멕시코에 국제옥수수밀연구소CIMMYT를 설립했다. 국제옥수수밀연구소는 아프가니스탄, 키프로스, 사우디아라비아, 리비아, 파키스탄, 중동의 여러 나라, 남아메리카 대륙 열 개 나라에서 온 사람들을 훈련생으로 받아 농업을 발전시킬 수 있는 모든 지식을 가르쳐주었다. 그러나 연구소에 인도 사람은 없었다. 인도에서 농업을 담당한 관리들이 미국의 노력을 의심의 눈초리로 쳐다보았기 때문이다. 북아프리카, 중동아시아, 남아시아, 라틴아메리카 전역에 묘목장을 세운 볼로그는 멕시코에서 가져온 밀 품종을 이용해 현지에 가장 적합한 밀 품종을 개발했다.

볼로그의 두 번째 전략은 볼로그 자신이 농부의 마음을 잘 알기 때문에 세울 수 있었다. 볼로그는 1932년 소련에서 엄청난 기근이 발생하고 1958년 중국에서 기근이 발생한 것은 상의하달식 정부 정책 때문이라는 사실을 잘 알았다. 그는 정부의 정책도 중요하다는 것을 잘 알았지만, 농업이 발전하려면 언제나 농부들의 마음을 먼저 헤아려야 한다고 생각했다. "볼로그는 언제나 농부들의 마음을 먼저 헤아렸습니다." 자이옌의 말이다.

예를 들어 파키스탄에서 볼로그는 새로운 밀 품종을 심은 곳 옆에 현지인들이 재배하는 밀을 심었다. 자이옌은 계속해서 설명했다. "그렇게 나란히 심어놓으면 아무리 우둔한 사람이라 해도 차이를 쉽게 알 수 있죠. 밀이 어느 정도 자라면 볼로그는 농부들을 묘목장으로 초대합니다. 잘 자란 밀을 보면 농부들은 모두 흥분하게 되지요. 하지만 볼로그는 새로운 품종에 대해 설명해준 뒤, '이건 황금하고 똑같다. 그러니 손대지 말라'고 말합니다. 그러고는 뒤를 돌아 다른 곳을 봅니다. 그 순간 농부들은 새로운 품종의 밀에 손을 뻗어 이삭을 따 갑니다. 당연한 일이죠."

그런 식으로 볼로그는 농부들이 새로운 종자의 필요성을 깨닫게 함으로써, 농부들이 관료들에게 자신들을 지원할 방법을 찾도록 압력을 넣게 했다. "농부들은 정말 영리한 사람들이죠. 농부들은 같은 땅이라도 새로운 종자를 심어 훨씬 많이 수확할 수 있다면 그만큼 더 많은 돈을 벌어 가족들을 더 잘 부양할 수 있다는 사실을 알아요." 역시 자이옌의 말이다.

볼로그의 세 번째 전략이 성공하려면 정부가 자신들의 농업 정책을 완전히 바꿔야 했다. 볼로그가 보급하는 경작 방식은 농부들에게는 완전히 새로운 방식이었기에, 농부들은 대출을 받아서 필요한 비료와 새로운 종자를 사야 했다. 비료를 얻는 것은 언제나 힘들었다. 볼로그가 개량한 밀은 비료를 엄청나게 흡수하는 종이었다. 그러나 당시 경제학자들은 비료가 엄청난 수확량을 얻기 위한 투자라는 사실을 깨닫지 못했다. 볼로그는 정부가 배수 설비와 관개 설비를 개량하고 파종과 수확에 필요한 장비를 살 수 있도록 농부들에게 금융 혜택을 주어야 한다고 주장했다.

농부들에게 필요한 것은 또 있었다. 정부는 농부들이 수확한 밀을 시장에 팔 수 있도록 도로도 정비하고 다리나 창고 같은 기반 시설도 마련해주어야 한다. 정부는 또한 농부들이 수확할 곡물의 공정한 가격을 미리 보장해주어야 한다. 정부 관료들은 갑자기 나타나 자신들의 농업 정책에 대해 왈가왈부하는 이 미국인을 엄청나게 미심쩍은 눈으로 쳐다봤지만, 볼로그는 관료들에게 그저 과학 논문을 보여주는 것만으로는 바꿀 수 있는 게 아무것도 없다는 사실을 잘 알았다. 그는 기적의 종자는 농업 정책이 결실을 맺도록 하기 위한 첫걸음일 뿐이라는 사실을 관료들에게 제대로 알릴 방법을 찾아야 했다.

그러나 1947년 영국에서 독립한 인도에서는 관료들을 설득하기가 너무나 어려웠다. 1964년 당시 인도는 초대 총리였던 네루가 사망하고 취약한 민주주의가 냉전 시대 두 열강의 틈바구니에서 비틀거리고 있을 때였다. 사실 인도는 소련 쪽에 붙을 확률이 다분했다. 더구나 농업이 아닌 산업에 훨씬 무게를 두고 있던 인도 정부의 정책 실패는 사정을 훨씬 악화시켰다. 1960년대 초반 미국은 인도를 지원하는 (동시에 남은 곡물을 처리하려고) '평화를 위한 식량Food for Peace'이라는 프로그램을 시작했다. 그 결과 1964년부터 1965년까지 구호 곡물 500만 톤이 배에 실려 인도로 왔다. 캐나다와 호주도 역사에 남을 만한 대규모 식량 구호품을 보내왔다. 그러나 그 정도로 인도의 식량 사정을 개선하려는 것은 양동이로 산불을 끄려고 하는 것이나 다를 바 없었다.

자이엔의 말처럼 "인도 사람들을 모두 먹이려 하면 미국이 파산해버릴 게 분명했다." 결국 인도인 스스로가 식량을 생산하는 법을 배우는 게 무엇보다 중요했다. 그 말은 즉 멕시코에서 입증된 기술 발전을 이곳 인도에 도입해야 한다는 것을 의미했다. 하지만 문제가 있었다. 그 전략은 인도 사람들이 원하지 않았다. 인도 관리들은 외국에서 가져온 품종을 신뢰하지 않았을 뿐 아니라 자국민이 배불리 먹으면 안 그래도 취약한 사회질서가 깨지고, 엘리트가 이끄는 정부 조직이 붕괴될 거라고 걱정했다.

당시 인도는 멕시코로 훈련생들을 보내지 않았기에 볼로그와 록펠러재단은 인도의 강력한 경쟁국인 파키스탄이 어떤 식으로 농업 개혁을 해나가는지 보여주기로 했다. 처음 볼로그를 만난 후 40년이 지난 2006년에 그의 전기 『세계를 먹인 남자*The Man Who Fed the World*』를 쓴 레온 헤서Leon Hesser도 당시 파키스탄에서 볼로그를 처음 만났다. 그때 헤서는 미국 국무부 소속으로 파키스탄의 식량을 증산할 책임을 맡고 있었다. 그러나 볼로그가 파키스탄에 오기 전까지만 해도 헤서는 자신의 임무가 실현 불가능한 것이라고 생각했다. "그는 정말 절 구원하러 온 것 같았어요. 그때까지 저도 저희 팀도 파키스탄 농부들에게 해준 것이 별로 없었거든요."

당시 상황을 자이엔은 이렇게 회고한다. "볼로그는 정말 기적 같은 일을 했어요. 파키스탄 같은 나라가 훨훨 날아올라 자급자족을 하게 되니 인도로서도 가만히 있을 수 없었죠."

마침내 인도도 볼로그의 활동에 관심을 보이기 시작했지만, 정부 정책을 바꿀 생각은 하지 않고 오직 성과만 내고 싶어 했다. 볼로그가 다시 한 번 레슬러의 뚝심을 발휘해야 할 순간이었다. 이미 볼로그는 인도 농업 장관인 시리 C. 수브라마니암Shri C. Subramaniam 박사에게 자신의 프로그램을 충분히 납득시켜놓았다. 그런데 불행하게도 그 수브라마니암이 선거에서 지는 바람에 장관직에서 물러나야 했다. 그러나 볼로그는 인도 국민들을 무척 걱정했던 수브라마니암의 주선으로 인도의 농업 정책을 바꿀 힘이 있는 정부 관리를 만날 수 있었다. 바로 인도 정부의 2인자인 아소카 메타Ashoka Mehta 부총리를 만나게 된 것이다. 수브라마니암은 볼로그에게 인도 농업이 변화해야 한다는 사실을 기탄없이 솔직하게 말하라고 했다. 볼로그도 그럴 생각이었다. 그러나 볼로그는 또한 자신의 시도가 그다지 효과가 없을 거라는 것도 알았다. 부총리를 찾아가기 전 볼로그는 동료에게 이렇게 말했다.

"난 수브라마니암 장관이 하라는 대로 할 거야. 인도 정부가 비료와 대출, 곡물 가격과 관련하여 얼마나 터무니없는 정책을 실행하고 있는지 메타 부총리한테 분명하게 말할 거라고. 면담은 끔찍하게 끝나고 부총리가 나한테 이곳을 떠나라고 할지도 몰라. 그러니까 나머지 사람들은 저자세를 유지하는 게 좋겠어. 내가 떠나게 되더라도 자네랑 앤더슨 박사는 여기 남아서 밀 혁명을 계속해야지."

부총리와의 면담은 아주 조용하게 시작했다. 그러나 볼로그가 정부가 비료를 제공해주어야 한다는 주장을 펼쳐나가자 분위기는 점점 격앙됐다. 당시 일을 볼로그는 이렇게 회상했다. "몇 분 동안 두 사람이 동시에 소리를 질러댄 통에 아주 정신이 없었어요. 두 사람 모두 큰 소리로 화가 나서 떠들어댔죠. 그러다가 잠시 숨을 고르고 다시 차분한 말투로 이야기하기 시작했어요."

볼로그는 변화는 천천히 진행해야 한다는 부총리의 말을 계속해서 반박했다. 볼로그는 인도가 비료를 좀 더 많이 수입하고, 비료 공장도 더 많이 세워야 한다고 주장했다. 그는 이 계획을 실현시켜줄 국제 원조 기구 이름을 나열했지만, 부총리는 그중에 단 한 곳의 원조도 받아들이려 하지 않았다. 그때 볼로그가 메타 부총리에게 농부들에 대해서 이야기했다. 인도 정부가 새로운 정책을 시행하면 농부들의 생산량이 놀라울 정도로 크게 늘어나고, 결국 인도의 전체 경제도 엄청나게 활기를 띠게 될 거라는 내용이었다. 볼로그는 인도도 분명히 자급자족을 할 수 있다고 믿었다.

"면담이 끝날 무렵 우리 둘 다 친밀감까지는 아니지만 서로를 존중하는 마음을 갖게 됐다는 걸 깨달았죠."

그로부터 2주 후, 인도의 신문 지면은 온통 인도가 새로 시행할 농업 정책에 대한 기사로 가득 찼다. 결국 정부가 항복하고 볼로그가 승리했으며, 농부들은 열심히 일할 수 있게 됐다. 그해 파키스탄과 인도는 멕시코에서 밀 종자를 600톤이나 주문했다. 밀 종자를 싣고 멕시코시티를 출발한 서른다섯 대의 트럭은 먼저 로스앤젤레스로 왔다. 당시 그곳에서 발생한 와츠 소요 사태Watts riots(1965년 8월 11일, 로스앤젤레스 와츠에서 경찰이 흑인 운전자와 그 형을 곤봉으로 때린 일을 시작으로 일어난 소요 사태 - 옮긴이) 때문에 출발이 지연되던 차에 은행에서 볼로그 측으로 연락이 왔다. 파키스탄에서 준 9만 5000달러짜리 어음에 틀린 철자가 있어 은행에서 받을 수 없다는 전화였다. 언제나 관료주의와 마찰을 빚던 볼로그가 드디어 폭발하고 말았다.

"저 밀을 배에 싣고 필요한 곳으로 가져가라고!"

그렇게 겨우 밀을 배에 실을 수는 있었다. 그런데 밀을 실은 배가 미국을 출발하고 얼마 되지 않아 파키스탄과 인도가 전쟁을 시작했다.

볼로그의 밀 종자는 전쟁에도 아랑곳없이 인도아대륙과 그곳 농부들에게 인기가 있었다. 농부들은 포화 속에서, 포격이 들리는 지척에서도 씨를 뿌리고 경작을 했다. 하지만 너무 늦게 파종한 데다 아주 많은 종자들이 그을린 채 멕시코로 되돌아갔다. 싹을 틔운 종자는 별로 없었다. 그 소식을 듣고 볼로그는 비행기를 타고 현장으로 날아갔다. 그는 종자에 영양분을 주라고 했다. 농부들이 비료 양을 세 배로 늘리자 효과가 나타나기 시작했다. 종자를 늦게 심었는데도 첫해 수확량은 그 전보다 70퍼센트가 증가했고, 다음 해 수확량은 98퍼센트가 증가했다.

식량 사정이 나아졌고 서방 국가에서 엄청난 양의 곡물을 보내주었지만 아직 충분하지 않았다. "우리는 아직 식량 문제를 모두 해결한 것이 아닙니다." 볼로그는 인도 농업 장관에게 경고했다. "다시 배고픔을 겪지 않으려면 필리핀에서 이제 막 개량한 키 작은 쌀과 함께 생산량이 풍부한 키 작은 밀을 심어야 합니다."

볼로그의 제안에 마침내 인도 정부가 대담한 발걸음을 내딛기 시작했다. 인도 정부는 멕시코 밀 종자를 1만 8000톤 주문했고, 역사상 가장 큰 규모로 종자를 수입하고자 전세기를 두 대 빌렸다. 멕시코에서 종자를 실은 비행기가 태평양을 건너 인도로 왔다. 그리고 다음 해에는 파키스탄이 밀 종자를 4만 2000톤 주문했다. 인도와 파키스탄은 마치 경주를 벌이듯이 농업 정책을 펼쳤다. 1968년 파키스탄이 곡물을 자급자족할 수 있게 됐고, 1974년 인도가 그 뒤를 따랐다. 인도의 밀 생산량이 증가하는 동안 1인당 칼로리 섭취량이 꾸준히 증가했고, 영양 결핍에 걸린 사람은 전체 인구의 39퍼센트에서 22퍼센트로 줄어들었다.

경쟁 국가와 이웃 국가에서 일어나는 일을 지켜보던 중국도 농업 정책을 바꾸었다. 그 결과 지난 30년 동안 중국에서 영양 결핍에 걸린 인구는 52퍼센트에서 12퍼센트로 줄어들었다. 밀 혁명의 놀라운 점은 경작지를 늘리지 않고도 수확량을 엄청나게 늘릴 수 있었다는 데 있다. 인도의 경작지당 수확량은 150퍼센트가 늘었고, 중국은 300퍼센트가 늘었다. 인도는 같은 경작지에서 1년 동안 두 번 수확하는 이모작을 채택했다. 한 번은 몬순이 필요한 물을 대주었고, 또 한 번은 정부가 건설한 수많은 관개시설과 댐 덕분에 가능해진 인공 관개수로가 물을 대주었다. 전문가들에 따르면, 이런 변혁이 없었다면 인도는 거의 캘리포니아의 면적과 맞먹는 크기인 1억 에이커에 달하는 땅을 경작해야 했을 거라고 한다.

1968년 미국 국제개발처USAID 처장 윌리엄 고드Willam Gaud는 이렇게 말했다. "농업 분야에서 아시아를 비롯한 여러 개발도상국에 밀과 쌀의 새로운 품종이 빠른 속도로 보급된 것은 새로운 혁명의 가능성을 내포한다. 과학과 기술이 가능하게 해준 이 혁명을 나는 녹색혁명Green Revolution이라고 부르고 싶다."

녹색혁명이라는 말은 이때 처음으로 등장했지만, 그 파급효과가 엄청났기에 곧 누구나 쓰는 용어로 정착했다. 휴스턴 대학의 경제학 교수 토머스 R. 드그레고리Thomas R. DeGregori는 "녹색혁명의 핵심은 세계 열량 섭취량을 23퍼센트 증가시킨 볼로그의 밀이 만들어낸 곡물 혁명"이라고 했다. 물론 농업의 엄청난 발전이 볼로그 한 사람의 공로는 아니지만, 멕시코에서 수없이 많은 밀 품종을 교배하고 철인 같은 의지로 정부 관료들을 설득한 그의 노력이 녹색혁명을 일으키는 데 엄청난 기여를 한 것은 틀림없다.

생명을 살린 것은 영양분

1960년대에는 이른바 전문가라는 사람들이 1970년대가 되면 식량 부족으로 인한 대량 기아 사태가 발생할 거라고 예언했다. 그러나 그 무렵 식량 공급과 인구 증가를 예측한 더 현실적인 평가를 보면 녹색혁명으로 생산량을 증대하지 않았더라도 그런 무서운 일이 일어났을 것 같지는 않다. 노벨 경제학상을 받은 아마르티아 센Amartya Sen 같은 학자들은 식량 부족에 따른 기근 문제는 20세기 안에 대부분 해결될 거라고 예측했다. 현대 문명은 기아를 막고자 막대한 양의 식량을 먼 곳으로 이동할 능력과 의지가 있다. 현재 발생하는 기아 문제의 원인은 식량 부족보다는 전쟁으로 인한 식량 공급 단절, 신뢰할 수 없는 정부 정책, 경제 문제 등에서 찾아야 한다. 볼로그가 일으킨 혁명이 '기근'이라는 단어를 접할 때면 떠오르는 배가 볼록한 어린이들을 구할 수는 없었지만, 수억 명의 생명을 살린 것은 분명한 사실이다.

장기적으로 봤을 때 식량 때문에 사망한 사람들 중에서는 순수하게 굶어 죽은 사람보다 영양 불균형 때문에 죽은 사람이 훨씬 많다. 1800년대 말에 인류는 괴혈병 같은 질병을 막으려면 영양을 충분히 섭취해야 한다는 사실을 알게 됐다. 그리고 20여 년 전에 여러 과학자들, 그중에서도 특히 노벨상 수상자 로버트 윌리엄 포겔Robert William Fogel 같은 과학자들은 영양분이 인류의 수명에도 엄청난 영향을 미친다는 사실을 밝혀냈다. 다시 말해서 어릴 때 당신에게 야채를 먹으라고 한 어머니의 말씀이 당신의 수명을 결정한다는 뜻이다. 포겔은 산업 시대 전에 유럽 전체 인구 중 20퍼센트에 해당하는 사람들이 하루 동안 소비해야 할 열량을 충분히 섭취하지 못했다고 했다. 그러나 열량은 식량이 공급하는 여러 이익 가운데 겉으로 드러나는 한 가지 요소일 뿐이다.

포겔은 또한 미국 남북전쟁 때 북부군으로 참전한 군인들의 키와 수명 사이의 흥미로운 관계를 규명한 과학자들의 연구 결과도 함께 소개했다. 북부군이 군대에 입대했을 때부터 마지막 군인연금을 받을 때까지의 기간을 분석한 자료로, 키가 큰 군인이 더 오래 산다는 것을 보여주었다. 다른 지역에서 진행한 연구 결과도 비슷한 상관관계를 보여주었다. 사람의 키는 유전자의 영향도 받지만 환경, 그중에서도 특히 어린 시절의 영양 섭취가 키에 큰 영향을 미친다. 실제로 영양 상태가 개선되면서 평균 신장이 크게 증가한 사례를 세계 곳곳에서 찾을 수 있다. 예를 들어 1775년 프랑스 남자들의 평균 신장은 162센티미터였다. 그러나 지금은 177센티미터다. 신장이 늘어났다는 것은 질병을 막을 수 있는 더 튼튼한 신체 기관을 갖추게 되었다는 것을 의미한다.

이와 같은 흥미진진한 관계를 찾아낸 과학자들은 또 있다. 막스플랑크인구연구소의 가브리엘레 도블하머Gabriele Doblhammer와 제임스 W. 보펠James W. Vaupel은 10월, 11월, 12월에 태어난 사람들이 다른 달에 태어난 사람들보다 평균 6개월 정도 더 산다는 사실을 알아냈다. 남반구에서 실시한 실험에서도 수명이 6개월 정도 차이가 난다는 결론이 나왔다. 과학자들은 결과에 영향을 미칠 수 있는 다른 요소들을 배제해나가는 방법으로 연구를 진전시켰다. 그리하여 10월부터 12월 사이에 아기를 출산한 산모들은 과일과 채소를 마음껏 먹을 수 있었기에 그런 결과가 나왔다는 결론을 내렸다. 이는 사람이 먹은 음식뿐 아니라 그 사람의 어머니가 임신 중에 먹은 음식도 수명에 영향을 미친다는 것을 뜻한다.

DNA 염기 서열에 변화가 없는데도 유전자 조절에 변화가 일어나는 현상을 연구하는 후성(후생)유전학계에서 최근에 진행한 연구 결과에 따르면, 영양 결핍은 개인의 염색체에 영향을 미쳐 그때 획득한 형질이 다음 세대로 전해질 수 있다고 한다. 후성유전학자들은 DNA 분자의 형성뿐 아니라 DNA가 지정하는 유전자의 발현에 영향을 미치는 화학적·구조적 성질을 연구한다. 후성유전학자들이 연구하는 이런 특성들은 섭취하는 음식 같은 장기적으로 영향을 미치는 환경의 영향을 받을 수 있다. 부모 쥐들의 영양 상태를 개선하자 새끼 쥐들이 훨씬 건강하게 오래 산 예도 있고, 선충류가 살아가는 환경을 바꾸자 환경이 영향을 미친 유전자가 여러 세대에 걸쳐 유전된 경우도 있었다. 사람의 유전자도 환경의 영향을 받는 것이 맞는다면 할아버지가 살던 환경이 손자의 건강 상태에 영향을 미칠 수도 있는 것이다.

앞에서 언급한 내용은 영양분이 성인의 수명에 미치는 영향력과 관련한 내용들이다. 어린아이가 영양분을 제대로 섭취하지 못하면 훨씬 심각한 문제가 생긴다. 현재 추정하는 바로는, 개발도상국에서 사망하는 아이들 가운데 절반의 사망 원인은 영양 상태가 나쁜 데 있다고 한다. 과학자들이 아이들의 건강 상태를 측정하는 방법 중 하나가 바로 발달 장애 혹은 성장 지연 상태를 측정하는 것이다. 영양 결핍이 직접 영향을 미치는 발달 장애는 사망률 증가와 밀접한 관계가 있다. 녹색혁명이 시작된 직후인 1980년에는 개발도상국의 전체 아동 중 47퍼센트가 발달 장애를 겪었다. 2000년에 그 비율은 33퍼센트로 떨어졌다. 영양 상태가 조금만 나빠도 충분히 영양을 섭취하는 아동에 비해 사망률은 두 배나 높아진다. 영양 상태가 아주 나쁘면 사망률은 여덟 배나 높아진다. 성장해야 하는 아이들의 작은 몸은 아이들이 흔히 감염되는 질병을 막을 정도로 강하지 않기 때문이다.

녹색혁명 덕분에 개발도상국 사람들은 적절한 열량과 단백질을 섭취할 수 있었다. 본인이 먹는 음식, 어머니가 먹는 음식, 조부모가 먹는 음식이 한 사람의 수명(과 아이가 어른으로 성장할 수 있는 가능성)에 영향을 미치기 때문에 볼로그가 진행한 녹색혁명이 인류의 생명을 구하는 데 미친 영향력은 아주 지대하며, 지금도 막대한 영향을 미치고 있다. 볼로그의 녹색혁명은 영양 섭취를 개선함으로써 2억 4500만 명의 목숨을 구한 것으로 추정된다. 무엇보다도 가장 중요한 변화는 5세 이하 어린이들의 사망률이 크게 감소한 것이다. 녹색혁명으로 늘어난 영양 섭취는 또한 셀 수도 없이 많은 어른들에게 우아하게 노후를 즐길 기회를 제공해주었다.

모든 사람이 적당량의 음식을 먹는 것이 사회정의의 기본이다

1970년 10월 20일에도 볼로그는 진흙이 여기저기 묻은 작업복, 부츠, 야구 모자 차림으로 멕시코 밀 종자가 자라는 밭에서 특히 우수해 보이는 종자를 골라내는, 그러니까 지난 26년 동안 매일같이 해오던 일을 하고 있었다. 그런데 10시 무렵, 톨루카Toluca 역 가에 있는 바퀴 자국이 난 길을 덜컹거리며 달려오는 차 소리가 들렸다. 차가 멈추고 차에서 마거릿이 내리는 걸 본 순간 볼로그는 가슴이 철렁 내려앉았다. 두 아이들 중 한 명에게 무슨 일이 생겼음이 분명했다. 마거릿의 입에서 무슨 이야기가 나올지 도무지 짐작도 할 수 없었다.

"왜 그래? 뭐가 잘못됐어?"

볼로그는 크게 소리치며 들고 있던 밀을 내팽개치고 마거릿에게 달려갔다.

"잘못된 거 없어. 당신이 노벨 평화상을 받게 되었다고 알려주려고 왔어."

처음에 볼로그는 마거릿의 말을 믿지 않았다. 그는 마거릿에게 집에 돌아가 있으라고 말했다. 아직 해야 할 일이 남아 있었기 때문이다. 그로부터 40분쯤 후에 기자들이 들이닥칠 때까지도 볼로그는 계속해서 일을 하고 있었다.

밀과 빵이 세계 평화에 기여할 수 있을까? 그 질문에 대한 답은 1970년 볼로그에게 노벨 평화상을 준 노벨위원회가 했다. 노벨위원회는 볼로그의 업적이 "국제연합 헌장이 정한 기아로부터의 해방과 관련된 인간의 기본권"을 확립한 일에 해당하는 것으로, 그 덕분에 "인류는 인구 폭발과 식량 생산 사이에 숨 가쁘게 진행되는 경주에 대한 전망을 비관론에서 낙관론으로 전환할 수 있었다"고 했다.

그러나 볼로그에게 노벨상 수상은 전혀 예상 못한 결과였다. 자이옌은 그 이유를 이렇게 설명한다. "볼로그를 이해하려면 그가 이기심이 전혀 없는 사람이란 걸 알아야 합니다. 그는 세상에서 으뜸가는 휴머니스트예요. 사람들이 고통받는 걸 절대 그냥 지켜볼 사람이 아니죠."

볼로그는 가족들을 모두 데리고 노르웨이의 오슬로로 갔다(노벨 평화상은 오슬로에서, 나머지 노벨상은 스웨덴에서 수상한다). 노벨상 수상 소감을 발표하는 자리에서 그는 전 세계 인구를 부양하려는 노력을 멈추어서는 안 된다고 경고했다.

> 사회정의 가운데 가장 기본이 되어야 하는 것은 모든 인류가 한 명도 남김없이 적당한 양의 음식을 먹는 것이 거의 분명할 거라고 생각합니다. 식량은 이 세상에 태어난 모든 사람이 누려야 할 인격권입니다. 그러나 지금도 전 세계 50퍼센트에 달하는 사람들이 굶고 있습니다. 식량이 없으면 사람은 기껏해야 몇 주밖에 살지 못합니다. 식량이 없다면 다른 사회정의 요소들은 아무런 의미가 없습니다. …… 평화를 원한다면, 정의를 구현하려면 더 많은 빵을 생산하는 환경을 만들어내야 합니다. 그러지 않으면 평화도 없습니다.

그는 또한 아직 녹색혁명이 완성된 것이 아니라고 했다.

흔히 쓰는 녹색혁명이라는 말을 사용하는 것은 사실 시기상조인지도 모릅니다. 녹색혁명이라는 말은 너무 낙관적이고 너무 광범위합니다. 실제로 변화가 일어난 곳은 전체 지구의 일부분일 뿐이며, 그 혜택을 받은 농부들도 전체 농부의 일부일 뿐입니다. 그나마도 그런 혜택을 누릴 수 있었던 곳은 관개시설을 제대로 갖춘 곳뿐이었습니다.

환경 운동가들의 비판에 직면하다

볼로그가 농업 생산량을 늘리려는 노력을 계속해가는 동안 점점 더 많은 사람들이 그의 농업 방식을 비판하고 나섰다. 그런 사람들은 수확량 증가를 위해 비료와 살충제를 너무 많이 쓴다고 문제를 제기했다. 밭에 뿌리는 살충제는 개천과 강으로 흘러가 환경오염을 일으켰다. 과도하게 사용한 비료는 엄청나게 많은 조류를 서식하게 해 하천에서 산소를 고갈시켰다. 멕시코 만으로 흘러들어가는 미시시피 강 하구에는 생물이 거의 살지 않는 데드 존Dead Zone까지 생겨났다.

볼로그는 그의 전기 작가 헤서에게 이렇게 말했다. "나는 즉시 소용돌이 속으로 빨려 들어갔어요. 감정적인 문제에 직면하자마자 독단적이고도 흥분한 사람들의 공격을 받게 됐죠. 나는 모욕과 인신공격을 당하고 시답잖은 욕을 듣는 사람으로 전락해버렸어요. 물론 그런 공격을 받을지도 모른다는 건 알고 있었죠. 하지만 책임을 받아들이는 것 말고 내가 할 수 있는 일이 또 뭐가 있겠어요?"

논쟁의 중심에 선 활동가의 입장에서 볼로그는 이렇게 말했다. "서방 세계에서 활동하는 환경 로비스트 중에는 정말 세상의 소금 같은 귀중한 사람들도 있어요. 하지만 지독한 엘리트주의자들도 많죠. 그런 사람들은 굶는다는 게 어떤 건지 몰라요. 그런 사람들은 워싱턴이나 브뤼셀에 있는 사무실에서 안락하게 앉아서 일해요. 그런 사람들은 절대로 식량을 1톤도 생산하지 못해요. 지난 60년 동안 내가 그랬던 것처럼 비참한 개발도상국 사람들 사이에서 한 달만 생활해보라고 하세요. 분명히 비료를 달라, 제초제를 달라, 관개시설을 만들어라, 트랙터를 사달라고 아우성을 치게 될 겁니다. 비난만 퍼붓는 엘리트들에게 엄청난 분노를 느끼게 될 테고요."

대학에 다닐 때 볼로그는 여름방학 때마다 아이다호의 야생에서 홀로 일했다. "지금도 난 자연을 즐기고, 훼손되지 않은 야생, 숲과 산, 호수와 강, 사막의 아름다움을 사랑하고 그 속에 사는 생명체들을 사랑해요. 나는 또 한 가지 분명한 사실도 알아요. 인구 증가는 자연의 영속성을 심각하게 해칠 거라는 걸요."

2000년에 발표한 논문에 볼로그는 이렇게 적었다.

> 우리 모두는 지난 40년 동안 진행되어온 환경 운동에 당연히 크게 감사해야 한다. 환경 운동 덕분에 공기와 물의 질을 개선할 법안을 제정할 수 있었고, 야생 생물을 보호하고, 독성 폐기물을 관리할 수 있게 됐고, 토양을 보호함으로써 생물 종의 다양성을 지켜나갈 수 있었다. 그러나 생명공학을 극단적으로 반대하는 사람들의 주장에는 모순이 있다. 그 사람들의 주장을 그대로 받아들이면 환경과 인류 모두에게 비참한 결과들이 나타날 것이다. 나는 때로 현대 농업

기술을 거부하는 사람들에게 묻고는 한다. 기술 발전이 없었다면 이 세상은 현재 어떤 모습이 되었을까? 무조건 환경을 지켜야 한다는 사람들은 과학이 발전시킨 기술이 불러온 긍정적인 결과에 대해서 생각해봐야 한다.

볼로그는 1961년의 농업기술로 1999년에 생산한 양만큼의 곡물을 기르려면 20억 에이커에 달하는 경작지가 필요하다고 했다. 이는 곧 미국 본토 면적과 비슷한 480만 제곱킬로미터에 달하는 경작지가 필요하다는 뜻이다. 그러나 발전한 농업기술 덕분에 경작지로 써야 할 땅을 야생 생물 보호지 같은 다른 용도로 활용할 수 있었다. 캐나다 매니토바Manitoba 대학의 바츨라프 스밀Vaclav Smil 박사가 지적했듯이 "(화학비료에서 나오는) 연당 8000톤의 질소가 없다면 인류는 현재 인구수보다 20억 명 더 적은 40억 명이 먹을 양밖에는 생산하지 못했을 것"이다.

이런 증거들로 볼 때 볼로그가 진행한 녹색혁명은 그 어떠한 환경 단체보다도 훨씬 넓은 면적의 야생 생물 서식지를 보호해준 셈이다.

멈추지 않는 열정

노벨상 수상도 볼로그의 일상을 바꾸지는 못했다. 그는 70세가 될 때까지 변함없이 농업 외교관으로 활동했고, 그의 농업 방식은 미국을 제외한 여러 나라에서 널리 인정받았다. 1980년대에 볼로그는 반쯤 은퇴한 상태였다. 그런데 그 무렵 유명한 일본 조선업자 한 명이 사하라사막 이남에 있는 아프리카의 기아 상태를 우연히 접하게 된다. 바로 일본 선박진흥회 회장 사사카와 료이치笹川良一(제2차 세계대전 후 일왕제 유지를 위해 자청하여 A급 전범으로 체포됐고, 일본의 식민 통치 덕분에 조선·만주·대만 사람들의 생활과 문화 수준이 향상됐다고 주장한 사람이다. 1976년 박정희 정부가 준 '수교 훈장 강화장'을 수상했다. 1970년대 이후 노벨 평화상을 노리고 공익사업에 뛰어들었다는 평이 있다 - 옮긴이)가 그 주인공이다. 사사카와의 이력은 쉽게 상상할 수 없을 정도로 폭넓고 다채롭다. 제2차 세계대전 때는 군수산업을 비롯한 미심쩍은 사업으로 국제 산업계에서 기반을 다졌고, 미국 대통령으로는 최초로 공직에 있을 때 사하라사막 이남 지역을 방문한 지미 카터 전 대통령의 친구이기도 하다. 1980년대 들어 사사카와는 아프리카에서 기아를 퇴치하고자 국제연합에 수백만 달러를 기부하기 시작했다. 그러나 시간이 흐를수록 사사카와는 돈을 주는 것은 충분하지도 않을 뿐 아니라 아프리카 사람들이 그 돈으로 식량이 아닌 무기를 산다는 것을 알게 됐다. 1985년에 사사카와는 비서를 시켜 볼로그에게 연락했다. 사사카와의 비서는 볼로그에게 말했다.

"어째서 사하라사막 이남의 아프리카에서는 녹색혁명을 일으키지 않는 건가요?"

사사카와의 비서는 볼로그에게 지구 상에 마지막으로 남은 굶주린 땅에도 녹색혁명을 일으켜달라고 했다.

30년이 넘는 시간 동안 볼로그는 아내와 아이들은 뒤로한 채 전 세계를 돌면서 자신의 시간을 바쳐왔다. 수십 년 동안 볼로그는 하루에도 몇 시간씩 밭에 나가 온갖 궂은일을 다 해왔다. 명예롭게 은퇴한 뒤 가끔 강연이나 하면서 정책위원회 고문이라는 사회적 지위를 누릴 만한 자격이 있는 사람을 찾으라고 한다면, 볼로그만큼 그런 지위를 마음껏 누려도 되는 사람은 또 없을 것이다. 게다가 볼로그는 아프리카에 대해서는 눈곱만큼도 아는 바가 없었다. 그는 사사카와의 비서에게 말했다.

"이제 새로운 걸 배우기엔 너무 늙었어요."

그러자 다음 날 사사카와가 직접 전화를 걸어왔다. 그 억만장자는 이렇게 말했다.

"나는 볼로그 박사보다 열세 살이나 많다오. 그러니 빨리 시작하지 않으면 영원히 못할 거요. 내일 당장 시작합시다."

볼로그는 다른 사람을 돕는 과제를 내팽개치고 도망갈 사람이 아니었다. 당시 72세였던 볼로그는 다시 굶주림과의 전쟁터로 돌아왔다. 그는 스위스 제네바에서 아프리카 기아 문제를 평가하는 전문가 회의를 열었다. 그 결과 세 가지 결론이 나왔다. 첫째, 아프리카 식량 사태가 생긴 직접적인 원인은 수십 년간 지속된 아프리카 여러 지역의 (흔히 무정부주의라고 표현하는) 정치적 아나키즘이다. 둘째, 볼로그가 주장했듯이 "기반 시설이 없는 것이 아프리카 사람들을 죽이고 있다." 볼로그는 미국은 인구 100만 명당 포장도로가 2만 킬로미터에 달하는데 에티오피아는 인구 100만 명당 포장도로가 65킬로미터밖에 되지 않는다고 설명했다. 식량을 운반할 수송 시설이 없는데 생산한 식량을 어떻게 시장으로 가져가겠는가? 셋째, 아프리카에는 밀이 자라는 지역이 별로 없다. 따라서 아프리카에는 밀 외에도 생산성이 좋은 또 다른 곡물을 심을 필요가 있었다.

제네바 회의에는 그때 막 설립된 카터재단을 책임진 카터 전 대통령과 빌 페이지도 참석했다. 그곳에서 사사카와는 카터를 설득해 1985년 말에 굶주리는 아프리카 대륙 문제를 해결하기 위한 글로벌 2000 법인을 설립한다. 글로벌 2000 법인은 카터 전 대통령과 사사카와가 공동 회장직을 맡고 볼로그가 농업 혁신을 감독하기로 했다. 아프리카가 볼로그의 새로운 인도가 되는 순간이었다.

맨 처음 사업을 시작할 곳으로 가나가 선정됐다. 1987년 가나에 볼로그가 창안한 농업 혁신 기술이 도입됐다. 1991년이 되자 가나는 식량을 자급자족하게 됐고, 그로부터 몇 년 후에는 다른 나라로 식량을 수출하는 식량 수출국이 됐다. 가나에서 농업 정책이 성공한 데는 새로 개량한 옥수수가 큰 역할을 했다. 우량 단백질 옥수수(OPM, Quality Protein Maize)라고 부르는 이 개량 옥수수는 어머니의 젖을 뗀 아기들의 이유식에 필요한 모든 영양소를 함유하고 있다. 그러나 불행히도 가나에서 거둔 성공을 다른 아프리카 땅에서는 실현할 수 없었다. 기반 시설이 부족하고 곳곳에서 전쟁이 벌어지는 중요한 문제가 해결되지 않았기 때문이다. 수백만 명에 달하는 사람들이 난민 생활을 하고 있어 농업 생산을 기대하는 것 자체가 불가능했다.

볼로그가 원하는 단 한 가지

볼로그는 지금도 세계 무대에서 왕성한 활동을 벌이고 있다(볼로그는 2009년 9월 12일, 95세의 나이로 사망했다-옮긴이). 볼로그는 노벨상 수상 소감을 발표할 때 이렇게 말했다.

> 녹색혁명은 배고픔과 가난을 물리치기 위한 인류의 전쟁에서 일시적으로 승리한 것뿐입니다. 녹색혁명이 제대로 효력을 발휘한다면

앞으로 30년 정도는 충분한 식량을 공급할 수 있을 것입니다. 그러나 막강한 인류의 재생산 능력은 반드시 억제해야 합니다. 그러지 못하면 녹색혁명의 성공은 수포로 돌아가고 말 것입니다.

우리 모두 다음과 같은 사실을 생각해보자. 볼로그가 태어났을 때 세계 인구는 17억 명이었다. 그가 노벨상을 받았을 때 세계 인구는 37억 명이었다. 지금은 65억 명에 달한다. 1년에 1.1퍼센트꼴로 증가한 셈이다. 볼로그는 살아생전에 폭발적인 인구 증가를 두 눈으로 목격했다. 그는 이렇게 단언했다.

"나는 지구가 100억 명 정도는 부양할 수 있다고 확신합니다. 내가 태어났을 때보다 여섯 배나 많은 숫자죠. 단 중요한 전제 조건이 있습니다. 국제사회가 전통적인 방식과 생명공학적인 방식을 둘 다 사용해서 끊임없이 연구하고, 정책을 결정하는 사람들이 끊임없이 시골을 개발할 정책을 내놓아야 합니다."

이 책을 쓸 당시 94세였던 볼로그는 여전히 왕성한 활동을 벌이고 있었다. 85년이 넘는 세월 동안, 처음에는 농장 소년으로, 나중에는 농업과학자로, 후에는 농업 외교관으로 볼로그는 식량을 재배했다. 아프리카에 갔을 때 그의 나이는 72세였다. 나이는 그의 활동에 아무런 문제가 되지 않았다.

헤서는 그에 대해 이렇게 말한다. "그는 열정적인 사람이에요. 그는 정말로 돈이 필요 없는 사람이었어요. 무언가를 사는 일이 거의 없는 사람이었죠. 볼로그가 원하는 건 딱 한 가지밖에 없어요. 그저 자신이 이 세상에 있는 동안 뭔가 의미 있는 일을 해내고 싶어 할 뿐이에요."

2억 4500만 명이 넘는 인명을 구하다

공헌한 일: 녹색혁명

중요한 공헌자

- **노먼 볼로그**: 키가 작고 질병에 강한 새로운 곡물 종자를 만들고, 전 세계 개발도상국의 과학자와 농부에게 그리고 정부에 품종개량법, 비료 사용법, 살충제 및 제초제 사용법, 정부 정책의 이행 같은 포괄적인 통합 농업기술을 가르쳐주었다. 그가 도입한 농업기술 덕분에 멕시코, 파키스탄, 인도 등 많은 국가들이 국민들의 영양 상태를 개선하고 식량을 자급자족할 수 있었다. 그의 혁명은 중국을 비롯해 전 세계 수많은 나라로 퍼져나갔다.

녹색혁명 이전의 기술로 1999년에 생산한 양만큼의 곡물을 기르려면 미국 본토 면적과 비슷한 480만 제곱킬로미터에 달하는 경작지가 필요하다. 볼로그의 밀은 전 세계 사람들이 섭취할 수 있는 열량을 단번에 23퍼센트 증가시켰다.

"내 사기를 꺾지 말아요, 에드윈. 나도 내가 얼마나 중요한 일을 하고 있는지 잘 알아요. 어떤 일을 해서는 안 된다고 말하지 말고, 어떤 일을 해야 하는지 말해줘요. 그리고 내가 내 일을 할 수 있게 해주고요."

-노먼 볼로그

"피부를 코뿔소 엉덩이처럼 두툼하게 만들 방법을 연구했다면 그런 식으로 사방에서 공격받지는 않았을 거예요. 정말 비난을 퍼붓는 사람이 아주 많았어요. 아무것도 하지 않았다면 반대하는 사람도 생기지 않았겠죠."

-노먼 볼로그

영양 상태가 조금만 나빠도 충분히 영양을 섭취하는 아동에 비해 사망률은 두 배나 높아진다. 영양 상태가 아주 나쁘면 사망률은 여덟 배나 높아진다.

중국과의 긴장 완화를 위해 리처드 닉슨 대통령이 1972년 중국을 방문했을 때 볼로그도 함께 갔다. 녹색혁명 기술을 알려주겠다는 모종의 약속이 있었기 때문이다.

녹색혁명이 시작된 직후인 1980년에는 개발도상국의 전체 아동 중 47퍼센트가 발달 장애를 겪었다. 2000년에는 그 비율이 33퍼센트로 떨어졌다.

북반구에서 10월, 11월, 12월에 태어난 사람은 다른 달에 태어난 사람들보다 평균 반년 정도 오래 살았다. 10월부터 12월 사이에 아기를 출산한 산모들은 임신 상태에서 갓 수확한 신선한 과일을 많이 먹을 수 있었기에 그런 결과가 나온 것으로 추정하고 있다.

"볼로그란 사람을 이해하려면 그가 이기심이 전혀 없는 사람이란 걸 명심해야 합니다. 그는 세상에서 으뜸가는 휴머니스트예요. 사람들이 고통받는 걸 절대 그냥 지켜볼 사람이 아니죠."

-리처드 자이엔(미네소타 대학 교수)

"볼로그 박사의 과학적 업적 덕분에 남아시아와 중동 지역에서 엄청난 기아와 죽음을 막을 수 있었습니다. 나는 특히 그가 아프리카에서 한 일에 깊은 감명을 받았습니다……. 볼로그 박사는 미국의 영웅이자 전 세계의 우상입니다."

-조지 H. W. 부시(전 미국 대통령)

"(녹색혁명 후에 아시아에서) 그 무렵 위 형제들보다 큰 어린아이들을 보는 건 정말 즐거운 일이었습니다. 그건 어머니와 아이들의 영양 상태가 상당히 호전됐다는 것을 뜻하니까요."

-토머스 S. 드그레고리(휴스턴 대학 경제학과 교수)

John Enders

8장

문학적 감수성으로 바이러스 혁명을 이끌다 :

백신 개발로 세상을 바꾼 존 엔더스

존 엔더스John Enders(1897~1985)

미국의 세균학자. 오십이 넘은 나이에 바이러스학에 혁명을 일으켜 무서운 전염병을 막는 백신을 개발했다. 의학계의 노벨상이라고 할 수 있는 래스커 상을 받았을 뿐 아니라 〈타임〉 지가 선정하는 올해의 인물 등 동료들과 언론이 주는 다양한 영예를 누렸다. 1954년 소아마비 백신 개발의 공로를 인정받아 노벨상 수상자로 지명되었으나 연구 팀원인 웰러, 로빈스와 공동 수상이 아니라면 수상을 거부하겠다고 밝혀 세 사람이 공동으로 노벨 생리의학상을 수상했다.

백신

병독성이 없는 병원체를 인체에 주입하여 특정 질병에 대한 면역성을 유도하는 의약품이다. 완전히 병원체를 죽여 만드는 사백신과 살아있는 균의 병원성을 약화시켜 만드는 생백신이 있다.

백신 개발로 세상을 바꾸어놓다

예방접종을 처음 시작한 사람은 에드워드 제너다. 제너는 훨씬 순하지만 여러 가지 면에서 천연두 바이러스와 유사한 우두 바이러스에 감염된 사람의 딱지를 이용해 천연두 바이러스를 이길 수 있는 백신을 만들어 어린 소년에게 주입했다. 제너의 공적을 기리고자 파스퇴르는 훗날 면역계에 사용하는 모든 의약품에 백신이라는 이름을 붙였고 지금도 그 명칭을 사용한다. 백신은 소를 뜻하는 라틴어 박카vacca에서 온 말이다. 그러나 1950년대 말까지만 해도 바이러스 백신을 만드는 데는 일종의 장애물이 있었다. 바이러스 때문에 걸리는 질병을 예방하는 데는 백신이 아주 중요했지만, 그러한 질병들을 완전히 치료할 방법은 없었기 때문에 의사들이 할 수 있는 일은 기껏해야 증상을 완화하는 것뿐이었다.

그때, 아마도 이 글을 읽는 독자들 대부분이 이름을 들어보지 못했을 한 사람의 연구가 모든 것을 바꾸어놓았다. 이 사람의 연구실에서 개발한 혁신적인 기술 덕분에 수십 개에 달하는 백신이 새로 만들어졌고, 그 자신도 그 백신들 중에서 가장 중요한 백신 하나를 개발하는 데 직접 도움을 주었다. 과학이 발전하면서 발병률이 제로에 가까워지기 전까지는 미국 사람이라면 누구나 걸려야 했던 질병이 있었다. 인류가 살아가는 곳이라면 어김없이 출현하던 홍역이라는 질병은 전염성이 아주 강한 질병이다. 1963년에 홍역 백신이 만들어지기 전까지만 해도 홍역은 어린아이라면 누구나 한번쯤 걸리는 통과의례 같은 병이었다. 홍역 예방접종을 시작하기 전까지만 해도 미국에서 홍역에 걸린 아이는

1년에 200만 명에 달했지만, 2004년도에 홍역이 발병한 사례는 37건밖에 되지 않는다. 감염 경로를 추적한 결과 그나마도 모두 미국에서 발생한 것이 아닌 다른 나라에서 발생하여 미국으로 들어온 것이었다. 한번 생각해보라. 어느 날 갑자기 죽음에 이르게 할 수 있는 발진도, 열도, 폐렴이나 뇌염 같은 합병증도 모두 사라진 것이다. 홍역은 이제 사라졌다. 홍역과 싸우느라 들어가는 비용도, 백신을 만드는 데 드는 비용 말고는 전혀 필요 없게 된 것이다.

'잃어버린 세대'의 일원으로 태어나다

존 엔더스는 1897년 2월 10일, 가족 구성원 대부분이 자신의 생애에 엄청난 성취를 이룬 집안에서 태어났다. 할아버지는 아메리칸 드림을 실현하고자 이 마을 저 마을을 돌며 보험을 판매한 후 마침내 애트나 보험사를 설립했고, 아버지는 하트포드 국립은행의 은행장이었다. 엔더스가 어렸을 때 그의 집을 자주 방문한 사람 중에는 티 한 점 없는 흰 양복을 입고 오던 새뮤얼 랭혼 클레멘스가 있었다. 본명보다는 필명인 마크 트웨인Mark Twain으로 더 잘 알려진 사람이다.

학교에 다니는 동안 어린 엔더스는 수학과 물리학 때문에 애를 먹어야 했다. 훗날 엔더스가 이야기한 것처럼 당시 그는 "언제나 생물학과 관련된 주제는 엄청나게 좋아했지만 그래도 라틴어, 프랑스어, 독일어, 영문학 같은, 이른바 인문학에 속하는 과목에 훨씬 흥미가 많았다." 어렸을 때부터 인생에서 무언가를 해내야 한다는 고민을 많이 한 엔더스는 열일곱 살 때 이런 시를 지었다.

내가 나이 들었을 때
정강이뼈가 길어지고 튼 피부가 함몰될 때
고통스러운 마지막 순간이
찾아오면
어떤 유년 시절의 기억이
내 마음을 사로잡아
나를 만든 창조주를 만난다는
공포를 치료해줄까?
제대로 해낸 일들을 생각하며
내 심장이 강인해질까?
애쓰며 성취했던
어린 시절의 즐거움이 떠오를까?
서글프고 우울하고 고통스러웠던 기억이
내 인생을 가득 채우게 될까?
슬픔과 절망에 차여
공허하고 덧없었던 시간들을
돌아보게 될까?
우울하고 불합리한 게으름으로 가득 찬
인생을 저주하면서?

엔더스는 예일 대학에 입학했지만 제1차 세계대전에 종군하고자 학업을 중단하고 연방 해군 예비군에 입대했다. 그곳에서 엔더스는 금방이라도 부서질 것 같은 복엽 비행기 조종술을 배웠다. 당시는 공군전이 시작된 지 15년밖에 안 됐을 때라 용감한 전투기 비행사들은 개방형 조종실에서 추위에 떨면서 싸워야 했다. 엔더스는 전장에 가는 대신 비행 교관으로 플로리다 주 펜사콜라로 갔다.

예일 대학을 졸업한 후 엔더스는 집안 전통대로 사업계에 뛰어들었다. 부동산 중개업은 어렵지 않은 사업이었지만, 이미 무언가를 사기로 마음먹은 사람들에게 무언가를 파는 일에 가치를 느낄 수 없었던 엔더스는 그 일에 도무지 열정이 생기지 않았다. 그의 20대는 동시대 인물인 어니스트 헤밍웨이가 묘사한 바 그대로였다. 헤밍웨이는 제1차 세계대전이 끝난 후에 인생의 목표를 잃고 환멸에 빠진 젊은이들을 '잃어버린 세대Lost Generation'라고 불렀다. 4년 동안 사업을 하면서 허무한 시기를 보낸 엔더스는 뭔가 다른 흥미거리를 찾아보려고 노력했지만, 결국 찾지 못한 채 학교로 돌아가기로 했다. 하버드를 택한 엔더스는 영문학 석사 학위를 받은 후 문헌학으로 박사 학위를 받으려 했다. 그가 세상에 내놓은 첫 번째 학술 저술은 벤 존슨Ben Johnson의 희극 『뉴스의 시장*The Staple of News*』에 나오는 언어의 쓰임새*Naometria*에 대한 내용이었다. 하지만 엔더스는 언어학 작업에서도 열정을 느낄 수 없었다. 당시 그는 한 친구에게 이런 편지를 보냈다.

> 나는 내 영혼이 나락으로 떨어지고 젊은 날이 지나가게 내버려둔 채 열 가지 잊혀버린 언어의 이상한 음절들이나 읊고 있었던 거야. 이런 분위기가 계속된다면 나는 분명히 그것들을 사방으로 던져버리고 파우스트 같은 세계로 곧장 들어가버릴 거야. 비록 그의 죗값을 받아야 한다고 해도 말이야.

그러나 삶의 목적을 찾지 못했다고 해서 엔더스의 인생이 비참하지는 않았다. 그가 묵고 있는 패치 부인의 안락한 하숙집에는 의대생이 몇 명 있었다. 그곳에서 엔더스는 호주에서 온 활기 찬 휴 워드Hugh Ward를 만났다. 워드는 매일같이 자신이 박사과정을 밟고 있는 미생물학에 대해 이야기했다. 워드의 말은 엔더스의 흥미를 불러일으켰다.

"우리 두 사람은 곧 친구가 됐어요. 그러다 보니 밤마다 그의 연구실에 가서 그가 연구하는 모습을 보는 게 습관이 됐죠. 그러면서 미생물학에 빠져들기 시작했어요. 미생물학 때문에 워드가 엄청나게 행복한 게 분명해 보였고, 그의 말 속에는 열정이 듬뿍 담겨 있었으니까요."

워드는 엔더스를 카리스마 넘치는 한스 진서Hans Zinsser 교수에게 소개했다. "정말 엄청나게 에너지가 넘치는 분이셨죠. 그분은 문학·정치·역사·과학 같은 여러 분야를 전혀 의식도 하지 않은 채 한꺼번에 통합해서 토론할 수 있는 분이셨어요. 다양한 출처에서 나온 정확한 암시나 재치 있는 이야기로 모든 것을 설명하시는 분이셨죠. 이제 막 볼테르가 나올 것 같다가도 금세 로렌스 스턴(소설가이자 영국 국교회파 성직자-옮긴이)이 계단에 나타나는 식이었어요. 연구실 분위기가 그러니 그곳은 그저 단순히 가르치고 연구하는 곳이 아니었죠. 그곳은 살아가는 방식을 터득하는 곳이었어요."

워드와 진서는 엔더스가 문헌학보다는 과학에 훨씬 적합한 재능을 타고났다는 사실을 확신시킴으로써 엔더스가 전혀 다른 인생을 살도록 이끌어주었다. 1927년, 드디어 엔더스는 서른이라는 적잖은 나이에 자신의 연구 방향을 180도 전환하기로 했다.

"연구 과제를 완전히 바꾼 뒤로는 피스가 산(모세가 약속의 땅을 바라보려고 올라갔다는 산)에 올라가서 세상을 보는 것과 같은 눈으로 사물과 사람을 보게 되었어요. 덕분에 모순과 망설임과 애매함으로 가득 찼던 내 태도도 분명한 목적을 갖게 되었죠."

엔더스는 하버드 대학교 세균학 박사과정에 등록했다. 세균학 연구실 생활에 엔더스는 놀라울 정도로 잘 적응했다. 하버드에 등록한 그 해에 엔더스는 사라 프랜시스 베닛Sarah Frances Bennett과 결혼했다.

진서 교수는 엄청나게 많은 것을 요구하는 엄한 스승이었기에 그 밑에서 박사 학위를 딴 사람은 많지 않았다. 그러나 엔더스는 1930년에 박사가 됐다. 결핵균에서 추출한 탄수화물 때문에 생기는 과민성 쇼크가 그의 박사 학위 논문 주제였다. 그는 진서 교수의 연구실에서 조교로 일했다. 엔더스는 소규모 모임이나 일대일 교습을 할 때는 개인적인 매력을 듬뿍 발휘했지만, 강의를 잘하는 스승은 아니었다.

"지식을 전달하는 것은 전혀 다른 문제였죠." 훗날 동료가 된 새뮤얼 카츠Samuel Katz의 말이다. "목에 확성기를 걸고 확성기가 제대로 작동하는지 확인한 다음에 양복 주머니에서 커다란 손수건을 꺼내 확성기를 통해 들릴 정도로 아주 큰 소리로 코를 풀었죠. 그런 행동을 하는 게 긴장해서 그런 건지, 아니면 학생들 주의를 끌거나 웃음을 유발하려고 고의로 그런 건지는 알 수 없었어요. 어쩌면 두 가지 모두 이유가 될 수 있겠죠. 그는 또 다른 양복 주머니에서 커다란 회중 금시계를 꺼내 강단 위에 올려두었어요. 강의 시간을 엄격하게 지키려는 거였죠. 그의 강의는 명료했지만 지루해서 청중을 휘어잡지는 못했어요. 엔더스를 신봉하는 학생들은 다른 학생들이 자신들이 지금 어떤 보석을 만나고 있는지를 알게 됐으면 하는 안타까운 심정으로 맨 뒷줄에 옹기종기 모여 앉아 있었죠. 강의가 끝나면 우린 엔더스와 함께 강의실에서 멀지 않은 오래된 소아과 병동이 있는 카네기 빌딩까지 걸어가면서 강의 내용이 좋았다는 이야기를 하곤 했어요. 물론 엔더스도 우리도 강의 내용을 제대로 이해할 학생이 얼마 없다는 걸 알고 있었지만요."

아마도 진서 교수의 연구실에서 지적인 고향을 찾았기에 그런 것이었겠지만, 보통 박사 학위를 딴 사람들이 30대에 밟아야 하는 경력을 엔더스는 거의 쌓지 않았다. 엔더스가 조교수가 된 것은 박사 학위를 딴 후 5년이 지난 후의 일이며, 부교수가 된 것은 그로부터 또다시 7년이 흐른 뒤의 일이다. 박사 학위를 딴 후 13년이 흐른 뒤에야 자신의 연구를 도와줄 기술자를 고용할 수 있게 된 것이다. 그러나 직위가 아닌 연구가 엔더스의 주요 관심사였기에 엔더스가 직위 문제로 불평하는 일은 없었다.

1937년, 하버드 대학 연구실에서 기르던 새끼 고양이들이 고양이 디스템퍼feline distemper(고양이범백혈구 감소증 혹은 고양이 홍역이라고 부르는 질병으로 전염성이 강하고 신경조직 손상, 식욕부진, 구토, 혈액성 설사 등을 일으킨다-옮긴이)에 걸렸다. 그때부터 엔더스와 젊은 전염병 학자 윌리엄 해먼William Hammon은 고양이 디스템퍼를 자세히 연구하기 시작했다. 두 사람은 고양이 디스템퍼가 바이러스 때문에 걸리는 병임을 확인하고 백신을 만들기로 했다. 이때의 연구와 비슷한 몇몇 연구 덕분에 바이러스에 관심을 갖게 된 엔더스는 자신의 첫 번째 획기적인 업적을 이룩하게 된다. 그것은 바로 '볼거리(유행성이하선염) 바이러스의 항체를 찾아낼 혈청 검사 기술을 개발'한 것이다.

바이러스 연구를 가로막는 장애물

바이러스는 질병의 또 다른 주요 원인이라고 할 수 있는 세균과는 전혀 다른 병원체다. 바이러스는 아주 작아서 엔더스가 연구를 시작하기 직전인 1930년대에 전자현미경이 발명되기 전까지는 직접 눈으로 확인할 수 없었다. DNA 혹은 RNA 가닥으로 이루어진 유전물질을 단백질 막이 감싸고 있는 형태인 바이러스는 세균, 균류, 식물, 동물의 세포 속에서 증식한다. 바이러스는 생물 세포의 유전물질을 마음대로 사용해 자신이 증식할 에너지를 얻는다. 사실 바이러스를 생명체로 보아야 하는가라는 문제도 논란의 여지가 많지만, 바이러스가 인류의 건강에 영향을 미치는 것은 자명한 사실이다. 바이러스가 우리 몸에 침입하면 감기를 비롯해 독감, 간염, 포진, 에이즈, 조류독감, 에볼라출혈열 같은 수많은 질병을 일으킨다.

사람의 세포 한 개에 수백 혹은 수천 개까지 증식할 수 있는 바이러스는 엄청나게 작은 크기 때문에 연구하기 굉장히 어려운 대상이다. 엔더스가 바이러스 연구를 시작할 때만 해도 바이러스는 대부분 비보vivo 속에서만 증식시킬 수 있었다. 비보란 '생체 내에서'라는 뜻의 라틴어다. 즉 살아있는 동물의 몸에서만 증식시킬 수 있었다는 뜻이다. 그러나 살아있는 동물을 대상으로 하면 비용도 많이 들고 실험 속도도 느리고 결과도 신통치 않았다. 더구나 특정 연구 결과를 보고자 살아있는 동물을 죽여야 할 때도 많았다.

그러나 시험관 내에서 바이러스를 증식시키는 데는 몇 가지 문제가 있었다. 첫째, 바이러스는 특정한 동물의 특정한 세포에서만 증식하는 경우가 많았다. 둘째, 바이러스를 감염시킬 세포는 반드시 건강한 상태여야 하는데, 시험관에서 배양하는 세포는 살아있는 생물의 세포처럼 건강한 상태를 만들기 힘들었다. 셋째, 세포를 계속 건강한 상태로 유지하려면 영양분을 충분히 공급해줘야 한다. 넷째, 세포가 다른 물질에 오염되면 안 되는데, 시험관은 세균이나 바이러스, 균류에 쉽게 오염되므로 세포가 죽어버릴 수도 있었다. 마지막으로, 바이러스가 증식하면 숙주세포를 파괴하고 나와 배양액 속으로 흘러들어가 버릴 수 있었다. 그것을 막는 길은 바이러스를 계속해서 새로운 세포조직 속에 옮겨 담는 것뿐이다. 바이러스를 새로운 세포조직 속에 옮겨 담는 것을 2차 배양, 또는 조직배양 이식이라고 한다. 시험관 연구를 할 때는 이 조직배양 이식을 끊임없이 반복해야 한다. 1940년대에 바이러스 연구를 가로막은 가장 큰 장애물 가운데 하나가 바로 시험관에서는 실험에 필요한 충분한 양의 바이러스를 만들어낼 수 없다는 것이었다.

부모들을 공포로 몰아넣은 소아마비바이러스

1940년대 초반, 잔잔했던 엔더스의 연구실이 혼란의 소용돌이에 휩쓸려버렸다. 1940년 9월, 진서 교수가 세상을 떠났다. 엔더스는 소중한 스승을 잃었을 뿐 아니라 연구실을 관리하는 책임까지 떠맡게 되었다. 조직을 관리하는 일은 엔더스의 특기가 아니었다. 그러다 제2차 세계대전이 터졌다. 박사과정을 밟던 젊은이들이 대부분 군복무를 위해 연구실을 떠나면서 많은 연구가 중단됐다. 1943년에는 엔더스의 아내 사라가 악성 심근염으로 갑자기 세상을 떠났다.

1940년대를 잔혹한 시기로 만든 또 다른 사건도 있었다. 소아마비가 극성을 부린 것이다. 홍역 백신을 만들게 된 기술은 바로 소아마비를 연구하던 중에 탄생했다. 1909년 란트슈타이너가 소아마비에 대한 기본적인 정보들을 발표했다. 소아마비는 바이러스가 원인인 질환이다. 소아마비 연구를 진행할 실험동물로는 소아마비바이러스에 감염되는 또 다른 동물인 원숭이가 선택됐다.

소아마비가 유행하면 많은 사람들이 공포에 떨었다. 자녀가 있는 부모라면 무슨 말인지 충분히 이해할 것이다. 60대 이상이라면 소아마비가 얼마나 무서운 질병인지 잘 알 것이다. 당시는 소아마비가 어둠 속에 도사린 악몽처럼 기세를 떨쳤다. 당시 소아마비는 발병 시기가 정해져 있는 질병이었다. 날씨가 따뜻해지면 나타났다가 날씨가 추워질 즈음에 사라졌다. 여름이면 부모들은 아이의 다리가 약해지지 않았는지 확인하려고 수시로 아이의 다리를 흔들어봤고, 혹시 열이라도 나지 않는지 보려고 자주 이마에 손을 대보았다. 다행히 유행하는 소아마비는 대부분 온순한 편이어서 대부분이 아이들이었던 감염자들은 영구적인 손상을 입지 않고 회복되었다. 그러나 몇 년에 한 번씩 아주 지독한 소아마비가 유행했다. 1916년도 그런 해였다. 당시 뉴욕 시 한 곳에서만 9300명이 소아마비에 걸렸고, 2200명의 아이들이 목숨을 잃었다. 살아남은 환자들 중에서도 절반은 다리를 절어야 했다.

그 뒤 10년 정도가 흘렀을 때 과학자들은 '음압 호흡기negative pressure ventilator'라고 하는 호흡 장치를 개발했다. 횡격막 마비로 숨을 쉴 수 없는 아이들이 생명을 유지할 수 있도록 해주는 장치였다. 한 가지 재미있는 것은 대부분의 사람들이 음압 호흡기를 왠지 중세 시대 고문 기구를 연상시키는 '철폐iron lung'라고 부른다는 것이다. 1920년대 말 하버드 대학에서 실제로 철로 만든 이 철폐는 머리와 어깨만 드러내고 가슴 밑부터는 완전히 감싸는 통으로 만들어져 있다. 통 속에는 공기의 압력을 높이기도 하고 낮추기도 하는 펌프가 있다. 통 속 압력이 폐의 압력보다 낮아지면 폐가 확장되면서 공기가 들어간다. 반대로 통 속 압력이 폐의 압력보다 높아지면 공기는 폐 밖으로 빠져나온다. 철폐는 곧 병원에서 없어서는 안 될 필수 의료기구가 되었다.

1921년의 소아마비는 상대를 잘못 골랐다. 훗날 미국 대통령이 될 프랭클린 델러노 루스벨트Franklin Delano Roosevelt를 덮친 것이다. 소아마비 진단을 받았을 때 루스벨트는 서른아홉 살의 성인이었고 부유한 가문 출신이었기에 소아마비를 치료할 다양한 방법을 찾으려 노력하다 결국 국립소아마비재단까지 설립했다. 바실 오코너Basil O'Conner와 칼 비요르Carl Byior가 발기인으로 참여한 국립소아마비재단은 미국에서 가장 큰 민간 공익단체이자 현대 개인 자선의 모범을 보인 예로 손꼽힌다.

미국 대통령이 된 루스벨트는 희극 배우 에디 캔터Eddie Cantor를 대변인으로 임명했다. 캔터는 백악관에 있는 루스벨트 대통령에게 직접 10센트 동전을 보내는 운동을 국민들에게 제안했다. 그는 이 운동에 '10센트들의 행진March of Dimes'이라는 이름을 붙였다. 캔터는 사람들을 운동에 동참시키고자 론 레인저Lone Ranger, 잭 베니Jack Benny, 빙 크로스비Bing Crosby, 루디 밸리Rudy Vallée와 함께 라디오 방송에 출연했다. 백악관으로 날아오는 편지는 하루에 평균 5000통 정도였는데, 캔터가 라디오에 출연한 다음 날에는 3만 통이, 그다음 날은 5만 통이, 그다음 날은 15만 통이나 도착했다. 자원 봉사자들이 복도와 책상에 앉아 세어본 10센트

짜리 동전의 수는 모두 268만 개였다.

미국에서 소아마비를 연구하는 사람들은 거의 대부분이 국립소아마비재단을 위해 일했거나 그곳에서 연구 지원금을 받았다. 최근에야 소액을 소아마비 연구에 배정한 국립보건원의 예산은 국립소아마비재단이 지출한 예산에 비하면 '새 발의 피'다. 조너스 소크Jonas Salk가 미국 의과학 역사상 가장 유명한 사람이 된 것은 조금도 이상한 일이 아니다. 끊임없이 새로운 항목을 추가하면서 다리를 저는 아이들의 포스터로 사람들의 심금을 울리며 기부를 이끌어낸 오코너와 비요르는 사실상 현대식 홍보 전략을 창시한 사람들이라고 할 수 있다.

잘못된 정보가 소아마비 연구를 후퇴시키다

국립소아마비재단이 설립되기 전까지 대부분의 의학 연구를 지원한 곳은 록펠러의학연구소였다. 1901년 존 D. 록펠러가 세운 록펠러재단은 당시 자회사인 스탠더드 오일Standard Oil 사의 전매 정책 때문에 비난을 받았지만, 수십 년 후에 페니실린을 연구한 하워드 플로리와 녹색혁명을 이끈 볼로그는 모두 록펠러재단의 후원을 받아 자신들의 업적을 실현할 수 있었다. 연구소의 초대 소장으로 30년 넘게 록펠러재단을 이끈 사이먼 플렉스너는 항생물질이 발견되기 전에 한 가지 타입의 수(뇌)막염 치료법을 발견했다.

그런데 플렉스너 밑에 있던 과학자들은 소아마비에 대해 몇 가지 잘못된 결론을 내렸다. 플렉스너가 널리 퍼뜨린 잘못된 생각 하나가 소아마비 연구를 10년쯤 뒤로 후퇴시켜버렸다. 연구소 과학자들이 소아마비바이러스에 신경조직 친화성neurotropic이 있다고 한 말을, 플렉스너는 소아마비바이러스가 오직 신경조직에서만 증식한다는 뜻으로 오해했다. 신경조직 친화성이란 신경조직에서 증식할 수 있다는 뜻이다. 어쨌거나 커다란 존경을 받던 플렉스너가 그러한 결론을 내렸기에 다른 과학자들도 소아마비바이러스는 신경조직에서만 증식한다고 이해했다.

당시 플렉스너의 결론은 의학계의 상식으로 통했다. 하버드 대학 미생물학과 분자유전학 교수인 앨리스 황Alice Huang의 말처럼 "당시 과학자들 중에는 소아마비바이러스를 비롯한 병원체들이 표적 세포target cell에서만 증식한다는 생각을 고집하는 사람이 많았다. 그런 생각을 바탕으로 (백신을 만들 수 있는) 충분한 양의 소아마비바이러스를 만들려는 시도는 당연히 모두 실패로 돌아갈 수밖에 없었다."

실제로 제2차 세계대전 전까지 원숭이 척수에서 추출한 소량의 소아마비바이러스로 백신을 만들려고 한 과학자들의 시도는 모두 실패로 끝났다. 소아마비 백신을 만들려면 정확한 이론 체계를 세우고, 소아마비바이러스를 다량 증식할 방법을 찾아내야 했다.

감염 질환 연구소를 세우다

제2차 세계대전이 끝난 후 엔더스는 보스턴 소아과 병원에서 감염 질환을 연구하는 연구소를 설립해달라는 의뢰를 받았다. 하버드 의과대학에서 길을 하나 건너면 나오는 그 병원은 하버드 대학과 여러 가지로 관계를 맺고 있었다. 현대인들에게는 소아과 병원에 감염 질환 연구소를 세운다는 이야기가 이상하게 들리겠지만, 1940년대에는 소아과 병원만큼 감염 질환을 연구하기에 이상적인 장소도 없었다. 과학자들이 소아과에 흥미를 가졌던 이유는 아이들은 소아마비바이러스나 홍역바이러스 같은 미생물에 감염되는 살아있는 연구소이자 전쟁터였기 때문이다. 1940년에 엔더스는 젊은 의학도였던 토머스 웰러Thomas Weller와 함께 의학계에 혁명을 일으킬 실험을 하게 된다. 두 사람은 롤러 튜브 장치roller tube apparatus를 가지고 9주 동안 시험관 안에서 우두 바이러스(바키니아*vaccinia*)를 배양했다. 두 사람이 실험을 하기 전까지만 해도 시험관에서 바이러스를 배양할 수 있는 기간은 짧으면 몇 시간, 길어야 며칠이었다. 그런데 두 사람은 몇 주 동안이나 바이러스를 배양했다. 전쟁이 끝나자 웰러가 연구실로 돌아왔다. 엔더스는 웰러를 부소장으로 임명하고 연구소 관리를 맡겼다.

보스턴 소아과 병원은 하버드 대학교 화력발전소 옆에 있는 3층 건물의 2층에 있는 방 네 칸을 연구실용으로 배정했다. 네 방 중 하나는 느슨한 창살 틈으로 들어온 기름진 검댕이 온 방을 시커멓게 뒤덮고 있었기 때문에 깨끗이 청소할 필요가 있었다. 네 방 중 둘은 연구실로 쓰기로 했고, 하나는 실험 도구를 닦는 세면실로, 나머지 하나는 엔더스의 집무실로 꾸몄다. 엔더스는 집무실 벽에 제너와 파스퇴르의 사진을 걸어놓았다. 시간이 흐르면서 그 벽에는 더 많은 과학자들 사진이 걸렸는데, 모든 사진이 저마다 엔더스가 즐겨 말하는 사연을 담고 있었다.

실험동물은 그 건물에서 한 블록 떨어진 곳에 있는 다른 건물에서 키웠다. 엔더스와 웰러는 멸균기와 화학물질 추출 기구 같은 전통 연구실 장비는 물론이고 최신 장비도 몇 대 연구실로 들여왔다. 수정란을 바이러스를 배양하는 배지培地로 사용할 수 있다는 정보를 들은 두 사람은 계란 부화기egg incubator와 가시광선 램프도 함께 구입했다. 주말을 포함해 매일같이 계란을 돌려야 하는 건 귀찮은 일이었지만 그 일 덕분에 과학자들은 조그만 즐거움도 누릴 수 있었다. 부화기에 넣을 계란이 모두 수정되는 것은 아니기 때문에 때때로 무정란을 집에 가져가는 기쁨도 누릴 수 있었던 것이다.

1948년 초에는 웰러의 룸메이트인 프레더릭 로빈스Frederick Robbins가 연구실에 합류했다. 로빈스와 웰러는 모두 총명한 박사들이었지만, 두 사람의 성격은 아주 달랐다. 로빈스가 느긋하고 생각이 깊은 편이라면, 웰러는 활동적이고 활기찼다.

당시 연구소에 있었던 앨리스 노스럽Alice Northrop은 이렇게 말했다. "우린 모두 하나같이 서로를 좋아했고, 우리가 보스라고 부른 엔더스 박사님을 존경했어요. 웰러는 병원에서 점심을 먹었지만, 엔더스 박사님은 병원에서 먹는 걸 좋아하지 않았어요. 그래서 우린 엔더스 박사님 집무실 근처에 있는 연구실에서 점심을 먹었어요. 커다란 탁자에서요. 저랑 캐럴과 지넷이 점심을 만들었어요. 박사님은 계란 알레르기가 있어서 계란이 들어간 음식은 만들지 않았어요. 박사님은 걱정스러운 목소리로 '앨리스, 여기 계란 넣었나?' 하고 물어보곤 하셨죠. 엔더스 박사님은 믿기지 않을 정도로 다방면에 흥미가 있는 분이셔서 일할 때나 점심식사를 할 때도 정치, 문학, 예술, 심지어는 배를 타고 나간 이야기에 이르기까지, 무척 다양한 주제로 토론을 하시곤 했어요."

엔더스는 살아가면서 결코 서두르는 일이 없는 사람이었다. 연구소가 제대로 작동하기 시작했을 때 엔더스는 구부정한 어깨에 트위드 옷(방모직물로 만든 옷 - 옮긴이)을 즐겨 입는 50세가 되어 있었다. 그는 매일 아침 9시나 10시에 연구실로 나왔다. 연구실에 나오면 엔더스는 가장 먼저 밤새 무슨 변화가 있었는지부터 살펴보았다. 아침마다 엔더스는 파이프 담배를 입에 물고 실험실을 한 바퀴 돌았다. 노스럽은 엔더스가 자주 이런 말을 했다고 했다. "오늘 아침에 생각해봤는데, 프레드."

엔더스의 입에서 그런 말이 나올 때는 실험에 적용할 새로운 아이디어가 생각났다는 뜻이었다. 엔더스는 결코 퉁명스럽게 지시를 내리는 사람이 아니었다. 그는 언제나 다른 과학자들이 제시하는 의견에 귀 기울이고 토론하는 것을 좋아했다. 엔더스와 친분이 있는 바이러스 학자 데이비드 티렐David Tyrrell의 말처럼 "엔더스와 연구소 직원들의 그런 원활한 관계 덕분에 연구소 직원들은 자유롭게, 오히려 신이 나서 새로운 실험에 대한 의견과 문제를 해결할 아이디어를 생각해내고는 했다. 직원들의 의견은 모든 방향에서 검토됐고, 엔더스가 완전히 다른 의견을 제시할 때도 많았지만, 활발한 토론 끝에 내린 결론이었기에 직원들은 보스가 자신들의 의견을 무시하고 무조건 보스의 의견을 따르라고 했다는 불쾌함 없이 흔쾌히 결론을 받아들일 수 있었다."

연구소의 목표는, 비록 많은 사람들이 해내지 못할 거라고 생각했지만, 시험관에 든 조직 배지에서 다량의 바이러스를 생산하는 것이었다. 이전부터 단순 포진, 독감, 홍역, 볼거리 같은 바이러스를 연구해온 엔더스는 새로 설립한 연구소에서 더 많은 연구를 진행하기를 바랐다. 엔더스의 연구실에서는 늘 다양한 연구를 진행했다. 엔더스는 1930년대 자신의 삶을 이렇게 정리했다.

"이런 식의 조직배양 실험이 어떤 결과를 낳을지는 알 수 없었죠. 하지만 만약 이 방법이 성공해 바이러스 연구에 기본 도구가 마련된다면 할 수 있는 일이 무궁무진해질 거라는 확신은 있었어요."

조직 배지에서 볼거리 바이러스를 배양하다

언제나 아이디어로 충만한 웰러는 수정란을 이용해 수두와 대상포진을 일으키는 수두대상포진 바이러스varicella virus를 추출하려고 했지만, 그 실험은 실패로 끝났다. 1948년 초 웰러는 1940년에 진행한 실험과 비슷한 방법으로 하면 성공할지도 모를 실험을 시작하려고 했다. 처음에 웰러가 택한 실험 대상은 수두대상포진 바이러스였지만, 엔더스가 볼거리 바이러스를 실험해보라고 제안했다. 조직 배지에서 볼거리 바이러스를 배양하는 실험에 한 번 실패한 적이 있었지만, 새로운 기술이 축적됐으니 이제는 성공할 수도 있을 거라고 생각했다.

웰러는 배양액을 넣은 플라스크에 조직을 넣고 바이러스를 주입하는 메이틀랜드법Maitland technique으로 실험을 진행했다. 그는 계란 껍데기 안에 있는 투명하고 얇은 양막에 볼거리 바이러스를 넣고, 그 양막을 한외 여과막에 거른 황소 혈청과 평형염액balanced salt solution을 넣은 배양액이 든 플라스크에 넣었다. 메이틀랜드법을 이용할 때는 조금만 시간이 지나면 바이러스를 배양하는 조직이 담긴 배양액을 다른 배양 조직을 담은 새로운 플라스크에 담는 2차 배양을 해야 한다. 그러나 웰러는 배양 조직을 다른 플라스크에 옮겨 담는 방법 대신 나흘에 한 번씩 배양액을 바꾸는 방법을 택했다. 그렇게 함으로써 생체 조직이 오랫동안 살아있게 되어 바이러스가 같은 세포에서 더 오랫동안 증식할 수 있었다. 실험이 제대로 진행되고 있는지를 알아보려고 웰러는 배양액을 따라 버릴 때 그 속에 든 항원성 당단백질hemagglutinin의 농도를 측정해 보았다. 항원성 당단백질이란 바이러스가 숙주세포를 공격할 때 사용하는 여러 가지 단백질을 통틀어 일컫는 명칭이다.

실험은 효과가 있었다. 플라스크에 넣은 생체 조직은 쉽게 죽지 않았고 바이러스는 계속해서 증식했다. 엔더스는 독감 바이러스를 가지고도 같은 실험을 해보자고 했다. 독감 바이러스는 제대로 증식해나갔고, 생체 조직은 한 달 넘게 배양액에서 죽지 않고 버텨냈다.

플라스크에서 키운 소아마비바이러스

드디어 웰러는 처음 의도한 대로 수두 바이러스를 배양해보기로 했다. 수두대상포진 바이러스는 사람 세포 속에서만 증식한다고 알려져 있었기에 웰러는 사람의 조직을 구해야 했다. 3월의 어느 날 오전 8시 30분에 웰러는 보스턴 산부인과로 찾아가 유산된 배아 조직을 가져왔다. 그날 오후 웰러는 피부와 근육조직을 잘게 썰어 배양물을 만든 다음 여러 플라스크에 나누어 넣었다. 플라스크 중 네 개에는 수두에 걸린 아이의 인후 도찰물(면봉을 넣어 인후 조직을 살짝 긁어낸 것 - 옮긴이)을 넣고 나머지 네 개는 그대로 두어 서로 비교해보기로 했다.

웰러에게는 또 다른 플라스크 네 개에 담을 배양물이 남아 있었다. 당시 알려진 소아마비바이러스는 모두 세 종류였다. 그중에서도 사람에게 주로 병을 일으키는 소아마비바이러스는 사람과 원숭이가 감염되는 1형 바이러스 브룬힐데Brunhilde 바이러스였다. 3형인 레온Leon 바이러스는 아주 드물게 발견되는 바이러스인 반면 더 중요한 바이러스인 2형 랜싱Lansing 바이러스는 쥐를 감염시킨다. 엔더스 연구소에 있는 바이러스는 2형 랜싱 바이러스였다. 웰러는 남은 배양물을 네 개의 플라스크에 담아 랜싱 바이러스를 증식시켰다.

"그건 그냥 우연히 추가된 실험이었어요. 당시 내가 신경 쓰던 대상은 수두대상포진 바이러스였지 소아마비바이러스가 아니었거든요."

실험을 시작하고 나흘이 지났을 때 웰러는 플라스크 12개의 배양액을 모두 교체했고, 4월 7일에도 다시 배양액을 교체했다. 4월 7일에는 수두대상포진 바이러스의 증식 상태도 함께 알아보았다. 실망스럽게도 바이러스가 증식하고 있다는 증거는 찾아내지 못했다. 웰러는 소아마비바이러스를 증식시키고 있던 플라스크의 배양액도 추출해 다섯 마리 쥐의 뇌 속에 주입했다. 4월 14일, 다섯 마리 가운데 한 마리가 몸이 마비되면서 죽었고, 며칠이 지나자 세 마리가 더 죽었다.

엔더스의 집무실 선반 위에는 창의력 모자가 몇 개 놓여 있었다. 엔더스는 흥미로운 실험을 검토할 때면 그 모자 중 하나를 썼다. 엔더스가 모자를 썼다는 것은 실험을 통해 뭔가 새로운 사실을 발견했다는 것을 뜻했다. 웰러의 실험 전까지만 해도 소아마비바이러스가 신경세포가 아닌 다른 생체 조직에서 증식한다는 증거는 전혀 나오지 않았다.

엔더스와 노벨상 공동 수상자들은 노벨상 수상 연설에서 이렇게 말했다. "때때로 우리는 그 증거를 고민해봤습니다……. 그 증거는 그 병원체(소아마비바이러스)가 신경조직에서만 증식하는 것은 아닐지도 모른다는 가능성을 시사했으니까요……. 그 같은 가능성은 수두대상포진 바이러스가 실제로 숙주로 삼는 세포 배양액을 만들기 위해 배아의 피부와 근육으로 배양물을 만들 때 이미 마음속으로 염두에 두었던 게 아닌가 싶습니다……. 2형 소아마비바이러스인 랜싱 바이러스는 표본 보관실에서도 우리 손이 쉽게 닿는 곳에 있었습니다. 그러니 우리도 의식하지 않는 사이에 신경조직 이외의 장소에서는 증식하지 않는 병원체를 배양하려는 시도를 자연스럽게 하게 된 거죠."

소아마비바이러스가 증식하고 있다는 증거를 발견한 엔더스는 그때부터 연구의 초점을 소아마비바이러스에 맞추었다. 티렐은 당시 상황을 이렇게 회상했다. "엔더스는 소규모 단위로 연구하는 걸 좋아했어요. 매 실험 결과를 평가하고 간단한 질문을 도출할 수 있으면 그 질문에 대한 답을 찾을 실험을 계획하고는 했죠."

엔더스는 로빈스에게 다시 한 번 실험을 반복하게 했다. 이번에는 조산아로 태어나 결국 세상을 떠난 갓난아기의 몸에서 떼어낸 장 조직으로 실험을 진행했다. 로빈스의 실험도 성공적이었다. 다른 바이러스가 배지를 오염시켜 그런 결과가 나온 것이 아님을 확인한 후에 엔더스 연구 팀은 배지에서 배양한 바이러스를 원숭이 두 마리에게 접종했다. 두 마리 모두 마비 증세가 왔다. 그러나 신체를 마비시키는 병원체는 소아마비바이러스 말고도 또 있었다. 과학자들은 원숭이들을 부검해보았다. 원숭이 모두 척수에 소아마비바이러스 감염 증세가 있었다. 커다란 신경세포는 줄어들어 있었고 세포핵에 결절이 나타나 있었다.

엔더스와 동료들은 자신들이 얼마나 위험한 바이러스를 다루고 있는지 잘 알았다. 그 때문에 바이러스 표본을 다룰 때 지켜야 할 안전 규칙도 철저하게 세워놓았다. 웰러는 아내조차도 절대로 연구실을 찾아오지 못하게 했다. 과학자들은 엄청난 주의를 기울여 부검한 원숭이들 사체를 두툼한 가방에 넣고 멸균기에서 살균 소독했다. 하지만 그런 과정을 거쳐도 살아남는 바이러스가 있을 수 있다. 실험실이 있는 층에서는 언제나 지독한 소독약 냄새가 났다.

후속 연구를 진행하면서 엔더스 연구 팀은 브룬힐데 바이러스와 레온 바이러스도 랜싱 바이러스와 같은 방법으로 배양할 수 있었다. 몇 년 동안 축하 모자를 쓴 엔더스의 모습을 자주 볼 수 있었다. 엔더스와 그의 동료들은 소아마비바이러스가 장, 간, 신장, 부신, 뇌, 심장, 비장, 폐 같은 조직에서 증식한다는 사실을 밝혀냈다. 플렉스너의 패러다임은 이제 완전히 뒤집혀버렸다.

세포 병변 효과

볼거리 바이러스에 감염된 체액을 현미경으로 관찰한 엔더스는 볼거리 바이러스가 적혈구에 직접적인 영향을 미친다는 사실을 밝혀냈다. 엔더스의 실험은 체액이 실제로 볼거리 바이러스에 감염될 수 있다는 사실을 말해주는 중요한 실험으로 인정받고 있다. 만약 엔더스 연구팀이 소아마비바이러스를 가지고도 비슷한 실험 결과를 재현해낼 수 있다면, 다시 말해서 소아마비바이러스에 감염된 체액이 조직 세포에 영향을 미칠 수 있다면 원숭이를 부검하는 것보다 훨씬 쉽게 실험을 진행할 수 있을 터였다.

어느 날 현미경을 들여다보던 엔더스는 소아마비바이러스에 감염된 세포가 터지는 모습을 보았다. 그 모습을 본 엔더스는 이렇게 소리쳤다. "세포 병원성cytopathogenicity이야." 새로운 용어가 탄생하는 순간이었다. 간단하게 줄여 '세포 병변cytopathic'이라 불리게 된 그 용어는 현재 바이러스가 세포에 미치는 손상을 표현하는 말로, 바이러스학에서 널리 쓰이는 용어가 되었다. 엔더스 연구 팀은 배양 조직에 소아마비바이러스를 주입하고 난 후 16일에서 32일 정도가 흐르면 그런 세포 병변 현상이 일어난다는 사실을 알아냈다.

그다음으로 엔더스 연구 팀은 감염된 조직에서 바이러스가 증식하는지를 알아보려고 페놀레드phenol red를 첨가했다. 페놀레드는 산염기 지시약의 하나로, 이번 실험에서는 염색을 위한 일종의 화학 표지로 사용했다. 소아마비바이러스에 감염된 세포는 건강한 세포에 비해 산이 적게 분비되는 등, 소아마비바이러스는 세포의 대사 작용에 영향을 미친다. 감염되지 않은 대조군 세포의 경우, 세포가 산을 분비하면서 페놀레드의 붉은색은 점차 노란색으로 바뀐다. 따라서 페놀레드의 색 변화는 소아마비바이러스의 유무를 알려주는 지시약 역할을 한다. 엔더스 연구 팀은 또한 소아마비바이러스를 주입한 배지의 산도와 주입 순간부터 흘러간 시간 사이에 비례관계가 성립한다는 사실도 알아냈다.

이런 정밀함을 바탕으로 엔더스 연구 팀은 바이러스의 감염 사실을 분명하게 측정할 수 있었고, 다양한 생체 조직을 감염시킬 수 있는 바이러스 최소량도 찾아낼 수 있었다.

엔더스 연구 팀은 또한 또 다른 기술을 활용해 8일 만에 바이러스 감염 여부를 알아내는 기술도 개발했고, 시험관 실험을 통해 소아마비바이러스의 종류와 그에 대응하는 사람과 동물의 혈청에 든 항체의 종류를 알아내는 방법도 개발해냈다. 모든 바이러스의 변화 과정을 현미경으로 관찰할 수 있는 것도 아니고, 모든 바이러스가 소아마비바이러스와 비슷한 화학변화를 일으키는 것도 아니지만, 엔더스가 개발한 기술들은 바이러스 실험을 할 때 자주 활용하는 기본 기술로 자리 잡았다.

롤러 튜브 장치

롤러 튜브를 이용한 조직배양 기술은 1933년에 조지 게이George Gey가 완성했다. 엔더스는 가장 먼저 이 장치를 바이러스 배양에 사용한 사람 가운데 한 명이다. 플라스크에 동물조직을 넣는 방법 대신 롤러 튜브를 사용할 때는 시험관 양쪽에 있는 응고시킨 혈장(혈장괴plasma clot)에 조직 세포를 넣고 바이러스를 조직에 이식한다. 세포조직이 살아있게 하고자 넣는 배양액은 무기염, 동물이나 사람의 혈청, 배아 조직 추출물로 만들었다. 뚜껑을 씌운 시험관은 거의 수평이 되게 기울여 놓고 배양기 온도는 사람의 체온에 가까운 섭씨 37도로 맞춘다. 시험관은 배양액과 공기에 번갈아가며 노출되도록 한 시간에 8~10번 정도 회전하는 속도로 돌린다. 롤러 튜브 장치의 목적은 배양 조직의 환경을 체내 환경과 거의 비슷하게 맞추는 것으로, 배양 조직을 시험관이나 플라스크처럼 변화 없는 단조로운 환경이 아닌 영양소와 노폐물이 생산되고 제거되는 활동적인 환경에 노출하는 것이다.

롤러 튜브를 사용할 때 얻을 수 있는 커다란 장점이라면 배지를 현미경으로 관찰할 수 있다는 것이다. 플라스크로 배양하는 배지는 잘게 다져서 현미경으로 볼 수 있도록 슬라이드로 만들어야 하지만, 롤러 튜브의 혈장괴에서 자라는 세포는 세포가 생장하고 바이러스가 증식하는 살아있는 상태로 몇 번이고 관찰을 할 수 있다.

솜씨 좋은 목수가 엔더스 연구소에서 쓸 롤러 튜브 장치를 만들어준 덕분에 엔더스 연구 팀은 한꺼번에 100개 정도 되는 시험관을 사용할 수 있었다. 롤러 튜브를 사용하면 플라스크에 배양액을 넣고 증식할 때보다 바이러스의 증식 속도도 빠르고 증식하는 양도 훨씬 많았다. 덕분에 바이러스 증식을 관찰해야 하는 시간도 4일로 단축할 수 있었다.

원숭이들을 구원한 항생제

그때까지만 해도 소아마비바이러스를 분류하고 어떤 유형인지를 알아보려면 살아있는 원숭이의 뇌에 바이러스를 주입해 바이러스가 뇌 조직에 침투할 때까지 기다린 다음 원숭이를 죽여 표본을 검사해볼 수밖에 없었다. 그 결과 소아마비 백신을 만들겠다는 일념 때문에 죽어간 원숭이는 10만 마리가 넘었다. 그런데 실험 효율을 극대화할 방법을 찾아 꾸준히 노력한 엔더스 팀이 원숭이의 대변에서 소아마비바이러스를 검출해내는 방법을 발견한 덕분에 원숭이들이 이제는 더 오랫동안 생존할 수 있었다.

원숭이 연구의 상당 부분을 책임진 로빈스는 당시 새로 발견된 두 가지 항생물질인 페니실린과 스트렙토마이신을 이용해 세균을 제거했다. 그런 다음 로빈스는 불순물을 제거한 표본을 원심 분리한 후 소아마비바이러스 감염 여부를 이른 시일 내에 알 수 있는 조직 배지에 주입했다. 엔더스 연구 팀은 자신들이 사람의 대변에서 48시간 안에 바이러스를 검출하고 분류해낼 수 있음을 알았다. 엔더스는 다른 분야에서 이룩한 중요한 진전을 자신의 연구에서도 이루어낼 수 있다고 믿었다. 엔더스는 동료들과 함께 받은 노벨상 수락 연설에서 이렇게 말했다.

> 지금 이 시점에서는 항생제의 발견이, 다른 많은 분야에서도 그랬듯이 조직배양 분야에서도 혁명을 일으켰다고 말하는 게 적절해 보입니다. 항생제를 사용함으로써 엄청나게 많은 미생물로 오염된 재료에서 바이러스만을 추출해낼 수 있게 됐고 과거에는 생각지도 못한 환경에서 생각지도 못한 양을 배양해낼 수 있게 됐습니다. 이는 하나의 발견이 수많은 발견을 낳는다는 것을, 더구나 그런 발견 중 상당수는 본질적으로 완전히 다른 새로운 발견으로 분류할 수 있다는 것을 보여주는 또 하나의 예라고 하겠습니다.

로빈스는 특이한 사실을 발견할 때마다 그 내용을 실험 공책에 붉은색으로 적어두었다. 로빈스의 공책은 붉은색으로 가득 찼다. 소아마비바이러스와 비슷한 바이러스에 감염된 수많은 아이들이 실험에 참가했다. 그중에는 증상이 전혀 없는 아이도 많았다. 2년도 되지 않아 엔더스 연구 팀은 13종에 달하는 소아마비바이러스를 찾아냈다. 연구 팀은 또한 학계 최초로 소아마비바이러스와 유사점이 많은 에코바이러스군(ECHO viruses, enteric cytopathic human orphan viruses)을 찾아냈다. 에코바이러스는 사람의 장에서 번식하며 수막염을 일으킨다.

엔더스 연구 팀이 논문도 쓰고 강연도 자주 하자 수많은 과학자들이 엔더스 연구소를 찾아왔다. 소크도 그중 한 사람이다. 카츠는 "연구소의 문은 언제나 전 세계 과학자들에게 열려 있었다"고 말했다. "바이러스, 세포, 혈청, 시약, 다양한 재료 등을 꼼꼼히 쌓은 상자를 가져가지 않은 과학자는 거의 없었어요. 과학자들은 그런 재료들을 가지고 집으로 돌아가면 자신의 연구 성과도 한발 나아갈 거라고 확신했죠. 연구실에 있는 실험 공책들은 실험이 끝난 것이든 아직 진행하고 있는 것이든 특별한 정보를 찾고 싶어 하는 과학자라면 누구나 볼 수 있었어요. 문제를 고민하는 사람이 많으면 많을수록 해답을 일찍 찾을 수 있다는 것이 엔더스의 철학이었죠."

연구소를 찾아온 소크가 로빈스에게 새로운 자리를 제안했지만, 로빈스는 그 제안을 거절했다.

성배를 찾다! - 바이러스 희석하기

웰러는 소아마비바이러스를 증식하는 연구를 계속했다. 랜싱 바이러스는 331일 동안 바이러스가 자라는 조직을 스물세 번 바꾸면서 증식시켰고, 브룬힐데 바이러스는 267일 동안 열다섯 번 배지를 바꾸면서 증식시켰다. 조직을 바꾸는 것을 계대배양passage이라고 한다. 물론 과학자들은 정기적으로 배양하는 바이러스를 가지고 실험을 했다. 과학자들은 계대배양을 세 차례 거치면 바이러스의 독성이 약해진다는 사실을 알아냈다. 계대배양의 횟수를 늘릴수록 바이러스의 독성은 최대 10만분의 1까지 약해졌다.

여러 차례 계대배양을 함으로써 바이러스의 독성을 떨어뜨리는 방법은 1870년대에 파스퇴르가 가금 콜레라, 탄저, 광견병을 연구할 때 개발했다. 여러 차례 계대배양을 하는 방법은 자연선택설의 영향을 받으며 진화해왔다. 바이러스가 증식할 때는 여러 가지 형태로 변이가 일어나는데 그중에 살아남는 개체는 증식하는 환경, 즉 자신이 들어 있는 조직에 가장 잘 적응한 개체들이다. 따라서 닭의 몸에서 증식한 바이러스를 사람의 조직에서 배양한 다음, 여러 차례 2차 배양을 진행하면 그 바이러스가 닭을 감염시키는 능력은 대부분 사라져버린다. 마찬가지로 사람에게 재앙을 일으키는 바이러스도 사람이 아닌 다른 조직에서 여러 차례 계대배양을 진행하면 독성이 희석되어 아주 약해진다. 그러나 독성은 희석됐어도 사람의 면역계로 하여금 항체를 만들게 하는 단백질 막은 그대로 두르고 있기 때문에 백신 속에 희석된 바이러스를 넣으면 독성이 강한 진짜 바이러스와 싸울 수 있는 항체가 만들어진다. 이 '진화를 다루는 방법'은 시간이 많이 드는 힘든 일이다. 과학자들이 얻고자 하는 약한 바이러스로 변이될 때까지 여러 배지를 써가면서 증식하고 또 증식해야 하기 때문이다.

엔더스 연구 팀은 노벨상 수상 소감을 다음과 같은 말로 끝맺었다. "이런 관찰들을 통해 우리가 얻은 결론은 (척수성) 소아마비바이러스의 독성도 다른 바이러스들과 마찬가지로 고정불변한 것이 아니라 자신들이 속한 환경에 적합하게 기꺼이 바뀐다는 것입니다."

좀 더 쉽게 표현하자면, 소아마비 백신도 만들 수 있다는 뜻이다.

분자바이러스학에 혁명을 일으키다

1870년대, 로베르트 코흐는 기본 도구들을 모아 세균학을 창시했다. 처음에 코흐는 감자 조각을 이용해 세균을 배양했지만, 곧 젤라틴 배지로 바꾸었다. 그런데 젤라틴 배지는 낮은 온도에서는 유용했지만 온도를 높이면 문제가 생겼다. 그러자 해초의 일종인 한천을 재료로 쓰자고 주장하는 사람들이 나왔다. 한천으로는 왁스처럼 단단한 배지를 만들 수 있었다. 그러자 리처드 페트리Richard Petri가 배양접시를 만들었다. 페트리접시에 한천을 넣고 설탕이 듬뿍 든 배양액을 넣자 모든 종류의 세균을 증식하고 검출하고 연구할 수 있는 기본 도구가 갖추어졌다. 미생물학이 탄생한 것이다.

엔더스와 그의 동료들은 조직배양 기술 방면에서 미생물학의 탄생과 비견할 만한 혁명을 일으켰다. 엔더스 이전에도 조직 배지에서 바이러스를 증식할 수는 있었다. 그러나 조직 배지를 이용한 바이러스 배양은 어렵기도 하고 성공 확률도 낮았다. 따라서 과학자들은 대부분 살아있는 생명체를 이용해 바이러스를 배양했다. 하지만 생각해보라. 당신이 바이러스 학자인데 아주 좋은 생각이 떠올랐다면 어떻게 해야 할까? 먼저 살아있는 동물에 바이러스를 주입해야 한다. 그런 다음 바이러스가 증식할 때까지 기다렸다가 그 동물을 죽이고 잘라낸 다음 조직을 검사해야 한다. 그러는 동안 또 다른 좋은 생각이 떠올랐다면 그 과정을 다시 반복해야 한다. 엔더스 연구 팀은 초기 연구들에 비해 10^{15}배나 많은 바이러스를 배양할 수 있다는 사실을 보여줌으로써, 바이러스 학자들이 다양한 조직을 이용해 거의 무한대에 가까운 바이러스를 증식할 수단을 제공해주었다. 엔더스 연구 팀은 바이러스가 침입한 세포에 생긴 병변을 관찰하는 것이 어떤 의미가 있는지를 알려주었고, 실험 시간을 놀라울 정도로 단축함으로써, 끝도 없는 아이디어를 실현할 기반을 마련해주었다. 엔더스 연구 팀의 실험 방법은 곧 전 세계 연구 기관으로 퍼져나가 수많은 발견을 가능하게 했다.

엔더스가 연구를 시작할 때 사람의 몸에 병을 일으키는 바이러스 가운데 분류된 종은 13종에 불과했다. 1961년이 되자 사람을 숙주로 삼는 바이러스는 58종을 검출했고, 동물을 감염시키는 바이러스는 300종을 찾아냈다. 엔더스 연구 팀은 백신을 만들 때 필요한 모든 기술을 개발해냄으로써 바이러스성 질병을 예방할 수많은 백신이 탄생할 수 있게 했다.

연구실에서 싹튼 로맨스

엔더스 연구소는 다양한 과학자들이 모이는 장소로 변해갔지만, 연구실 분위기는 오히려 가족 같은 분위기로 바뀌어갔다. 로빈스는 엔더스 연구소에 들어온 지 얼마 되지 않아 노스럽과 결혼했고, 1951년 엔더스도 캐럴린 킨Carolyn Keane과 결혼했다. 로빈스는 캐럴린을 "명랑한 성격에 사람들과 쉽게 친해지고 엄청난 에너지로 다른 사람들을 많이 도와주는 사람"이라고 소개했다. 엔더스를 아주 좋아한 로빈스는 아내에게 둘째 딸 이름에 그의 이름을 붙여주자고 했다. 앨리스는 당연히 좋다고 했고, 로빈스의 둘째 딸 출생증명서에는 루이즈 엔더스 로빈스라는 이름이 등록됐다. 여름이면 엔더스 가족은 코네티컷 강가에 있는 로빈스의 집에 자주 왔는데, 엔더스는 그곳에서 모터보트를 타고 롱아일랜드 만까지 나가서 농어를 잡고는 했다.

연구소 식구들에게 가장 중요한 전통은 크리스마스 가족 파티였다. 파티 때면 진홍색 스모킹 재킷을 입은 엔더스가 손님들 사이를 돌며 부지런히 음료수를 날랐다. 카츠는 그때를 이렇게 회상했다.

"크리스마스가 되기 몇 주일 전에 크리스마스 선물을 마련하기 위해 모자에 적힌 이름을 뽑는 행사를 했어요. 아주 즐거운 전통 가운데 하나였죠. 사람들이 훨씬 신경을 많이 쓴 건 선물과 함께 줘야 하는 시였어요. 선물을 받은 사람은 그 시를 크게 읽고 나서 선물을 뜯어 볼 수 있었어요. 아주 멋진 선물과 시를 준비하는 사람도 있었지만, 어느 누구도 엔더스 박사만큼 재미있는 시를 쓰는 사람은 없었어요. 엔더스 박사가 준비한 시와 선물을 받는 사람은 정말 행복해했죠. 크리스마스 파티는 엔더스 박사와 손님들이 피아노 주변에 모이는 걸로 끝이 났어요. 그분 가족들이 준비한 크리스마스캐럴을 들을 수 있었죠."

소크백신과 세이빈백신

백신이란 사람의 면역계가 특정 병원체를 맞닥뜨리기 전에 그 병원체를 물리칠 항체를 생성하도록 유도하는 물질이다. 훨씬 강력한 천연두를 예방해주는 우두는 천연두와 특징은 비슷하지만 천연두보다 훨씬 쉽게 접할 수 있는 질병이었다. 그럼 점에서 제너는 행운아라고 할 수 있다. 실제로 자연계에서 그런 관계에 있는 질병을 찾기란 쉬운 일이 아니다. 일반적으로 과학자들이 백신을 만들려면 실험실에서 병원균을 변형시켜 특징은 비슷하지만 질병은 일으키지 않는 새로운 병원균을 만들어내야 한다.

1940년대에 소아과 질환과 관련된 백신으로는 디프테리아, 파상풍, 백일해 백신이 있었다. 모두 세균이 일으키는 질병을 예방하는 백신이었다. 디프테리아와 파상풍 백신은 과학자들이 세균이 생산하는 독성 물질을 정제하고 비활성화하는 방법으로 만들어낸 변성 독소 백신이다. 백일해 백신은 죽은 세균으로 만들었다. 죽은 세균도 단백질 막은 그대로 가지고 있기 때문에 면역계가 병원균을 알아보고 항체를 만들 수 있다. 엔더스가 연구를 시작하기 전까지 바이러스성 질병을 예방하는 백신은 황열병 백신뿐이었다. 여러 차례 계대배양을 하는 기술이 개발되자, 과학자들은 다양한 조직을 이용해 독성이 많이 사라진 병원균을 만들 때까지 바이러스를 증식할 수 있게 됐다. 독성을 약화시킨 백신은 사람의 면역계를 자극해 필요한 항체들을 만들어내게 했다.

한 가지 재미있는 사실은 엔더스 연구소는 소아마비 백신을 만들 지식도 있었고 백신 개발에 필요한 자금을 지원받을 방법도 있었지만, 결국 소아마비 백신을 개발하지 않았다는 점이다. "생각이 깊은 엔더스 박사는 소아마비 백신을 만드는 건 우리 연구소에 맞지 않는 일이라고 생각했어요." 로빈스의 말이다.

그래서 엔더스 연구 팀은 소아마비 백신을 만드는 임무를 소크와 앨버트 세이빈Albert Sabin에게 넘겨주었다. 소크와 세이빈에게는 백신을 만들 대규모 연구소가 있었다. 사실 소크와 세이빈의 연구는 엔더스 연구 팀이 획기적인 방법을 개발해내기 전까지는 침체 상태에 있었다. 엔더스 연구 팀의 기술 개발 덕분에 엄청난 양의 바이러스를 배양할 수 있게 된 소크와 세이빈은 자신들의 연구를 빠르게 진척시킬 수 있었다. 소크는 이렇게 말했다. "엔더스 박사는 오랫동안 가고 싶었던 길에 윤활유를 쳐준 사람입니다. 저는 우연히 기가 막힌 장소에 있었던 덕분에 그 혜택을 받을 수 있었죠."

1952년에 소크는 세 가지 소아마비바이러스를 모두 죽일 수 있는 화학 성분이 포함된 백신을 개발했다. 소아마비 백신이 개발된 후 미국 역사상 가장 규모가 큰 보건 의학 실험이 실시됐다. 모두 20만 명에 달하는 아이들이 소크백신을 맞았고, 백신을 맞은 아이들 중 80퍼센트가 소아마비에 걸리지 않았다. 소아마비 백신이 큰 효과가 있었던 것이다. 소크의 실험은 특히 운이 좋았다. 1952년에는 미국에 소아마비가 크게 유행했다. 보스턴 소아과 병원으로 차가 물밀듯이 밀려 들어왔다. 차에서 내린 어른들은 아이를 안고 의사들이 숨 가쁘게 선별 작업을 하고 있는 응급실로 뛰어 들어갔다. 1955년 소크가 만든 백신은 사용 승인을 받았고, 그로부터 10여 년도 되지 않아 소아마비 유행은 개발도상국에서도 과거의 일이 되었다.

1957년에는 세이빈이 바이러스를 죽여 만든 소크의 백신보다 훨씬 안전하고 효과적인 백신을 개발했다. 맛있는 각설탕에 넣어 먹어도 되는 세이빈의 백신은 바이러스의 독성을 희석해서 약하게 만든 것이었다. 입으로 먹는 경구용 백신이었으므로 세이빈백신은 혈관뿐만 아니라 장에서도 항체를 생성할 수 있었다. 따라서 죽은 바이러스로 만든 백신과 달리 세이빈백신은 사람의 장에서 소아마비바이러스가 증식할 기회를 막는 효과도 있었다. 더구나 세이빈백신은 소크백신과 달리 추가 접종을 할 필요도 없었다. 1961년 미국 정부는 세이빈의 생백신을 소아마비 기본 백신으로 지정했다. 그 후 세계보건기구의 지원을 받은 세이빈백신을 전 세계 거의 대부분의 나라가 기본 백신으로 채택했다.

노벨상을 수상하다

소아마비바이러스 연구를 끝낸 로빈스는 1952년 연구실을 떠나 클리블랜드에 있는 웨스턴 리저브 대학 소아과 교수로 부임했으며, 웰러는 1954년에 잠깐 하버드 대학으로 돌아갔다가 열대 보건부 책임자로 부임했다. 웰러는 그 뒤로도 수두와 풍진 바이러스를 검출해내는 바이러스 연구를 계속 진행했다.

1954년 가을에 엔더스, 웰러, 로빈스는 "소아마비바이러스를 다양한 생체 조직에서 배양하는 방법을 발견한 공로"로 노벨 생리의학상을 받게 됐다는 연락을 받았다. 대중의 찬사는 소아마비 백신을 개발한 소크와 세이빈이 받았지만, 노벨 재단은 공로를 인정받아야 마땅한 사람들을 노벨상 수상자로 선정했다. 웰러와 그의 아내는 비행기를 타고 대서양을 횡단했지만 로빈스와 엔더스 가족은 퀸엘리자베스호를 타고 폭풍이 몰아치는 북해를 건너 스웨덴까지 갔다. 배 위에서 뱃멀미를 하지 않은 사람은 엔더스뿐이었다. 그해 노벨 화학상 수상자는 라이너스 폴링Linus Pauling이었고 노벨 문학상 수상자는 어니스트 헤밍웨이였다.

2년 후 하버드 대학교에서 엔더스에게 전임 교수 자리를 제안했다. 26년 동안 열정적인 연구를 하고 난 뒤의 일이다. 그러는 동안에도 엔더스는 새로운 바이러스를 조직배양 할 기술을 실험하고 있었다.

놀라울 정도로 쉽게 전염되는 홍역

소아마비바이러스는 가장 많이 유행하는 시기라고 해도 전체 인구에서 상당한 비율을 차지할 정도로 많은 사람이 걸리는 일은 드물다. 그러나 수십 년 동안 소아마비 백신을 만들어내지 못해 쩔쩔매던 미국인들에게는 소아마비 백신이야말로 수많은 생명을 구한 진정한 영웅이라고 할 수 있었다. 소아마비 백신을 시작으로 수많은 질병을 예방할 백신을 만들어낼 수 있었기 때문이다.

홍역은 수천 년 동안 사람들을 괴롭혀왔다. 서기 900년 무렵 페르시아의 의사 라제스Rhazes는 홍역이 "천연두의 순한 형태"라고 했다. 천연두와 홍역이 다른 질병이라는 사실을 알게 된 것은 1600년대의 일로, 1700년대부터 홍역 예방접종을 실시하려는 노력이 시작됐다. 물론 천연두 예방접종과 비슷한 형태로 실시한 홍역 예방접종은 계속 실패로 끝났다. 홍역은 2년 내지 4년에 한 번씩 사람들을 공격했다. 홍역은 전염성이 매우 강해 환자와 살짝만 스쳐도 감염될 정도였다. 2차 감염의 경우 항생제를 쓰면 치료할 수 있지만 홍역은 지금도 이렇다 할 치료법이 없는 병이다. 소아과 의사인 루이스 Z. 쿠퍼Louis Z. Cooper는 당시 상황을 이렇게 설명했다.

"홍역 백신을 개발하기 전까지 어린아이 열 명 중 아홉 명은 홍역에 걸렸어요. 그중 절반은 다섯 살 미만의 아이들이었죠. 홍역에 걸리면 일단 열이 나고 콧물과 기침이 나와요. 목도 아프죠. 닷새 정도 지나면 부스럼처럼 보이는 붉은 발진이 생겨요. 보통 일주일 정도면 모든 증상이 나타났다 사라지는데 합병증이 올 때도 있어요. 홍역 환자 여섯 명 중 한 명은 폐렴이나 중이염으로 고생하죠. 홍역 환자 1000명당 한 명은 홍역 뇌염에 걸리죠. 뇌염에 걸린 환자는 몸이 마비될 수도 있고 정신장애가 올 수도 있고 심지어는 죽을 수도 있어요. 절대로 순한 어린이 질병이라고 볼 수 없는 홍역은 그 어떤 전염병보다 많은 아이들의 생명을 앗아갑니다."

1960년대 미국에서는 충분한 영양 공급과 좋은 의료 시설 덕분에 많은 사상자를 내지는 않았지만, 어쨌거나 홍역은 1960년대 미국에서 흔히 볼 수 있는 질병이었다. 물론 다른 나라의 사정은 더 나빴다. 세계보건기구의 추정에 따르면 엔더스가 홍역 연구를 시작할 무렵에 홍역에 걸린 사람은 1년에 1억 600만 명에 달했으며, 해마다 600만 명에 달하는 어린아이가 목숨을 잃었다.

홍역 공격하기

마땅한 실험동물이 없는 홍역은 사실 연구를 진행하기가 무척 어려운 질병이다. 엔더스가 홍역 연구를 시작한 1953년에 사람이 아닌 홍역 숙주는 아시아 원숭이밖에 없었다. 하지만 아시아 원숭이에게 홍역바이러스를 주입해도 홍역에 걸리지 않는 경우가 자주 있었다.

엔더스가 조직배양 기술을 개발했다고 해서 동물실험이 모두 필요없어진 것은 아니다. 백신을 만들려면 어쩔 수 없이 동물실험이 필요했다. 동물실험 없이 조직배양 실험만 하는 것은 비교적 최신 기술이기 때문에 홍역바이러스 연구에 그다지 도움이 되지 않았다. 홍역바이러스를 연구하려면 사실상 모든 일을 해야 했다. 바이러스를 분리해내야 하고, 바이러스가 어떻게 세포에 침입하는지를 정확히 알아내야 하고, 병원체의 기본 특성을 파악해야 하고, 어떤 식으로 면역반응이 일어나는지를 알아봐야 한다. 그래야 바이러스를 희석해 백신을 만들 준비를 할 수 있다.

엔더스가 홍역을 연구하는 동안 카츠도 그를 도왔다. 카츠는 엔더스를 잘 알았다. "겉모습만 보면 엔더스는 약간 소박하고 할 일이 많은 유순하고 박식한 과학자죠. 하지만 그가 애써 일부러 쌓아놓은 이미지는 위원회 일이나 관리 일로 방해받지 않으려고 내세운 두툼한 방패에 지나지 않아요. 사실 그는 아주 강하고 경쟁심도 있고 철저하게 현대적인 사람이에요. 솜씨 좋은 학자라고 해야 하나, 자신이 기꺼이 도전할 가치가 있는 일들을 위해 에너지를 아끼는 방법을 아는 사람이었어요."

실험실에서 친밀한 인간관계를 나누는 것을 소중하게 생각한 엔더스는 과학자는 네다섯 명, 직원은 두세 명만 두는 체제를 늘 유지했다. 카츠에 따르면 엔더스는 연구실 규모나 장비는 생산성이나 연구의 성공 여부와 거의 관계가 없다고 확신했으며, 혹시라도 관계가 있다면 그것은 분명 반비례관계일 거라고 생각했다고 한다.

엔더스 연구소에서 홍역을 연구하는 동안 가장 큰 영향을 미친 과학자는 모두 여섯 명이다. 바로 카츠, 토머스 피블스Thomas Peebles, 케빈 매카시Kevin McCarthy, 애나 미투스Anna Mitus, 밀란 밀로바노비치Milan Milovanovic, 앤 할로웨이Ann Holloway가 그들이다. 카츠는 과학자 중에 혼자서만 하찮은 일을 도맡아 해야 하는 사람은 아무도 없었다고 했다. "세포 배양 기술과 바이러스학에 관련된 모든 지식을 자세히 알려면 과학자들 모두 배지 준비하기, 시약 만들기, 세포 배양하기 같은 전 과정을 함께 나누어 해야 했어요."

과학자들 모두가 해야 했던 일 가운데 하나는 바로 사람의 양막 세포를 구해 오는 것이었다. 과학자들은 번갈아가며 몇 주마다 한 번씩 보스턴 산부인과로 가서 태반을 얻어 왔다. 태반에서 떼어낸 양막은 트립신이 담긴 용액에 넣고 휘휘 저었다. 소화효소인 트립신 안에 양막을 넣고 저으면 양막에 붙어 있는 세포들이 떨어져 나왔다. 원심 분리해낸 세포는 영양 배지에 넣고 바이러스를 주입했다. 영양 배지는 근처 도살장에서 얻어온 소의 배아를 다져 만들었다.

"엔더스는 매일같이 모든 과학자들과 실험실 의자에 둘러앉아 이야기를 나누는 시간을 갖고는 했죠. 그는 늘 '뭐 새로운 거 있나?' 하고 물었어요. 이 간단한 질문이 연구실의 생산성을 높이는 훌륭한 자극제가 되어주었죠. 이 질문에 새로운 답을 하는 사람은 자신이 관찰한 내용을 주제로 엔더스와 단 둘이서 이야기를 나눌 수 있었으니까요."

드디어 홍역바이러스 배양에 성공하다

엔더스는 소아과 레지던트였던 피블스에게 보스턴 소아과에서 홍역에 걸린 아이들의 인후 도찰물과 혈액을 가져오라고 했다. 엔더스 연구 팀은 피블스가 모아 온 표본을 롤러 튜브 장치에 넣어 바이러스를 분리하고 증식할 생각이었다. 엔더스 연구 팀은 각기 다른 지역에서 다른 시간에 홍역에 걸린 아홉 명의 표본을 사람이나 원숭이 콩팥 세포로 만든 배지 아홉 개에 나누어 담고 계대배양을 통해 계속해서 바이러스를 증식시켰다. 바이러스를 주입한 후 4일에서 10일 정도 지나자 바이러스가 증식했음을 보여주는 징후인 세포 병변 현상이 나타나기 시작했다. 바이러스를 주입한 세포는 세포핵이 늘어나면서 커지다가 마침내 죽었다. 시간이 지나면 거의 모든 세포가 같은 과정을 밟으며 파괴되고 말았다.

그런 다음 엔더스 연구 팀은 혈청에 든 항체가 병변 과정을 어떤 식으로 막는지 알아보려고 홍역에 걸린 적이 있는 열두 명의 혈청을 섞어 배양 조직에 넣어봤다. 혈청에 든 항체는 바이러스를 죽이는 효과가 있었다. 이는 이제 홍역바이러스를 다룰 방법이 생겼으며, 사람의 면역계가 효과적으로 홍역바이러스에 반응할 수 있다는 것을 뜻했다. 1954년 초에 실시한 이 조직배양 기술은 엄청난 결과를 낳았다.

원숭이 수수께끼

엔더스와 그 동료들은 그다음으로 각각 한 번, 두 번, 스물세 번 계대배양을 한 바이러스를 원숭이 몸에 주입해보았다. 주입한 결과는 예전과 같았다. 홍역에 걸린 원숭이도 있고 멀쩡한 원숭이도 있었다. 도대체 왜 그런 결과가 나왔는지 알아보고자 바이러스를 넣기 전 원숭이들부터 면밀히 살펴보았다. 각기 다른 실험실 세 곳에서 보내온 스물둘에서 스물네 마리 정도 되는 원숭이들 몸에는 이미 완벽한 홍역 항체가 형성되어 있었다. 이 원숭이들에게 홍역 항체는 어떻게 생겨났을까? 반면에 말레이반도나 필리핀 열도에서 데려온 야생 원숭이 서른한 마리는 홍역 항체가 없었다. 엔더스 연구 팀은 실험실 원숭이들이 항체를 갖게 된 경위를 밝혀내지는 못했지만, 왜 이 원숭이들이 홍역에 걸리지 않는지는 밝혀낼 수 있었다. 이 같은 관찰 결과는 원숭이가 믿을 수 있는 실험동물이라는 사실을 알려주었다. 해야 할 일은 단 하나, 홍역 항체가 있는 원숭이만 실험에서 제하면 된다.

3년 만에 흥미로운 현상을 발견하다

엔더스 연구 팀은 또한 돼지나 소, 닭 같은 다른 동물들의 세포에서도 홍역바이러스를 배양하는 방법을 찾으려고 노력했다. 백신을 만들려면 바이러스가 증식할 수 있는 영장류가 아닌 동물의 조직을 찾는 일이 무척 중요했다. 영장류의 조직을 이용해 백신을 만들면 사람에게 전염되는 또 다른 병원체에 감염될 염려가 있었다.

그러나 몇 달 동안 엔더스 연구 팀의 시도는 번번이 실패로 끝났고, 날마다 엔더스와 동료들은 별다른 진전이 없는 상태로 연구실을 떠나야 했다. 엔더스는 연구소에서 집으로 갈 때면 거의 언제나 택시를 타야 했기에 아는 택시 기사도 많았다. 그는 사람은 평등하다는 신념을 가지고 살아온 사람이었다. 엔더스는 누구에게나 경의를 표했다. 카츠는 이렇게 말했다. "20년 동안 엔더스와 가깝게 지내면서 지켜봤지만, 그가 못마땅하게 생각한 택시 운전사는 딱 한 명뿐이었어요. 그 사람은 정말 악당이었죠."

도대체 무슨 일이 있었던 걸까? 택시에 오른 엔더스에게 그 택시 기사가 이렇게 물었다고 한다.

"연구는 어떻게 되어가고 있어요?"

사실 연구 결과는 신통치 않았고, 엔더스는 괜히 폼을 잡는 사람이 아니었다. 엔더스의 솔직한 대답을 들은 택시 기사는 엔더스를 격려해 주려고 이렇게 말했다.

"선생님도 분명 소크 박사님처럼 근사한 뭔가를 발견하실 거예요."

2년이라는 시간이 흘러갔다. 엔더스 연구 팀은 계속해서 실험하고 계대배양 하고 배지를 만들고자 소고기를 다졌다. 외래 조직에서 바이러스를 증식하는 방법이나 백신을 개발하는 방법에 정해진 규칙은 없었다. 바이러스 학자 조엘 워런Joel Warren은 엔더스가 좋아할 만한 문학적 암시를 이용해 (바이러스를 증식시키거나 백신을 개발하는) 방법은 『맥베스』에 나오는 방법과는 사뭇 다를 거라고 했다.

"냄비 주위를 빙빙 돌며 독기를 품은 내장을 냄비 안으로 집어넣자…… 비비의 피로 묘약을 식히면 주술은 완성되고 근사해지지."

그런데 엔더스 연구 팀은 홍역 연구를 시작한 지 3년 째 되던 해에 흥미로운 현상을 발견했다. 흥미로운 현상은, 피블스가 데이비드 에드몬스턴이라는 소년의 목에서 가져왔다고 해서 에드몬스턴 종이라고 부른 바이러스를 사람의 콩팥 세포 속에서 스물세 번, 사람의 양막 세포 속에서 열네 번 계대배양을 한 후에 일어났다. 바이러스를 주입한 세포 가운데 전형적인 세포 병변 현상을 일으키지 않은 세포가 있었던 것이다. 바이러스를 주입하면 부풀어 오르다 터지는 보통의 세포 병변 현상과 달리, 에드몬스턴 바이러스를 넣은 세포 중에는 별 모양으로 변하거나 물렛가락처럼 길쭉하게 변하는 것들이 있었다. 과학자들이 에드몬스턴 바이러스의 계대배양 횟수를 늘릴수록 이렇게 변형된 세포들이 점점 더 많아졌다.

분명 바이러스가 변했다는 증거였다. 어쩌면 이제 바이러스는 닭의 세포 속에서도 증식할 수 있을지 몰랐다. 사람의 콩팥 세포에서 스물세 번 계대배양을 하고 사람의 양막 세포에서 열네 번 계대배양을 한 후, 과학자들은 사람의 양막 세포에서와 같은 효과를 내기를 기대하며 병아리 배아의 양막 세포에 바이러스를 이식했다. 바이러스를 이식한 병아리 양막 세포는 9일 동안 섭씨 35도를 유지하는 배양기 속에 넣어 두었다. 결과는 성공적이었다. 병아리 양막 세포에서 바이러스를 몇 차례 더 계대배양을 하자 사람의 양막 세포에서 나타난 것과 동일한 세포 병변 현상이 일어났다. 과학자들은 또 다른 병아리 배아 조직에서도 같은 실험을 해보았다. 결과는 똑같았다. 마침내 과학자들은 백신 생산을 가능하게 해줄지도 모를 중간 배지를 찾아낸 것이다.

홍역바이러스 만들기

엔더스 연구 팀은 사람을 감염시키지 않을 정도로 독성이 약하지만 면역계가 항체를 만들 수 있을 정도로는 독성을 유지한 홍역바이러스를 만들고자 여러 차례 계대배양을 해야 했다(바이러스에 있는 항원은 사실 바이러스의 단백질 막 성분으로 면역계는 바이러스의 단백질 막에 있는 항원을 인식해 각 항원에 맞는 항체를 만들어낸다). 엔더스 연구 팀은 인체가 홍역 항체를 만들어낼 수 있는 단백질 항원을 두 종류 만들어냈다. 그중에서도 효과가 뛰어난 것은 에드몬스턴 종을 이용한 단백질 백신이었다. 이 단백질은 닭의 배아에서 여섯 번 더 계대배양을 한 후 닭의 세포로 만든 배지에서 열네 번 더 계대배양을 하면 만들어낼 수 있었다.

원숭이 실험 결과 엔더스 연구 팀은 닭의 세포를 이용해 희석한(독성을 약화시킨) 바이러스는 인체를 감염시키는 바이러스와 다른 점이 두 가지 있다는 사실을 알아냈다. 닭의 세포를 이용해 희석한 바이러스는 닭의 세포에서는 증식하면서 세포 병변 현상을 일으켰지만, 원숭이 몸 속에서는 증식하지도 세포 병변 현상을 일으키지도 않았다. 그보다 더 중요한 것은 희석한 바이러스를 접종한 후 15일에서 23일 정도 지나면 원숭이 몸에서 항체가 만들어졌다는 점이다. 이는 원숭이의 면역계가 약한 홍역바이러스를 물리쳐냈다는 것을 뜻했다.

이제 엔더스 연구 팀이 할 일은 자신들이 만든 바이러스를 사람을 위한 백신으로 이용할 수 있는지를 알아보는 것이었다. 이 실험은 의사들이 소규모 아이들을 대상으로 진행했다. 1958년 12월부터 1960년 3월까지 아이들을 대상으로 여섯 차례 실험을 진행했다. 백신을 맞은 아이들은 가벼운 감염 증상을 보였지만 해롭지는 않았고, 홍역이 전염되지도 않았다. 더구나 백신을 맞은 아이들은 독성이 강한 홍역바이러스를 물리칠 항체까지 만들어냈다. 과학자들은 이 같은 결과를 1960년 7월자 〈뉴잉글랜드 의학 저널〉에 여섯 편의 논문으로 발표했다. 뉴욕에서 열린 의학 회의 때는 저명한 바이러스 학자이자 세균 학자인 조지프 스마델Joseph Smadel이 일어서더니 엔더스에게 이렇게 말했다. "존, 또 한 건 해냈군."

그런데 백신에 한 가지 부작용이 있었다. 백신을 맞은 아이들 중 30퍼센트가 예방접종 후 열이 났다. 필라델피아에 있는 어린이 병원의 소아과 의사 조지프 스토크스Joseph Stokes는 한쪽 팔에는 홍역 항체가 들어 있는 사람의 감마글로불린을 주사하고 다른 한쪽 팔에는 홍역 백신을 주사하는 실용적인 해법을 개발했지만, 그 방법은 모든 나라에서 사용할 수 있는 방법이 아니었다. 엔더스는 소아마비바이러스를 연구할 때도 그랬듯이 다른 사람이 홍역바이러스를 가지고 실용적인 백신을 만들 수 있도록 필요한 사람에게 희석한 바이러스를 제공했다.

이때 등장하는 사람이 바이러스 백신 개발자 모리스 힐만Maurice

Hilleman이다. 힐만은 미국에서는 머크라고 부르지만 독일 메르크 사와 혼동되는 것을 피하고자 그 외 지역에서는 머크, 샤프앤드돔이라고 부르는 거대한 제약회사의 지원을 받고 있었다. 엔더스의 바이러스가 닭백혈병 바이러스chicken leukemia virus에 오염됐다는 사실을 알게 된 힐만은 캘리포니아에서 닭백혈병 바이러스에 면역력이 있는 닭 품종을 찾아냈다. 계대배양의 중요성은 이미 널리 알려져 있었기에 힐만의 연구 팀은 엔더스 연구 팀이 했던 대로 홍역바이러스를 사람의 콩팥 세포에서 스물네 번, 사람의 양막 세포에서 스물여덟 번 계대배양을 했다. 그런데 그다음 과정은 엔더스 연구 팀과 조금 달랐다. 힐만 연구 팀은 수정란에서 열두 번 계대배양을 하고 닭 배아 세포에서 쉰일곱 번 계대배양을 했다. 힐만 연구소에서 생산한 백신은 서른다섯 번의 대조군 실험을 거쳐 1963년 시판 허가를 받았다.

사라진 질병들

훗날 엔더스는 자신이 이룩한 여러 업적 가운데 개인적으로 가장 만족하고 의미 있게 생각하는 것은 백신을 연구한 일이라고 했다. 엔더스가 백신을 개발한 후 수십 년이 지난 지금 홍역 백신은 전 세계 곳곳에서 활용하고 있다. 1963년에 홍역에 걸린 사람은 1억 600만 명이었지만 2006년에는 2000만 명으로 줄어들었다. 홍역으로 사망한 사람의 수는 600만 명에서 34만 5000명으로 감소했다. 피어스의 생물통계학 계산 결과에 따르면, 소아마비 백신 덕분에 100만 명이 넘는 사람들이 목숨을 구했고, 홍역 백신 덕분에 1억 1300만 명의 사람들이 목숨을 구했다고 한다. 엔더스가 개발한 백신들은 지구온난화를 늦추는 데도 기여했다. 생각해보라. 홍역은 지독한 열을 동반한다. 그런 홍역 환자의 수가 감소했으니 지구의 열도 감소할밖에. 홍역 환자가 전형적으로 5도 정도 체온이 올라간다는 것을 생각해보면, 홍역 백신은 사람의 체온 때문에 발생하는 열을 4억 3000만 도나 줄인 것이다.

인류가 박멸할 수 있는 질병은 다음의 세 가지 조건을 만족해야 한다. 첫째, 오직 사람만이 숙주여야 한다. 둘째, 병을 효과적으로 진단할 수 있어야 한다. 셋째, 분명한 차단 방법이 있어야 한다. 1988년 세계보건기구, 유니세프, 국제 로터리 클럽Rotary International은 천연두 이후 두 번째로 인류가 노력해 이 세상에서 사라지게 만들 질병으로 소아마비를 택하고 국제적인 공조 노력을 시작했다. 현재 소아마비에 걸리는 사람은 1년에 2000명 미만이며, 모두 소아마비가 집단적으로 발생하는 나이지리아, 인도, 파키스탄, 아프가니스탄에서 발병한다.

홍역도 박멸할 수 있는 질병의 세 가지 조건을 모두 만족한다. 선진국에서 홍역 발병률은 거의 제로에 가깝게 떨어졌다. 국지적으로 조금씩 발생하는 홍역은 충분히 면역 범위 안에 들어가기 때문에 효과적으로 치료할 수 있다. 이 글을 쓰는 현재 위의 세 기구(세계보건기구, 유니세프, 국제 로터리 클럽)는 홍역으로 사망하는 사람들을 완전히 없앨 수 있는 추가 조치를 취하지 않고 있다. 홍역으로 인한 인명 피해는 충분히 막을 수 있는 것이었다는 점을 생각해보면 정말로 부끄러운 일이 아닐 수 없다.

엔더스는 전 세계 수십억 명의 생명에 영향을 미쳤다. 엔더스의 조직 배양 기술이 알려지고 20년도 되지 않아 홍역, 볼거리, 수두 백신이 일반화됐다. 또한 사람들의 주의를 끌고자 공포와 유명인, 과장을 활용한 소아마비 공익광고는 부모들이 자녀들에게 백신을 맞게 하는 데 중요한 역할을 했다. 물론 아직도 예방접종을 반대하는 종교 단체, 유사과학자들, 회의론자들이 있다. 그러나 대부분의 부모와 아이들에게 백신 접종은 어렸을 때 거쳐야 하는 통과의례가 되어가고 있다.

현재 미국 정부가 어린아이들이 반드시 맞아야 한다고 지정한 백신은 열다섯 가지다. 앞에서 열거한 홍역, 볼거리, 수두는 물론이고 (설사를 유발하는) 로타바이러스, 디프테리아, 파상풍, 백일해, (다양한 세균 질병의 원인인) HiB, 폐렴쌍구균(폐렴), A형간염, B형간염, 뇌수막염(수막염), 독감 백신이 포함된다. 엔더스가 소아마비바이러스 연구를 시작할 때 이미 있었던 백신은 세 종뿐이다. 백신의 미덕은 백신을 맞은 아이들이 자신들이 예방접종을 한 병을 전혀 알 필요가 없다는 데 있다. 예방접종을 한 아이들이 현대 백신의 아버지 엔더스를 알 리 만무하지만, 어쨌거나 엔더스는 수많은 눈물과 고통을 사라지게 해주었다.

경이로운 생명의 신비

엔더스가 은퇴할 때까지 엔더스 연구소에서 과학자로 성공한 사람들은 아주 많다. 그중에 많은 수가 엔더스의 개인적인 매력과 왕성한 호기심에 대해 언급했다. 로빈스는 "한번 엔더스를 알게 되면 끝까지 친분을 유지하게 됩니다. 나는 여생을 그와 함께 연구하는 데 바칠 생각입니다"라고 했고 카츠는 "엔더스는 의학 지식만이 아니라 전 분야의 지식을 고루 알고 있는 르네상스 형 학자입니다. 제 멘토이기도 하고 아버지 같은 분이기도 하지요"라고 했다. 엔더스는 의학계의 노벨상이라고 할 수 있는 래스커 상을 받았을 뿐 아니라 〈타임〉 지가 선정하는 올해의 인물 같은 동료들과 언론이 주는 다양한 영예를 누렸으며 국립과학협회, 영국왕립협회 회원이기도 하다. 30대가 될 때까지 자신이 무엇을 해야 하는지 알지 못했고, 50세가 되어서야 처음으로 중요한 일을 시작한 사람으로서는 굉장한 업적을 이뤄낸 셈이다.

1985년 9월의 어느 날, 엔더스는 코네티컷 강가에 있는 자신의 집에서 아내에게 T. S. 엘리엇의 작품을 큰 소리로 읽어주었다. 그러고 나서 침대에 든 엔더스는 그날 밤 조용히 세상을 떠났다. 88세의 나이였다. 장례식 추모사는 그의 친구인 F. C. 로렌스 주교가 낭독했다.

> 엔더스는 한 번도 경이로움을 잊은 적이 없습니다. 신이 창조하신 모든 존재의 주위를 감싸고 있고 모든 존재와 함께하는 위대한 신비에 대한 경이로움을 말입니다. 위대한 신비로움을 언제나 인식했기에 엔더스는 탁 트인 시각과 넓은 마음을 간직할 수 있었고, 언제나 새로운 모든 것에 관심을 기울이는 마음, 모든 것에 귀 기울이는 능력, 거대한 신비 속에 존재하는 인류애, 끊임없이 진리를 추구하는 마음을 끝까지 유지할 수 있었습니다.

엔더스의 미망인은 엔더스가 생명체들이 살아가는 방법을 이야기하면서 자신의 마음을 조금 드러냈다고 했다.

"모든 생명체 뒤에는 하나의 마음이 있는 게 틀림없어."

1억 1400만 명이 넘는 인명을 구하다

공헌한 일: 홍역 백신 개발

중요한 공헌자

- **존 엔더스**: 에드몬스턴 홍역 백신을 개발한 연구 팀을 이끌었다.
- **새뮤얼 카츠**: 홍역바이러스를 달걀에서 닭의 배아 세포 배지로 옮기는 방법을 연구하고 원숭이와 아이들을 대상으로 백신 실험을 진행했다.
- **토머스 피블스**: 홍역바이러스를 분류·검출했다.
- **케빈 매카시**: 계대배양 한 바이러스를 원숭이에게 접종하는 방법을 연구했다.
- **밀란 밀로바노비치**: 사람의 세포에서 홍역바이러스를 계대배양 하는 방법을 연구했다.
- **애나 미투스**: 사람의 세포에서 홍역바이러스를 계대배양 하는 방법을 연구했다.
- **앤 할로웨이**: 엔더스 연구 팀에서 헌신적으로 연구했다.
- **모리스 힐만**: 머크 제약회사를 위해 일하는 동안 엔더스가 만든 홍역 백신을 개조해 전 세계 사람들이 활용할 수 있는 시판 백신을 만들어냈다.

공헌한 일: 소아마비 백신 개발

중요한 공헌자

- **존 엔더스**: 바이러스 조직 세포 배양 기술이 발전할 길을 열어줬다.
- **토머스 웰러**: 바이러스 조직 세포 배양 기술이 가능할 수 있도록 여러 가지 탁월한 아이디어를 제공했다.
- **프레더릭 로빈스**: 엔더스와 함께 바이러스 조직 세포 배양 기술을 발전시켰다.
- **조너스 소크**: 조직배양 기술을 이용해 소아마비 사백신을 만들었다.
- **앨버트 세이빈**: 조직 세포 기술을 이용해 소아마비바이러스를 희석한 생백신을 만들었다. 현재 전 세계적으로 널리 사용하는 백신은 세이빈의 생백신이다.

엔더스 팀은 소아마비바이러스를 시험관에서 증식시키는 방법을 개발해낸 직후에 이렇게 적었다.
"우리가 이제 막 언급한 결과들은 중요한 기본 원리들이 될 것이라 생각한다. 왜냐하면 척수성 소아마비바이러스의 항원이라고 알려진 세 종류 모두 다양한 인간 세포에서 어려움 없이 증식한다는 사실이 분명해졌기 때문이다."

엔더스는 서른 살 때도 이학박사 학위가 없었고 백신 혁명을 일으킬 바이러스 연구도 50세가 되어서야 시작했다. 엔더스가 바이러스 연구를 시작할 무렵만 해도 어린아이들에게 접종할 백신은 세 가지뿐이었다. 지금은 열다섯 종으로 늘었다.

홍역은 널리 알려진 질병 중에서도 가장 전염성이 강하다.

현재 전 세계 어린이들의 80퍼센트가 홍역 백신을 맞는다. 하지만 지금도 백신 한 방이면 막을 수 있는 이 질병 발생률은 엄청나서 유아 사망 원인 5위에 들 정도다. 엔더스가 연구를 시작했을 때는 해마다 600만 명 정도가 홍역으로 죽었으나, 2006년에는 34만 5000명이 사망했다.

"엔더스, 웰러, 로빈스는 현대 소아마비바이러스학을 시작하게 했을 뿐 아니라 분자바이러스학이라고 부를 수 있는 혁명적인 분야를 만들어냈다."

– 한스 J. 에거스Hans J. Eggers(의학박사)

백신을 생산하는 일은 고되면서도 힘들다. 엔더스가 만든 홍역 백신은 홍역바이러스를 사람의 콩팥 세포에서 스물네 번, 사람의 양막 세포에서 스물여덟 번, 수정란에서 열두 번, 닭의 배아 세포에서 쉰일곱 번 계대배양을 해야 한다. 총 121번의 계대배양을 통해 독성이 약해진 바이러스라 해도 서른다섯 번의 대조군 실험을 거쳐야만 비로소 백신으로 탄생한다.

Paul Müller

9장

악마의 물질인가? 구원의 선물인가? :

논란의 살충제 DDT를 개발한 파울 뮐러

파울 뮐러Paul Müller(1899~1965)

스위스의 화학자. 다른 유기화학자들은 살충제 연구를 하찮은 분야로 여겼지만 식물학에 관심이 많았던 뮐러는 충분히 연구 가치가 있다고 생각하여 살충제 개발에 지원하고 나섰다. 4년의 연구와 349번의 실패 끝에 마침내 아메리카 남부 지방의 말라리아를 퇴치한 DDT를 합성하는 데 성공했고, 이 공로로 1948년 노벨 생리의학상을 수상했다. 그러나 DDT의 강한 독성은 환경 운동을 불러일으켰다.

DDT

잘 알려진 살충제로서 제2차 세계대전 때 말라리아, 티푸스를 일으키는 모기 및 여러 곤충으로 인한 질병을 구제하는 데 사용되었다. 그러나 DDT가 암을 유발할 수도 있다는 가능성 등이 제기되면서 전 세계적으로 농작물에 사용하는 것은 금지되었고 현재는 질병을 매개하는 곤충에 대해서만 제한적으로 사용된다.

해마다 100만 명의 목숨을 앗아가는 말라리아

모기는 3000종이 넘는다. 북아메리카에 서식하는 모기는 130종 정도인데 정말 교활한 피조물들이다. 시속 1.6킬로미터로 날아다니는 모기는 당신이나 나 같은 온혈동물이 호흡할 때 내는 이산화탄소나 따뜻한 적외선을 감지해 공격에 나선다. 모기 중에서 피를 빠는 것은 알을 만들 단백질이 필요한 암컷뿐이다. 모기 암컷은 (관절통, 근육통을 일으키는) 뎅기열, 뇌염, 황열병 등을 옮긴다. 운이 없다면 아주 지독한 녀석을 만날 수도 있다. 바로 다른 모기들의 치사율을 보잘것없게 만드는 무서운 질병을 옮기는 말라리아모기(얼룩날개모기)다.

말라리아모기가 당신의 피부를 뚫고 주둥이를 박는 순간 당신은 아마 달콤한 꿈속과 인식의 경계 사이를 오가게 될 것이다. 모기가 한창 식사를 하는 동안 당신의 손이 모기가 문 부위를 긁으러 다가오고, 그 순간 모기는 자신의 몸에 당신의 피를 가득 머금은 채 날아가버릴 것이다. 물론 당신의 몸속에는 단세포인 무시무시한 미생물들이 벌써 들어가버린 후일 테고. 이 조그만 기생충들은 30분도 되지 않아 당신의 간 속으로 들어가버린다. 그때부터 하루나 이틀 정도는 모기가 물고 간 자국을 긁느라 고생을 좀 해야 한다. 하지만 그런 가려움 따위는 그 뒤에 일어날 일에 비하면 아무것도 아니다.

2주 정도 흐르면 간의 세포가 터지면서 수십만 개에 달하는 말라리아 기생충이 밖으로 나온다. 이 기생충은 적혈구로 들어간다. 적혈구 하나당 증식해 나오는 기생충의 수는 8~24개 정도다. 문제는 이 기생충들이 무한대에 가까운 변이를 일으키는 적혈구의 단백질 세포막에 달라붙기 때문에 당신의 면역계가 이 기생충을 공격하지 못한다는 것이다(기생충 하나당 60종이 넘는 부착 단백질을 가지고 있다). 말라리아 기생충은 혈관 벽이 서로 달라붙거나 적혈구가 엉겨 붙게 한다. 결국 혈관은 막히고 산소 공급이 되지 않는다. 그러면 몸에 열이 오르기 시작하면서 땀이 나고 두통이 생긴다. 열과 땀 때문에 당신은 오들오들 떨게 될 것이다. 이쯤 되면 빨리 병원에 가야 한다. 왜냐고? 당신은 인류가 겪을 수 있는 질병 중에서도 독하기로 소문난 말라리아에 걸린 거니까.

말라리아의 역사는 인류의 문명화와 관계가 있다. 말라리아는 원래 아프리카에 사는 영장류에게 발병하던 질병인데, 인류와 함께 진화하면서 널리 퍼진 질병이라고 추정하고 있다. 아주 먼 옛날인 기원전 2700년경 중국 문헌을 보면 말라리아 증세로 여겨지는 열병에 대한 기록이 있다. 중국뿐 아니라 인류의 초기 문명들이 남긴 문헌에는 모두 말라리아로 추정되는 질병에 대한 기록이 있다. 고대 로마인들은 '로마 열병Roman fever'에 걸리지 않으려고 밤이면 집 밖을 나가지 않았다. 사실 말라리아라는 이름은 로마에서 온 이름이다. 말라리아는 로마어로 '나쁜 공기'를 뜻하는 '말 아리아Mal-aria'에서 왔을 가능성이 높다.

말라리아는 수세기 동안 수많은 사람들의 목숨을 앗아갔다. 그 때문에 1623년에는 로마 교황 우르바노 8세가 말라리아 치료법을 찾아오라고 명령했을 정도다. 우르바노 8세가 그런 명령을 내린 데는 다 이유가 있었다. 우르바노 8세는 전임 교황인 알렉산데르 4세가 말라리아로 갑자기 죽은 후 중요한 추기경들이 말라리아로 하나씩 쓰러져가는 상황에서 선출된 교황이었다. 우르바노 8세는 교황에 선출된 후에도 대관식을 8주나 미룬 채 몇 주 동안이나 공포에 떨어야 했다. 말라리아는 셰익스피어에게도 깊은 인상을 남겼다. 『폭풍우*The Tempest*』를 비롯한 그의 희곡 몇 편에 말라리아를 묘사하는 장면이 나온다.

> 늪에서, 소택지에서, 습지에서, 태양이 빨아들인 모든 독이란 독은 프로스퍼에게 떨어져, 한 치도 빠짐없이 병에 걸리도록!

말라리아는 유전적으로 굉장한 적응력을 보이며 수천 년 동안 엄청나게 많은 사람들을 감염시켰다. 그 때문에 옥스퍼드 대학 교수 도미니크 P. 크비아트코프스키Dominic P. Kwiatkowski는 말라리아는 "인간 유전자의 역사에서 특정 유전자가 선택되어 진화하도록 하는 여러 요소 중에서 가장 강력한 힘"이라고 했다.

> 아프리카를 비롯해 말라리아 발병률이 높은 지역에 사는 사람들은 말라리아에 대항할 수 있는 생리학적 방어 기전을 갖추게 되었습니다. 그중에 하나가 바로 적혈구 모양을 낫 모양(겸형 적혈구)으로 변형시키는 겁니다. 적혈구 모양이 낫처럼 생겼다고 해서 말라리아에 걸리지 않는 건 아니지만, 치사율을 60퍼센트 이상 낮춰줍니다. 2개월에서 16개월 된 아기들이 특히 이런 유전적 변이의 혜택을 받습니다. 아프리카에서는 지역에 따라 많게는 40퍼센트 정도에 이르는 사람들이 낫 모양의 적혈구를 가지고 있고 아프리카계 미국인들은 8퍼센트 정도가 그렇습니다. 낫 모양의 적혈구는 열성 형질이지요. 안타까운 일이라면 낫 모양의 적혈구를 유전형질로 갖는 사람이 부부가 되어 아이를 낳으면 태어나는 아이 네 명 중 한 명은

겸형 적혈구 빈혈에 걸린다는 겁니다. 아주 고통스러운 만성 질환이죠. 겸형 적혈구 빈혈은 치명적인 혈액 질환입니다.

말라리아를 물리치고자 인류가 택한 또 하나의 진화는 더피 항원(단백질)을 없앤 것이다. 더피 항원은 적혈구 세포 바깥쪽에 있는 일련의 단백질들이다. 이 항원은 말라리아 원충 네 가지 중에서 삼일열원충P. vivax에 대한 저항력이 없다. 따라서 삼일열원충은 적혈구 속으로 들어갈 때 더피 항원을 이동 수단으로 삼는다. 유럽, 아시아, 아메리카 대륙에 사는 사람들은 대부분 더피 항원이 있지만 서아프리카와 중앙아프리카에 사는 사람들은 대부분 더피 항원이 없다. 유전적으로 말라리아 기생충에 대한 저항력을 키운 결과일 것이다.

1630년대 초반까지만 해도 유럽인이 말라리아에 대항하는 방법은 인류의 진화에 기대는 것뿐이었다. 당시 예수회 사제 한 명이 오한증을 치료하려고 안데스산맥 주민들이 이용하는 기나피Peruvian bark를 대서양 건너 로마까지 가져왔다. '예수회 가루Jesuit powder'라고 부른 기나피 가루는 물론 퀴닌(키니네quinine, 말라리아 특효약-옮긴이)의 초기 형태다. 키니네는 약효는 좋지만 아주 일찍 치료해야만 그 효과를 볼 수 있다. 말라리아 기생충들은 키니네에 내성이 있어 지금은 아르테미시닌artemisinin 같은 대체 약이 나왔다.

문제는 오늘날 증상이 시작된 후 24시간 안에 알맞은 비용으로 적당한 치료를 받을 수 있는 사람은 전체 말라리아 환자 중 60퍼센트에 불과하다는 점이다. 1897년까지만 해도 말라리아에 대해 제대로 아는 사람이 거의 없었고, 이 무서운 질병을 막을 약도 없었다. 말라리아는 나쁜 공기가 옮기는 질환이 아니고 더구나 전염병도 아니다. 군의관이었던 로널드 로스Ronald Ross는 말라리아를 옮기는 매개체는 오직 모기뿐이라는 사실을 알아냈다. 로스의 발견 덕분에 인류는 말라리아를 물리칠 방법을 모색할 수 있었다. 바로 모기를 없애야 한다는 것. 모기를 없애면 말라리아도 없앨 수 있다는 사실을 알게 된 것이다. 로스의 발견은 1902년 노벨위원회가 말라리아 연구로 노벨상을 타게 될 네 명 가운데 그 첫 주자로 로스를 선정했을 만큼 무척 중요했다.

오늘날 많은 사람들이 말라리아라면 아프리카 정글 같은 '암흑의 중심Heart of Darkness(조지프 콘래드의 소설 제목-옮긴이)'에서나 발생하는, 자신과 상관없는 열대병이라고 생각한다. 하지만 말라리아는 워싱턴과 링컨을 포함해 미국 대통령만 해도 여덟 명이나 걸린 질병이다. 1950년대 전까지만 해도 미국 남부의 많은 사람들이 말라리아로 고생해야 했다. 한 해에 1만 5000명이 말라리아에 걸렸고, 성홍열로 사망하는 사람들의 수만큼이나 많은 사람들이 세상을 떠났다.

말라리아는 말라리아모기가 사는 곳이라면 어디에서나 발병했다. 전 세계 온대 지방이라면 어디에서나 말라리아 환자를 볼 수 있었고, 북쪽으로도 북극권에 속하는 러시아의 아르한겔스크까지 말라리아가 발생했다. 현재 말라리아가 대량으로 발생하는 지역은 멕시코 일부, 중앙아메리카, 남아메리카, 중앙아시아, 남아시아, 동남아시아다. 말라리아모기가 옮기는 무시무시한 기생충은 사실 원생생물이다. 거대한 무리를 형성하는 원생생물은 과학자들도 도통 어떻게 해야 할지 모르는 골치 아픈 녀석들이다. 원생생물은 동물이나 식물로 분류할 수도 균류나 세균으로 분류할 수도 없는 생물들이다.

기생충인 말라리아충은 살아있는 유기체의 안이나 표면에 머물면서 숙주를 손상시킨다. 사실 말라리아 기생충은 다양한 동물을 숙주로 삼는데, 사람을 숙주로 삼는 말라리아 기생충은 네 종뿐이다. 네 종 가운데 세 종에 물린 경우에는 몇 년 후에 말라리아 증상이 나타날 수는 있어도 대부분 생존한다고 한다(기록에 따르면 모기에 물리고 30년 후에 증상이 나타난 사례도 있다. 이 기생충은 30년 동안 간 속에 숨어 있다가 비로소 활동을 시작했다). 나머지 한 종인 열대열원충*Plasmodium falciparum*은 아프리카에 흔한 기생충으로 발병할 경우 심하게 아프고 죽을 수도 있다. 열대열원충이 일으키는 말라리아는 어린아이들과 임산부에게 특히 위험하다. 사하라사막 이남 아프리카에서는 매일 2000명이 넘는 어린아이들이 말라리아로 사망한다.

한 연구에 따르면 예전에는 일반적으로 한 사람이 평생 동안 열두 번 정도 말라리아에 걸렸다고 한다. 여러 번 말라리아에 걸린 사람은 생식력이 감소한다. 현재 아프리카 대륙에서 심신을 허약하게 하는 말라리아 때문에 손실되는 GDP(국민총생산)는 한 해 120억 달러에 달하는 것으로 추정하고 있다. 아직도 해마다 5억 명에 달하는 사람들이 말라리아에 감염되며, 100만 명 이상이 목숨을 잃는다. 전 세계의 40에서 50퍼센트에 달하는 사람들이 지금도 여전히 말라리아모기의 뾰족한 주둥이에 노출되어 있다.

오늘날의 통계 자료를 보면 상상하기 쉽지 않지만, 20세기가 시작될 무렵만 해도 전 세계 치사율의 10퍼센트를 차지할 정도로 말라리아는 무시무시한 질병이었다. 그런데 한 사람의 연구 덕분에 상황이 완전히 뒤바뀌었다. 그는 영국 정치가 딕 테이번Dick Taverne이 2005년 발표한 에 세이에서 "인류를 구하고자 개발된 물질 중에서 가장 효과적인 물질"이라고 극찬한 화학물질을 만들어냈다. 그가 만들어낸 화학물질은 극단적인 평가를 받아왔다. 처음에는 숭배를 받다가 수십 년 동안은 원자폭탄과 더불어 인류가 만들어낸 최악의 재앙으로 평가받았다. 지금은 두 견해가 팽팽하게 대립하고 있다. 이 화학물질은 정말 엄청난 재앙일까? 아니면 초기의 명성을 되찾을 수 있을까?

화학에 매혹된 소년

파울 뮐러는 1899년 1월 12일 스위스 올텐에서 네 아이 중 첫째로 태어났다. 뮐러의 고향은 독일, 프랑스, 스위스가 만나는 라인 강변의 바젤 외곽에 위치한 곳이다. 뮐러의 아버지는 철도 회사 직원이었고, 루터파였던 어머니는 엄격하게 집안을 관리하는 분이었다. 처음에는 그저 평범한 학생이던 뮐러는 고등학교에서 과학과 화학을 배우던 중 어느 날 갑자기 실험에 엄청난 흥미를 느끼게 됐다. 하지만 흥미가 있다고 성적이 좋아진 건 아니었다. 뮐러는 공부에 열중하는 대신 집에 만든 실험실에서 자신만의 실험에 빠져들었다. 그런 뮐러를 격려해준 사람은 아버지였다. 어머니와 교장 선생님이 끊임없이 훈계를 늘어놓았지만, 제1차 세계대전이 벌어지자 공부에 흥미가 없었던 뮐러는 열일곱 살의 나이로 학교를 중퇴해버렸다. 학교를 그만둔 뮐러는 바젤에 있는 화학회사에 취직했다.

이 시기에 뮐러는 앞으로의 인생에 영향을 미칠 두 가지 경험을 하게 된다. 첫째는 전쟁 때문에 악화된 스위스의 식량난이었고, 둘째는 역사적으로도 엄청난 재앙으로 기록된, 러시아에서 유행한 티푸스였다. 티푸스는 러시아혁명의 혼란기를 틈타 대유행했는데, 티푸스가 극성을 떤 데는 티푸스균을 옮기는 이를 없앨 강력한 살충제가 없었다는 것도 한몫했다. 당시 티푸스는 3000만 명을 감염시켰고 거의 300만 명에 가까운 사람들의 목숨을 앗아갔다.

2년 동안 '현실 세계'를 경험한 뮐러는 다시 고등학교로 돌아갈 정도로 성숙해졌다. 1920년 고등학교 졸업장을 손에 쥔 뮐러는 바젤 대학에 입학했다. 불안정했던 고등학교 학생은 화학 교수였던 피히터Fichter의 가르침을 받으며 완전히 바뀌었다. 열심히 공부하는 학생이 된 뮐러는 여가 시간이면 실험실에서 학생이자 보수를 받는 조교로 연구를 함께 했다. 짙은 검은색 머리에 큰 귀, 마른 몸매 덕분에 뮐러는 '유령'이라고 불렸다. 그는 화학을 전공하고 물리학과 식물학을 부전공했다. 멘토이자 친구였던 피히터 교수는 뮐러에게 대학원에 가라고 권했다. 뮐러가 화학에 뛰어난 재능을 보인다는 사실을 안 피히터 교수는 뮐러가 염료를 만들 때 사용하는 혼합물을 가지고 박사 논문을 작성하는 것이 실용적이라고 생각했다. 왜냐하면 학교 근처에 염료 회사들이 있었기 때문이다.

1925년 바젤 대학을 졸업한 뮐러는 J. R. 가이기Geigy 사에 취직했다(현재 가이기는 거대 제약회사 노바티스가 됐다). 처음 뮐러가 해야 했던 일은 합성유연제를 생산하는 것이었다. 두 번째로 한 일은 수은이 들어가지 않은 종자 소독제를 만드는 것이었다. 수은은 해로운 물질이었지만 당시만 해도 농업 제품에 광범위하게 들어가는 재료였다. 20대가 끝나갈 무렵 뮐러는 프리델Friedel과 결혼했다. 뮐러 부부에게는 1929년에 태어난 하인리히와 1933년에 태어난 니클라우스라는 두 아들이 있었고,

1934년에는 딸 마가레타가 태어났다.

가이기 사는 그때 새로운 살충제를 개발할 사람을 찾고 있었다. 당시 섬유와 원자재를 곤충이 훼손하지 못하도록 막는 일은 경제적으로 무척 중요했다. 이미 모직물을 망치는 나방을 막는 약품을 개발한 가이기 사는 또 다른 곤충의 피해를 줄이는 약을 개발하고 싶었다. 다른 유기화학자들은 살충제는 자기들이 연구하기에는 하찮은 분야라고 생각했지만, 식물학에 관심이 많았던 뮐러는 충분히 연구 가치가 있다고 생각했기에 살충제 개발에 지원했다. 1935년 뮐러는 새로운 살충제를 만들기 위한 세심한 연구를 시작했다.

뮐러에게 살충제 연구는 완벽한 연구 과제였다. 섀런 버트시 맥그레인Sharon Bertsch McGrayne은 자신의 책 『실험실의 프로메테우스*Prometheus in the Lab*』에서 "과학자로서 뮐러는 고집스러울 정도로 단호하고 꼼꼼했다. 그의 직관은 예리했고 외부로 드러나는 자제심이 과학에 대한 헌신적인 열정을 감추었다"고 했다. 뮐러의 딸 마가레타는 자주 연구에 파묻히는 뮐러가 사방을 차단한 블라인드를 입고 있는 것처럼 보일 때가 많았다고 기억했다.

열정적으로 연구에 임하는 뮐러였지만 가이기 사 밖에서도 인생을 충분히 즐길 줄 알았다. 뮐러는 가족과 함께 유라 산에 있는 주말 별장에서 시간 보내는 것을 무척 좋아했다. 스위스 북서쪽에 있는 유라 산은 높고 유명한 알프스산맥보다는 노스캐롤라이나 주에 있는 블루리지 산을 더 닮았다. 유라 산 일대는 1700년대부터 시계 제조업으로 유명하다. 이곳에서 뮐러는 해충 조절에 관한 과학 논문을 읽기도 하고, 감추고 있던 자연인의 본성을 만끽하고자 아이들을 데리고 산책을 나가거나 정원을 가꾸거나 근처에 있는 야생화 사진을 찍으러 다녔다.

또한 이미 시판되고 있는 살충제에 대한 글도 읽었다. 유럽과 미국에서 주로 사용하는 살충제에는 대부분 독성이 이중으로 작용하는 비산납이 들어 있었다. 비산납이 든 살충제를 뿌리면 잔류 독성이 남아 인체에 해를 끼칠 수 있었다. 뮐러는 안전한 물질을 개발하고 싶었다.

완벽한 살충제

뮐러는 자신이 만들고 싶은 살충제에 대한 구상을 세웠다. 노벨상 수상 소감 때 자신이 말한 것처럼. "이상적으로 생각하는 살충제가 어떤 모습이어야 할지, 어떤 특성을 가지고 있어야 할지를 고민해봤다. 접촉성 살충제가 입으로 먹는 살충제보다 훨씬 효과가 좋을 거라고 깨닫는 데는 시간이 얼마 걸리지 않았다"

뮐러가 만들고자 하는 살충제는 다음과 같은 특징을 지닌 것이었다.

1. 살충 효과가 엄청나게 뛰어나야 함.
2. 독성이 아주 빨리 작용해야 함.
3. 포유류나 식물에게는 독성이 없거나 아주 미미해야 함.
4. 사용 시 자극이 없어야 하고 냄새도 거의 없어야 함(어쨌거나 불쾌한 느낌을 주면 안 됨).
5. 응용 범위가 되도록 아주 넓어야 함. 다양한 절지동물에 작용해야 함.
6. 화학구조가 안정되어 오랫동안 지속적으로 작용해야 함.
7. 경제적이어야 함(가격이 저렴해야 함).

당시 시중에 판매되던 살충제 다섯 가지 중에 그가 정한 기준을 모두 만족하는 것은 없었다. 독일 과학자들은 수년 동안 수많은 화합물을 합성해내고자 노력했고, 당시만 해도 수십 개가 넘는 화합물을 합성해 특허를 획득했지만, 그런 화합물 중에 시판된 것은 하나도 없었다(훗날 이들 화합물 중에는 제2차 세계대전 동안 곤충뿐 아니라 사람을 없애는 데 사용된 것도 있었다). 따라서 뮐러는 새로 만들어낼 살충제가 특허도 받고 시중에 판매할 수도 있으려면 값이 싸고 효과적일 뿐 아니라 기존 제품들에는 없는 독특한 특성도 있어야 한다고 생각했다.

뮐러는 다양한 화합물을 고안하고 실험하는 일에 착수했다. 이제 외로운 늑대처럼 실험실에만 처박힌 사람이 된 것이다. 그런 그를 딸 마가레타는 '스스로 빵을 만들어 먹는 사람'이라는 뜻의 아이겐브로틀러Eigenbrotler라고 불렀다. 그 무렵의 뮐러는 단정한 모습이 아니었다. 실험복은 대부분 살짝 구겨져 있었고, 시선은 언제나 커다란 유리 비커, 시험관, 약병 등에 꽂혀 있었다. 물론 유리 기구 끝에 만화경이 펼쳐져 있어서 그런 것은 아니었다. 그는 화학물질에 대해서 생각했고 화학물질을 섞으면 어떤 변화가 일어날지를 고민했다. 그는 언제나 실험실에 머물면서 화합물을 자신이 직접 실험했고, 커다란 유리 상자에 화학물질을 뿌린 후 그 안에 곤충을 집어넣어 어떻게 되는지 관찰했다. 실험동물은 보통 집파리라고 알려진 검정파리*Calliphora vomitoria*였다. 뮐러는 다른 사람의 손을 빌려 실험을 하기보다는 자신이 직접 실험하는 것이 더 나은 영감을 얻을 수 있다고 굳게 믿었기에 평생 동안 되도록이면 자신이 직접 실험을 했다.

"화학자라도 생물 실험을 하는 것이 화학 연구에 훨씬 도움이 됩니다. 실험 관찰을 진행하는 동안 생물학 실험의 문제와 불확실성을 더 잘 이해하게 되고 그 같은 경험을 통해 생물학에 종사하는 동료들의 어려움을 깊이 이해하게 됐죠. 적용 방법을 조금만 바꾸거나 중요하지 않은 부작용을 제대로 관찰하는 것만으로도 값진 발견을 하게 될 때가 있어요."

1년 동안 아무런 소득도 없는 100가지 화합물 실험을 끝낸 후에야 뮐러는 "그 물질들이 어느 것 하나 기대대로 된 게 없었다"는 사실을 깨달았다. "그와는 반대로 나쁘거나 아주 조금만 쓸모 있었다."

하지만 또다시 1년이 지난 후에 느낀 소감을 뮐러는 이렇게 표현했다. "수백 개가 넘는 물질들을 실험하고 아무 소득이 없는 시간을 보낸 후 나는 아주 좋은 접촉성 살충제는 만들기가 어렵다는 현실을 인정해야 했죠. 자연과학 분야에서는 끈질기고 한결같은 근면한 연구만이 결과를 만들어내죠. 그래서 전 스스로에게 이렇게 말했어요. '지금이야말로 그 어느 때보다도 계속해서 연구를 해나가야 할 때야' 하고요. 이런 기질은 스승인 피히터 교수님 덕분에 생긴 것 같아요. 그분은 화학 연구에서 결과를 얻으려면 궁극의 인내심을 가지고 계속해나가는 수밖에 없다고 가르치셨어요."

뮐러는 거의 나흘에 한 가지씩 새로운 화합물을 실험하며 1935년부터 1939년까지 부지런히 보냈다. 그렇다고 몇몇 미친 과학자들처럼 아무렇게나 화학물질을 마구잡이로 섞지는 않았다. 그는 자신은 물론이고 다른 사람들이 진행한 기존 연구 결과를 토대로 철저한 계획하에 새로운 화학물질을 만들어나갔다. 이제 뮐러는 가이기 사에서 이미 만들어놓은 나방 약을 가지고 연구에 들어갔다. 나방 약은 염소와 탄소가 하나 이상 결합된 염소화 탄화수소였기에 화학구조가 안정적이었다. 나중에 뮐러는 (탄소 원자 한 개에 염소 원자 한 개와 수소 원자 두 개가 결합해 만들어진) 클로로메틸Chloromethyl 기가 있는 화합물은 분명한 활동성을 보인다는 사실을 알아냈다. 퍼즐의 한 조각이 맞추어지는 순간이었다. 1934년도에 발표된 「디페닐트리클로로에탄diphenyltrichloroethane」이라는 논문에 영감을 받은 뮐러는 (탄소 하나에 염소 세 개가 결합한) 트리클로로메틸 기가 들어 있는 비슷한 물질을 가지고 연구를 재개했다.

그리고 1939년 9월, 4년의 연구와 349번의 실패 끝에 뮐러는 마침내 그의 350번째 화합물인 디페닐트리클로로에탄 유도체를 파리가 든 상자 속에 넣었다. 화학물질을 넣고 얼마 동안은 파리가 아무 일도 없이 날아다녔다. 그 모습을 본 뮐러는 이번 화학물질도 실패라고 생각해 한숨을 쉬었다. 그런데 조금 시간이 흐른 후 파리 상자를 들여다본 뮐러는 파리들이 모두 힘없이 바닥에 떨어져 있는 모습을 보고 깜짝 놀랐다. 350번째 화합물을 가지고 여러 번 반복해서 실험해봤지만, 결과는 모두 같았다. 무엇보다도 놀라운 점은 350번째 화합물의 놀라운 지속력이었다. 뮐러가 노벨상 수상 소감에서 밝힌 것처럼 화합물을 분사한 "파리 상자는 (분사한 후) 시간이 그리 흐르지 않았을 때는 당연히 독성이 아주 강했고, 상자를 깨끗이 씻은 후에도 (화합물을 분사하지 않은 상태에서) 집어넣은 파리가 상자 벽에 부딪치면 상자 밑으로 힘없이 떨어졌다. 파리 상자를 완전히 해체한 뒤 철저히 씻어서 한 달 정도 공기 중에 말린 후에야 계속 연구를 진행할 수 있었다(후속 연구에 따르면 연구실 표면에 350번 화합물을 분사하고 먼지가 붙지 않게 유지하자 독성이 7년 동안 유지됐다고 한다)."

뮐러는 곧 자신이 만든 살충 물질에 곤충이 그저 닿기만 해도 죽게 된다는 확신을 했다. 여러 실험을 통해 뮐러는 자신이 만들어낸 화합물이 자신의 새로운 살충제 기준에 완벽하게 맞아떨어진다는 사실을 확인했다. 단 한 가지만 빼고. 접촉 후 곤충이 죽을 때까지 시간이 조금 걸렸다. 반응 시간이 느렸기에 가이기 사의 생물학자들은 뮐러의 발견에 그다지 감명을 받지 않았다. 반응 시간이 느리다는 것은 독성이 약하다는 증거라고 생각했기 때문이다. 그때까지 살충제는 모두 곤충이 먹는 즉시 반응하는 것들뿐이었기 때문에 생물학자들은 뮐러가 만든 살충제가 실제 농업 현장에서는 효과가 없을 거라고 생각했다. 그러나 '자신의 빵을 직접 굽는' 뮐러는 실험을 계속한 끝에, 이 화합물이 그가 유리관 안으로 떨어뜨린 모든 곤충들을 죽인다는 사실을 확인했다.

DDT가 생명체에 미치는 영향

뮐러는 초기 수면제(마취제) 가운데 하나인 클로랄chloral에서 350번째 화합물의 재료를 구했다. 클로랄은 오래된 영화에서 상대방을 잠재우고 싶을 때 음료수에 타는 진정제 미키핀Mickey Finn에도 들어 있는 약이다. 뮐러는 또한 촉매제인 황산과 함께 용매인 클로로벤젠도 집어넣었다. 뮐러가 만들어낸 디클로로디페닐트리클로로에탄dichloro-diphenyl-trichloroethane은 각 단어의 머리글자를 딴 DDT라는 용어로 더 잘 알려져 있다. 도서관으로 돌아간 뮐러는 자신이 처음으로 이 세 가지 물질을 섞어 새로운 화학물질을 만든 사람이 아니라는 사실을 발견했다.

사실 DDT는 1870년대에 오스트리아 대학원생이 처음 만들었다. 그러나 어린 학생이었던 오트마르 자이들러Othmar Zeidler는 이 화합물이 곤충을 죽이는 막강한 살충력이 있다는 사실을 알지 못했고, 당시 만든 혼합물은 그대로 역사에서 자취를 감추고 말았다. 사실 뮐러처럼 앞서 나온 동일한 업적을 전혀 모르는 상태에서 처음부터 끝까지 독자적으로 재발견하는 사례는 과학의 역사에서 드물지 않다. 시간이 흐르면서 쌓인 지식들이 과학자들에게 끊임없이 새로운 생각을 불어넣기 때문에 여러 과학자들이 비슷한 영감을 얻는 것은 그리 놀라운 일이 아니다. 그러나 뮐러는 새로운 화학물질을 찾으려 노력했을 뿐 아니라 원치 않는 곤충을 처리하는 데 특별한 해답을 제공할 화학물질을 찾으려 노력했다는 점이 달랐다.

과학자들은 훗날 DDT가 곤충 신경세포, 즉 뉴런의 나트륨 이온 채널과 결합함으로써 곤충을 죽인다는 사실을 알아냈다. 세포 안팎의 전압 차이 때문에 열리거나 닫히는 이온 채널 덕분에 뉴런을 타고 전자신호가 흐를 수 있다. 일반적으로 한 개의 전자신호가 뉴런의 말단부까지 이동하면, 말단부에서 화학 신호인 신경전달물질이 나와 전자신호를 다른 뉴런에 전해준다. 신호를 다른 뉴런에 전해준 신호는 또 다른 신호를 받을 때까지 얼마 동안 휴지 상태를 유지한다. 이런 식으로 신경 신호를 전달하고 조절하는 방식이 사람은 물론이고 곤충을 포함한 모든 동물이 신경 신호를 전달하는 기본 방식이다.

DDT는 곤충의 나트륨 이온 채널과 결합해 나트륨 이온 채널이 항상 열려 있게 만든다. 그 결과 곤충은 마비된 채 죽게 된다. 다행히 사람을 비롯한 포유류는 뇌의 나트륨 이온 채널이 곤충 뇌의 나트륨 이온 채널과 조금 다르게 진화해왔기 때문에 DDT에 대한 민감도가 곤충보다는 떨어진다. 또한 DDT의 적정 반응 온도는 포유류 같은 온혈 동물의 체온보다는 곤충 같은 냉혈동물의 체온에 더 가깝다. 따라서 곤충과 달리 사람의 몸은 DDT가 뇌로 들어가기 전에 많은 양을 분해시켜버린다. 그런데 한 가지 알아야 할 게 있다. DDT는 체액에 아주 쉽게 녹아들어가므로 신체의 다른 부위에 영향을 미칠 가능성이 있다는 것이다. 따라서 사람의 나트륨 이온 채널을 공격하지 않는다고 해서 독성 작용이 전혀 없다고 안심할 수는 없는 노릇이다.

DDT를 개발할 당시에도 그렇고 그 후로도 뮐러는 이온 채널에 대해 아는 바가 전혀 없었다. 그가 아는 것이라고는 그저 곤충을 죽이는 화합물 중에는 다른 동물에게 전혀 해가 없는 화합물도 있다는 것뿐이었다. 실제로 지금도 과학자들은 곤충과 포유류의 조상인 생명체의 유전자가 갈라질 무렵 이온 채널에 어떤 일이 있었는지를 알아보려고 곤충의 나트륨 채널에 작용하는 DDT를 비롯한 여러 살충제를 가지고 실험을 한다. 따라서 DDT는 사용한 뒤에야 완벽하게 이해할 수 있는 동시에, 그 발견을 계기로 자연의 끝없는 복잡함에 대해 엄청난 지식을 얻게 된다는, 과학계에서는 결코 드물지 않은 현상을 보여주는 한 예라고 하겠다.

뮐러는 계속해서 자신이 만든 화합물을 여러 절지동물에 시험해보았다. 당시 스위스는 극성스러운 콜로라도감자잎벌레 때문에 골치를 앓고 있었다. 이때 뮐러가 DDT를 한 번만 뿌려도 6주 이상 효과가 지속되면서 콜로라도감자잎벌레 성충과 유충을 제거할 수 있음을 보여주었다. DDT의 상업적 가능성을 깨달은 가이기 사의 중역들은 DDT를 특허 신청하는 동시에, DDT와 함께 섞을 만한 물질을 찾고 작물과 동물, 사람에게 미치는 영향을 알아내고자 수많은 실험에 착수했다. 가이기 사는 DDT의 생산량을 점점 더 늘렸다. 1942년에는 스위스 전역에서 DDT를 이용해 골치 아픈 콜로라도감자잎벌레를 퇴치했고, 덕분에 스위스 감자 농사는 무사할 수 있었다. 가이기 사는 또한 DDT가 가득 든 네오시드Neocid 가루를 스위스 육군 사령부로 보냈다. 국경을 넘어 스위스로 들어오는 전쟁 피난민들의 이를 잡기 위해서였다.

제2차 세계대전과 슈퍼 살충제

DDT가 어떤 경로를 통해 미국으로 들어왔는지에 대해서는 다양한 가설이 있다. 그중 하나가 스위스에서 보내온 구호물품에 섞여 1941년쯤에 들어왔다는 설이다. 당시 중립국이던 스위스가 영국과 독일 모두에게 전쟁 구호품의 형태로 보냈으리라는 것이다. 1942년 8월 스위스 가이기 사가 미국 지사로 DDT 180킬로그램을 보낸 것은 분명한 사실이다. 그러나 몇 주 동안 독일어로 적힌 설명서가 있는 그 소포를 용감하게 풀어본 사람은 아무도 없었다. 몇 주 후 설명서를 번역해본 화학자 한 명이 DDT 표본을 미국 농림부로 보냈다. 표본을 받은 농림부는 이 표본을 당시 군대를 보호할 새로운 해충 약을 개발 중이던 플로리다 주의 올랜도 연구소로 보냈다. 당시 연합군은 포탄과 폭탄뿐 아니라 아주 작은 적의 공격 때문에 몸서리를 앓고 있었다. 그 작은 적은 바로 곤충이었다. 1942년 미해병 제1사단이 전장에서 물러나 호주로 철수할 수밖에 없었던 이유도 부대원 1만 7000명 가운데 1만 명이 말라리아에 걸렸기 때문이다.

올랜도 연구소는 곤충에 독성 작용을 하는 1만 3000종이 넘는 화학물질을 실험하고 분류할 목적으로 설립된 곳이다. 그러나 수도 없이 많은 과학자들이 만들어낸 화학식 중 뮐러가 만든 화합물과 들어맞는 것은 하나도 없었다. DDT는 한 번 뿌리는 것만으로도 한 달 동안 이를 죽이는 효과가 지속됐다. 그 전까지 사용하던 화학물질보다 지속 시간이 네 배나 길었다. 그뿐만이 아니었다. 공기 중에 DDT 가루가 조금이라도 퍼졌다가 비커에 붙으면, 그것만으로도 비커에 들어 있던 모기 유충이 모두 죽었다.

과학자들은 좀 더 큰 규모로 실험을 해보고자 야외로 나갔다. 과학자들은 바람이 없는 날 큰 연못으로 나가 DDT를 뿌린 후, 그곳에 사는 모기 유충과 그곳에서 몇 킬로미터 떨어진 곳에 있는 연못의 모기 유충을 비교해보았다. 사람에게는 안전한지를 알아보려고 자원자들이 DDT 가루를 듬뿍 바르고 몇 시간 동안 지하실에 앉아 있었다. 호흡기로 DDT 증기가 들어갔지만 이상 증후는 나타나지 않았다. 이 새로운 살충제의 가능성을 재빨리 알아본 미국은 검열 대상이라는 이유로 일급비밀에 붙였다. 그리고 1942년 말, 수십 곳의 공장에서 이 비밀스러운 물질을 생산해내기 시작했다.

연합군이 이 화학물질을 제일 먼저 사용한 곳은 이탈리아였다. 티푸스 때문이었다. 1944년 1월, 연합군 육군 장교들은 130만 명에 달하는 이탈리아 사람들의 목과 옷 속에 소량의 DDT를 뿌리자는 결정을 내렸다. 그 결과 DDT를 뿌린 사람들은 몇 주 동안 티푸스에 걸리지 않았다. 인류 역사상 처음으로 티푸스의 유행을 미리 막아낸 것이었다. DDT는(DDT를 뿌린 옷은) 이미 있는 이뿐 아니라 앞으로 생길 이도 막아주었다. DDT를 뿌린 옷에 알을 낳는 이도, 그 알에서 나온 이도 역시 죽었다. DDT의 효과는 뮐러의 파리 상자에서 그랬듯이 옷을 몇 번 이나 세탁해도 그대로 남아 있었다. 태평양에서는 필리핀 바탄반도에 파병된 병사 중 85퍼센트가 티푸스에 걸렸다. 그 때문에 공군은 상륙 작전을 시작하기 전에 미리 상륙 지점에 DDT를 살포하는 임무를 맡아야 했다. 1944년 연합군은 사이판에서 모기가 옮기는 뎅기열이 극성을 부려 하루에 병사 500명이 병에 걸린다는 보고를 받았다. 이때도 공군이 희석한 DDT 3만 4000리터를 가져가 작전 지역을 소독하는 임무를 수행했다. 덕분에 그해 6월에 해병대가 사이판을 탈환할 수 있었다.

훗날 윈스턴 처칠은 DDT의 놀라운 효과를 칭찬하며 이렇게 말했다. "철저한 실험을 거쳐 놀라운 결과를 입증해 보인 경이로운 DDT 가루는 앞으로 영국군이 있는 미얀마, 미군과 호주군이 있는 인도와 태평양, 그리고 전 세계 작전 지역에서 엄청난 양이 사용될 것입니다."

제2차 세계대전 당시 엄청난 활약을 한 DDT는 결국 '제2차 세계대전의 경이로운 살충제'라는 평가를 받았다. DDT 덕분에 제2차 세계대전은 인류 역사상 전투 때문에 사망한 사람보다 질병으로 사망한 사람이 적은 최초의 전쟁이 됐다.

모기 맨

1944년 6월, DDT에 대한 정보 검열이 해제되고 〈타임〉 지에 DDT에 대한 기사가 실렸다. 이 기사는 미국 공중위생국의 육군 중령 A. L. 안펠트Ahnfeldt의 말을 빌려 이렇게 적고 있다.

DDT는 외과의에게 리스터가 사용한 소독약만큼이나 중요한 예방약이 될 것이다.

기사는 말라리아에 대해 지적하면서 말라리아를 막으려면 어마어마한 예방 조치를 취해야 한다고 했다. 로스가 말라리아의 매개체로 모기를 지목한 후 전 세계는 말라리아 퇴치를 위해 소택지를 말리고 고인 웅덩이를 제거하는 등, 되도록 말라리아모기를 많이 죽이는 방법을 사용해 왔다. DDT가 등장하기 전까지만 해도 스스로를 모기 맨이라고 부르던 말라리아 학자들이 사용한 화학적 방어 물질은 국화의 일종인 제충국 가루와 비소로 만든 파리 그린을 섞은 디젤 오일뿐이었다. 실내에서 쓰는 제충국 가루는 뿌리는 순간에만 모기를 죽일 수 있었고 디젤 오일은 물웅덩이에 서식하는 유충만을 죽였다. 1940년대 중반에 등장한 DDT는 말라리아 학자들에게 막강한 화학적 방어 수단을 제공해주었다.

모기 맨 중에서도 가장 유명한 사람은 곤충학계의 패튼 장군이라고 불린 프레드 소퍼Fred Soper다. 남아메리카 대륙에서 황열병을 없애는 데 애쓰다 돌아온 소퍼는 DDT를 이용해 말라리아를 완전히 없앨 수 있을 거라고 했다. 그의 목표는 말라리아모기를 모두 죽이는 것이 아니었다. 그는 말라리아가 발생한 지역에 있는 가옥 내부에 DDT를 뿌리자고 했다. 사람의 피를 빤 모기는 피를 빤 곳에서 멀지 않은 (보통 집 안 벽 같은) 곳에 앉아 휴식을 취한다. 그때 만약 벽에 DDT가 묻어 있다면 그 모기를 죽일 수 있다. 특정 지역 전역에 DDT를 살포하면 휴지기가 생겨 말라리아 발생률을 낮출 수 있다. 몸속에 들어간 말라리아 기생충이 완전히 사라질 때까지는 3년에서 4년 정도 걸리지만 일단 그 기간이 지나간 후 DDT 살포량을 줄여 모기의 개체수가 늘어난다고 해도 이미 모기가 옮길 기생충은 사라져버린 후다. 따라서 아무런 문제가 되지 않는다.

소퍼가 생각해낸 이 방법은 처음부터 엄청난 성공을 거두었다. 첫 번째 성공은 극심한 말라리아로 유명했던 이탈리아 사르디니아에서 거두었다. 소퍼는 군대를 이끄는 장군처럼 사르디니아의 말라리아를 공격했다. 패튼 장군이라는 별명도 이때 얻었다. 록펠러재단의 지원을 받은 소퍼는 3만 3000명을 고용해 33만 7000채의 건물에 286톤의 DDT를 살포했다. 소택지를 메우는 일 같은 환경 전략도 함께 구사한 덕분에 소퍼는 사르디니아 섬의 말라리아 발생률을 극적으로 떨어뜨릴 수 있었다. 1946년에 사르디니아 섬에서 말라리아에 걸린 사람은 7만 5000명이었지만 1951년에는 아홉 명밖에 없었다. DDT는 정말 엄청난 위력을 발휘했다.

미국 남부에서도 비슷한 일이 벌어졌다. 전쟁을 치르는 동안 미국에는 전쟁지역말라리아통제사무국the Malaria Control in War Areas Agency이 있었다. 전쟁이 끝난 후 전쟁지역말라리아통제사무국은 미국 전역을 관할하는 국가전염병센터the Communicable Disease Center로 바뀌어 말라리아 박멸 프로그램을 감독했다. 1947년 7월 1일부터 남부 열세 개 주 465만 채의 가옥에 DDT를 살포하는 작업이 시작됐다. 무더운 여름 밤, 수많은 트럭들이 미국 최남단 마을들을 돌아다니며 뿌리는 DDT 연기가 뿌연 구름을 만들었다. 어린아이들이 DDT 구름 속에서 손을 흔들어 연기를 흩으며 즐겁게 춤을 추고 다녔다. 1951년이 되자 미국에서 말라리아가 완전히 사라졌다. 말라리아가 사라진 후 할 일이 별로 없었던 국가전염병센터는 다른 건강 문제에도 관심을 돌리면서 세상에서 가장 탁월한 보건 기구 가운데 하나인 질병통제예방센터로 명칭을 바꾸었다. 질병통제예방센터 본부가 애틀랜타에 있는 이유는 원래 설립 목적이 미국 남부 지역의 말라리아를 퇴치하는 것이었기 때문이다.

이런 성공적인 결과들이 국제 말라리아 퇴치 프로그램Global Malaria Eradication Program을 탄생시켰다. 프로그램을 이끌 주체는 이제 막 탄생한 세계보건기구였다. 미국은 계획을 수행하는 데 필요한 자금의 절반인 12억 달러를 제공하기로 했다. 말라리아 퇴치 프로그램은 경제·병참·문화 문제가 얽힌 복잡한 계획이었다. 전 지구를 대상으로 하는 이 국제적인 프로그램은 초기에 과학자들이 농업과 의료 곤충학 학술서를 다시 써야 할 거라고 예언할 정도로 놀라운 성공을 거두었다. 프로그램을 시작한 1953년에 인도에서 말라리아에 걸린 사람은 7500만 명, 사망자는 80만 명에 달했다. 그러나 1966년에는 말라리아 환자가 100만 명이 넘지 않았고 사망자는 거의 제로에 가까웠다. 1970년 인도 신문에는 DDT 덕분에 1948년에는 32세였던 평균수명이 1970년에는 52세로 늘었다는 기사가 실렸다.

그때는 실론 섬이라고 불렀던 인도 옆 나라 스리랑카에서는 1946년 300만 명이던 말라리아 환자가 DDT 덕분에 1956년에는 7300명으로 줄어들었고 사망률은 거의 0에 가까웠다. 아서 브라운Arthur Brown 박사가 동남아시아 일부 지역에서 말라리아 퇴치 프로그램을 지휘했다. 그에게는 말라리아 퇴치 운동에 불교도들을 동참시킬 임무가 있었다. 브라운 박사를 만난 승려 한 명은 신자들에게 프로그램의 취지를 설명하기는 하겠지만 먹을 수 없는 생명체를 죽이는 일은 불교 신자라면 하지 않을 거라고 했다. 그 대상이 모기라 해도. 브라운 박사는 불교도들이 내린 결정을 들으러 가는 동안 무척 불안했다.

"일주일 후 난 그 위풍당당한 계단을 한 번 더 올라가야 했어요. 젊은 통역관이 큰스님 옆에 있는 의자를 가리켰죠. 우리는 오렌지 주스를 마시며 담소를 나누었고, 마침내 말라리아 문제를 논의했어요. 그때 스님은 이렇게 말했어요. '우리 불교도들이 여러분이 진행하려는 프로그램에 반대하지 않는다고 말할 수 있어서 기쁘군요……. 알다시피 브라운 박사 모기가 벽에 붙어 휴식을 취하는 순간 저절로 죽는 것은 자살이지, 우리 불교도가 죄를 범하는 건 아니지요'라고요."

많은 나라들이 차례로 말라리아 휴지기를 경험했다. DDT를 사용하기 전까지만 해도 인도네시아의 일부 지역에서는 전 인구의 25퍼센트가 말라리아에 걸렸다. 그러나 DDT 사용 후 말라리아 발병률은 1퍼센트로 떨어졌다. 베네수엘라의 말라리아 환자는 800만 명에서 800명으로 줄었다. 충분히 오랜 기간 동안 말라리아 기생충의 매개체를 없앤 결과 사람의 혈액 속에 들어 있던 말라리아 기생충도 사라졌다.

그런데 DDT가 모기에게만 영향을 미친 것은 아니었다. DDT는 다양한 해충에게 영향을 미쳤다. 산업계와 보건 관계자들은 약간의 DDT가 인간에게 이익을 주었다면 다량의 DDT는 인간에게 훨씬 큰 혜택을 줄 거라고 믿었다. 곧 가문비나무좀벌레를 잡을 목적으로 수백만 에이커에 달하는 산림에 DDT를 살포했고 목화 수확을 망치는 해충을 잡으려고 목화밭에 DDT를 뿌렸다. 쌀 종자는 심기 전에 미리 DDT에 담가두었고 사과밭에도 DDT를 뿌렸다. 매미나방을 잡을 때도 그랬고,

사실상 모든 해충을 잡을 때 DDT를 썼다. 널리 알려지지는 않았지만 DDT는 모래파리sandfly에도 효과가 있다. 이 문장 끝에 찍힌 마침표보다도 작은 이 곤충은 리슈마니아증을 일으키는 기생충(원생생물)을 운반하는 매개체다. 죽음에도 이를 수 있는 리슈마니아증의 증상은 빈혈과 열을 동반하고 비장, 간, 림프절이 팽창하는 것이다. 리슈마니아증은 전 세계 열대지방과 아열대지방에서 흔히 나타나는 풍토병이다. 모래파리는 집 바닥이나 벽에 사는데, DDT를 한 번 살포하는 것만으로도 1년 동안 모래파리를 쫓아낼 수 있다. DDT는 인도에서 말라리아를 없앤 것처럼 리슈마니아증을 없애는 데도 성공했다.

소퍼가 큰 성공을 거두고 세계보건기구가 원대한 목표를 이룩한 그 무렵에, 사람들은 과학이 하는 일에는 한계가 없을 거라고 생각했다. 당시는 세계 최초로 항생제인 페니실린이 발견됐고 수혈이 널리 활용되려 하고 있었다. 그때 사람들은 과학이 자연을 통제할 수 있게 해줄 거라 믿었다. 1948년, 뮐러는 과학자라면 누구나 꿈꾸는 전화를 한 통 받았다. 자신이 노벨 의학상을 받게 됐다는 전화였다. 자신은 의사도 의과학자도 아닌 화학자인데 말이다. 뮐러의 노벨상 수상은 DDT가 인류의 질병을 막는 데 커다란 공헌을 했음을 인류가 인정했다는 뜻이었다. 뮐러 가족은 아직도 전쟁의 상흔이 남아 있는 독일 북쪽을 기차를 타고 통과해 스웨덴에서 열린 노벨상 시상식에 참석했다. 시상식 때 뮐러를 소개한 사람은 왕립과학협회 회원인 구스타프 헬스트룀Gustaf Hellström이었다. 그는 이렇게 말했다.

여러 가지 화학물질을 가지고 실험한 끝에 당신은 파리뿐 아니라 수많은 종류의 해충을 죽이는 물질을 찾아냈습니다. 이 물질은 근대 예방의학 역사상 가장 위대한 발견 가운데 하나로 손꼽힐 만합니다. DDT, 이 물질은 말라리아를 옮기는 모기를 죽입니다. 이 물질은 티푸스를 옮기는 이를 죽입니다. 이 물질은 페스트를 퍼뜨리는 벼룩을 죽입니다. 이 물질은 열대 풍토병을 퍼뜨리는 모래파리를 죽입니다.

1970년 미국 국립과학협회는 "DDT처럼 인류가 큰 빚을 진 화학물질은 거의 없다"고 했다. 피어스는 DDT를 광범위하게 사용했을 때 대략 2100만 명에 달하는 인명을 구했고 질병에 걸린 사람들의 수도 몇분의 1로 줄어들었다고 했다. 20년 동안 뮐러가 만든 새로운 살충제는 예방의학의 만병통치약이라고 할 만큼 국제적으로 굉장한 명성을 얻었다. 하지만 이런 명성은 곧 불명예로 바뀌었고, DDT는 태동하는 환경 운동의 주요 공격 대상이 되었다. 살충제(농약) 사용을 반대하는 십자군의 선봉에는 해양생물학자 한 명이 자리 잡고 있었다.

근거 없는 공포

1962년, 공식석상에서 은퇴한 뮐러는 자신이 세운 사립 연구소에서 식물의 잎이 아닌 뿌리로 흡수되는 살충제를 만들려고 노력했다. 그런데 공교롭게도 같은 해 레이첼 카슨Rachel Carson의 베스트셀러 『침묵의 봄 *Silent Spring*』이 출간됐다. 〈뉴요커〉 지에 연재된 글을 엮어 책으로 만든 『침묵의 봄』은 최초로 발표된 환경 보고서 가운데 하나다. 카슨의 책은 DDT가 일으키는 환경 재앙을 고발하고 있었다. 먹이사슬로 유입

되는 DDT를 추적한 카슨은 DDT가 암과 같은 해로운 결과를 초래한다고 했다. 책이 발표된 후 케네디 대통령이 카슨의 주장의 타당성을 조사해보라는 지시를 내리자 DDT 문제는 정치 문제가 됐고, 그와 동시에 더 다양한 살충제를 팔고 싶었던 화학 업계는 다른 살충제의 사용을 권장하기 시작했다. 이런 분위기에서 『침묵의 봄』은 20세기 최고의 베스트셀러 가운데 한 권이 되었다. 지금도 미국 전역의 중고등학교에서는 이 책을 권장 도서로 지정하고 있다.

카슨의 『침묵의 봄』은 기름에 잘 녹는 DDT의 단점에 초점을 맞추고 있다. 사실 기름에 녹는 특징은 처음에는 그리 대수롭지 않은 것 같았다. 그러나 카슨이 지적한 이후 그 특징은 DDT의 아킬레스건이 되었다. 기름에 녹아 들어가는 DDT는 그 때문에 동물의 지방조직에 쌓이는데, 먹이사슬 위 단계로 갈수록 쌓이는 DDT의 양은 늘어난다. 그런데 뮐러에게 카슨의 주장은 전혀 놀라운 사실이 아니었다. DDT를 발명하고 얼마 되지 않아 뮐러는 자신이 만든 화합물의 위험성을 충분히 깨달았다. 그렇기에 1948년 노벨상 수상 연설에서 뮐러는 사람들은 인류의 무지를 조심해야 한다고 경고했던 것이다.

> 오랜 세월 인내를 가지고 세심한 연구를 진행한 끝에 인류는 중요한 비타민, 호르몬, 페니실린 같은 세균 억제 물질을 생산하는 법을 알아냈습니다. 그러나 이러한 여러 결과에도 불구하고 인류는 여전히 우리가 만들어낸 물질이 어떤 생리학적 활동을 하게 될지는 거의 모르고 있는 실정입니다. 살충제 분야에서는, 특히 인공 살충제 분야에서는 그런 상황을 예상하기가 더욱 어렵습니다. …… 지금

우리는 참고 자료가 전혀 없는 미지의 영역으로 들어가고 있습니다. …… 그저 걸어가는 길을 느끼며 나아갈 수밖에 없는 겁니다.

그런 뮐러와 달리 카슨은 자신이 확고한 결론을 향해 나아가고 있다고 믿었다. 카슨은 수백만 에이커가 넘는 숲과 농장과 마을에 DDT를 비롯한 화학약품을 마구잡이로 살포하는 것은 재앙을 부르는 일이라고 주장했다. 카슨의 주장을 뒷받침하는 증거도 몇 가지 있었다. 뮐러는 자신이 발명한 화학약품을 어떤 식으로 사용하는지 보려고 1945년에 처음으로 미국 땅을 밟았다. 미국에 온 뮐러는 자신의 고향에서처럼 그저 필요한 양만을 사용하는 게 아니라 미국 농작물들이 DDT 가루를 아예 덮어쓴 모습을 보고 경악했다. 미국 내 DDT 사용량은 필요한 양을 훨씬 초과하고 있었고, 대부분 권장량보다 훨씬 많은 양을 사용했다. 뮐러는 미국 여행을 끝내고 돌아가는 길인 스위스 국경에서도 DDT를 몸에 뿌려야 했다. DDT 사용량은 해마다 늘어갔고 사용하는 분야도 늘어만 갔다. 1959년 한 해 동안 미국에서 사용한 DDT의 양은 3600만 킬로그램이 넘었다. 1인당 200그램이 넘는 양을 쓴 것이다.

하늘에서 산림과 밭에 다량으로 DDT를 살포한 일은 끔찍한 결과를 낳았다. 모기는 DDT에 내성이 생겼다. 만약 DDT를 아주 조금만, 그것도 집의 안쪽 벽에만 바르는 식으로 썼다면 모기에게 그렇게 일찍 내성이 생기지는 않았을 것이다. 더구나 DDT는 내성이 생긴 모기에게 '자극 신경 반발' 효과까지 일으켜 DDT 냄새만 맡아도 멀리 달아나게 만들었다. 물론 모든 곤충이 DDT 내성을 갖게 된 것은 아니다. 모래파리는 모기와 달리 끝내 DDT 내성이 생기지 않았다.

주의를 촉구한 뮐러보다 훨씬 강경한 입장이었던 카슨은 DDT가 독성이 있는 살충제가 갖는 모든 단점을 가지고 있다는 오명을 씌웠다. 『침묵의 봄』에서 카슨은 그중에는 DDT보다 독성이 몇백 배나 강한 것들도 있었는데도 다른 화학물질의 특성을 언급할 때면 DDT의 독성과 비교하는 방법을 택했다. DDT가 사람들이 쉽게 기억할 수 있는 약어였기 때문이다. 그 결과 DDT는 위험한 살충제를 대표하는 약품처럼 인식되어버리고 말았다. 카슨은 자신의 주장에 힘을 싣고자 DDT가 암을 유발한다고 했다.

"살충제가 인간에게 위험한 발암물질이라고 단정한 것은 정말 천재적인 홍보 수단이라고 아니할 수 없다." 2002년 〈리즌매거진Reason Magazine〉에 실린 로널드 베일리Ronald Bailey의 글이다. "야생 생물의 건강 따위는 걱정하지 않는 사람이라도 자신들의 건강과 자녀들의 건강은 신경을 쓰는 법이니까."

DDT와 암의 관계를 밝히는 연구는 아직까지 제대로 진행된 것이 한 건도 없다. 하지만 때는 음모론이 활개를 치는 시끄러운 시대였다.

카슨은 1964년 유방암으로 세상을 떠났고 뮐러는 다음 해 심장마비로 사망했다. 뮐러의 죽음으로 가족들은 물론 슬퍼했지만 한편으로는 안도의 한숨을 쉴 수 있었다. 사랑하는 가족의 죽음은 슬픈 일이었지만 그가 죽은 다음부터 맹렬해진 DDT에 대한 공격을 참아낼 필요가 없었다는 점은 큰 위안이었다. 『침묵의 봄』 출간을 계기로 촉발된 환경 운동은 뮐러가 사망할 무렵부터 근 10여 년간 비약적으로 성장했다. 1960년 미국 내 환경 단체 회원은 10만 명 정도였다. 그러나 1960년대가 끝나갈 무렵 회원의 수는 100만 명이 넘었다. 환경 단체 회원들은 충분한 준비를 갖추고 지난 10년 동안 벌어진 일들에 대해 비난을 퍼부었다. 그러니까 대기 속에 방사능구름을 남기며 터진 지상 핵무기 실험에 대해, 스모그가 자욱한 대도시들의 공기에 대해, 미국 해변을 더럽힌 기름띠에 대해, 베트남에서 사용한 고엽제에 대해, 오하이오 주 클리블랜드 시에 있는 쿠야호가 강의 기름으로 가득 찬 물에 대해 비난을 쏟아냈다. 달로 가는 아폴로 유인 우주선도 그 같은 분위기에 힘을 더했다. 넓고 시커먼 우주에 떠 있는 작고 푸른 행성 지구의 모습은 생명이 얼마나 소중한 존재인지를 일깨워주었고, 생명을 키우는 지구에 관심을 갖게 했다. 1970년 4월 22일, 처음으로 열린 지구의 날 축제에 2000만 명이 넘는 사람들이 참가했다. 정치 분위기도 급격하게 바뀌었다. 대기오염방지법, 수질오염방지법, 멸종위기종보호법이 제정됐고 환경보호국이 탄생했다.

그리고 1972년, 미국 환경보호국은 DDT 사용을 금지했다.

사람을 살리는 물질인가? 죽이는 물질인가?

리처드 닉슨 행정부 시절의 미국 환경보호국은 일곱 달 동안 이어진 청문회와 행정법 판사들의 "DDT는 암과 태아의 기형 형성을 유발하는 원인이 아니며 민물고기, 강어귀에 사는 생명체들, 야생 조류 및 기타 야생 생물에 심각한 유해 작용을 하지 않는다"는 선고 결과에도 불구하고 DDT 사용을 금지시켰다. 미국 환경보호국의 결정은 최초로 시행된 '사전예방원칙precautionary principle'이라고 할 수 있었다. 사전예방원칙이란 한 화학물질의 포괄적인 금지를 판단할 때 화학약품의 사용을 반대하는 사람이 아닌 화학약품의 사용을 옹호하는 사람들이 그 약품이 안전하다는 다양한 증거를 내놓아야 한다는 원칙이다.

미국에서 DDT가 금지되던 해 카슨의 책이 새로운 표지로 단장하고 재출간됐다. 그 책의 편집자는 "카슨의 『침묵의 봄』보다 전 세계 사람들을 일깨우고 경각심을 불어넣은 책은 없다. 카슨이 10년 전에 우려했던 공포들 중 몇 가지는 근거가 없다는 사실이 드러났어도, 세부적인 면에서는 잘못 판단한 부분이 있다고 해도 그 같은 사실에는 변함이 없다. 카슨이 제기한 문제들은 또 다른 사실들의 지원을 받으면서 여전히 유효하게 남아 있다"고 적었다.

미국이 DDT를 금지한 후 후속 조치들이 신속하게 뒤따랐다. DDT의 주요 생산처였던 미국 화학 업계가 DDT 생산을 중단했고, 곧 30개 나라에서 DDT 사용을 금지했다. 1976년 세계보건기구는 DDT를 이용한 전 세계 말라리아 퇴치 프로그램이 실패했음을 인정하고 그 규모를 대폭 축소했다. 경제성, 모기의 내성, 조직의 경직성, 부적합한 연구, DDT의 해로움 등이 모두 비난의 대상이 되었다. 유럽, 미국, 일본, 호주에서 말라리아를 완벽하게 퇴치하는 등 여러 곳에서 DDT는 막대한 성공을 거두었는데도 환경 운동가들은 DDT에 완전한 실패작이라는 낙인을 찍어버렸다.

DDT를 악마로 만들려는 시도에 저항하는 소수도 있었지만, 환경주의자들은 징징거리는 그 아기들을 물을 받은 욕조에 던져버렸다. DDT에 반대하는 많은 환경 단체들은 중용이라는 것은 있지도 않다는 듯 반대 의견을 묵살해버렸다. 환경주의자들은 자신의 나라에서 DDT를 금지하는 것만으로는 만족하지 않았다. 환경주의자들은 전 세계 모든 곳에서 DDT가 사라지기를 바랐다. 이미 말라리아가 사라진 풍족한 나라에서 쉽게 정치계의 협력을 얻은 환경주의자들은 말라리아로 사랑하는 사람을 잃은 사람들의 소리 없는 눈물을 외면했다. 환경주의자들은 심지어 노르웨이나 미국 같은 나라가 DDT를 사용하는 나라를 지원하지 못하도록 압력을 넣기도 했다.

극단적인 환경주의자들이 승리를 만끽한 20년 동안에도 아프리카 대륙은 여전히 말라리아의 공포에서 벗어나지 못하고 있었다. 1990년대 미국에서는 말라리아로 병원에 입원한 사람이 단 한 명도 없었지만 아프리카에서는 병원에 입원한 환자 가운데 3분의 1이 말라리아 환자였다. 1990년대 국제연합은 '잔류성 유기오염물질에 관한 스톡홀름협약POPs'을 채택하려는 노력을 시작했다. 스톡홀름협약은 DDT를 포함한 잔류성 유기오염물질 열두 종의 생산 및 수출입, 매각 처분, 사용 등을 규제하는 내용을 마련했다. 세계자연보호기금WWF을 비롯한 300개 이상의 환경보호 단체들이 DDT의 사용을 완전히 금지하라고 강한 압력을 넣었다. 1999년 세계자연보호기금 세계독성물질규제계획 사무총장인 클리프턴 커티스Clifton Curtis는 "이런 화학물질들은 전혀 통제가 되지 않는다. 이런 물질을 지구의 어느 곳에선가 사용하는 한 인류는 누구도 안전할 수 없다"고 했다.

지난 10년 동안 온갖 종류의 과장된 언사를 주고받은 양쪽(DDT를 반대하는 쪽과 찬성하는 쪽) 진영은 철저하게 자신이 옳다는 독선적인 입장을 조금도 굽히지 않았다. 환경주의자들은 자신들이 지구를 구하고 있다고 확신했고, DDT 사용을 옹호하는 사람들은 자신들이 인류를 구하고 있다고 확신했다. 현재 DDT를 옹호하는 사람들은 DDT 사용이 금지된 이후에 벌어진 수십 년간의 기록을 증거로 제시한다. 스리랑카에서는 1940년대에 280만 명이던 말라리아 환자가 1965년에는 17명으로 줄었다. 그러나 DDT의 사용을 금지한 후 5년이 지나자 말라리아 환자는 50만 명으로 늘었다. 마다가스카르는 1980년대에 DDT 사용을 금지했다. 그러자 곧바로 말라리아가 유행해 10만 명이 넘는 사람들이 세상을 떠났다.

〈프런트페이지 매거진*Front Page Magazine*〉에 실린 리사 마크슨Lisa Makson의 글 「레이철 카슨의 생태학적 대학살Rachel Carson's Ecological Genocide」에는 DDT 금지를 반대하는 사람들의 주장이 집약되어 있다. 『안드로메다 균주*The Andromeda Strain*』(영화 「안드로메다의 위기」의 원작-옮긴이)와 『쥐라기 공원*Jurassic Park*』의 저자 마이클 크라이튼은 『공포의 제국*State of Fear*』에서 한 등장인물의 말을 빌려 "논란의 여지는 있지만 DDT 사용을 금지한 것은 20세기 최고의 비극"으로 DDT 금지로 인해 "히틀러 때문에 죽은 사람보다 더 많은 수가 죽었다"고 했다. 이러한 비난 중에는 카슨을 직접 겨냥한 것도 있다. 그런데 한 가지 흥미로운 점은 카슨 자신은 사실 『침묵의 봄』에 다음과 같이 적었다는 것이다.

"내가 지금 화학 살충제는 절대로 사용하면 안 된다고 하는 것은 아니다."

카슨이 DDT 전면 사용 금지에 어떤 입장을 취했는지는 이제 알 도리가 없지만, 카슨의 영향을 받은 사람들이 완강한 입장을 취하고 있는 것은 분명하다.

그런 주장들 때문에 여러 가지 연구가 진행됐다. 환경주의자들이 가장 흔히 주장하는 내용은 모기를 없애는 데는 DDT보다 살충제가 훨씬 효과적이라는 것이다. 델타메스린deltamethrin은 그런 대체 살충제 가운데 가장 많이 언급되는 살충제다. 미국 군의학 대학이 벨리즈Belize에서 두 물질을 비교해보았다. 델타메스린을 바른 오두막에는 DDT를 바른 오두막에 비해 모기가 서른두 배가량 많이 들어왔다. DDT를 바른 오두막에 들어온 모기는 사람을 물지 않았다. 사실 『침묵의 봄』이 발표되고 40년이라는 세월이 흘렀지만 카슨이 주장한 DDT의 문제점 가운데 많은 부분이 아직도 실체조차 확인되지 않고 있다. 몇몇 새들의 알껍데기가 얇아지기는 했지만 다른 동물에게 영향을 미친 바는 확인되지 않았다. DDT와 DDT의 대사산물인 DDEdichloro-diphenyl-dichloro-ethylene가 포유류와 어류의 지방에 축적된다는 것은 아무도 이의를 제기할 수 없지만 사람에게 심각한 해를 미친다는 증거는 없으며, 암을 유발한다는 증거도 나오지 않고 있다.

미국 군의학 대학 열대보건과 교수인 도널드 로버츠Donald Roberts는 "DDT를 한 수저 듬뿍 먹어도 아무런 해가 없을 것"이라고 했다. 변호사이자 인권운동가인 아미르 아타란Amir Attaran은 좀 더 나아가 2000년 〈영국 의학 저널〉에서 "전문가 심사에서도, 독자적으로 DDT 노출 결과를 반복 실험해본 연구에서도 건강에 해로운 영향을 미친다는 증거는 나오지 않았다"고 했다. 스톡홀름협약을 위해 논의를 진행하던 1999년에는 메리 R. 갈린스키Mary R. Galinski 박사가 창설한 DDT 옹호 단체인 국제말라리아재단Malarial Foundation International이 강력한 캠페인을 전개했다. 재단은 64개국 의사 400명 이상이 서명한 DDT 사용을 촉구하는 홍보물을 발행했다.

그리고 2001년에 DDT 옹호자들은 놀라운 일을 해냈다. 스톡홀름협약을 위해 참석한 각국 대표들은 더 저렴하고 환경 친화적인 대체 화학물질을 개발할 때까지 DDT를 '건강 관련 면제 대상'에 포함시켜 일단 사용 금지를 보류했다. 그러자 곧바로 말라리아 퇴치 효과가 나타나기 시작했다. 2006년 〈말라리아 저널*Malarial Journal*〉에 다음과 같은 글이 실렸다.

> 최근 다시 DDT를 사용하기 시작한 아프리카 나라들에서 놀라운 말라리아 퇴치 효과가 나타나고 있다. 남아프리카공화국, 모잠비크, 잠비아, 마다가스카르, 스와질란드를 비롯한 이들 나라에서 DDT 프로그램을 재개한 지난 2년 동안 말라리아 발생률은 75퍼센트 이상 감소했다. 환자의 수가 대폭 줄어든 덕분에 말라리아 환자 거의 대부분이 (말라리아 치료제인) 아르테미시닌 복합제ACT를 보급받을 수 있었고, 그 때문에 말라리아 환자는 더욱 줄어들고 있다. 다른 아프리카 국가들도 이런 실례를 본받아 다른 사람들의 생명은 그다지 신경 쓰지 않는 것 같은 환경주의자들의 말에 안주하지 말고 조속히 DDT 사용을 재개해야 한다.

2006년 9월, 말라리아 퇴치 작업에서 조금씩 물러나야 했던 DDT가 금지 조치가 처음 시작된 후 근 30년 만에 다시 세계보건기구의 지지를 받게 됐다. 세계보건기구 말라리아국 국장은 "세계보건기구가 실내에서 사용해도 안전한 살충제 10여 개를 가지고 실험한 결과 가장 효과적인 것은 DDT였다"고 했다. 1년에 한두 차례 소량의 DDT를 살포하는 데 들어가는 비용은 5달러 정도다(그중 대부분은 인건비다). DDT에 내성이 있는 모기라 해도 DDT를 뿌린 지역으로는 날아오지 않으니 모기 퇴치 효과를 거둘 수 있다. 또한 실내에만 뿌린다면 새나 다른 동물에게는 거의 영향을 미치지 않는다.

마침내 환경주의자들도 그런 증거들을 받아들이기 시작했다. 세계자연보호기금의 대변인 리처드 리로프Richard Liroff는 "남아프리카는 DDT를 사용할 권리가 있다"고 하면서 이렇게 말했다. "남아프리카에서 그랬듯이 DDT 대체품이 효과를 발휘하지 못한다면 당연히 DDT를 써야 합니다. 남아프리카에서 DDT는 수십만 명이 말라리아에 걸리지 않도록 도와주었고, 수많은 생명을 구했습니다."

그린피스의 대변인 릭 하인드Rick Hind도 그 같은 의견에 동의했다. "다른 대안이 없고 DDT가 인명을 구한다면, 기꺼이 DDT를 사용할 겁니다. 쓸데없는 고집을 부릴 사람은 없을 겁니다."

케이토 연구소the Cato Institute의 겸임 학자 스티브 밀로이Steve Milloy는 환경주의자들의 이 같은 태도 변화는 늦은 거라고 말한다. "지난 43년 동안 DDT에 대해 생태 히스테리를 부린 사람들이야 그냥 '신경 쓰지 마' 하고 말하는 게 쉽겠죠. 하지만 세계자연보호기금, 카슨, 환경방어기금 같은 DDT를 반대하는 쓰레기 같은 과학을 하는 사람들의 손에 운명을 맡겨야 했던 사람들에게는 쉬운 문제가 아니죠."

말라리아, 대중 히스테리, 독단적 교의주의와 맞서야 하는 인류의 투쟁은 아직 끝이 보이지 않는다. 그러나 이런 투쟁에서 이기는 것은 언제나 과학적 방법론이다. 과학자들이 묵묵히 한 걸음씩 내딛으며 쌓아 올린 증거들은 DDT에 대한 인류의 지식을 재정비했으며 우리가 사는 환경과 사회에 미치는 영향을 새롭게 인식할 수 있도록 해주었다. 과학은 그 자체로는 어떤 문제에 대해 옳다거나 그르다는 주장을 하지 않는다. 과학은 그저 미묘한 위험과 이익을 분석하는 역할을 수행할 뿐이다. 인류가 광범위한 규모로 어떤 물질을 사용할 때면, 그 물질이 약이라 해도 위험 부담이 전혀 없는 경우는 거의 없다. 과학은 교의나 교리가 아닌 증거만을 기본 원리로 삼는다. 기존 이론을 의심해야 하는 새로운 증거가 나오면 과학은 기꺼이 그 증거를 받아들인다.

그런데 과학이 제공하는 증거를 분석하고 채택하는 것은 사람과 사람이 만든 제도의 몫이다. DDT의 사례에서 보듯이, 여론과 정치적 견해가 DDT를 원래대로 사용해야 한다는 과학적 증거도, DDT 전면 금지를 철회해야 한다는 과학적 증거도 모두 이겨버리는 일이 아주 많이 일어난다. 카슨은 DDT를 무분별하게 남용하면 DDT 내성이 생기고 환경에 해를 끼칠 수 있다는 점을 증거를 들어 정확하게 지적했다. 그러나 카슨이 지적한 증거는 무분별한 공중 살포와 농작물에 다량으로 뿌리는 DDT의 해악에 대한 증거였지 DDT가 그 자체로 문제가 있다는 의미는 아니었다. 악마라는 명성을 떨쳐버린 DDT를 새들이 없는 실내에서 소량을 안전하고 효과적으로 사용하자, 현존하는 살충제 가운데 가장 효과적으로 말라리아모기를 쫓아버리거나 죽이는 살충제라는 놀라운 증거들이 나타나기 시작했다(1000에이커 넓이의 목화밭에 한 철 동안에 뿌리는 DDT 양을 실내에만 바르는 용도로 사용한다면 가이아나 전국에 있는 집에서 1년 동안 모기를 쫓아낼 수 있다). 현재 세계 일부 지역에서는 DDT를 1940년대와 1950년대에 그랬듯이 인명을 구하는 용도로 사용하고 있다. 평생의 과업이 다시 한 번 사람들의 눈물을 닦아주고 있으니 뮐러도 무덤 속에서 편히 쉴 수 있을 것이다.

2100만 명이 넘는 인명을 구하다

공헌한 일: DDT 개발

중요한 공헌자

- **파울 뮐러**: 아무런 토대가 없는 상태에서 4년 동안 가장 이상적인 살충제를 찾고자 노력한 끝에 350번째 화합물로 DDT를 개발했다. 당시 DDT는 가장 안전하고 효과적인 살충제였다. DDT는 사람들에게 말라리아를 옮기는 말라리아모기를 죽이며 질병을 퍼뜨리는 다른 곤충들 역시 죽인다.

"여러 가지 화학물질을 가지고 실험한 끝에 당신은 파리뿐 아니라 수많은 종류의 해충을 죽이는 물질을 하나 찾아냈습니다. 이 물질은 근대 예방의학 역사상 가장 위대한 발견 가운데 하나로 손꼽힐 만합니다. DDT, 이 물질은 말라리아를 옮기는 모기를 죽입니다. 이 물질은 티푸스를 옮기는 이를 죽입니다. 이 물질은 페스트를 퍼뜨리는 벼룩을 죽입니다. 이 물질은 열대 풍토병을 퍼뜨리는 모래파리를 죽입니다."

-구스타프 헬스트룀, 노벨상 수상식에서

1950년대 전까지만 해도 미국 남부의 많은 사람들이 말라리아로 고생해야 했다. 1년에 1만 5000명이 말라리아에 걸렸고, 성홍열로 사망하는 사람들의 수만큼이나 많은 사람들이 세상을 떠났다.

1947년부터 미국 내 460만 가구에 DDT를 살포하는 작업을 시작했고 결국 미국에서 말라리아는 사라졌다. 유럽에서도 비슷한 방법으로 말라리아를 박멸했다.

국제 말라리아 퇴치 프로그램을 시작한 1953년에 인도에서 말라리아에 걸린 사람은 7500만 명, 사망자는 80만 명에 달했다. 그러나 1966년에는 말라리아 환자가 100만 명이 넘지 않았고 사망자는 거의 제로에 가까웠다.

DDT를 사용하기 전까지만 해도 인도네시아의 일부 지역은 전 인구의 25퍼센트가 말라리아에 걸렸다. 그러나 DDT 사용 후 말라리아 발병률은 1퍼센트로 떨어졌다.

베네수엘라의 말라리아 환자는 800만 명에서 800명으로 줄었다.

"DDT는 인류를 구하고자 개발된 물질 중에서 가장 효과적인 물질이다."

-딕 테이번(영국 정치가)

카슨은 『침묵의 봄』에서 생태계에 미치는 DDT의 영향력을 신랄하게 비판했고, 결국 DDT 사용을 금지하는 운동을 촉발했다. 1972년 이후 전 세계 많은 지역에서 DDT 사용을 금지했다.

"DDT를 한 수저 듬뿍 먹어도 아무런 해가 없을 거예요."

-도널드 로버츠(미국 군의학 대학 교수)

"전문가 심사에서도, 독자적으로 DDT 노출 결과를 반복 실험해본 연구에서도 건강에 해로운 영향을 미친다는 증거는 나오지 않았다."

-아미르 아타란, 2000년 〈영국 의학 저널〉에서

"다른 대안이 없고 DDT가 인명을 구한다면, 기꺼이 DDT를 사용할 겁니다. 쓸데없는 고집을 부릴 사람은 없을 겁니다."

-릭 하인드(그린피스 대변인, DDT 사용 전면 금지 운동을 그만둔 후)

현재 사하라사막 이남의 아프리카에서 말라리아로 죽는 어린아이는 하루에 2000명이 넘는다. 최근 아프리카 일부 지역에서 DDT 사용을 재개했다. 집 안쪽 벽에 뿌리는 DDT의 양은 환경에 영향을 미치지 않을 정도로 아주 소량이다.

Howard Florey

10장

세균과의 전쟁은 아직 끝나지 않았다 :

페니실린을 만든 하워드 플로리

하워드 플로리Howard Florey(1898~1968)

호주 출신의 영국 병리학자. 인류 최초의 항생제 페니실린을 만들어 현대 의학의 첫발을 내디딘 연구 팀을 이끌었다. 페니실린의 효능을 밝혔고, 1941년 미국에서 페니실린 대량생산의 실마리를 풀었다. 이 공로로 1945년 노벨 생리의학상을 수상했다. 1960년 영국 과학계 최고의 명예인 왕립학회 회장으로 추대되었고, 1963년에는 전통 있는 퀸스 칼리지 학장으로 임명되었다. 1968년 69세로 세상을 뜰 때까지 연구에 전념했다.

페니실린

인류 최초의 항생제다. 푸른곰팡이로부터 얻으며, 이제는 합성이 가능하다. 많은 사람이 페니실린 덕분에 목숨을 구했으나 내성균주가 많이 생겨나고 있으며, 사람에 따라서는 과민증을 유발하기도 한다.

공포의 산실

70년 전만 해도 불치병은 어마어마하게 많았다. 의사들은 검은 가방을 헤치며 많이 쓰기에는 독성이 너무 강하다고 알려진 수은이나 비소로 만든 약품을 찾았다. 하지만 의사들이 제공하는 약은 사람들을 위로할 수 없었다. 아이들은 디프테리아, 뇌수막염, 류머티즘열, 성홍열 등으로 끊임없이 친구를 잃어야 했다. 1924년 미국의 30대 대통령 캘빈 쿨리지Calvin Coolidge의 아들이 테니스를 치는 동안 물집이 생겼다. 열여섯 살 소년의 물집은 전염성이 있었다. 이 물집은 온몸으로 퍼져갔고 결국 혈액이 감염되어 죽고 말았다. 그때는 미국에도 산욕열(분만 때 생기는 상처가 감염되어 열이 나는 질환 - 옮긴이)로 고생하는 산모가 많았다. 어른들은 매독, 패혈증, 폐렴으로 죽었다. 그런데 이런 위험한 질병들이 1942년 가히 혁명이라고 할 수 있는 새로운 약이 출현하면서 갑자기 사라졌다. 바로 인류가 최초로 만든 강력한 항생제, 페니실린이 출현한 것이다.

파스퇴르가 우리 주변 어디에나 있는 눈에 보이지 않는 미생물이 수많은 병의 원인이라는 사실을 알아내기 전인 19세기 중반만 해도 항생제의 필요성을 인식한 사람은 아무도 없었다. 그러나 파스퇴르 이후 수십 년 동안 질병을 연구한 과학자들은 작은 병원체들은 크게 두 종류로 나뉜다는 사실을 알아냈다. 바로 바이러스와 세균이다. 바이러스는 너무나 작아서 1930년대에 전자현미경이 발명된 후에야 비로소 그 모습을 확인할 수 있었지만, 세균은 광학현미경으로도 볼 수 있었다. 광학현미경은 그보다 한 세기 전에 발명했으나, 그 무렵에야 성능 면에서 완성 단계에 있었다. 그때부터 지금까지 과학자들은 계속해서 세균을 관찰해왔다. 세균은 전 세계 거의 모든 곳에 존재하는 단세포 유기체다. 60킬로미터 높이의 성층권에도 있고 해수면에서 수십 킬로미터 내려가는 해저에도 있다. 조지아 대학의 과학자들은 지구에 서식하는 세균의 수는 5^{30}개에 달할 것이라고 추정한다. 사람 피부에는 1제곱센티미터 넓이에 10만 개체 정도가 서식한다. 한 사람 몸에 서식하는 세균은 500종이 넘으며 무게를 합하면 1.3킬로그램 정도 된다. 사실 사람의 몸에는 사람 세포보다 열 배나 많은 세균 세포가 있다. 체내 세균은 대부분 우리 몸에 없어서는 안 될 중요한 존재들로 장에서 음식물의 소화를 돕는 역할을 한다.

체내 세균은 대부분 해롭지 않지만, 몇몇 세균은 독성 물질을 방출해 우리 몸을 공격한다. 그중에서도 선페스트나 콜레라 같은 강력한 세균은 전염성도 강해서, 인류 유행병 역사에 끔찍한 사례들을 남겨왔다.

세균 감염을 치료해야 한다는 개념이 없었던 1942년 이전의 병원은 현대 병원과는 그 모습이 사뭇 달랐다. 그 때문에 병원을 마지막 안식처로 택하기를 거부하는 사람들이 많았다. 영국 의사 찰스 플레처 Charles Fletcher의 언급은 당시의 병원이 어떤 모습이었는지 잘 보여준다. "병원마다 감염 환자를 수용하는 병동이 있었다. 그곳은 만성적인 종기, 급성 부비강염, 썩어 들어가는 관절, 매독 같은 질병으로 고통받는 사람들로 가득했다. '공포의 산실', 이보다 더 적절하게 옛날 감염 병동을 묘사하는 말은 없을 것 같다."

고름과 종기가 나오는 컵만 한 크기의 부스럼 때문에 고생하는 사람도 아주 많았다. 병원에 가도 치료법이 거의 없었기에 병동에 들어오는 사람 중 절반은 환자용 들것에 실려 영안실로 가야 했다.

과학계의 떠오르는 샛별

때는 바야흐로 하워드 플로리의 시대로 접어들고 있었다. 도서 제작자였던 플로리의 아버지는 1882년에 아내가 결핵에 걸리자 영국을 떠나 호주로 이민을 갔다. 찬란한 태양과 신선한 공기가 아내에게 도움이 될 거라고 생각한 그는 호주 남쪽 해변에 있는 애들레이드로 가서 이내 번영하게 된 책 공장을 세웠다. 불행하게도 그의 아내는 호주로 옮겨 온 후 4년 만에 세상을 떠났다. 플로리의 아버지는 다시 결혼을 했고, 재혼 후 9년 만에 플로리를 낳았다. 다섯 자녀의 막내였던 플로리는 네 누나의 사랑을 듬뿍 받았다. 누나들은 플로리에게 여자 같은 옷을 자주 입혔다. 머리카락도 길고 곱슬머리였던 플로리는 그 당시 유명했던 토머스 게인즈버러Thomas Gainsborough의 「푸른 소년*Blue Boy*」과 비슷한 분위기를 풍겼다. 키는 좀 작았지만(170센티미터) 잘생긴 얼굴에 뛰어난 운동 실력, 약점을 극복하려는 자세, 불같은 성격을 소유한 소년이었다.

상류층 자제들이 다니는 사립학교에 입학한 후 그는 '치실Floss'이라는 별명을 얻었다. 반에서 과학대회 상은 모조리 휩쓸던 플로리가 가장 좋아하는 과목은 화학이었다. 하지만 교장 선생님이 식민지 호주에서 화학자는 전망이 없는 직업이라고 플로리를 설득했다. 플로리는 화학과 대신 정원이 20명밖에 안 되는 애들레이드 의과대학에 진학했다. 그런데 애들레이드 의과대학은 의사를 양성하는 곳이지 학자를 양성하는 곳이 아니었다. 더구나 그곳 학생들은 교재를 읽을 때 질문을 해서는 안 된다는 말을 들어야 했다.

애들레이드 의과대학 학생들이 발행하는 〈소사이어트 리뷰*Society Review*〉 편집부에서 일할 때 플로리는 그 학교에 몇 안 되는 여학생인 에델 리드Ethel Reed에게 차를 마시자고 권했다. 명목은 〈소사이어트 리뷰〉에 여성 의학에 관한 글을 써보라고 권유하는 것이었지만 사실 데이트 신청이었다. 두 사람은 곧 진지한 사이로 발전했다. 그런데 그해 말 에델이 폐에 염증이 생기는 늑막염에 걸렸다. 플로리는 에델에게 푹 쉬어야 한다고 권했다. "내 모든 환자들에게 그랬듯이 휴식이야말로 내가 확신하는 유일한 치료제입니다."

대학을 졸업한 플로리는 현실 세계의 의사는 대학에서 배운 것과 무척 다르다는 사실을 깨달았다. 의사들에게도 뾰족한 치료법이 없었기 때문에 어려운 단어와 거만한 문장으로 자신들의 무지를 가리려 했다. 당시 심정을 플로리는 이렇게 적었다. "이제 나는 환자를 보는 '의사'가 됐다. 두 팔로 내 무지를 덮고 진지한 얼굴을 해야 하는."

짧은 시간에 플로리는 의사들의 가장 나쁜 점을 경험한 것이다. "아무것도 해줄 수 없는 상태에서 젊은 사람들이 불구가 되거나 죽어가는 걸 지켜보는 건 정말 무서운 일이다."

플로리는 자신의 무지를 깨우쳐줄 연구를 하고 싶었지만 그러려면 호주를 떠나야 했다. 학교 때 받은 상과 운동 경력 덕분에 플로리는 세계 유수의 대학 가운데 한 곳인 옥스퍼드 대학에서 로즈 장학금을 받을 수 있었다. 영국으로 가고자 플로리는 배에서 일해야 하는 선의관으로 취직했다. 선의관이라는 직업은 한 달이라는 긴 시간 동안 플로리에게 멋진 경험을 선사해주었다. 배에 오르기 전에 플로리는 에델에게 편지를 썼다.

(배에 있는) 의료 기구라고는 담배를 자를 때 쓴 것처럼 보이는 외과용 메스, 바늘 약간, 동맥용 집게밖에 없었어. 그래서 조금 더 주문했는데, 큰 건 아무래도 필요가 없어 보여. 그러니까 목에서 머리를 분리할 때 쓰는 거 같은 거 말이야.

영국으로 향하는 배 위에서 플로리는 배를 쫓아오는 앨버트로스(군함새)의 모습을 며칠 동안 사진에 담기도 하고 생애 최초로 럼주를 마시기도 했다.

영국에 도착한 플로리는 옥스퍼드 캠퍼스에서 가장 저명하고 계급의식이 뚜렷한 대학 가운데 한 곳인 모들린 칼리지Magdalen College에 들어갔다. 자신을 영국 상류 계층이 모인 곳에 들어간 식민지 촌뜨기라고 느낀 플로리는 자신이 어울리지 않는 곳에 와 있다고 생각했다. 당시 에델에게 보낸 편지에 플로리는 이렇게 적었다.

영국 사람들은 참 이상해. 나랑 같이 배에서 내린 녀석은 윈체스터로 갔어. …… 물론 나랑 말을 하지. 하지만 대부분은 침묵만 지키고 있어. 내 생각엔 그게 이들 매너인 거 같아. 일단 그런 냉담함을 누그러뜨리면 아주 친절하긴 해. 하지만 그렇게 되기까지는 많은 인내가 필요해. 영국 사람들은 누구나 내가 웃고 싶어 한다는 걸 아주 심각하게 생각하는 거 같아.

영국 학생들이 플로리를 특유의 거만한 태도로 대하는 동안, 플로리는 교수들에게 강렬한 인상을 심어준다는 더 유용한 전략을 구사해나갔다. 열정과 영감으로 학생들을 지도하던 생리학 교수 찰스 셰링턴Charles Sherrington도 플로리를 눈여겨본 교수 가운데 한 명이었다. 셰링턴 교수는 플로리에게 고양이 뇌로 흘러들어가는 혈액을 연구해보라고 했다.

“머리에 유리창을 달고 실험실을 돌아다니는 고양이가 있어. 날 정말 재미있게 해주는 놈이야.” 플로리가 에델에게 보낸 편지에 적힌 글이다. 플로리는 케임브리지 대학 특별 연구원이 되면서 영국 과학계의 떠오르는 샛별로 평가받았다. 셰링턴이 그런 그의 멘토가 되어주었다. 플로리는 날듯이 기뻤다. “셰리는 내가 자기 밑에서 연구하는 게 좋겠다고 했어. 이건 정말 하늘이 주신 기회야. 그는 왕립학회 회장인 데다 아마 살아있는 가장 위대한 생리학자일 거야.”

1925년에 플로리는 록펠러재단의 지원을 받아 미국에서 연구를 하게 됐다. 플로리는 미국에서도 역시 과학계 원로들에게 강한 인상을 심어주었다. 이번에는 미국 과학학회 회장에 오를 인물이자 훗날 귀중한 협력자가 되어줄 펜실베이니아 대학의 앨프리드 리처즈Alfred Richards가 멘토가 되어주었다.

그 무렵 호주에 있는 에델은 청력을 잃어갔다. 에델은 플로리를 따라 영국으로 가는 문제를 계속 고민했지만, 의학 학위를 딴 후 드디어 플로리와 함께하기로 결심했다. 영국으로 돌아온 플로리는 스물여덟 번째 생일날 에델을 만났고 한 달 후 두 사람은 결혼했다.

1931년, 케임브리지에서 북서쪽으로 160킬로미터를 올라가야 하는 셰필드 대학 병리학과 학장 자리가 비자, 플로리는 그 자리에 지원했다. 연구소를 이끌어 가려면 좀 더 많은 학술 경력이 필요했지만, 플로리는 분명 그 자리의 적임자였다. 플로리와 사적으로 아는 사이이자 훗날 그의 자서전을 쓴 그윈 맥팔레인Gwyn Macfarlane은 "플로리의 가장 놀라운 특징은 연구에 대한 에너지와 열정, 과학에 대한 완벽한 솔직함"이라고 했다. "그는 정말 놀라울 정도로 근면한 데다 문제를 즉시 풀어내는 실용적인 아이디어로 가득 찬 사람이었어요. 일정이 미뤄져도 참을성 있게 기다리고, 전염성 강한 활기에 찬 사람이라 그에게 감화된 동료들은 늘 그의 영향을 받으며 생애 최고의 일을 하고 있다는 사실을 깨달을 때가 많았죠."

학장 심사단은 그에게 이런 지시를 내렸다. "당신이 이 연구실만 엉망으로 만든다면 무얼 하든 개의치 않겠소. 여긴 수년 동안 너무 깨끗했으니까." 일요일도 예외 없이 실험을 해야만 직성이 풀리는 플로리는 기꺼이 그렇게 하겠다고 했다.

펜실베이니아 대학의 선임 의사였던 D. E. 하딩Harding은 플로리에 대해 이렇게 말했다. "그는 내가 만나본 그 누구보다도 아이디어가 풍부하고, 근사한 생각을 하는 연구원이었어요. 우리가 함께 한 연구는 거의 대부분이 플로리의 아이디어에서 영감을 얻어 시작된 거고, 저 혼자 논문을 낸 연구 중 일부도 플로리의 아이디어가 그 단초였죠. 그는 아이디어만 내는 사람이 아니라 아주 열심히 진행하는 능력도 있었죠. 한번은 대학에서 밤낮을 보내야 하는 프로젝트가 있었어요. 몇 주 동안 우린 교대로 돌아가며 밤에 연구실을 지켰어요."

플로리는 보통 대여섯 가지 실험을 다른 동료들과 함께 했기 때문에 폭넓은 분야에서 논문을 발표하며 명성을 쌓아갔다. 그 무렵에는 연구

지원비가 아주 적었기 때문에 연구소를 꾸려가기가 쉽지 않았다. 그 때문에 플로리는 몇 가지 실용적인 해결책을 생각해냈다. 그는 최적의 연구 환경을 갖춘 실험실을 만들고자 오늘날 흔히 볼 수 있는 기숙사 칸막이 침실처럼 실험실 구획을 나누었다. 또한 연구비를 마련하고자 배짱으로 밀고 나갔다. "거친 식민지 출신의 투박함으로 모든 일을 해낸 거죠. 정말 좋은 전략이었어요." 플로리의 말이다.

그렇게 시간이 흐르는 동안 플로리와 에델에게는 아이 둘이 생겼다. 파키타는 1929년에, 찰스는 1934년에 태어났다. 하지만 두 사람의 결혼 생활은 순탄치 못했다. 두 사람은 각방을 쓰고 할 이야기가 있을 때면 종이에 적어 식탁에 놓는 기이한 생활을 했다. 하루는 에델이 이혼을 하자는 메모를 남겼다. 그 메모에 플로리는 이렇게 답했다.

"아이들 입장에서 생각해보면 그건 정말 슬픈 일이오. 아이들이 현재 중요한 연결 고리일 거요. 나로서는 당신이 나와 함께 살아가도록 노력했으면 좋겠소. 우리 둘 다 우리가 저질러온 과실을 고치고, 앞으로 하게 될 실수들을 고쳐나갑시다. 우리 둘 다 꿈꿨던 결혼 생활을 누리지는 못했소. 하지만 아직 좋은 것들이 많이 남아 있어요. 해결하려는 의지가 조금만 있다면 우리는 분명 나아질 거요. 한번 노력해봅시다. ……"

1935년, 옥스퍼드 대학의 병리학과 학장직이 공석이 됐다. 옥스퍼드 대학의 저명한 학장에 임명되는 것은 고도의 정치적인 작업을 필요로 하는 복잡한 일이었다. 플로리의 전기를 쓴 에릭 랙스Eric Lax의 말처럼 교황을 선출하는 것만큼이나 힘든 일이었다. 다행히 플로리에게는 변함없이 자신을 지지하는 노스승이 있었다. 이제 일흔여섯 살의 나이로 은퇴를 꿈꾸고 있던 셰링턴 교수는 좋은 사람을 자신의 후임자로 정하고 싶었다. 영국 의학계에서 가장 영향력이 큰 사람 가운데 한 명이자 영국 의학연구위원회the Medical Research Council 사무국장인 에드워드 멜란비Edward Mellanby도 플로리를 지지했다. 플로리의 연구 활동을 지켜봐온 멜란비는 그가 하는 일이 얼마나 중요한지 알고 있었다.

병리학과 학장을 뽑는 심사에 심사위원 일곱 명 중 여섯 명이 참석한 가운데 진행된 투표 결과는 플로리의 패배였다. 그런데 심사가 끝나기 직전에 멜란비가 도착했다. 기차가 연착되어 두 시간 늦게 도착한 것이다. 그는 과감하면서도 연구비를 분배하는 위원회의 사무총장답게 설득력 있는 말투로 심사위원단이 재투표를 실시할 때까지 플로리를 지지했다. 다시 시작된 재투표 결과 플로리가 한 표 차이로 학장에 선출됐다.

질병 연구에 화학이 필요한 이유

플로리는 옥스퍼드에서는 거친 호주 사람의 기질을 버려야만 학계가 요구하는 정치적 역량을 제대로 발휘할 수 있다는 사실을 깨달았다. 이제 그는 즉시 무언가를 바꾸는 버릇은 버리기로 했다. 대신 차츰차츰 학교를 바꿔가면서 결국 연구소가 갖추어야 할 모습을 완성해나가기로 했다. 플로리는 교수진 중 많은 수를 적재적소에 다시 배정했고, 호주에서 자신이 경험한, 1년 동안 강의나 듣고 창의력은 찾아볼 수도 없는 실험이나 하던 교과과정을 완전히 개정했다.

그 무렵 플로리는 질병 연구는 "화학이 개입하지 않으면 절대로 잘될 수가 없다"는 확신을 갖고 있었다. 그는 약을 제대로 이해하려면 과학자들은 자연이 제공하는 화학물질 안에서 특별한 작용을 하는 화학물질을 찾아내야 한다고 생각했다. "나는 1929년에 노벨상을 받은 센트죄르지Szent-Györgyi의 말을 잊을 수가 없었습니다. 그가 케임브리지에 있을 때 함께 연구할 기회가 있었어요. 그는 생화학은 자연적으로 발생한 모든 물질을 추출하고 즉시 실험해볼 수 있는 효과적인 방법을 제공해준다고 했어요."

플로리는 자신의 연구 팀에 화학자가 있어야 한다고 주장했다. 그 말을 들은 케임브리지의 생화학자 한 명이 에른스트 체인Ernst Chain을 추천했다. 체인은 현재 벨라루스라고 부르는 곳에서 태어난 사람으로 그의 할아버지는 탈무드 학자였고 아버지는 독일에서 큰 회사를 운영하는 화학자였다. 체인은 이렇게 말했다. "부모님은 언제나 논할 여지도 없다며 내게 항상 같은 좌우명을 심어주고는 했어요. 인생에서 가장 훌륭한 직업은 지적 활동을 추구하는 일이라는 거죠. 대학에서 일자리를 얻는 것 외에는 생각해볼 가치도 없었어요."

1933년 히틀러가 부상하는 것에 염증을 느낀 체인은 가족들을 독일에 두고 홀로 영국으로 왔다. 당시 체인은 히틀러의 지배는 금방 끝나고 말 이상 현상이라고 생각했지만, 그의 어머니와 누이는 결국 홀로코스트에 희생되고 말았다. 독일어 억양이 강한 영어를 쓰던 체인은 잘 꾸민 아인슈타인처럼 생긴 사람으로 달변에 대담했으며, 화가 나면 물건을 집어 던지곤 했다. 다시 말해서 체인은 점잖은 신사들인 영국 과학자들과는 사뭇 다른 사람이었다. 하지만 그런데도 (혹은 그 때문에) 플로리는 처음부터 체인과 원활하게 작업을 했으며, 밤이면 둘이 같이 집으로 돌아갈 때도 많았다.

종양의 대사 과정을 연구하게 된 후 플로리와 체인은 현미경 해부에 능숙한 사람이 필요하다는 것을 깨달았다. 체인은 노먼 히틀리Norman Heatley를 추천했다. 이제 막 생체 물질 속에 아주 소량씩 들어 있는 미량 원소들의 질량을 측정하는 새로운 방법에 관한 박사 논문을 쓴 사람이었다. 플로리는 히틀리를 체인의 조교로 채용했다. 그러나 조교는 상사에게 완전히 복종해야 하는 독일 학계의 전통 때문에 몇 달도 되지 않아 두 사람 사이에 문제가 생기기 시작했다. 그 자신도 명석한 박사였던 히틀리는 자신이 상사인 체인보다 '연구 면에서는 더 나은 것 같다'고 생각했다. 그 때문에 고요했던 병리학 연구실은 두 사람이 내지르는 고성으로 시끄러워질 때가 많았다.

하지만 정말로 플로리를 괴롭힌 문제는 따로 있었다. 좀처럼 회복되지 않는 경제공황 때문에 연구 예산이 너무나도 부족했던 것이다. 플로리는 경비를 최대한 절약했고 회의 때 마시던 맥주도 내지 않았고 1년에 25파운드를 아끼려고 엘리베이터 사용도 금지했다. 플로리는 스스로도 지긋지긋해질 때까지 영국 내 모든 조직에 연구비 지원을 요청했다. 당시 그는 멜란비에게 이런 편지를 보냈다.

> 연구소를 운영하는 데 필요한 돈은 제가 기꺼이 감수하려 하는 노력으로는 어림도 없을 만큼 모자랍니다. 왠지 전 학계에서 돈을 갈취하는 노상강도가 된 기분입니다. 생각나는 모든 곳에 돈을 달라고 시도 때도 없이 요구하니 그런 생각이 들 수밖에요. …… 제가 얼마나 진절머리가 났을지 당신은 짐작하실 겁니다.

무척 어려운 상황이었지만 그래도 플로리의 연구 팀은 계속해서 연구를 해나갔다. 1937년에 종양 연구가 끝나자 플로리는 체인과 히틀리에게 라이소자임lysozyme 연구를 시작하라고 했다. 라이소자임은 스코틀랜드의 생물학자 플레밍이 사람의 침 속에서 발견한 효소로 몇 가지 세균을 죽인다고 알려져 있었다. 플로리는 1929년부터 가끔씩 라이소자임 연구를 해오고 있었다. 당시는 독일 바이엘Bayer 사의 게르하르트 도마크Gerhard Domagk가 섬유에 포함된 단백질을 영구적으로 염색할 수 있는 염료라면 세균에 있는 단백질 역시 염색할 수 있을 것이라는 추론을 한 후, "세균을 죽일 수 있는 능력"이라고 알려져 있던 항생작용antibiosis에 대한 과학자들의 관심이 증가하던 시기였다.

염료 중에는 독성이 있는 것도 있다. 염료의 독성이 세균을 죽일 가능성도 있었다. 1935년 도마크는 자신의 연구 팀이 그런 약품을 개발했다고 발표했다. 약품 이름은 프론토질Prontosil이었다. 파리에 있는 파스퇴르 연구소에서 프론토질의 활성 물질이 술파닐라마이드sulfanilamide라는 사실을 알아냈다. 술파닐라마이드를 재료로 한 약들은 최초의 항생제들이었기에 과학자들은 이 물질들을 술파제sulfa drug라고 부르며 무척 열광했다. 그러나 불행하게도 술파제가 작용하는 질병은 몇 가지뿐이었고, 심각한 부작용이 생길 수도 있었다.

체인은 라이소자임이 체내 화학반응을 촉진하거나 조절하는 단백질인 효소라는 사실과 화학구조를 밝혀냈다. 그러나 플로리는 체인이 발견한 내용은 "라이소자임의 항생작용은 인류에게 심각한 해를 미치는 세균에는 거의 소용없다"는 플레밍의 발견 내용을 뛰어넘지 못한다는 사실을 알고 있었다. 1930년대에 플로리와 함께 일한 의사인 비어트리스 풀링거Beatrice Pullinger는 플로리와 다른 의사들과 함께 점심시간에 차를 마신 일을 기억했다. 그때 사람들은 속절없이 죽어야 하는 세균 감염에 대해서 이야기했고 그때마다 플로리는 진저리를 치곤 했다. 풀링거는 그런 대화를 나누는 동안 플로리가 자신이 해야 할 연구 내용을 결정했다고 믿는다. 데이비드 마스터스David Masters가 플로리와 인터뷰한 내용을 담은 책에서 적은 것처럼, 1938년이 되자 "플로리는 항생물질을 아직 아무도 연구하지 않은 미개척지에서 찾아야 한다는 결론을 내렸다."

플로리와 체인은 새로운 물질들을 연구하기 위해 의견을 교환했다. 플로리는 체인에게 1928년도 〈미생물 학회지Les Associations Microbiennes〉를 읽어보라고 했다. 오랫동안 항생제 분야를 연구한 뒤에 얻은 균형 잡힌 시각이 특징인 엄청난 양의 참고 서적이 실려 있는 책이었다. 체인은 책벌레였다. 검색 엔진이 발명되기 전이었으므로 이 시대에 과학 논문을 읽으려면 몇 날 며칠을 도서관이 끝날 때까지 의자에 앉아 먼지 나는 과학 잡지를 산더미처럼 읽어내야 했다. 먼저 참고도서 목록을 읽고 앞으로 읽어야 할 논문을 추가해나가는 방법으로 체인은 세균 성장을 억제한다고 알려진 물질에 대해 서술한 논문을 200여 편 찾아냈다. 그러던 어느 날, 체인은 1929년에 플레밍이 〈영국 실험병리학*British Journal of Experimental Pathology*〉 지에 실은 짧고 소박한 논문을 한 편 찾아냈다. 논문 제목은 「B형 인플루엔자 검출에 활용하는 사례를 중심으로 한 페니실륨 배지의 항생작용에 대하여」였다.

플레밍의 우연한 발견

1928년 여름, 마흔일곱 살이던 플레밍은 런던에 있는 세인트메리 의과대학 세균학과 교수로 부임했다. 그해 8월 고향인 서퍽에서 휴가를 보내던 플레밍은 연구소 동료 중 한 명이 바이러스성 종기 환자를 치료하게 됐다는 소식을 듣고 잠깐 살펴볼 생각으로 연구소로 돌아왔다. 플레밍의 연구소는 대단히 어지러웠다. 플레밍은 식중독을 비롯한 다양한 질병을 일으키는 세균인 황색포도상구균*Staphylococcus aureus*을 배양하고 있었기에 배양기에는 황색포도상구균 균체가 들어 있는 더러운 접시가 가득했다. 그런데 플레밍이 살펴본 그해 8월의 배양접시에는 그 전까지 보지 못했던 현상이 나타나 있었다. 황색포도상구균이 든 접시 가운데 하나가 곰팡이 같은 균류에 오염되어 있었다. 플레밍이 깜짝 놀란 이유는 황록색 곰팡이가 자라는 주위로 투명한 띠가 형성되어 있었기 때문이다. 무언가가 황색포도상구균을 죽인 게 분명했다.

플레밍은 그 배양접시를 다시 내려놓고 휴가지로 돌아갔다. 플레밍이 그 곰팡이의 항생작용을 처음으로 목격한 사람은 아닐 것이다. 그러나 단순한 관찰만으로 이룰 수 있는 일은 거의 없다. 휴가를 끝내고 연구실로 돌아온 플레밍은 한동안 그 곰팡이를 연구했다. 연구실 직원이 그 곰팡이는 아래층 연구실에서 연구하는 곰팡이로, 흙에서 흔히 볼 수 있는 푸른곰팡이속penicillium 곰팡이라는 사실을 알려주었다. 아래층 연구실에서 빠져나온 곰팡이 포자가 우연히 플레밍의 배양접시 위에 내려앉은 게 분명했다.

플레밍은 쥐와 시험관에 든 사람의 혈액을 통해 이 곰팡이에 독성이 없다는 사실을 확인했다. 생활사가 30분일 정도로 아주 짧은 것으로 보아 아주 불안정한 물질이 분명했다. 플레밍은 이 곰팡이를 실험에 쓸 수 있을 정도로 순수한 상태로 다량 배양하기는 어려우리라는 것을 알았지만, 이 곰팡이를 상처에 바르면 살균 작용을 할지도 모르고, 실험실 혼합 배지에서 서식하면 안 되는 세균을 없애줄지도 모른다고 생각했다. 그런 추론이야 어찌 됐건 간에, 플레밍은 자신이 발견한 곰팡이를 추출하고 정제할 사람은 자신보다 화학 지식이 훨씬 많아야 한다고 생각했는지, 아니면 이 곰팡이는 정제해 사용할 수 없을 만큼 불안정하다고 생각한 것인지는 모르지만, 〈영국 실험병리학〉 지에 글을 발표한 후 더는 연구를 진행하지 않았다. 그 후 10년 동안 페니실륨은 그저 하나의 곰팡이에 지나지 않았다. 페니실륨을 생명을 구하는 약으로 탈바꿈시키는 것은 그 뒤에 등장하는 세 남자의 몫이었다.

수많은 세균을 죽이는 강력한 항생제

논문 검토를 끝낸 체인은 플로리를 만나 읽은 논문에 대해 상의했다. 두 사람은 곧 다음 연구 과제는 세균 길항제(성장 억제제) 정밀 검사라는 데 합의했다. 두 사람이 논의 끝에 고초균Bacillus subtilis(흙 속에 살며 병을 치료하는 효과가 있는 세균으로, 된장·청국장 등을 만들 때 쓴다), 녹농균*Bacillus Pyocyaneus*(고름을 푸른색으로 바꾸는 세균으로 다른 세균의 성장을 억제한다. 지금은 *Pseudomonas pyocyanea*라고 명명한다), 페니실린, 이렇게 세 종을 연구하기로 했다. 문제는 무엇을 먼저 연구할 것인가였다.

플로리는 황색포도상구균에 작용한 페니실린의 특성에 주목했다.

"이건 의문의 여지가 없어. 우리는 페니실린을 연구해야 해." 플로리는 자신의 친구이자 당시 특별 연구원으로 옥스퍼드 대학에 와 있던 호주의 생리학자 더글러스 라이트Douglas Wright에게 이렇게 말했다. "문제는 우리 팀이 모두 함께 참여해야 한다는 거야. …… 연구비가 모자란다면 모두 함께하는 건 불가능할 거야. 그럼 연구도 끝이야."

처음에 체인은 페니실린이 효소라는 가설을 세웠다. 그런데 가설을 입증하려면 정밀 조사를 해야 하는데, 정밀 조사를 할 만큼 충분한 양의 페니실린을 생산할 방법이 없었다. 체인은 먼저 녹청색 곰팡이를 키워 단단한 균사 위에 페니실린이 들어 있을지도 모를 황금색 액체 방울이 맺히기를 기다렸다가 피펫으로 채취하는 방법을 썼다. 과학자들은 그렇게 얻은 페니실린으로 몇 가지 세균에 실험을 해보았다. 그러나 실험 결과는 한 연구소 직원의 기억처럼 "그다지 놀랄 만한 일은 없었다." 한 가지 실험을 하는 데 필요한 페니실린을 얻으려면 열흘을 기다려야 했다. 한 가지 실험이 끝나면 또다시 열흘을 기다려야 했다. 그러니 실험 속도는 빙하가 움직이는 속도만큼 더디기만 했다.

그 무렵 3년의 연구생 장학 기간이 끝난 히틀리는 록펠러재단의 여행 장학금을 받아 코펜하겐으로 갈 예정이었다. 그런데 1939년 9월 1일, 나치가 폴란드를 침공했고 이틀 후 영국과 연합국은 독일에 선전포고를 했다. 상황이 그런데 대륙으로 떠나는 건 현명한 일이 아니었다. 플로리는 히틀리에게 다시 연구 팀에 합류해 같이 페니실린을 연구하자고 했다. 그러나 히틀리는 단호히 거절했다. 체인 밑에서 일하는 건 불행할 게 분명했기 때문이다. 하지만 그때쯤에는 이미 플로리도 앙숙관계에 있는 사람들을 어떻게 다루어야 하는지 잘 알았다. 그는 재빨리 히틀리에게 체인이 아닌 자신에게 직접 보고서를 올려도 된다고 제의했다. 히틀리도 그 제안을 받아들여 연구에 합류하기로 했다. 물론 플로리는 그 사실을 체인에게는 말하지 않았다. 플로리는 매일같이 연구실에 들러 연구 과정을 의논했으므로 체인은 히틀리가 더는 자신의 조교가 아니라는 사실을 눈치채지 못했다. 체인이 그런 사실을 깨달은 것은 30년이나 흐른 후였다. "이제야 그때는 이해할 수 없었던 히틀리의 수많은 행동들을 이해할 수 있겠어요." 체인의 말이다.

임박한 전쟁은 여러 가지로 플로리와 그의 연구 팀에 영향을 미쳤다. 플로리는 현명하게도 직원들이 연구실에서 전쟁 관련 일을 할 수 있게 미리 조치를 취함으로써 과학자들이 뿔뿔이 흩어지는 일을 막았다. 플로리 연구 팀은 혈액 기증자를 모으는 의사들을 이끄는 에델과 한 팀이 되어 수혈을 연구했다. 1939년 여름에는 대학에 있는 건장한 남자들이 모두 힘을 합해 연구소 뒤쪽에 방공호를 팠다(그때 다섯 살이던 플로리의 아들 찰스도 어른들을 도왔다). 플로리에게는 생소한 일도 아니었지만, 어쨌든 연구비도 거의 바닥이 나고 있었다. 플로리는 록펠러재단에 도움을 요청하는 편지를 썼다.

> 지금까지 조악한 재료로 페니실린 연구를 해왔고 정제는 시도조차 못하고 있습니다. 저희는 페니실린은 아주 쉽고 빠르게 정제할 수 있을 거라고 생각합니다. 앞에서 말씀드린 세균 관련 물질의 엄청난 잠재적 중요성에 비추어 볼 때 이 물질은 정맥주사용으로 정제해 생체 내에서 살균 작용을 연구하는 게 바람직하다고 생각합니다."

록펠러재단 사람들은 대체로 보수적이며 반응이 없는 편이다. 그러나 영국 록펠러재단의 해리 밀러Harry Miller는 예외적으로 글을 남겼다.

> 플로리는 이 영국제도 안에서는 유일하게 탁월한 실험병리학자다. 그는 멜란비의 전폭적인 신뢰를 받고 있는 탁월한 젊은 연구가로 그의 요청을 받아들인다면 정말 진지한 연구가 진행될 거라고 믿는다.

플로리가 록펠러재단에 연구비를 요청한 후 세 달이 되기 전에 플로리는 자신이 요청한 액수보다 많은 금액인 1년에 1250파운드(5000달러)를 지원받았다. 기간도 플로리가 요청한 3년이 아닌 5년 동안이나. 그렇게 몇 달이 흘러 나치의 침공 위협이 증가하자 플로리 부부는 두 아들을 영국 서부 해안에 있는 콘월로 피난시키고 자신들의 집에는 런던에서 온 피난민들을 묵게 했다.

반면 연구비를 확보한 플로리는 페니실린의 비밀을 알아내려면 꼭 풀어야 할 다섯 가지 질문을 설정하고 연구에 들어갔다. 다섯 가지 질문이란 다음과 같았다. '이 항생작용을 할지도 모를 곰팡이를 어떻게 하면 빨리 키울 수 있을까? 페니실린은 어떤 세균을 죽일까? 어떤 방법으로 세균을 죽이는 걸까? 사람 세포에서 생길 수 있는 부작용은 어떤 것이 있을까? 화학구조는 어떻게 생겼을까?'

플로리는 전체 회의를 하지 않을 때 연구소의 능률이 최대가 된다는 사실을 알았다. 그래서 그는 매일 아침 연구소를 돌면서 연구원들과 일대일 대화를 나누는 쪽을 택했다. 문제가 생길 때면 몇 명 정도만 모아놓고 아이디어 회의를 했다. 플로리에게 직접 보고하게 된 히틀리는 이전보다 훨씬 행복했다. "플로리는 체인과는 많은 면에서 전혀 다른 사람이었어요. 그는 저처럼 경험이 적은 연구원들의 의견도 주의 깊게 들어주었어요. 누구나 그와 사려 깊고 생산적인 대화를 나눌 수 있었죠. 그와 단독으로 대화를 나누는 동안 엄청난 자극을 받을 때가 많았죠. '이걸 한번 생각해보는 게 좋겠어'라거나 '자네 생각이 옳은지는 모르겠군. 하지만 그렇게 해보는 것도 좋겠지'라는 온화한 표현을 썼지만 누구나 그의 조언이 예리하고 엄청나게 귀중하다는 사실은 쉽게 깨달을 수 있었어요."

플로리는 히틀리에게 연구에 필요한 충분한 양의 페니실린을 모으는 일을 맡겼다. 히틀리는 자신이 그 일의 적임자임을 훌륭하게 증명해 보였다. 맥팔레인은 히틀리를 이렇게 평가했다. "그는 큰일이건 작은 일이건 척척 해내는 다재다능하고 독창적이고 재능 있는 일꾼이었다. 생물학과 생화학을 전공한 사람이었지만 광학, 유리, 금속 일에도 재능이 있어서 배관공도 됐다가 목수도 됐다가 필요하면 전기공 일도 척척 해냈다. …… 게다가 그는 즉흥적으로 무언가를 만드는 데도 능했다. 시간 낭비를 최대한 줄이고자 집이나 연구소에 있는 장비를 가지고 전혀 생각지도 못한 물건을 만들어내곤 했다."

히틀리는 곰팡이가 자라는 공간을 대폭 늘릴 필요가 있었다. 페니실린 곰팡이는 깊이가 1.5센티미터 정도 되는 액체의 표면에서 가장 잘 자라는 것 같았다. 그래서 히틀리는 접시, 쟁반, 평평한 병의 바닥, 의무실에서 빌려온 변기 열여섯 개 등 곰팡이를 키울 수 있는 것이라면 무엇이든지 이용했다. 그는 또한 질산염, 나트륨, 소금, 설탕, 인산염, 글리세린, 산소, 이산화탄소 등 생각나는 모든 것을 용액에 첨가했다. 그러나 어느 것도 곰팡이의 생장에는 도움이 되지 않았다. 1939년 크리스마스가 다가올 무렵이었다. 플로리를 찾아온 친구 하나가 양조장에서 쓰는 효모를 넣어보라고 했다. 페니실린 생산량을 늘려주지는 않을 테지만 발효 시간을 절반으로 단축시켜줄 거라고 했다.

그다음 한 해 동안 히틀리는 연구실의 양조 기술을 조금씩 향상시켜 나갔다. 그는 배양 용기를 멸균기에서 먼저 살균하는 것이 효과적이라는 사실을 깨달았다. 살균한 용기에 곰팡이를 배양할 때 넣는 무기염 배지인 차펙 독스Czapek-Dox 액을 넣고 그 위에 페니실린 포자를 묻혔다. 며칠 안에 배지 표면에 젤라틴 같은 엷은 막이 생기고, 그 막은 녹색 포자로 뒤덮인다. 포자 밑에 있는 배지는 페니실린이 들어 있는 액체가 떨어져 노랗게 변한다. 곰팡이가 떨어뜨리는 액체는 배양 후 열흘 정도 지날 때까지 계속해서 증가한다. 히틀리는 이때 배지를 바꿔주면 곰팡이가 페니실린을 계속해서 만들어낸다는 사실을 알았다. 곰팡이가 더 이상 페니실린을 생산하지 않을 때까지 배지는 보통 열두 번 정도 교환했다.

히틀리는 추출한 페니실린을 더 강력하게 만드는 일도 해야 했다. 그는 제일 먼저 곰팡이의 각기 다른 생활사 기간에 추출한 페니실린의 성능을 비교해줄 신뢰할 수 있는 실험 방법을 고안해야 했다. 히틀리는 페트리접시에 구멍을 뚫어 플로리의 실험 방법을 이용해 분석 실험을 시작했다. 먼저 페트리접시에 한천 배지를 올리고 그 위에 황색포도상구균을 번식시킨 다음, 페트리접시의 구멍을 이용해 각기 다른 생활사 때 분비한 페니실린을 황색포도상구균 위에 떨어뜨려 살균 능력을 살펴보았다. 그런데 이 방법으로는 페니실린의 성능을 제대로 알아낼 수 없었다. 그래서 히틀리는 구멍 대신 자기로 만든 관을 이용하기로 했다. 도자기관을 이용하자 세균 균체 위로 동일한 양의 페니실린을 떨어뜨릴 수 있었다. 페니실린을 도자기관에 넣고 어느 정도 시간이 흐르게 놔두면 각 도자기관 주위에 투명한 원이 생긴다. 원의 크기를 재면 페니실린의 살균 능력을 측정할 수 있다.

히틀리가 이런 실험을 하는 동안 체인은 셀로판으로 만든 필터를 이용해 페니실린이 효소라는 자신의 초기 가설을 실험했다. 페니실린은 셀로판 필터를 가뿐하게 통과해버렸다. 이는 페니실린이 효소보다 훨씬 작다는 것을 뜻했다. 결국 체인은 그 자신의 말처럼 "구상만은 아름다웠던 가설을 공기 중에 산화시킬 수밖에 없었다." 그러나 체인은 자신의 가설이 틀렸다는 사실에 낙담하기는커녕 매혹되고 말았다.

"페니실린이 지속되는 시간을 불안정하게 만드는 물질의 화학구조를 찾아내는 것은 무척 흥미로운 일이었습니다. 화학 특성이 아주 독특한 물질을 다루고 있는 게 분명했으니까요."

체인은 페니실린을 pH 농도가 다양한 용액에 넣어 페니실린의 안정성을 실험해보았다. 페니실린은 산성과 염기성의 경계인 pH5에서 pH8인 용액에 넣었을 때 가장 안정했다(순수한 물은 중성으로 pH7이다. pH7 이하는 산성, 그 이상은 염기성이다). 페니실린 곰팡이에서 추출한 페니실린 속에는 불순물이 많이 들어 있다는 것을 안 체인은 다양한 용매에 물질을 녹여 활성 물질을 추출하는 전통적인 혼합물 분리 방법을 이용해 순수한 페니실린을 분리하려 했다. 페니실린 곰팡이 분비물보다 페니실린 용해도가 높은 용매를 찾는 것이 목표였다. 체인은 약한 산성을 띠는 페니실린이 에테르에 잘 녹는다는 사실을 알아냈다. 곰팡이 분비물을 에테르와 물을 섞은 용액에 넣으면 중성인 불순물은 물층에 남고 페니실린만 에테르에 녹았다. 그러나 체인이 에테르와 페니실린을 분리하려 할 때마다 페니실린은 사라져버리는 것 같았다.

오랜 시간 묵묵히 연구에 임한 히틀리는 곰팡이 분비물에서 페니실린을 아주 빠른 속도로 분리해내는 장치를 만들어 에테르로 페니실린을 분리해내는 작업의 능률을 향상시켰다. 일단 페니실린이 들어 있는 곰팡이 분비물을 필터로 걸러내 곰팡이 잔여물과 다른 불순물을 분리해낸 후, 페니실린이 들어 있는 용액을 고속 분사해 긴 관을 통과시킨다. 페니실린 용액을 관에 통과시킬 때는 관의 반대쪽에서 에테르를 동시에 분사한다(에테르를 분사하는 방향은 아래쪽에서 위쪽). 그러면 양쪽에서 오는 두 용액은 넓은 표면적을 공유하며 만나게 된다. 페니실린을 녹인 에테르는 관의 위쪽으로 올라가고 나머지 물질을 녹인 용액은 밑으로 내려가 관 밖으로 나간다. 하지만 이 방법을 쓰더라도 페니실린을 어떻게 에테르와 분리하느냐 하는 문제는 그대로 남게 된다.

1940년 3월이 됐다. 플로리가 에테르에서 페니실린을 분리해내는 문제를 의논하려고 히틀리와 체인을 불러 모았다. 히틀리는 주저하기는 했지만 분명히 효과가 있을 거라고 생각했기에 체인의 실험을 반대로 해보는 게 좋겠다는 의견을 냈다. 다시 말해 약산성인 페니실린이 에테르에 녹으니 약간의 염기 용매를 첨가하면 에테르 밖으로 분리되어 나올 수도 있지 않을까 하는 의견이었다. 히틀리의 말에 플로리는 흥미를 느꼈지만 체인은 즉시 반박하고 나왔다. 체인은 히틀리에게 이렇게 말했다.

"그 방법이 효과가 있다고 생각하면 직접 해보는 게 어때? 자네가 틀렸다는 걸 정말 효과적이고 빠른 방법으로 입증해줄 게 분명한데."

플로리는 히틀리에게 직접 실험해보라고 했다. 히틀리는 먼저 커다란 입자를 제거하고자 곰팡이 분비물을 필터로 거르고, 체인이 하던 대로 거른 용액을 에테르에 녹인 후 페니실린이 녹은 에테르가 용액 위로 뜨게 내버려두었다. 그렇게 분리해낸 에테르 층을 증류수에 완충염buffer salt을 녹인 약염기 용액에 섞었다. 그 결과 히틀리는 수용액 층에 페니실린이 녹아 들어갔다는 사실을 알아냈다. 더구나 수용액 속에 녹아 들어간 페니실린은 상온에서 11일이 지난 후에도 사라지지 않고 그대로 있었다. 드디어 페니실린을 안정화할 방법을 찾은 것이다.

덕분에 과학자들은 표준용액standard solution(적정분석법에 사용하는 농도를 정확하게 알고 있는 용액-옮긴이)을 만들 수 있었고 (현재 페니실린의 플로리 단위 혹은 옥스퍼드 단위라고도 부르는) 페니실린 표준 단위unit를 정의할 수 있었다. 온라인 드럭스토어 뮤지엄Drugstore Museum에 따르면 페니실린 표준 단위는 "고기 추출액 50시시에 녹여 황색포도상구균 실험 종의 성장을 완벽하게 막을 수 있는 최소한의 양"이다.

하지만 약을 만들려면 여전히 물속에 든 페니실린을 분리해내야 한다는 과제가 남아 있었다. 그런데 이미 1935년에 스웨덴에서 냉동건조 방식을 개발했다. 냉동건조 방식은 불안정한 물질을 보존할 수 있는 획기적인 방식이다. 냉동건조 방식은 먼저 물질이 든 수용액을 얼리는 것으로 시작한다. 그런 다음 얼음인 물을 액체 상태를 거치지 않고 기체 상태인 수증기로 승화시키는 과정을 거친다. 액체 상태인 물은 그 속에 든 물질과 화학반응을 일으켜 물질의 성질을 바꿀 수 있다. 고체인 얼음이 기체인 수증기로 곧바로 변하는 현상은 보통 아주 낮은 온도에서 일어나는 증발 현상인데, 사실 냉장고에서도 흔히 볼 수 있다. 전날까지는 깨끗했던 냉장고 표면에 하얗게 서리가 낀 것이 승화 현상이다. 냉동실 속 다른 장소에 있던 얼음이 승화된 후 그곳에 가서 붙은 것이다. 수용액에서 페니실린을 분리해내는 일은 체인이 맡았다. 그 결과, 체인이 훗날 적은 것처럼 "어떠한 손실도 없는, 매개물의 능력이 감소하지 않은 아주 근사한 갈색 가루"를 얻을 수 있었다.

그 뒤 거의 2년 동안 플로리 연구 팀은 진짜 약을 가지고 연구를 했다. 생물 실험은 플로리의 전공이었다. 그래서 플로리는 신뢰하는 조교 제임스 켄트James Kent와 마거릿 제닝스Margaret Jennings 박사의 도움을 받아 자신이 직접 연구를 진행했다. 당시 30대였던 제닝스 박사는 교수이자 조직학자였다. 이미 여러 번 플로리의 연구를 도운 바 있는 제닝스는 그와 함께 논문 작업을 하기도 했다. 제닝스 박사의 남편은 옥스퍼드 대학의 다른 학과에서 근무하던 과학자로, 역시 플로리와 함께 연구를 진행하기도 했다.

히틀리가 고안한 장치로는 실험에 필요한 충분한 양의 페니실린을 생산할 수 없었다. 그래서 플로리는 약리학자인 J. H. 번Burn을 찾아가 쥐에게 가장 효과적으로 주사를 놓는 법을 알려달라고 했다. 번은 당시 일을 이렇게 기억했다. "플로리와 제닝스 부인이 생쥐의 꼬리 정맥에 놓아주면 좋겠다며 표본을 들고 온 날을 기억해요. 그런데 꼬리 정맥에 주사를 놓은 후에도 쥐는 아무 변화가 없었어요. 두 사람은 왜 쥐에게 주사를 놓았는지, 어째서 아무 일도 일어나지 않는 걸 원하는지도 말해주지 않았죠."

페니실린이 엄청난 약이 될 거라고 생각한 플로리는 연구 내용을 철저히 비밀에 붙였다. 과학자들은 생쥐, 쥐, 토끼, 고양이를 대상으로 계속해서 실험을 해나갔다. 피부, 혈액, 복강에 페니실린을 주입했고, 입으로 혹은 위와 연결된 관으로 페니실린을 먹여봤다. 약을 복용하는 모든 방법을 이용해 실험을 해보았다. 그 결과 페니실린은 혈액으로 주입하면 약효를 나타내지만 먹거나 관을 이용해 위로 넣을 때는 혈액 속으로 흡수되지 않는다는 사실을 알아냈다. 또한 페니실린은 관을 이용해 창자에 넣으면 혈액으로 흡수됐다. 위에서 분비되는 화학물질이 페니실린을 파괴하는 게 분명했다.

하지만 페니실린 주사는 효과가 오래가지 않았다. 한 시간이나 두 시간 정도면 혈관 속에서 완전히 사라졌다. 혈관에 넣은 페니실린은 파괴되는 것일까, 몸 밖으로 배출되는 것일까? 과학자들은 생쥐의 오줌 속에서 페니실린을 검출했다. 그래서 과학자들은 생쥐의 오줌을 모아 페니실린을 추출한 다음 다시 실험에 사용했다.

과학자들은 페니실린의 독성을 실험해보았다. 외부 물질이 들어오면 집어삼켜버리는 면역 세포인 백혈구는 가장 망가지기 쉬운 세포 가운데 하나다. 과학자들은 시험관에 백혈구를 넣고 페니실린을 넣어보았다. 놀랍게도 500분의 1로 농축한 페니실린도 백혈구에 아무런 해를 가하지 않았다. 사람의 조직 중에서는 많은 조직 세포가 페니실린의 영향을 받지 않는 것으로 확인됐다.

플로리는 또한 다른 연구 팀을 꾸려 페니실린이 해로운 세균에게 미치는 영향을 알아보는 연구를 동시에 해나갔다. 페니실린이 생장을 억제하는 세균의 종류를 알아보기 위한 연구였다. 연구 결과는 놀라웠다. 비록 작용하는 양이 다양하기는 했지만 페니실린은 수많은 세균을 죽였다. 그런 막강한 힘은 어디에서 오는 걸까? 실험 결과는 세균이 페니실린에 닿자마자 죽는 것은 아니라는 사실을 말해주었다. 이는 페니실린이 살균제는 아니라는 뜻이다. 페니실린이 세균을 녹이는 효소가 아니라는 사실은 이미 밝혀진 바였다. 페니실린을 처리한 세균을 현미경으로 관찰하자 부풀어 오르고 늘어나면서 분열을 멈추다가 결국 터져서 죽어버리는 모습이 보였다. 더욱 놀라운 사실은 페니실린은 100만 분의 1로 희석한 후에도 몇몇 종의 세균을 죽일 정도로 강력하다는 것이었다. 이는 그때까지 생산된 가장 강력한 술파닐라마이드 제품보다도 살균력이 20배나 강하다는 것을 의미했다.

이건 기적이야!

마침내 플로리와 그의 연구 팀은 예비 실험을 마치고 살아있는 동물에게 실험할 준비를 끝냈다. 1940년 5월 25일 토요일 오전 11시, 플로리와 켄트는 흰 생쥐 여덟 마리에게 생쥐를 죽인다고 알려진 연쇄상구균streptococci을 주사했다. 12시, 두 사람은 생쥐 두 마리에게는 페니실린 5밀리리터를, 두 마리에게는 10밀리리터를 주사했다. 나머지 네 마리는 대조군으로, 페니실린을 주지 않고 그대로 놔두었다. 오후가 되어 플로리, 히틀리, 켄트는 생쥐의 상태를 살펴보러 갔다. 저녁 6시, 플로리는 켄트를 집으로 보내고 페니실린을 5밀리리터 주사한 생쥐 두 마리에게 페니실린을 조금 더 주사했다. 저녁 6시 30분, 1번 생쥐, 2번 생쥐, 3번 생쥐는 괜찮아 보였다. 4번 생쥐의 상태는 그저 그랬다. 대조군 생쥐들은 아픈 것 같았다. 과학자들은 저녁을 먹으러 일단 집으로 갔다. 저녁 10시, 플로리는 실험실로 돌아와 1번 생쥐와 2번 생쥐에게 페니실린 주사를 놓았다. 두 생쥐 모두 저녁 6시 때 보인 행동과 크게 다른 행동을 보이지 않았다. 플로리는 다시 집으로 돌아왔다. 저녁 11시쯤 히틀리가 실험실로 돌아와 대조군 생쥐 네 마리가 죽은 시간을 표시했다. 마지막 생쥐가 죽은 시각은 오전 3시 28분이었다. 다음 날 플로리, 히틀리, 체인이 실험 결과를 의논하러 모였다. 페니실린을 맞은 생쥐 네 마리는 모두 살아있었다. 절제력이 뛰어나기로 소문난 플로리였지만 그때만은 제닝스에게 전화를 걸어 "이건 기적 같아"라고 말했다.

월요일, 플로리와 제닝스는 생쥐 열 마리를 가지고 똑같은 실험을 해보았다. 화요일에는 생쥐 수는 열여섯 마리로, 연쇄상구균의 양은 두 배로 늘려 실험을 해보았다. 생쥐에게 주사한 페니실린의 양은 다양하게 변화시켰다. 그 뒤 몇 달 동안 과학자들은 40에서 75마리의 생쥐를 다양한 질병에 감염시켜 결과를 살펴보는 실험을 해나갔다. 과학자들은 페니실린이 오랫동안 혈관에 머물러야만 효과가 나타나는 병원균도 있다는 사실을 알아냈다. 그래서 플로리 연구 팀은 정맥 내 점적 방법이 페니실린을 투입하는 가장 좋은 방법이라는 결론을 내렸다.

1940년 여름, 독일 침공을 준비하는 영국에는 불길한 기운이 감돌고 있었다. 독일군이 영국 땅을 밟는다면 콘월도 안전하지 못할 게 분명했다. 플로리 부부는 옥스퍼드의 다른 교수들처럼 자신의 아이들인 찰스와 파키타를 난민 보트에 태워 미국으로 보내기로 했다. 파키타는 부모님과 헤어지던 날을 기억하고 있었다. "아버지는 쓸데없는 걱정도 슬프다는 감정도 내비치지 않으셨어요. 그저 잘 가라고 입맞춤한 후 괜찮을 거라고 말씀하셨죠. 어머니는 우리 둘만 떠나보내야 하는 게 마음이 아프셨는지 엄청나게 우셨어요."

에델도 영국에 남기로 했다. 전쟁이 시작되면 의사인 자신이 도움이 될 거라고 생각했기 때문이다. 플로리 연구실은 만약을 대비해 독일군이 침공했을 때 페니실린을 지킬 방법을 미리 세워두기로 했다. 일단 모든 기록은 파괴하기로 했다. 그러나 플로리와 히틀리를 비롯한 몇 명은 페니실린 포자를 옷 안에 발라 그곳에서 포자가 휴면 상태로 몇 년 동안 버틸 수 있게 하자고 했다. 옷에 포자를 바른 사람 중 무사히 빠져나가는 사람이 있으면 페니실린 포자도 무사할 수 있을 테니까.

플로리 연구 팀은 페니실린이 강력한 약이라는 확신이 들 때까지 계속해서 임상 실험을 해나갔다. 과학자들은 실험 결과를 정리해 1940년 8월 24일, 저명한 영국 의학 잡지 〈랜싯〉에 발표했다. 두 쪽짜리 논문의 제목은 「화학요법 약제인 페니실린」이었다. 플로리는 논문을 본 과학자들과 제약회사들이 엄청난 관심을 보일 것으로 예상했다. 그런데 그해 9월 블리츠the Blitz라고 부르는 맹렬한 공습이 시작됐다. 독일 공군은 57일 동안 하루도 빠짐없이 런던을 공습했다.

플로리 연구 팀이 발표한 논문에 대한 반응은 그저 적은 정도가 아니었다. 사실 반응이 전혀 없었다. 플로리가 제약회사들을 직접 방문해 페니실린의 효능을 설명해도 전쟁으로 불안정한 시기에 듣지도 보지도 못한 새로운 약에 투자하겠다고 나서는 사람은 아무도 없었다. 그래서 플로리는 상황을 냉정하게 평가해보았다. 사람은 몸무게가 생쥐보다 3000배 정도 무겁다. 따라서 사람을 대상으로 실험을 해보려면 페니실린 용액을 일주일에 500리터 정도는 만들어내야 한다. 플로리는 히틀리와 함께 옥스퍼드 대학 안에 공장을 만들기로 했다. 두 사람은 변기처럼 생긴 용기를 고안해 도자기 공장에 용기 600개를 만들어달라고 주문했다. 히틀리가 고안한 장치가 방마다 배치됐다. 파이프들이 벽을 뚫고 뱀처럼 연결된 모습은 루브 골드버그Rube Goldberg(미국 풍자 만화가 겸 발명가. 아주 단순한 일을 아주 복잡하게 처리하는 기계 장치를 골드버그 장치라고 한다. 그런 장치가 그의 만화에 처음 등장해서 이런 이름을 얻었다 - 옮긴이)가 보아도 감탄할 정도였다. 과학자들은 자신들을 도와줄 '페니실린 여성penicillin girl'도 여섯 명 고용했다. 1940년 크리스마스이브, 과학자들은 공장을 가동시켰다.

사람을 대상으로 실험하다

그리고 1월, 플로리 연구 팀은 사람을 대상으로 한 페니실린 연구 준비를 마쳤다. 플레처의 자문을 받는 플로리 연구 팀은 생쥐와 사람이 약물에 언제나 같은 반응을 보이지는 않기 때문에 사람을 대상으로 하는 실험은 심각한 윤리 문제를 초래할 수 있다는 사실을 잘 알았다. 그래서 과학자들은 페니실린이 아무런 도움이 되지 않을 가능성이 있는, 혹시 문제가 생기더라도 어차피 살아갈 날이 얼마 남지 않은 환자들인 말기 암 환자들의 동의를 얻어 첫 번째 실험을 하기로 했다. 엘바 에이커스Elva Akers도 과학자들의 자세한 설명을 듣고 기꺼이 인간 기니피그가 되겠다고 동의한 사람 중 한 명이었다. 에이커스는 페니실린이 기이한 곰팡이 맛이 나고 페니실린을 먹은 후 몇 시간 뒤부터 춥고 살짝 열이 난다고 했다. 그 덕분에 과학자들은 페니실린 제제에 불순물이 섞여 있음을 알았다.

그때부터 몇 주 동안 과학자들은 페니실린을 더 순수하게 정제하려고 노력했다. 이번 작업에서 중요한 공로를 세운 사람은 플로리 연구 팀의 일원인 에드워드 에이브러햄Edward Abraham이었다. 그는 크로마토그래피법을 이용해 갈색인 페니실린 용액을 몇 개의 가루 층으로 분리해냈다. 크로마토그래피란 여과지처럼 작용하는 여러 층에 혼합물을 통과시켜 물질을 분리해내는 방법이다. 에이브러햄이 분리해낸 가루 층 중 노란색을 띤 가루가 순도 80퍼센트의 페니실린이었다. 그와 함께 그때까지 연구 팀이 사용한 페니실린은 순도가 1퍼센트에 불과했다는 사실도 밝혀졌다. 플로리의 페니실린 공장이 열여덟 달 동안 연구실 실험과 사람을 대상으로 하는 실험에 사용할 목적으로 생산한 페니실린은 400만 플로리 표준 단위였다. 훗날 밝혀진 바에 따르면 한 사람이 치료 목적으로 처방받아야 하는 페니실린의 이상적인 양이 바로 하루에 400만 플로리 표준 단위다.

1941년 2월 12일, 과학자들은 한 감염 병동으로 갔다. 그곳에는 플레처가 치료하는 환자가 한 명 있었다. 다섯 달 전 장미 정원에서 얼굴을 긁혀 감염된 환자였다. 그 환자는 경찰인 앨버트 알렉산더Albert Alexander로 이미 한쪽 눈을 잃은 상태였다. 이미 세균이 폐와 어깨까지 침입한 상태였고, 몸 여기저기에 종기가 나 있었다. 히틀리는 그를 만나고 간 날 일기에 "사방에서 고름이 흘러나오고 있었다"고 적었다. 그런데 페니실린 제제를 8회분 처방받은 후 알렉산더의 감염 증상은 놀라울 정도로 차도를 보였고 체온도 정상으로 돌아왔다. 사라졌던 식욕도 되찾았다. 페니실린을 처방받고 5일이 지나자 종기가 거의 사라졌다. 하지만 불행하게도 플로리 연구 팀은 페니실린을 모두 써버렸기 때문에 알렉산더는 병세가 다시 악화되어 결국 세상을 떠나고 말았다.

이제 플로리 연구 팀은 감염 증세가 심각한 어른을 치료할 만큼 충분한 양의 페니실린을 만들 수 없다는 사실을 분명히 깨달았다. 그래서 과학자들은 어린아이들과 부분 감염 환자들을 집중적으로 치료하기로 했다. 페니실린을 맞은 환자 중에는 등에 나 있던 손바닥만 한 종기가 며칠 안에 사라진 사람도 있었다. 플레처 박사는 플로리 연구 팀이 재활용할 수 있도록 환자들의 오줌을 모아 자전거로 직접 연구실까지 가져다주었다. 자신이 역사적인 연구에 참가하는 굉장한 특권을 누리고 있다는 걸 잘 알았기 때문이다. "그전까지 어떠한 치료도 효과가 없었던 감염 환자에게 효력을 발휘하는 페니실린의 어마어마한 힘을 직접 눈으로 보는 건 정말 말로는 표현할 수 없을 만큼 흥분되는 일이었죠."

플레처는 플로리와 체인이 "수년간의 노력이 생명을 구하는 기회로 결실을 맺는 것을 지켜보는 엄청난 환희"를 느끼고 있다는 것을 알 수 있었다. 나중에 플레처는 플로리에게 당시 어떤 느낌이었는지를 물어봤다. 플로리는 이렇게 대답했다. "그런 일은 인생에 단 한 번만 일어날 수 있는 일이죠."

제약회사의 문을 두드리다

그런 상황에서는 많은 사람들이 그러는 것처럼, 플로리도 자신의 사적인 삶을 냉정하게 다시 돌아보았다. 아이들이 떠나버린 지금 플로리 부부에게는 공통점이 하나도 없었다. 두 사람의 관계는 파키타가 이모에게 한 말에서도 분명히 드러난다.

"이 세상에서 가장 다른 두 사람이 만나 서로 결혼을 하다니, 정말 알 수 없는 일이야."

플로리는 자신을 도와 연구를 해온 제닝스와 사랑에 빠졌다. 역시 불행한 결혼 생활을 하던 제닝스는 당시 이혼한 상태였다. 두 사람은 25년 동안 연인 관계를 유지하다가 에델이 죽은 후에야 부부가 됐다. 두 사람의 관계는 제닝스가 죽은 1994년에야 비로소 세간에 알려졌다.

플로리는 또한 자신과 동료들이 조악하게 만든 공장에서는 결코 사람들에게 필요한 페니실린을 충분히 생산할 수 없다는 사실도 인정해야 했다. 영국 제약업계가 도움을 주지 않는다면 플로리가 기댈 곳은 한 곳밖에 없었다. 미국이었다. 영국 정부의 승인을 받은 플로리는 너무나도 애통해하는 체인을 남겨두고 페니실린을 발효시킬 수 있는 히틀리와 함께 뉴욕으로 날아갔다. 1941년 6월 27일, 페니실린을 넣은 꾸러미를 안고 플로리와 히틀리는 포르투갈로 가는 비행기에 올랐다. 당시 전쟁 중이던 유럽 도시에서 밤에 비행기를 타고 중립 도시인 포르투갈의 리스본으로 가는 것은 무척이나 위험한 일이었다. 리스본까지 무사히 간다고 해도 그곳에서 거대한 수륙 양용 항공기 팬암 클리퍼를 타고 대서양을 건너 버뮤다까지 24시간 동안 날아간 다음, 그곳에서 다시 뉴욕까지 비행기를 타고 가야 한다.

두 과학자들은 뉴욕에 도착한 그날로 록펠러재단 의료과학국 국장인 앨런 그레그Alan Gregg 박사를 만났다. 플로리는 서류를 준비해 가는 대신 자신이 직접 페니실린 개발 과정과 약으로서의 가능성을 설명했다. 히틀리는 그날 플로리가 했던 말을 기억했다. "냉정하면서도 무척 설득력이 있었어요. 과학자로서 자신이 어떤 생각을 가진 사람인지를 제대로 보여주는 이야기들이었죠. 페니실린에 대해 잘 아는 내게도 새로운 내용이 있을 정도였으니까요. 그때서야 비로소 플로리가 얼마나 위대한 사람인지 알겠더군요. …… 그레그의 사무실에 있었던 그 시간은 정말 근사했어요."

그레그를 만나고 나온 플로리는 곧바로 파티카와 찰스 두 아이들이 있는 코네티컷 주 뉴헤이븐으로 달려가, 그곳에서 에델에게 편지를 썼다. 그레그 박사는 열광적인 반응을 보였다. 플로리와 히틀리는 여러 과학자들을 정신없이 만난 끝에 마침내 미국 농림부 연방 기관인 농화학기술국의 국장 퍼시 웰스Percy Wells 박사를 만날 수 있었다. 플로리와 히틀리는 널리 보급할 수 있는 충분한 양의 페니실린을 제조하려면 페니실린의 성장을 극대화할 커다란 도약이 필요하다는 사실을 웰스 박사에게 설명했다. 두 사람의 설명을 들은 웰스 박사는 일리노이 주 피오리어 시에 있는 농화학기술국 연구소에서 즉시 페니실린을 제조하려면 무엇이 필요하고 어떤 장비를 갖추어야 하는지를 정확하게 파악했다. 당시 농화학기술국 연구소는 이미 여러 물질을 발효시키는 기술을 연구하고 있었다. 플로리와 히틀리는 자신들의 귀중한 페니실린을 작은 유리병에 담아 기차를 타고 피오리어까지 갔다. 그곳에서 두 사람은 히틀리가 그곳에 남아 그가 아는 모든 것을 미국 과학자들에게 알려주기로 결정했다. 히틀리는 농화학기술국 연구소 과학자들과 1년 동안 함께 일했다.

처음에는 일이 아주 빨리 진행됐기 때문에 플로리는 한껏 기대에 들떴다. 그러나 몇 달이 흘러갈 동안 제약회사들은 페니실린 제조가 어렵다는 이유로 하나둘씩 페니실린 생산을 포기했다. 엄청난 양의 페니실린을 생산하려면 배양기를 갖춘 커다란 연구실을 설치해야 하는 것도 부담이었지만, 일단 생산에 성공한다고 해도 다른 과학자들이 성능이 같은 약품을 생산하기라도 하는 날이면 막대한 투자를 한 기술 개발이 한순간에 물거품이 될지 모른다는 두려움도 제약회사들이 투자를 주저하게 만들었다. 플로리는 결국 "꿍꿍이가 있는 미친 생각을 팔려고 돌아다니는 여행 가방을 든 세일즈맨"이 된 것 같은 기분을 느끼며 미국을 떠나야 했다.

그런데 플로리가 15년 전 필라델피아에서 공부할 때 만났던 리처즈도 그의 설명을 들었다. 그는 플로리의 설명에 크게 감동했다. "플로리는 과학자입니다. 절대 거짓말을 하지 않는 그런 과학자요." 당시 리처즈는 필라델피아 의과대학의 부학장이자 정부가 군사과학 시설의 일환으로 설립한 의학연구개발위원회의 위원장이었다. 그는 미국 정부가 페니실린이 생산되기를 바란다는 것을 넌지시 전달함으로써 제약회사들을 움직였다. 결국 머크, 찰스 프로스트Charles Frosst, 스킵Squibb, 파이저 사가 페니실린 생산에 동의했다.

제약회사들이 페니실린을 생산할 준비를 하는 동안 피오리어의 과학자들은 효모 대신 옥수수 침지액corn steep liquor을 이용해 페니실린을 발효시키는 방법을 재빨리 개발해냈다. 영국은 유통할 정도로 옥수수를 많이 생산하는 나라가 아니다. 그러나 미국에서는 발효를 연구할 때 제일 먼저 택하는 발효제가 옥수수다. 옥수수에는 곰팡이를 비롯한 유기체가 자라는 데 필요한 질소가 풍부하게 들어 있다. 과학자들은 다양한 페니실린속 곰팡이가 페니실린을 만들어낸다는 사실을 알고 있었다. 그래서 가장 강력한 페니실린을 만드는 곰팡이를 찾아보기로 했다. 연구소에는 전 세계에서 가져온 표본이 있었지만, 과학자들은 연구소 직원인 메리 헌트Mary Hunt에게 시장에 나가 곰팡이가 핀 과일과 야채가 있으면 가져오라고 했다. 과학자들은 그런 곰팡이들도 배양해 보기로 했다. 어느 날 '곰팡이 메리Moldy Mary(이것이 메리의 별명이었다)'가 곰팡이가 핀 칸탈루프 멜론을 연구소로 가져왔다. 이 곰팡이로 만든 페니실린은 정말 막강했기 때문에 몇 년 동안 전 세계 대부분의 제약회사에서 이 곰팡이로 페니실린을 만들었다. 현재 페니실린은 두 가지 곰팡이로 만든다. 미국 곰팡이인 페니실린 G를 이용하면 분자구조가 다른 영국 곰팡이 페니실린 F를 이용할 때보다 훨씬 강력한 페니실린을 만들 수 있다. 세계 주요 제약회사들이 이 두 가지 재료를 집중적으로 연구했고, 그 결과 그 후 20년 동안 크나큰 발전을 이룩할 수 있었다.

이것은 혁명이다

영국으로 돌아온 플로리는 회사 두 곳의 도움을 받아 연구소에서 계속해서 페니실린을 만들었다. 에델도 열광적으로 플로리의 연구 팀을 도와 임상 실험을 해나갔다. 이 시기는 플로리 부부에게는 정말 멋진 시기였다. 당시 플로리는 학계에서 은퇴해 있던 셰링턴에게 편지를 썼다.

> 페니실린 연구는 궤도를 찾아가고 있고 이제 우리는 페니실린을 만들 당당한 공장을 갖게 됐어요. 가장 신나는 일은 흔히 발생하는 모든 패혈증에 대항할 강력한 무기를 갖게 됐다는 겁니다. 아내는 임상 작업을 하면서 놀라운 결과를 얻어내고 있습니다. 그중에

는 정말 기적처럼 보이는 결과들도 있어요. …… 두려운 게 있다면 페니실린을 금방 합성할 수 있을 것 같지는 않다는 겁니다. 그러나 장담하건데, 폭탄 두 개 만들 돈과 프로젝트에 투자할 약간의 에너지만 있다면 우리는 틀림없이 충분한 양의 페니실린을 만들어낼 수 있을 겁니다.

훗날 플로리는 부상병들에게 페니실린을 실험해보러 북아프리카로 갔다. 의사들은 대부분 술파닐라마이드 제제를 포기해야 한다는 사실에 주저했지만, 일단 페니실린의 효과를 본 후에는 그런 걱정을 과감히 떨쳐버렸다. 이 무렵 기이하게도 필리핀과 북아프리카 사창가에서 선원과 병사들에게 많이 발생한 성병을 치료해야 할 시기에 맞춰 미국 제약회사들이 마침내 첫 번째 대량 사용이 가능한 페니실린을 생산해내기 시작했다. 매독은 병에 걸린 기간이 1년 미만이라면 페니실린 주사 한 번으로 치료가 됐다. 물론 지금도 1년 미만의 매독 환자는 페니실린 주사 한 방이면 치료할 수 있다. 발병한 지 1년이 넘은 환자는 세 방을 맞아야 한다. D데이(제2차 세계대전 때 연합군이 노르망디 해변에 상륙한 날-옮긴이)였던 1944년 6월 6일 무렵에는 이미 노르망디 작전에서 부상당한 4만 명 전원을 충분히 치료할 수 있을 만큼 충분한 양의 페니실린을 확보하고 있었다. 노르망디 작전 중 가장 먼저 페니실린 치료를 받은 사람은 독일군의 폭탄에 엉덩이가 날아가버린 제3 공수여단 사령관 제임스 힐이었다. 제2차 세계대전이 끝나갈 무렵 미국 제약회사는 1년에 25만 명이 치료받을 수 있는 페니실린을 생산했다.

인류가 만들어낸 약품 중에 페니실린만큼 극적인 효과를 나타낸 약은 없었다. 예일 의과대학 학장이던 루이스 토머스Lewis Thomas는 페니실린의 효능이 그 시대 의사들에게 미친 영향력을 이렇게 설명했다. "환자를 죽이지 않고 세균만 죽이는 일이 가능하다니, 우리는 자신의 눈을 믿을 수가 없었어요. 그건 그냥 놀랍다는 말로는 부족해요. 그건 혁명이었어요." 페니실린이 등장한 후 젊은 세대의 세균성 폐렴 사망률은 66퍼센트에서 6퍼센트로 감소했다.

다른 약과 달리 페니실린을 기적의 약이라고 부르는 이유는 매독, 임질, 산욕열, 패혈증, 류머티즘열, 뇌막염, 성홍열, 가스 괴저, 탄저, 파상풍, 폐렴, 디프테리아 등 엄청나게 많은 질병을 치료했기 때문이다. 의학계는 페니실린의 성능과 드넓은 적용 범위에 엄청난 기대감을 품었다. 제2차 세계대전이 끝난 후 유명한 성병학자인 조지 반코프George Bankoff는 이렇게 말했다. "곧 젊은 여성들은 페니실린을 넣은 립스틱을 살 수 있을 것이다. 페니실린 립스틱은 여성들의 입술을 아름답고 매혹적으로 만들 뿐 아니라 키스를 통해 전파될 수 있는 질병을 막아줄 것이다. 페니실린은 원치 않는 침략자를 막아줄 수호천사 역할을 하게 될 것이다. 얼굴에 바르는 크림, 마스카라, 치약에도 페니실린을 넣고, 덕분에 피부와 치아를 건강하고 깨끗하게 유지할 수 있을 것이다."

사람들은 죽은 사람의 수는 세면서 살린 사람의 수는 세지 않는 재미있는 취미가 있다. 우리들 대부분이 많은 사람들을 죽음에 이르게 한 고통이나 질병에 걸렸을 때 페니실린을 복용한 경험이 한두 번은 있을 것이다. 피어스는 페니실린이 발명된 전과 후를 비교해볼 수 있는 믿을 만한 자료를 확보해 사망률을 비교해보았다. 피어스가 추정한 바에 따르면 페니실린이 살린 사람의 수는 정말 놀라울 정도다. 유럽과 미국으로 한정해서 추산해 보더라도 페니실린 덕분에 수백만 명의 어린이가 폐렴에서 나을 수 있었고, 수백만 명의 어른이 매독을 이겨내고 살아날 수 있었다. 뇌수막염과 패혈증에서 회복된 사람은 수천만 명에 달한다. 제3세계에서도 역시 페니실린을 사용하지만 환자에 대한 자료가 부족하다는 사실을 생각해보면 실제로 페니실린이 목숨을 구한 사람의 수는 훨씬 늘어날 것이다. 어쨌거나 제3세계를 뺀다고 해도 선진국에서 페니실린 덕분에 목숨을 건진 폐렴, 매독, 뇌수막염, 패혈증 환자는 8000만 명이 넘는다.

페니실린이 유명해진 후 수천 명에 달하는 과학자들이 페니실린 연구에 뛰어들었다. 1945년 옥스퍼드 대학의 도러시 크로풋 호지킨이 페니실린의 X선 결정학crystallography 연구를 진행했다. 호지킨은 페니실린과 인슐린을 비롯한 여러 물질의 화학구조를 밝힌 공로로 노벨상을 수상했다. X선 회절 사진 덕분에 페니실린이 수많은 세균이 세포막을 만들 때 사용하는 효소와 결합한다는 사실을 알게 됐다. 페니실린이 결합하는 효소가 없다면 세균의 세포막은 약해지다가 결국 파괴되고 만다.

플로리가 살아있는 동안 페니실린은 비약적인 발전을 거듭했다. 페니실린이 몸 안에 머무는 시간을 늘리고자, 페니실린을 몸 밖으로 배출하는 유기산에 페니실린 대신 결합할 대체 분자를 찾는 연구가 시작됐다. 그 결과 통풍 같은 만성 질환을 치료하는 프로베네시드probenecid를 함께 복용하면 페니실린이 좀 더 오랫동안 체내에 머물면서 세균을 죽인다는 사실을 알아냈다. 1957년 매사추세츠 공대의 존 C. 시한John C. Sheehan이 페니실린 합성에 성공함으로써 히틀리가 해야 했던 지루한 발효 과정을 생략할 수 있게 됐다. 그리고 1960년대가 되자 영국 서리

주에 있는 비참 연구소Beecham Research Laboratories가 알약 형태로도 흡수가 잘되는 경구 페니실린인 암피실린ampicillin과 아목시실린amoxicillin을 만들어 특허를 받았다. 페니실린이 등장한 후 50년이 지난 지금, 미국에서 가장 많이 처방되는 페니실린은 아목시실린으로, 1994년 한 해 동안 미국에서 발행한 전체 처방전 중 3.8퍼센트에 아목시실린이 들어가 있었다.

페니실린의 인기 덕분에 항생작용을 하는 중성 물질을 찾는 연구가 활발해졌다. 1944년 셀먼 왁스먼은 오랫동안 인류를 괴롭혀온 결핵을 치료하는 항생제 스트렙토마이신Streptomycin을 개발했다. 항생물질을 뜻하는 안티바이오틱antibiotic이라는 말은 바로 왁스먼이 만들어낸 신조어다. 그때까지도 여전히 플로리 밑에서 연구하고 있던 에이브러햄과 히틀리도 페니실린에 내성이 있는 세균을 죽이는 세팔로스포린cephalosporin계 약품을 만들어냈다. 현재 항생작용을 하는 물질은 1만 종이 넘는다. 이 중 많은 수가 수백만 명이 넘는 인명을 살리는 인명 구조원 역할을 하고 있다.

세균과의 전쟁은 아직 끝나지 않았다

1943년에 페니실린이 대량생산되기 시작한 후 4년이 지나자 페니실린에 내성을 갖는 황색포도상구균이 나타났다. 황색포도상구균은 사람의 피부와 코 속에 늘 상주하는 그다지 해롭지 않은 세균이다. 그러나 이 세균이 종기나 비뇨관을 타고 몸속으로 들어가면 약한 감염 증상이 나타날 수 있으며, 경우에 따라서는 뇌수막염, 폐렴, 패혈증, 독소충격증후군 같은 심각한 질병으로 발전할 수 있다. 팔과 손가락으로 조작하는 인형인 머펫을 만든 짐 헨슨Jim Henson은 페니실린에 내성이 생긴 황색포도상구균 때문에 폐렴에 걸려 세상을 떠났다.

세균의 약물 내성은 변이를 통한 진화의 산물이다. 변이를 통해 항생제 속에서도 살아갈 수 있는 세균은 내성이 없는 세균의 자리를 대체하면서 번성해나간다. 1947년에는 황색포도상구균 일부가 페니실린의 베타락탐beta-lactam 고리를 끊는 효소를 분비하는 모습을 관찰하는데 성공했다. 베타락탐 고리는 페니실린이 항생작용을 할 수 있게 하는 부분이다. 세균의 진화는 아주 빨리 진행된다. 바이러스도 그렇지만 세균도 20분마다 한 번씩 분열한다. 사람 세포의 분열 속도와 비교해보면 한 시간에 세 배, 하루에 72배, 1년에 2만 6280배, 20년에 52만 5600배 빨리 분열한다는 뜻이다. 더구나 감염됐다는 것은 수많은 세균이 몸속으로 들어왔음을 뜻한다. 따라서 항생제가 수십억 개의 세균을 죽인다고 해도 몇 개체 정도는 살아남을 수 있다. 살아남은 개체는 빠른 속도로 성장하고 증식한다. 다시 수를 늘린 세균들은 이제 항생제 내성까지 갖게 된다.

세균 내성을 연구한 자료에 따르면 세균은 변이된 유전자를 무성생식으로 딸세포에게 전달해줄 뿐 아니라 세균 접합이라고 하는 두 개체의 결합을 통해서도 서로 교환한다고 한다. 일단 세균 군체 내에 유전자 변이가 일어난 세균이 있다면, 그 세균은 염색체 안에 포함된 DNA와 달리 독자적으로 복제와 증식이 가능한 DNA인 플라스미드plasmid를 이용해 변이된 유전자를 가까이 있는 세균에게 전달한다. 결국 얼마 되지 않아 군체 내 모든 세균이 변이된 유전자를 갖게 되고, 그 형질은 다음 세대로 전달된다.

과학자들은 내성 때문에 쓸모가 없어진 항생제를 대체할 새로운 항생제들을 부지런히 만들어냈다. 하지만 1990년대 말이 되자 황색포도상구균은 페니실린, 메티실린, 에리스로마이신, 테트라사이클린에 내성이 생겼다. 미국 국립보건원에 따르면 매년 감염으로 병원을 찾는 환자가 200만 명에 달한다고 한다. 감염을 일으키는 세균 중 70퍼센트가 적어도 한 가지 항생제에 내성을 갖는다. 감염 환자 중 9만 명이 세상을 떠났다. 이는 10년 동안 감염 사망률이 9퍼센트 증가했다는 것을 의미한다. 과학자들이 새로운 항생제를 만들어내도 영리한 세균들은 내성을 키우는 방법으로 대항해왔다. 1942년 페니실린 개발과 함께 시작된 세균과의 전쟁은 아직 갈 길이 멀다.

플레밍 신화

페니실린을 개발했다는 소식이 알려지자 언론은 페니실린을 만든 사람을 주목했다. 그런데 옥스퍼드 대학으로 취재진이 몰려갔을 때 플로리는 말 그대로 뒷문으로 도망가고 말았다. 그는 유명인사가 되는 것도 거부했고 인터뷰도 거절했다. 아직 전 세계 사람들이 필요로 하는 페니실린을 충분히 만들어내지 못했기 때문이다. 그는 이렇게 말했다. "이 약을 '기적'이라고 표현하는 건 정말로 잘못된 일입니다. 페니실린은 만병통치약이 아닙니다. 그런 물질이 있다는 말로 죽어가는 사람들과 가족들에게 희망을 준 다음, 그런 약을 공급할 수 없다는 말로 좌절하게 만드는 건 안 될 일입니다."

그러나 플로리와 달리 플레밍은 언론의 관심을 즐기며 계속해서 인터뷰를 했다. 언론은 페니실린을 개발하려고 플로리 연구 팀이 10여 년의 세월을 노력했다는 사실 따위는 무시해버렸다. 기자들은 첫 번째 항생제가 탄생할 때까지 수많은 화학 실험, 기술 혁신, 임상 연구를 거쳐야 한다는 사실을 몰랐다.

세인트메리 병원이 플로리에게 보내온 한 통의 편지는 이런 터무니없는 언론의 인식을 단적으로 보여준다. 편지는 이렇게 시작하고 있었다. "아마 세인트메리 대학교의 플레밍 교수께서 개발한 페니실린에 대해 들어보신 적이 있을 겁니다." 플레밍 교수를 초청해서 자선회를 개최할 예정이니 그 표를 사달라고 요청하는 편지였다. 편지를 읽은 플로리는 껄껄 웃으며 그 편지를 액자에 넣어 던 연구소Dunn Laboratories 입구에 걸어놓았다. 그러나 플로리 연구소의 다른 사람들은 그런 터무니없는 오해를 그대로 묵인할 수 없었다. 연구소 사람들은 플로리에게 사실을 바로잡아야 한다고 설득했고, 플로리는 멜란비와 왕립학회 회장인 헨리 데일Henry Dale에게 자문을 구했다. 두 사람은 영국인답게 입을 무겁게 하고 침묵을 지키라고 했다.

플로리가 두 사람의 조언을 따랐기에 언론은 여전히 언론의 주목을 즐기는 플레밍에게 초점을 맞추었다. 실제로 페니실린 약품을 만들고자 몇 년 동안 고생한 옥스퍼드 대학 연구 팀은 유명한 '플레밍 신화'라는 대중들의 이야기 속에 가려진 권말 부록으로 전락하고 말았다(플레밍 자신도 플레밍 신화라는 말을 즐겨 썼다). 플레밍은 언제나 조심스럽게 플로리 연구 팀의 노고를 치하하고는 했지만, 자신이 주인공이라는 사실을 즐기고 늘 만족해했다. 그렇게 플로리 연구 팀의 노고는 보잘것없어지고, 플레밍은 유럽에서 가장 유명한 사람 가운데 한 명이 되어 유럽 전역을 돌며 사진을 찍고 강연을 했다. 그의 이름은 지금도 20세기를 빛낸 과학자 가운데 한 명으로 오르내린다.

1945년 플로리, 체인, 플레밍은 노벨 생리의학상을 공동 수상했다. 플레밍은 페니실린 곰팡이를 발견했고, 플로리, 체인, 히틀리는 페니실린 제제를 개발했다. 노벨위원회는 공동 수상을 세 명까지로 제한하고 있다. 그 때문에 노벨위원회는 히틀리의 역할을 제대로 평가하지 않고 넘어갔다. 페니실린 제제 개발 50주년이던 1990년, 옥스퍼드 대학은 히틀리가 받은 불공평한 대우를 보상하려고 당시 78세였던 히틀리에게 옥스퍼드 대학 800년 역사상 처음으로 명예 의학박사 학위를 수여했다.

점액을 연구하는 사람

1950년대 어느 날, 젊은 학생 한 명이 옥스퍼드 대학 건물 복도에 있는 나이 든 남자를 보며, 저 사람이 누구냐고 물었다. 친구는 이렇게 대답했다.

"며칠 전에 아침을 먹는데 저 사람이 혼자 앉아 있다가 나한테 합석하자고 하더라. 그래서 뭐 하는 사람인지 물어봤지. 그랬더니 점액을 연구한다고 하지 뭐야."

그 말에 젊은 학생이 대답했다.

"저런, 진짜 슬프다. 60은 넘은 거 같은데 점액 연구라니, 마지막이 될지도 모를 연구 대상이 점액이라는 말이야?"

그것은 젊은이가 보내는 찬사였다. 그 나이 든 남자는 당대 최고의 혁명이라고 부르는 페니실린을 만든 연구 팀을 이끈 플로리였다. 플로리의 동료들은 1960년 그를 영국 과학자들이 받을 수 있는 최고의 명예인 왕립학회 회장으로 추대했고, 1963년에는 옥스퍼드 대학에서 가장 전통이 있는 학교 가운데 하나인 퀸스 칼리지 학장으로 임명했다. 플로리는 1968년 2월 21일, 69세로 세상을 뜰 때까지 연구에 전념했다.

8000만 명이 넘는 인명을 구하다

공헌한 일: 페니실린 개발
중요한 공헌자
• **하워드 플로리**: 혁명을 이룬 약이라는 평가를 듣는 첫 번째 항생제 페니실린을 만들어낼 때까지 연구 팀을 꾸려 연구를 해나갔다. • **에른스트 체인**: 페니실린 제제 개발에 처음부터 공헌했으며, 페니실린을 정제하고 냉동건조시키는 방법을 개발했다. • **노먼 히틀리**: 페니실린을 생산하는 곰팡이 생장 기술, 분석 기술, 추출 기술을 개발했다. • **알렉산더 플레밍**: 페니실린 곰팡이가 항생작용을 한다는 관찰 결과를 발표했다.

"우리가 페니실린을 연구해야 한다는 건 의심의 여지가 없습니다. 내가 걱정하는 것은 내가 세균학자들과 생물학자들을 책임지고 있다는 겁니다. 나는 우리 팀을 하나로 묶어야 합니다. 돈이 없다면 우리 팀을 한데 묶을 수 없을 테고, 그렇다면 페니실린 연구도 끝입니다."

-하워드 플로리

"처음에는 학자로서의 명성을 듣고 찾아온 젊은 과학자들이 결국 그의 인격에 매혹되고 말았죠. 그에게는 다른 사람을 감염시키는 활기가 있었어요. 육체적으로도 에너지가 넘쳐났고 정신적으로도 금속으로 만든 창문을 열어 젠체하는 학자들의 거만함을 사실주의라는 신선한 공기로 환기시키는 자유로운 사람이었죠."

-그윈 맥팔레인(플러리의 동료이자 자서전 작가)

사람 피부에는 1제곱센티미터 넓이에 10만 개 정도의 세균이 서식한다. 한 사람 몸에 서식하는 세균은 500종이 넘으며 무게를 합하면 1.3킬로그램 정도 된다.

페니실린 발견으로 가장 많은 영예를 누린 사람은 플레밍이다. 그러나 그는 그저 페니실린을 발견한 사람일 뿐이다. 생명을 구한 정말 어렵고 중요한 페니실린 제제는 플로리 연구 팀이 만들었다.

"환자를 죽이지 않고 세균만 죽이는 일이 가능하다니, 우리는 자신의 눈을 믿을 수가 없었어요. 그건 그냥 놀랍다는 말로는 부족해요. 그건 혁명이었어요."

-루이스 토머스 박사

플로리의 페니실린 공장이 열여덟 달 동안 연구실 실험과 사람을 대상으로 하는 실험에 사용할 목적으로 생산한 페니실린은 400만 플로리 표준 단위였다. 훗날 밝혀진 바에 따르면 한 사람이 치료 목적으로 처방받아야 하는 페니실린의 이상적인 양이 바로 하루에 400만 플로리 표준 단위다.

다른 약과 달리 페니실린을 기적의 약이라고 부르는 이유는 매독, 임질, 산욕열, 패혈증, 류머티즘열, 뇌막염, 성홍열, 가스 괴저, 탄저, 파상풍, 폐렴, 디프테리아 등 엄청나게 많은 질병을 치료했기 때문이다.

페니실린이 등장한 후 젊은 세대의 세균성 폐렴 사망률은 66퍼센트에서 6퍼센트로 감소했다.

페니실린 약품 생산에 부정적인 제약회사를 설득하려고 노력하는 동안 플로리는 자신이 "꿍꿍이가 있는 미친 생각을 팔려고 돌아다니는 여행 가방을 든 세일즈맨" 같은 기분이 들었다고 했다.

미래를 위한 선택 건강인가, 복지인가?

이 책은 열 명의 과학자들의 공적을 기리고자 썼다. 그중 다섯 명은 20세기 중반 이전에 과학적 발견을 해냈다. 그 50년이라는 세월 동안 미국인의 수명은 45세에서 65세로 늘어났다. 나머지 다섯 명이 세운 업적은 20세기 중반 이후에 영향력을 미쳤다. 네 명의 업적은 주로 개발도상국에 영향을 미쳤으므로 중요한 발견은 모두 끝났고 이제는 앞으로 나아갈 일만 남았다고 결론지어도 좋을 것이다. 그런데 점차 앞으로 나아가는 것은 여러 가지 방식으로 작용해 결국 '조용한 기적'이라고 부를 수 있는 놀라운 혁명을 이룩해낸다. 널리 알려진 기념비적인, 그리고 획기적인 과학 발견이 인류의 사망률을 계속해서 엄청난 비율로 낮추고 있다.

1950년부터 지금까지 미국인의 수명은 다시 12년 증가해 77세가 됐다. 1950년부터 1994년 사이에 45세를 맞은 평범한 성인의 수명도 4.5년 증가한 셈이다. 40대가 된 중년층 사람들에게 누군가가 4.5년이라는 시간을 더 준 것이 어떤 의미인지 생각해보라. 더구나 삶의 질이 더 나아진 환경에서 4.5년이라는 시간을 더 살게 된 것이다. 1980년 이후 자립해서 살아갈 수 없는 노년층의 비율은 25퍼센트에서 20퍼센트로 줄어들었다. 지난 10년 동안 미국 내 사망 원인 1위인 심장병으로 사망하는 사람의 수는 25퍼센트나 줄었다.

남녀노소를 불문하고 모든 사람들이 생각지도 못했던 혁명을 경험했다. 그 혁명이 인류의 인생에 얼마나 중요한 영향을 미쳤는지는 줄어든 사망률과 늘어난 수명으로 알 수 있다.

조용한 기적의 혁명

연령에 따른 인구 10만 명당 사망률 감소율

연령	1970년	2000년	감소율(%)
0-1	2,142	729	66
1-4	85	33	61
5-14	41	19	54
15-24	128	82	36
25-34	157	108	31
35-44	315	200	37
45-54	730	431	41
55-64	1,659	1,004	39
65-74	3,583	2,428	32
75-84	8,004	5,688	29

위대한 발견의 원인 - 인류는 어떻게 오래 살 수 있는 행운을 누리게 됐을까?

그것은 다름 아닌 과학 덕분이다. 의학 같은 과학 분야는 경험론에 입각한 물리 과학과 달리 무척 느리게 발전한다. 다루는 대상인 생명체가 매우 복잡하기 때문이다. 생명과학은 란트슈타이너, 플로리, 뮐러, 엔도 같은 과학자들이 화학을 완성시킨 후에야 급진적으로 발전할 수 있었다.

역사는 새로운 과학기술이 한 분야에 적용되는 순간 엄청난 신지식이 정설로 받아들여지던 기존의 지식을 대체한 사례를 자주 보여준다. 과학 덕분에 점성술은 천문학이 됐고, 동력학은 물리학이 됐으며 연금술은 화학이 됐다. 과학은 단순히 지식을 모으는 학문이 아니다. 과학은 생각하는 방식을 알려주는 학문이다. 무엇보다도 과학은 증거에 입각해 논증해나가는 과정이다. 과거에는 지식이 세대에서 세대로 전해지는 것으로, 권위자가 가르치는 것이라면 무조건 암기해야 했다. 그러나 과학은 권위에 무조건 복종하는 것을 거부한다. 과학은 누구나 진리임을 알 수 있고, 스스로가 진리임을 입증해 보일 수 있는 명백한 증거를 요구한다. 예를 들어 과학은 예수가 병자보다 전쟁을 더 걱정했다는 주장을 하는 권위자의 말을 믿는 대신, 복음서에 전쟁 이야기와 병자 이야기가 몇 번이나 나왔는지를 조사해 비교하는 방법을 쓴다. 병자 이야기와 전쟁 이야기가 등장하는 비율은 29대 1이다.

과학은 한 가지 방법이 병자를 치료하는 치료법이라고 선언하기 전에 여러 번의 실험을 거쳐 분명한 증거를 제시해야 한다고 촉구해 의학을 근본적으로 바꾸었다.

과학이 없는 의학-조지 워싱턴의 죽음

1799년 12월의 어느 날, 68세의 조지 워싱턴은 말을 타고 목장을 한번 둘러보고 들어왔다. 그날 밤, 워싱턴은 목이 따끔거린다고 불평을 늘어놓았다. 그 후 이틀 동안 목이 잠긴 워싱턴은 급기야 숨 쉬기가 곤란해졌다. 워싱턴을 치료하러 세 명의 의사가 왔고, 의사들은 당시 의학서에서 가르친 대로 염증을 없애는 데 가장 좋다고 여겨진 치료법을 실시했다. 워싱턴의 몸에서 피를 뺀 것이다. 당시 사혈 옹호자들은 사람의 혈액이 실제로 있는 것보다 두 배 많은 5640밀리리터 정도 된다고 생각했기 때문에 워싱턴의 몸에서 혈액을 절반가량 뽑아버렸다. 그 결과 워싱턴은 다음 날 세상을 떠났다.

문제는 워싱턴이 과학에 근거를 두지 않은 치료를 받았다는 데 있었다. 300년 전만 해도 이중 맹검 실험은 의사가 환자의 눈에 잘못된 연고를 바를 때에만 실시했다. 워싱턴을 치료한 의사들은 다른 의사들에게 사혈법을 전수받고 자신이 배운 바를 맹렬하게 실천했지만, 한 번도 대조 실험을 통해 사혈법이 효과가 있는지 없는지를 검증한 적이 없었다. 권위자가 전달해준 지식을 맹목적으로 믿었기에 그 문제를 검증해볼 생각은 조금도 하지 않았다. 워싱턴을 숨 쉬기 힘들게 했던 진짜 문제는 목에 생긴 염증에 있었다. 염증이 기도를 막아 질식해가고 있었던 것이다. 그러나 관을 넣어 기도를 확보하는, 오늘날 쉽게 활용하는 시술은 100년 전만 해도 없었던 치료법이다. 물론 지금 워싱턴을 치료한 의사들을 비난하려는 것은 아니다. 그 의사들은 자신들이 배운 치료법을 그대로 실행한 사람들일 뿐이다. 중요한 것은 어째서 그들이 행한 치료가 실패로 끝났는지를 이해하는 것이다. 워싱턴은 책임을 물을 수 없는 과실 때문에 죽었다. 책임을 묻는다면 의학계가 전통적으로 행해온, 과학을 기반으로 하지 않은 추론을 환자 치료에 적용한 의료 체제 전반에 물어야 할 것이다.

전통 의학을 비판하고 과학에 기반을 둔 의료 활동 운동을 시작한 데이비드 에디David Eddy 박사는 자신이 의학을 공부하던 1970년대만 해도 과학 증거에 기반을 두고 활동한 의사가 전체 의사의 15퍼센트 정도밖에 되지 않았다고 했다. 사실 과학에 기반을 둔 의료 활동을 하는 사람들 중에는 지금도 과학에 근거한 의료 행위를 하는 의사들이 전체 의사의 25퍼센트에 불과하다고 주장하는 사람도 있다. 의사들 중에는 의학서에서 읽은 내용이나 의대 강의 시간에 들은 내용을 기계적으로 반복한다는 사실에 빗대어, 전통 의학과 과학에 기반을 둔 의학의 관계를 '요리책 의학'과 '증거를 바탕으로 한 의학' 간의 대립이라고 부르는 이들도 있다. 지난 세기 동안 수많은 사람들의 생명을 살린 의학 발견들은 모두 증거를 분석한다는 과학의 기본 특성에 기반을 두고 있다.

불행하게도 증거에 기반을 둔 과학적 주장을 하는 사람은 그다지 많지 않다. 1993년 디애너 쿤Deanna Kuhn이 연구한 결과에 따르면 미국 성인 중 40퍼센트만이 증거에 기반을 둔 주장을 한다고 한다. 대학 교육을 받지 않은 사람들 가운데는 20퍼센트만이 증거에 바탕을 둔 주장을 한다. 따라서 증거를 바탕으로 주장하는 법은 대부분의 사람들이 배워야 할 기술이라고 하겠다.

조기 사망

사실 사람은 누구나 죽는다. 따라서 생명을 구했다는 말의 진정한 의미는 조기 사망을 막았다는 뜻이라고 해도 과언이 아닐 것이다. 죽음에 대해 사람들이 흔히 보이는 반응 가운데 하나는 운명론이다. 누구나 죽음은 피할 수 없다. 그 때문에 성인으로 성장하거나 다른 사람들보다 오래 사는 것은 선택의 문제가 아니라 유전적·환경적인 운이 좌우한다고 생각하기 쉽다. 하지만 이 책에 실린 과학자들의 이야기를 읽은 사람이라면 조기 사망이 운명의 문제가 아니라는 것을 깨달았을 것이다. 과학의 힘으로 무장한 인류는 폭력에서 질병에 이르기까지, 조기 사망을 유발하는 원인을 제거해 사망률을 낮출 능력이 있다.

더 많은 사람들이 이 책에서 소개한 기념비적인 의학 발전에 찬사를 보내지 않는 이유 중에는, 개인의 생명을 구하는 데 들어가는 비용을 쏟아부으면 사회의 경제 자원이 고갈될 수도 있다는 공포도 있다. 따라서 생명을 구하는 일이 비용 대비 효과가 있는 일인지를 따져보는 것이 논리적일 것이다.

의료 보건에 돈을 쓰는 것이 과연 현명한 투자인가?

언론은 종종 의료 보건에 돈을 쓰면 나라가 파산할 것처럼 떠들어댄다. 이 같은 논리는 사람들을 늙을 때까지 살게 놔두면 젊은 사람들의 수입을 좀먹을 것이라는 주장과 일맥상통한다. 하지만 과학적 추론을 통해 증거를 들여다보면 그런 주장이 얼마나 허무맹랑한지는 분명히 알 수 있다. 하버드 대학의 경제학 교수 데이비드 커틀러David Cutler는 1950년에 의사들이 많은 병을 치료할 수 없었던 이유는 의료 예산이 GDP의 16퍼센트에 달하는 오늘날과 달리 그때는 GDP의 4퍼센트밖에 되지 않았기 때문이라고 했다. 사람들이 의료 분야에 합리적으로 더 많은 지출을 하는 지금은 많은 질병을 치료할 수 있다.

의료 보건이 한 국가의 경제에 미치는 영향력을 알아보고자 지난 10년 동안 몇몇 경제학자들이 획기적인 연구를 진행해왔다. 그들은 생명을 구하는 것이 경제적으로 어떤 가치가 있는지를 계산했다. 그러한 연구들이 내린 결론은 실로 놀랍다(연구들 중 일부는 미래에 노벨상을 받을 것이 분명해 보인다). 그런 연구들을 효과적으로 통합한 책이 바로 시카고 대학의 케빈 M. 머피Kevin M. Murphy와 로버트 H. 토펠Robert H. Topel이 편집한 『경제적으로 접근한 의료 보건의 성과 측정*Measuring the Gains from Medical Research: An Economic Approach*』이다. 두 사람은 "수명이 연장된 것만으로도 1970년부터 1998년까지 해마다 2조 6000억 달러 정도 국부國富가 늘었다"는 사실을 알아냈다. 같은 기간 평균 GDP는 5조 5000억 달러였다. 예일 대학 윌리엄 D. 노드하우스Willam D. Nordhaus는 "1950년 이후 늘어난 수명의 경제학적 가치는 수명 증가를 제외한 모든 소비 성장을 합한 것과 동일한 가치가 있다"고 했다.

믿기 어렵겠지만 지난 30년 동안 경제가 엄청나게 성장한 것은 컴퓨터 혁명이나 인터넷의 발명 덕분이 아니다. 경제성장은 인류의 건강 상태가 나아진 덕분에 가능했다는 증거가 있다. 지난 20세기의 마지막 50년 동안 구해낸 생명들이 인류의 경제성장에 한 공헌은 산업계의 다른 공헌들을 보잘것없어 보이게 만들 정도다.

인류의 건강 상태가 호전된 것이 엄청난 경제 효과를 낳는 이유는 첫째, 질병 때문에 자원을 소비할 필요가 없어지기 때문이다. 천연두가 문제가 됐을 때 미국은 국내 천연두 발병을 막는 데 수십억 달러를 써야 했다. 하지만 천연두가 사라진 덕분에 지금은 그런 지출을 해야 할 필요가 없다. 둘째, 백신 같은 예방책 덕분에 질병이 사라졌기 때문이다. 수백 명에 달하는 사람들이 홍역 같은 질병에 걸리지 않는다면, 질병을 치료하느라 돈을 낭비할 필요가 없다. 셋째이자 가장 중요한 이유는, 생명을 구한 개개인 모두가 생산자이자 소비자이기 때문이다. 갓난아기 한 명이 목숨을 구했다고 생각해보자. 그 아이는 또 한 명의 스티브 잡스로 자라나 세상에서 가장 혁신적인 회사 가운데 한 곳을 운영하게 될지도 모른다.

생명을 구하는 활동이 경제에 미치는 영향을 분명히 보여주는 간단한 통계 자료가 있다. 1960년에 미국 인구는 2000만 명 정도였고, 해마다 세상을 떠나는 사람의 수는 270만 명이었다. 그러나 2000년에는 인구 2000만 명당 사망자 수가 100만 명이 줄어들어 170만 명이 되었다. 수십 년 동안 수천만 명에 달하는 사람들이 목숨을 구했고, 각자가 다 활발하게 경제활동에 참여해 물건을 생산하고 서비스를 제공하고 세금을 냈다. 경제학자들은 또한 경제에 미치는 상승(승수) 효과multiplier effect도 인정했다. 생명을 구한 한 사람이 생산하거나 소비하는 활동은 다른 사람들에게 영향을 미쳐 그 사람들이 생산을 하거나 소비를 하게 하고, 그 사람들은 다른 사람에게 또다시 영향을 미친다. 그런 식으로 서로가 서로에게 미치는 영향력은 계속해서 상승한다. 더구나 사람의 생명을 구하는 일은 무형의 자산까지 만들어낸다. 천연두가 사라져 전 세계 어디든지 마음대로 갈 수 있었기에 사람들이 10년 만의 최대 성과라고 생각하는 지구촌 세계화globalization도 가능했던 것 아닐까?

수명 증가는 우리 인류 문명이 만들어낸 최고의 경제 도구다. 어떠한 발명품도 수명 증가처럼 높은 수익률을 올리지 못했다. 그런데도 언론들 대부분이 보건 복지에 힘을 쓰면 경제가 파산할 것처럼 말한다. 하긴 그들 말이 맞다. 우리는 경제 위기를 맞고 있다. 경제적 관점에서 보자면 우리는 보건 복지 분야에 너무 많은 돈을 쓰고 있는 게 아니다. 우리는 너무 적게 쓰고 있다!

과학적 증거가 우리에게 말해주는 것

우리는 국민 한 사람 한 사람이 우리의 자원을 어떻게 사용해야 할지에 대해 말할 권리를 가진 나라에 살고 있다. 한 사회의 일원으로서 우리는 이스터 섬에 있는 거대한 거석 같은 기념물을 세울 것인지, 집 평수를 계속해서 늘릴 것인지를 결정할 수 있다. 보건 복지 분야 연구에 돈을 얼마나 쓸 것인지도 우리가 결정할 수 있는 사항 가운데 하나다.

기부금 액수만 해도 상당히 많은 금액이지만, 보건 복지 분야의 연구에는 엄청난 돈이 들어가므로 기부금만으로는 필요한 연구를 거의 할 수 없다. 2004년 미국에서 사용한 의료 연구비 1010억 달러 중에 기부금으로 충당한 비율은 2퍼센트 정도였고, 그 2퍼센트의 절반 정도가 빌 게이츠 부부가 운영하는 게이츠재단에서 나왔다. 의료 연구비의 60퍼센트를 제공하는 곳이 기업이라는 사실은 무척 중요한 의미가 있다(해당 기업들은 대부분 제약회사다).

문제는 기업은 오직 커다란 이윤을 낼 수 있는 의학 연구 프로그램에만 투자한다는 데 있다. 그것도 즉시 이익을 낼 수 있는 해결 방법을 찾는 연구에 투자를 집중한다. 특정한 질병이 목표가 아닌 기초연구나 희귀병에 관한 연구에는 정부 자금이 들어갈 수밖에 없다. 많은 사람들이 기부하기를 싫어하니 연구비는 세금에서 나올 수밖에 없다. 과학이 가르쳐준 대로, 세금을 어떻게 써야 하는지도 증거를 바탕으로 결정을 내릴 수 있을까? 우리가 생명을 구하고자 한다면 세금은 과연 어떤 식으로 활용하는 게 옳을까?

생명을 구하는 연구에 들어가는 세금

방위 연구비 : 690억 달러

질병 연구비 : 380억 달러

교통안전 연구비 : 5800만 달러

한 가지 확실하게 하고 넘어갈 것이 있다. 위에 적은 방위 연구비는 2004년에는 380억 달러, 2008년에는 481억 달러를 지출한 국방비와는 다른 항목이다(국방비 내역에 이라크전쟁과 아프가니스탄전쟁 비용은 포함시키지 않았다). 위 항목의 방위 연구비란 순수하게 연구비로 쓰인 비용을 뜻한다. 2004년을 기점으로 방위 연구비는 상승해왔다. 2008년에는 방위 연구비로 모두 810억 달러를 지출했다. 그러나 질병 연구와 관련한 연방 지원금은 전혀 변화가 없었다.

이런 식의 지출이 합리적이라면, 그것을 뒷받침해줄 증거가 있어야 한다. 그렇다면 먼저 위에서 언급한 항목들과 관련한 사망자 수부터 한번 살펴보자.

세 항목에 해당하는 1년간 사망자 수

2003년 질병으로 65세 전에 사망한 사람의 수 : 52만 405명

2003년 자동차 사고로 사망한 사람의 수 : 4만 4757명

2007년부터 이전 30년간 전쟁이나 테러로 사망한 사람들의 1년 평균 수 : 277명

이 같은 사실을 바탕으로 1인당 지출한 연구비 내역도 계산할 수 있다.

인명 손실에 따른 인구 한 명당 2004년 연방 연구비 지출 내역

전쟁 혹은 테러로 인한 사망 : 2억 4900만 달러

질병으로 인한 65세 이전 사망 : 7만 3000달러

자동차 사고로 인한 사망 : 1300달러

어디 한번 군대식으로 유추해보자. 이른바 의학 선별법이라고 할 수 있겠다. 의사가 3401명인 육군 외과병원에 부상당한 병사가 1879명이 들어왔다고 해보자. 어떤 식으로 의사를 배치할까? 환자 한 명에게 의사 3400명을 배정하고 나머지 의사 한 명에게 다른 환자들을 돌보게 하는 일이 과연 있을 수 있을까? 그런데 우리 정부는 바로 이런 식으로 예산을 배정하고 있다. 전쟁으로 죽는 사람이 한 명일 때 질병으로 죽는 사람은 1878명이다. 그런데도 우리 가족들, 특히 아이들의 생명을

질병에서 구하는 데 쓰는 돈보다 3400배나 많은 돈을 전쟁 방지를 위한 연구에 쓰고 있다. 전쟁과 테러 연구에 쓰는 비용은 교통사고를 예방하는 데 쓰는 연구비보다 19만 배가 많다.

미국 독립선언서는 모든 사람이 평등하게 창조된 것은 분명한 사실이라고 선언한다. 마태복음 산상수훈에 나오는 황금률(일곱 가지 행동 규범)은 모든 사람이 똑같은 대접을 받아야 한다고 말한다. 그런데도 우리 정부는 두 가지 충고 가운데 어느 쪽도 따를 것을 거부한다.

혹자는 지금 당장은 전쟁이 커다란 위협이 아니지만 역사적으로 볼 때 전쟁만큼 큰 희생이 따르는 것은 없다고 말할지도 모른다. 하지만 그런 주장은 증거를 무시한 억측이다. 지난 20세기 동안 일어난 모든 전쟁에서 사망한 사람들 수보다도 단 한 가지 질병인 천연두로 죽은 사람의 수가 1.5배나 많다(전쟁으로 사망한 사람은 1억 8800만 명이고 천연두로 사망한 사람은 3억 명이다. 전쟁 사망자는 전투 사망자뿐 아니라 민간인 희생자, 정치 상황에 따른 기근과 학살로 죽은 사람을 모두 포함한 것이다). 미국에서 질병으로 조기 사망하는 사람이 하루에 1440명에 이른다. 이는 1분당 한 명이 사망한다는 뜻으로, 9·11 테러가 이틀에 한 번씩 발생하는 것이나 다름없다. 그런데도 우리가 이런 사망자들을 전쟁 사망자들보다 심각하게 받아들이지 않는 이유는 무엇 때문일까? 텔레비전으로 병자들의 창백하고 파리한 얼굴을 보지 못해서일까? 좀 더 극적인 죽음이 아니기 때문일까?

그런데도 여전히 전쟁이 가장 많은 희생자를 낸다고 믿는가? 지금까지 미국에서 자동차 사고로 죽은 사람은 미국이 치러야 했던 모든 전쟁에서 희생된 사람들보다도 두 배나 많다(미국 역사상 전쟁으로 사망한 사람은 병사와 민간인을 합해 모두 154만 1650명이고, 2005년까지 자동차 사고로 죽은 사람은 339만 3806명이다). 더구나 의료보험이 정신 질환까지 보장해주지는 않는다. 1940년부터 지금까지 자살한 사람의 수는 미국이 참전한 모든 전쟁에서 죽은 사람의 수보다 많다. 의료보험에 들 여유가 없는 사람들은 또 어떻고? 해마다 의료보험이 없어 죽는 사람의 수는 살인당한 사람보다 많다. 그런데도 의료 서비스를 제공하는 사람들이 돈을 아끼려면 시간과 노력을 절약해야 한다고 믿는단 말인가? 해마다 의료 사고로 죽는 사람의 수도 살해당한 사람의 수보다 적어도 두 배는 많다.

이 모든 증거들이 우리가 우리들의 생명을 실제로 앗아가는 대상을 연구하는 데 필요한 돈을 쓰고 있지 않다고 말한다. 어디 한번 사고실험thought experiment을 해보자. 당신과 당신의 배우자가 아기를 낳으려고 한다. 그런데 당신이 낼 수 있는 세금의 액수는 한정되어 있다. 당신은 당신이 낸 세금이 앞으로 아이가 살아가는 동안 아이를 안전하게 보호해줄 곳에 쓰이길 원할 것이다. 그렇다면 당신은 먼저 어떤 것이 아이에게 가장 위험한지부터 따져봐야 한다.

아이의 생명을 위협하는 위험 요소들의 발생 확률

65세가 되기 전에 질병으로 죽을 확률 1/6

자동차 사고로 죽을 확률 1/84

자살할 확률 1/116

살해될 확률 1/217

전쟁이나 테러로 죽을 확률 1/13000

전쟁이나 테러로 죽을 확률보다 당신의 아기가 질병으로 조기 사망할 확률은 2000배나 높고, 자동차 사고나 자살할 확률은 100배 이상 높다. 자, 우리는 어떤 연구에 돈을 지출해야 할까? 결정은 우리 몫이다.

연구 수준만큼은 세계 최고인 미국

어느 날 당신은 사랑하는 사람의 손을 잡고 병실에 있게 될지도 모른다. 그리고 그 사람은 결국 세상을 떠날 것이다. 당신은 사랑하는 사람을 잃었다는 슬픔에 한없이 눈물을 흘리며 병원 복도를 걸어 나올 것이다. 병원을 나온 당신은 구입한 지 얼마 안 되는 번쩍이는 커다란 차를 타고 1990년에 10만 달러나 주고 구입한 집으로 돌아온다. 멍하니 앉아 있기 싫어 집 안을 거닐다가 문득 사랑하는 사람도 없이 침실에 있어야 한다는 사실을 깨닫는다. 침실에 카펫을 깔고 벽에 자연석을 붙이느라 추가 비용을 지불했었다. 당신은 세금을 더 내는 대신 멋진 차를 사고 큰 집을 사는 데 돈을 썼다. 과연 이런 지출이 과학적 증거에 입각한 선택들이란 말인가?

지금 내가 미국인들에게 '우리 정부는 잘한 일이 하나도 없다'며 절망하라고, 혹은 손이나 쥐어짜고 있으라고 이런 장황한 이야기를 늘어놓는 것은 아니다. 미국은 어떤 나라일까? 중국에 있는 대학에서 조사한 바에 따르면 미국은 세계 20위권 안에 드는 대학이 17개나 있다고 한다. 미국은 사기업이 이끄는 의료 연구 분야에서 세계 최고 순위를 기록하는 나라다. 정부가 출자하는 의료 연구에서도 세계 1위 국가다. 다른 나라는 물론이고 유럽 나라들도 의료 연구 지출 분야에서는 상당히 뒤처져 있다.

미국은 분명히 인류 역사상 어떠한 나라도 따라올 수 없을 만큼 많은 돈을 의학 연구에 투자하고 있다. 분명히 미국은 앞서 나가고 있고, 의학 연구는 계속해서 성공을 거두고 있다. 이 책에 나오는 열 명의 영웅 중 다섯 명이 미국에서 태어나 교육을 받았다. 지구촌의 많은 사람들이 미국의 영웅들에게 막대한 신세를 지고 있다. 지구촌 세계화의 바람으로 제조업이나 서비스업은 다른 나라에 순위를 넘겨줬을지는 모르지만 과학 연구 분야만은 미국이 크게 앞서 있다. 미국은 전 세계 사람들을 치료하는 나라가 될 수 있다. 미국은 다른 나라 사람들이 자신들이 사랑하는 사람들을 치료할 수 있다는 기대를 품게 만드는, 그리고 그들이 연구 방식을 따라하게 만드는 나라가 될 수 있다. 미국은 과학적 증거야말로 인류가 처한 문제를 풀 해답임을 전 세계 사람들에게 알려주는 나라가 될 수 있다.

과학적 증거는 미국이 몇 가지 정책만 바꾸면 수십만 명에 달하는 생명을 구할 수 있다고 말한다.

바꿔야 하는 정책 첫 번째—2015년까지 교통사고 사망자 수를 1만 명으로 줄이기

현재 우리는 한 해 동안 한 사람이 자동차 사고로 죽을 확률을 6500분의 1보다 훨씬 낮출 수 있는 기술과 과학 지식을 갖추고 있다. 제정신을 가진 부모라면 누가 자신의 돈이 자녀들이 안전하게 탈 수 있는 차를 만드는 데 쓰이길 바라지, 엄청난 마력을 가진 엔진을 만들거나 GPS 시스템을 만드는 데 쓰이기를 바라겠는가?

바꿔야 하는 정책 두 번째—의료보험 개혁

해마다 의료보험이 없어 조기 사망하는 사람이 2만 명에 달한다는 연구 결과가 있다. 의료보험이 없는 사람들은 응급한 상황에도 치료비 때문에 병원에 가는 시기를 놓치는 경우가 많다. 미국처럼 부유한 나라에서 의료보험이 없어 죽는 사람이 해마다 2만 명에 달한다는 것은 정말 부끄러운 일이다. 이제 힘을 가진 부자들이 노력하는 가난한 사람들이 의료보험료를 납입할 수 있게 도울 새로운 방법을 도입해야 한다. 의료보험이 있는 사람이라면 누구나 세금이나 보험료의 형태로 의료보험이 없는 사람도 치료받을 수 있게 해준다는 의미에서, 개인 의료보험에도 세금 개념을 적용할 수 있을지도 모른다. 의료보험을 세금이라고 본다면 의료보험을 적용받지 못하는 40퍼센트의 노동자들에게 의료보험은 정말 가혹한 세금인 셈이다. 평범한 4인 가족이 1년 동안 내야 하는 의료보험료는 1만 달러가 넘는다. 이는 수입이 하위 20퍼센트에 드는 가정은 전체 수입의 52퍼센트를 의료보험료로 내야 한다는 뜻이고 하위 50퍼센트에 드는 가정은 전체 수입의 20퍼센트를 의료보험료로 내야 한다는 뜻이다. 이것이 현재 미국 젊은이 중 3분의 1이 의료보험이 없는 힘든 시기를 겪고 있는 이유다(2010년 3월 21일 오바마 정부는 건강보험 개혁법을 하원에서 통과시켰다. 공화당 의원 전원과 민주당 의원 34명이 의료보험 개혁에 반대했다-옮긴이).

바꿔야 하는 정책 세 번째—의료 종사자들의 처우 개선

아이가 아프거나 사랑하는 사람이 아플 때 우리에게 의료 서비스를 제공하는 사람이 없다면 어디로 가야 할까? 병원에 가서 의사를 만나는 순간 누구나 의료 종사자들이 얼마나 힘들게 일하고 있으며 아픈 사람들을 걱정하는지 알게 된다. 실제로 의사들은 일주일에 50시간 정도 일한다. 의료 종사자들이 자본가보다 경제적으로 훨씬 도움이 되는데도 세금은 훨씬 많이 낸다는 증거가 있다. 현재 의사들은 수입의 최대 35퍼센트까지 세금으로 내는 반면, 자본가는 15퍼센트 정도를 세금으로 낸다. 경제학자들은 자본가들보다 의료 종사자와 연구자들이 국가 경제에 훨씬 보탬이 된다고 말한다. 따라서 의료 종사자들의 세율이 자본가들의 세율인 15퍼센트보다 높아서는 안 된다. 의료 종사자들의 세금을 낮추면 의사들은 환자들의 수가 줄어도 수입이 줄지 않기 때문에, 남는 시간을 환자들에게 좀 더 투자할 수 있고 새로운 의학 연구를 진행할 수 있다. 세금을 줄이면 더 영리한 학생들이 의학 공부와 연구를 하게 될 것이다. 그러면 앞으로 몇십 년 안에 문제가 될 것으로 여겨지는 의사를 비롯한 의료 서비스 종사자 부족 사태도 자연스럽게 해결할 수 있는 한편, 생명을 구할 새로운 방법을 찾는 연구도 활성화될 것이다.

가장 중요한 일–의학 연구비를 1530억 달러로 늘리기

연구비도 새로운 약품 개발비도 지급하기를 거부하는 제약회사 사장이 있다면 어떻게 될까? 분명히 무책임한 사장이라는 불명예스러운 비판을 받으며 퇴직해야 할 것이다. 정부에도 그런 기준을 적용해야 한다. 지금까지 미국 정부는 어떤 일을 해왔을까? 2008년 연방 정부는 방위 연구비로 2004년에 비해 17퍼센트가 증가한 810억 달러를 지출했다. 미국 정부가 운영하는 기관 중 가장 중요한 기관은 국립보건원이다. 그런 국립보건원조차도 지난 4년 동안의 예산에 물가 상승률이 전혀 반영되지 않았다. 미국 정부 관료들이 사람을 살리는 무기보다는 사람을 죽이는 무기를 생산하는 데 훨씬 많은 힘을 쏟는다는 데는 이의가 없을 것 같다.

듀크 대학의 케니스 G. 맨튼Kenneth G. Manton과 동료들은 연방 정부가 지원하는 연구들을 분석해, 연방 정부의 지원을 받은 연구들이 의학 발전과 경제적 이익, 수명 연장 같은 다양한 요소에 어떤 식으로 공헌하는지 알아보았다. 2007년에 출간한 논문에서 듀크 대학 연구 팀은 연방 정부가 의료 연구에 지금보다 네 배 정도 많은 1530억 달러를 지원해야 한다고 주장했다. 듀크 대학 팀의 제안을 연방 정부가 받아들인다면 질병으로 사망하는 사람 한 명당 20만 달러 정도의 예산을 배정하게 되는 셈이다. 그러나 그렇게 한다 하더라도 여전히 전쟁이나 테러로 죽는 사람에 대비해 책정한 예산의 1000분 1밖에 안 되는 금액이다. 현재 질병 연구를 위해 연방 연구비를 신청한 과학자 중 20퍼센트만이 연구비를 받는다. 아인슈타인보다 훌륭한 과학자들 가운데 연구비를 받지 못하는 사람이 얼마나 많을까? 연구비를 지원받지 못하는 80퍼센트 가운데 한 명이 당신의 아이가 앓고 있는 병을 치료할 능력이 있다면 어떻게 해야 할까?

대화는 국회의원과 해야 한다!

현재 미국의 연구비 지원 우선순위를 완전히 뒤바꿔야 한다는 사실은 수많은 연구들이 뒷받침하고 있는 명명백백한 사실이다. 그러나 우리의 생명을 구할 변화를 불러올 수 있는 사람들은 따로 있다. 바로 국회의원들이다. 의회에는 의료 연구비를 늘리는 것을 저지하고자 갖은 애를 쓰며 로비를 벌이는 로비스트들이 있다. 로비스트들의 지원을 받는 국회의원들은 로비스트의 말에만 신경 쓸 뿐 당신은 무시해버릴 것이다. 그러나 많은 사람들이 뭉치면 국회의원 자리도 계속 유지할 수 없다는 사실은 국회의원이 더 잘 안다. 그러니 한 손에 젊어서 죽은 사랑하는 사람의 사진이나 오래 살았으면 하는 사람의 사진을 들고 국회의원과 악수를 나누자. 그리고 두 눈을 똑바로 보면서 이렇게 말하자.

"의원님, 의원님만이 조기 사망을 막을 수 있습니다"라고.

감사의 글

알 소머, 엔도 아키라, 빌 페이지, 데이비드 날린과 함께한 시간은 정말 행복했습니다. 귀중한 시간을 내어 자신들의 이야기를 자세히 들려주고 사진을 보여주었습니다. 더구나 제 원고를 보고 잘못된 부분을 고쳐주기까지 했습니다. 네 분께 정말 감사드립니다.

가브리엘 팝킨이 없었다면 이런 전문적인 책은 탄생하지 못했을 겁니다. 보석 같은 아이디어와 꼼꼼한 편집, 자료 조사라는 절대적이면서도 커다란 도움을 주었습니다. 무엇보다도 그는 과학은 정확해야 한다는 사실을 끊임없이 제게 일러주었습니다.

글쓰기 경험과 열정을 이 책에 불어넣어준 조엘 슈킨과 데브라 고든에게도 감사의 말을 전합니다. 과학자들이 구한 인명을 부지런히 계산해준 에이미 피어스 박사, 엔도 아키라 장을 쓸 때 필요한 일본 책을 부지런히 번역해준 히로코 홀리스Hiroko Hollis에게도 진심으로 감사의 말을 전합니다. 원고를 읽고 편집하고 좋은 의견을 내준 척 윌슨Chuck

Wilson, 마이크 트레센리더Mike Tresenrider, 제프 브로턴Jeff Broughton도 고맙습니다.

마지막으로 이 책에 실린 모든 과학자 분들에게 고맙다는 말을 전합니다. 과학에 대한 헌신과 병자들을 위하는 그분들의 마음은 제게 몇 년 동안이나 꺼지지 않는 영감을 주었습니다.

빌리 우드워드

감수의 글

세상은 우리가 바라보는 대로 존재한다

과학 시대에 살면서 과학의 힘을 무시하는 만용을 부릴 수 있는 사람은 거의 없을 것이다. 하지만 과학이 인간에게 가져다준 혜택을 찬양하는 것과 더불어 과학과 과학자에 대한 진정한 평가를 내리는 일은 매우 중요하다. 그런 의미에서 이 책은 끊임없는 도전과 연구에 대한 열정으로 수많은 이들의 생명을 구한 과학자들의 위대함을 잘 보여준다. 특히 인류를 위해 자신의 길을 묵묵히 걸어온 과학자들을 새롭게 조명함으로써 과학이란 무엇이고, 과학을 연구하는 이들의 모습은 어떠한지 세밀하게 포착한다. 감동으로 가득 찬 이 책은 우리 사회의 많은 것들을 새로운 관점에서 들여다볼 수 있게 해주는 매력도 있다. 또한 과학자들이 순수한 열정으로 이루어낸 위대한 발견이 인류 역사에 어떠한 영향을 끼쳤으며, 얼마나 많은 이들의 생명을 구했는지 일깨워준다.

저자는 현대인들이 운동선수, 예술가, 연예인, 정치인에게만 열광할 것이 아니라 수많은 생명을 살린 과학자들에게 감사하는 마음을 가져야 좀 더 행복한 사회가 될 것이라고 주장한다. 그리하여 교과서에 등장하는 유명한 과학자부터 생명과학을 전공한 감수자에게조차 생소한 과학자에 이르기까지 다양한 연구자의 숨은 업적을 밝히고 재평가한다. 그 과정에서 저자는 과학자란 단순히 연구를 통해 생명을 구하는 데 머물러서는 안 되며 과학 정책의 중요성을 인식하고 정책 결정 과정에 참여해야 한다는 깨달음에 도달한다. 이는 과학과 사회의 관계뿐만 아니라 과학 정책 결정 과정의 여러 요소들을 다루는 과학기술사회학이라는 학문이 근래 새롭게 인식되고 있는 것과 같은 맥락이다.

특히 이 책의 저자는 흥미진진한 글쓰기와 더불어 해당 과학자들의 생각이나 말을 적절한 곳에 인용함으로써 연구 과정의 현장감을 생생하게 전해준다. 또한 어렵고 딱딱하게 느껴지는 과학 이야기를 매우 친근하게, 그러면서도 감명 깊게 전달한다. 과학자들이 연구를 진행하면서 겪는 많은 어려움을 극복하는 이야기는 일반 독자에게 또 다른 즐거움과 감동을 선사할 것이다.

책을 읽다 보면 지금 우리 사회에 적용할 수 있는 이야기도 등장한다. 확률이나 따지는 실험실 과학laboratory science과 아주 미미한 위험 가능성까지도 철저히 고려해야 하는 현장 과학field science 혹은 regulatory science의 차이를 극명하게 보여주는 천연두 백신과 관련한 이야기는 작년에 사회 재난 수준으로까지 창궐한 구제역 사태에서 우리가 무엇을 잘못했는지 깨닫게 해준다. 또한 2008년도에 미국산 쇠고기를 졸속 개방할 때 광우병 유입 위험성을 지적한 국민들에게 정부가 안전하다면서 주장한 내용들이 얼마나 비과학적인 것이었는지도 보여준다.

어느 분야든 마찬가지겠지만 과학 분야에서도 발전을 이끄는 추동력은 열정과 인간에 대한 따뜻한 애정이다. 이 책에 등장하는 과학자들의 열정은 단순한 지적 호기심이 아니라 인간과 생명에 대한 관심과 애정을 바탕으로 한다. 고통받는 이들에 대한 애정과 관심이 인류를 고통에서 해방시키고 말겠다는 열정을 불어넣었다는 사실은, 녹색혁명을 일으킨 노먼 볼로그의 사례를 보면 잘 알 수 있다. 그는 저임금에 항의하며 파업을 벌이는 가난한 가장들의 모습을 본 후 인간의 배고픔을 해결하는 문제에 더욱 몰두하여 연구를 진행했다. 볼로그의 노벨상 수상 소감은 양극화를 당연하게 여기는 우리 사회에 꼭 들려주고 싶은 말이다. "사회정의 가운데 가장 기본이 되어야 하는 것은 모든 인류가 한 명도 남김없이 적당한 양의 음식을 먹는 것"이라는 그의 말은, 일방적인 정리해고와 저임금에 시달리는 비정규직 근로자들이 양산되는 우리 사회에 너무도 절실한 말이 아닌가 싶다.

또한 주목해야 할 것은 이 책에 나오는 많은 연구 과정에서 기존의 고정관념을 낯설게 보는 것이 새로운 발견으로 이어졌다는 점이다. 콜레라로부터 많은 생명을 구한 날린 박사의 사례가 대표적이다. 물론 인식의 전환이란 그만큼 준비된 자에게 약속된 것이기에 결국 끊임없는 노력과 열정, 그리고 생명에 대한 애정이 위대한 발견으로 이어질 것이고, 과학을 생각하는 이들에게 이보다 더 소중한 말은 없다. 고정관념은 우리로 하여금 세상을 잘못 이해하게 만든다. 세상은 우리가 바라보는 대로 존재하기 때문이다.

반면 이처럼 헌신적인 과학자들에 힘입은 과학의 진보와 그에 따른 과학의 공헌을 이야기할 때 잊어서는 안 될 것이 있다. 바로 과학의 양면성이다. 책에서도 언급하듯이 녹색혁명은 환경오염 문제를 불러왔고, 화학물질이나 항생제의 무분별한 사용은 항생제 내성 박테리아의 등장을 야기했다. 세계보건기구에 따르면 항생제 내성균으로 인한 사망자 수는 에이즈로 인한 사망자 수를 넘어섰다고 한다. 이와 더불어 생각해야 할 것은, 책에서 보여주는 감동적 연구의 이면에는 많은 실험동물의 희생이 있다는 점이다. 원숭이와 같은 영장류를 비롯해서 생명과학 발전을 위해 희생되는 동물의 생명권에 대한 고민이 필요하다.

이 책의 마지막 장에서는 사람들의 삶에 직접적인 영향을 미치는 사회정책에 대한 조언도 제시하고 있다. 대부분 공감이 가는 내용으로 한국 사회에도 충분히 적용할 수 있다. 저자가 지적하듯이 부족한 국가 연구비 예산뿐만 아니라 특히 현재 우리 사회에서 논의되고 있는 의료보험 민영화 문제가 그렇다.

최근 우리 사회에서 신자유주의적 정책이 추진되면서 의료보험제도 개선이라는 명목으로 무한 경쟁을 통한 의료 서비스의 강화가 공공연하게 논의되고 있다. 그러나 이 책에도 잘 나타나 있듯이, 의료보험이 민영화되면 의료비가 상승하여 고액의 의료보험료가 서민들에게 부과될 수밖에 없다. 의료보험을 민영화한 미국은 국민들이 고액의 의료보험료를 내야 하는 상황이 되었고, 그 결과 의료보험에 가입하지 못한 저소득 계층은 의료 관리 대상에서 소외되어, 이들 계층을 통해 미국 내에 여러 질병이 유행했음은 이미 잘 알려진 바다. 이처럼 의료 민영화와 관련해서도 이 책은 많은 것을 말해준다.

생명과학을 포함해서 근대과학은 인간을 비롯한 사물의 이치를 탐구하여 얻은 지식 체계다. 과학은 사물의 이치인 사리事理에 의거하여 사실事實을 밝히는 형태로 제시되어 왔다. 이때 사용하는 방식은 반증적 이해를 통한 분석적 환원주의이며, 생명체에 대해서는 기계론적인 입장을 취한다. 더욱이 과학 지식에 힘입은 기술의 발전은 생산성과 효율을 높임으로써 인간에게 편리함을 주고 욕망을 충족할 수 있도록 하지만, 결국 과학기술은 자본주의의 도구로 전락하여 잉여가치의 창출이라는 방향성과 목적을 가지게 된다. 이때 인간 중심의 자본주의와 결합한 과학에 대한 맹목적인 신뢰는 결과적으로 '과학주의Scientism'라는 과학의 오만함으로 이어지고, 그 결과 과학은 다른 생명과 생태계에 폭력적인 모습을 보인다.

그런 점에서 이 시대의 과학에 필요한 것은 겸손이며, 과학이란 본디 끊임없는 자기 반증을 통해 영역을 확대해간다는 것을 잊어서는 안 된다. 과학은 미신이나 종교가 아닌 과학 자신과 싸우면서 발전한다. 특정 시대의 과학자 집단이 공유하는 기준에 타협하거나 안주하지 않고 그러한 틀을 부정하고 회의하면서 영역을 확장해 나아가는 자기 초극적 특성을 지닌 것이 과학이다. 더욱이 이러한 과정에서 과학자 집단은 전문 학술지를 통해 서로 소통하면서 합의를 이루어가는데, 바로 이 지점에서 과학science과 연구research의 구분이 필요하다.

일반인들은 전문 학술지에 게재된 내용이라면 모두 과학적 사실로 받아들인다. 그러나 일 년 동안에도 수십만 편의 학술 논문이 발표되지만, 수년 후 과학계에서 인정받아 과학적 사실로 수용되는 내용은 10퍼센트 미만이다. 다시 말하면 전문 학술지에 실린 내용은 대부분 연구 중인 내용이며 과학적 사실로 확정되지 않은 것이기 때문에 단지 전문 학술지에 실린 내용이라고 해서 과학적 사실로 받아들여서는 안 된다. 더욱이 과학적 사실이란 사회적으로 구성되는 측면이 있으므로 과학 행위를 통해 얻은 과학적 결과가 집단에 수용되는 과정에서도 그 사회를 구성하는 다양한 집단의 의견을 겸허하게 받아들이는 열린 자세가 필요하다. 과학이 열려 있지 못하고 자신만의 시각에 갇혀 있으면, 과학은 사회적 맥락과 분리되어 과학자들만의 지적 유희로 머무르면서 인류에게 '데모클레스의 검(왕의 자리 바로 위에 말총 한 오라기로 매달려 있는 칼. 닥쳐올 위험을 의미)'이 된다. 그런 의미에서 이 책에 등장하는 스태크먼의 강연 내용을 인용하면서 감수자의 글을 마무리하고자 한다.

"과학을 활용한다고 해서 행여나 과학이 모든 일을 해결할 수 있다는 자만에 빠져서는 안 됩니다. 과학도 물론 실수를 합니다. 그러나 과학은 지상에서 굶주림과 배고픔을 없앨 수 있는 가능성으로 우리를 한층 가깝게 데려다줄 것입니다."

우희종(서울대학교 수의과대학 면역학 교수)

옮긴이의 글

과학도 결국 사랑이 전제되어야 한다

이 책의 원서 제목은 『Scientists Greater than Einstein』이다. 즉 아인슈타인보다 위대한 과학자라는 뜻이다. 이는 '아인슈타인은 위대하다'는 것을 전제한다. 아인슈타인은 위대했나? 그 전에 '위대하다'는 건 어떤 뜻일까? '위대하다'는 것은 '도량, 능력, 업적 등이 뛰어나고 훌륭하다'는 뜻이다. 도량에 대한 판단은 다분히 주관적일 테고, 그가 가진 능력은 그의 업적으로 충분히 입증되니 아인슈타인은 위대한 사람이었음이 분명하다. 물론 아인슈타인 자신의 능력도 상당한 공헌을 했지만 그를 적극적으로 밀어준 훌륭한 과학자 친구들 덕분에 아인슈타인이 위대한 업적을 세울 수 있었다는 글을 읽은 적이 있다(결국 우울하게 헤어진 첫째 부인 밀레바 마리치만 해도 아인슈타인 이론의 수학적 기반을 구축해주었다). 결국 인격이 부른 인기였건 능력이 부른 인기였건 간에 아인슈타인의 성공에는 그가 과학자들에게 인기가 있었다는 것이 한몫했다. 하지만 과학자들에게 인기가 많다고 해서 세상을 바꿀 수 있는 것은 아니다. 세상을 바꾸려면 정치인에게도 일반 대중에게도 인기가 있어야 한다. 그래야 엄청나 보이는 원자력발전소도 슈퍼컴퓨터도 탄생할 수 있다. 과감한 업적을 뒷받침해줄 과학적·정치적·사회적 인기는 아인슈타인을 20세기 최고의 과학자로 만들었다.

그리고 여기 열 명의 또 다른 과학자들이 있다. 어떤 사람은 괴팍하고 소심했지만 어떤 사람은 쾌활하고 명랑했다. 전문가 집단에게 인기가 있는 사람도, 인기가 없는 사람도 있었다. 정치권의 인기를 얻은 사람도 일부 있지만 대부분은 정치권과 소원한 삶을 산 과학자들이다. 이들의 공통점이라면 대중의 인기는 거의 얻지 못했다는 것. 사실 이 책을 선택해서 읽는 독자들에게도 아주 생소한 이름들일 것이다. 열 명의 과학자 가운데 절반 정도의 이름을 아는 사람이 있다면, 그는 분명 생물학사와 의학사에 아주 정통한 사람일 것이다. 그렇다면 이 과학자들의 업적은 어떨까? 알려지지 않았고 인기가 없었던 이 사람들이 세상을 바꾼 힘은 아인슈타인이 세상을 바꾼 힘과 비교해 어떤 차이가 있을까?

흔히 아인슈타인은 광자효과를 발견함으로써 양자역학의 세계를 열었다는 평가를 받는다. 사실 여러 물리학자의 업적을 모두 합한 결과라고 해야겠지만, 분자증폭기, 레이저, 자기공명영상MRI, 라디오, 컴퓨터, 원자핵발전소, 우주에 대한 새로운 시각 같은 현대인의 삶을 바꾼 다양한 도구나 생각 곳곳에 아인슈타인의 공로가 스며 있다. 아인슈타인이 열어준 이러한 도구들이 전혀 없다면 사람들은 과연 살아갈 수 있을까? 대답은 "그래도 살아간다"일 것이다. 자동차가 없다 해도 사람에게는 튼튼한 다리가 있고, 원자력발전소가 없었다면 에너지를 조금만 소비하며 살아갔을 것이다. 아인슈타인이 없었다면 대량 살상 무기도 없었을 것이라는 말도 어불성설이다. 어쨌거나 인간은 서로 치고받고 죽이는 법을 개발해냈을 테니까. 결국 아인슈타인이 인류의 생명에 미친 영향력을 더하고 뺀 결과는 거의 0에 가깝지 않을까 생각한다(최근의 원자력발전소 위기를 보면 조금 다른 결론을 내야 할지도 모르지만).

하지만 이 책에서 소개하는 열 사람의 업적은 다르다. 비타민A의 효능을 발견한 소머, 설사를 치료한 날린, 혈중 콜레스테롤 수치를 조절한 엔도, 백신을 만든 엔더스, 혈액형의 비밀을 푼 란트슈타이너, 녹색혁명을 일으킨 볼로그, 인슐린을 개발한 밴팅, DDT를 개발한 뮐러, 페니실린을 개발한 플로리, 천연두를 없앤 페이지. 이 사람들의 공헌이 없었다면 현대인의 삶은 근대 이전의 삶과 거의 차이가 없었을 것이다. 이 성실하고 소박한 과학자들은 자신을 내세우지 않고 묵묵하게 인류를 위해 헌신했다. DDT처럼 국가의 개발 정도에 따라 보는 시각에 큰 차이가 나고, 백신처럼 사람들마다 견해가 다른, 논란의 여지가 있는 발명품에 대한 이야기도 담겨 있지만, 이런 발명품들이 수백만 명이 넘는 사람의 목숨에 영향을 미친 것은 주지의 사실이다. 이 책이 소개하는 과학자들의 삶을 들여다보며 때로는 안타까움에 마음을 졸이고 안쓰러움에 어깨를 두드려주고 싶을 때도 있었고, 뿌듯한 마음으로 잘했다 칭찬해주고 싶을 때도 있었다. 힘들고 지난한 길을 사람에 대한 사랑으로 묵묵히 걸어온 열 명의 과학자들. 이 책이 이들의 진정성을 이해하고 의과학의 이해를 좀 더 높이는 계기가 되었으면 좋겠다.

김소정

참고문헌

Chapter 1: Karl Landsteiner:
The Superman Scientist—Discoverer of Blood Groups
Written by Billy Woodward and Debra Gordon

America's Blood Centers. "56 Facts about Blood." 2007. http://www.americasbloood.org/go.cfm?do=Page.View&pid=12.

Baker, J. P., and S. L. Katz. "A History of Pediatric Specialties—Vaccines." Pediatric Research 55, no. 2, (2004): 347–356.

Bendiner, E. "Karl Landsteiner: Dissector of the Blood." *Hosp Pract*(Off Ed) 26, supplement 3A, (1991): 93–104.

Chudley, Albert E. "Genetic Landmarks through Philately—Karl Landsteiner: The Father of Blood Grouping." *Clinical Genetics* 57, no. 4, (2000): 267–269.

Dean, L. "Blood Groups and Red Cell Antigens." National Library of Medicine. http://www.ncbi.nlm.nih.gov/books/bv.fcgi?rid=rbcantigen.chapter.ch2 (accessed September 13, 2007).

Dodd, R. Y. "Bacterial Contamination and Transfusion Safety: Experience in the United States." *Transfusion clinique et biologique: journal de la Société française de transfusion sanguine* 10, no. 1, (2003): 6–9.

Eibl. M., W. R. Mayr, and G. J. Thorbeck (eds). *Epitope Recognition Since Landsteiner's Discovery*. New York: Springer-Verlag, 2002.

Figl, M., and L. E. Pelinka. "Karl Landsteiner: The Discover of Blood Groups." *Resuscitation* 63, no. 3, (2004): 251–254.

Fuller, E. "Karl Landsteiner." Innominate Society. 1973. http://www.innominatesociety.com/Articles/Karl%20Landsteiner.html(accessed September 12, 2007).

Giangrande, P. L. "The History of Blood *Transfusion." British Journal Haematology* 110, no. 4, (2000): 758–767.

Gottlieb, A. M. "Karl Landsteiner, the Melancholy Genius: His Time and His Colleagues, 1868–1943." *Transfusion Medicine Reviews* 12, no. 1, (1998): 18–27.

Hajdu. S. "Blood Transfusion from Antiquity to the Discovery of the Rh Factor." *Annals of Clinical and Laboratory Science* 33, no. 4, (2003): 471–473.

Heidelberger, M. "Karl Landsteiner." *Biographical Memoirs of the National Academy of Sciences* 40 (1969).

Hess, J. R., and P. J. Schmidt. "The First Blood Banker: Oswald Hope Robertson." *Transfusion* 40, no. 1, (2000): 110–113.

—. "Blood Use in War and Disaster: Lessons from the Past Century." *Transfusion* 43, no. 11, (2003): 1622–1633.

Hughes-Jones, N. C., and B. Gardner. "Red Cell Agglutination: The First Description by Creite (1869) and Further Observations Made by Landois (1875) and Landsteiner (1901)." *British Journal of Haematology* 119, no. 4, (2002): 889–893.

Kendrick, D. B. "Preservative Solutions." Blood Program in World War II. 1964. http://History.amedd.army.mil/booksdocs/wwii/blood/chapter9.html(accessed September 12, 2007).

Kirkman, E. "Blood Groups." *Anaethesia & Intensive Care Medicine* 8, no. 5, (2007): 200–202.

Learoyd, P. "A Short History of Blood Transfusion." National Blood Service. 2006. http://hospital.blood.co.uk/library/pdf/training_education/history_of_transfusion.pdf (accessed September 12, 2007).

Landsteiner, K. "Ueber Agglutinationserscheinungen Normalen Menschlichen Blutes (On Agglutination Phenomena of Normal Human Blood)," in *Papers on Human Genetics*, S. H. Boyer (ed.) (pp.27–31). Englewood Cliffs, NJ: Prentice-Hall, 1901.

—. *The Specificity of Serological Reactions*. Mineola, NY: Dover Publications, 1962.

—. "On Individual Differences in Human Blood." Nobel Prize lecture. 1930. http://nobelprize.org/nobel_prizes/medicine/laureates/1930/landsteiner-lecture.html.
"Paul Ehrlich, Pharmaceutical Achiever." Chemical Heritage Foundation. 2001. http://www.chemheritage.org/EducationServices/pharm/chemo/readings/ehrlich.html (accessed September 11, 2007).
"Red Gold: The Epic Story of Blood." PBS. 2002. http://www.pbs.org/wnet/redgold (accessed September 14, 2007).
Rous, F. P. "Karl Landsteiner." *Fellows of the Royal Society* (Obiturary Notices) 5, no. 18, (1947): 295–324.
Schwarz, H. P., and F. Dorner. "Karl Landsteiner and His Major Contributions to Haematology." *British Journal Haematology* 121, no. 4, (2003): 556–565.
Speiser. P., and F. G. Smekal. *Karl Landsteiner*. Wien: Verlag Bruder Hollinek, 1975.
Starr, D. "Medicine, Money, and Myth: An Epic History of Blood." *Transfusion Medicine Reviews* 11, no 2, (2001): 119–121.
—. *Blood*. New York: Alfred A. Knopf, 2002.
Tagarelli, A., and et al. "Karl Landsteiner: A Hundred Years Later." *Transplantation* 72, no. 1, (2001): 3–.7
Tagliasacchi, D., and G. Carboni. "Let's Observe the Blood Cells." Fun Science Gallery. 2001. http://www.funsci.com/fun3_en/blood/blood.html#3 (accessed September 3, 2007).
Wiener, A. S. "Karl Landsteiner, MD: History of Rh-Hr Blood Group System." *New York State Journal of Medicine* 69, no. 22, (1969): 2915–1935.
Young, J. H. "James Blundell (179–878): Experimental Physiologist and Obstetrician." *Medical History* 8 (1964): 159–169.

Chapter 2: Bill Foege:
The Eradication of Smallpox
Written by Billy Woodward and Joel Shurkin

Dubos, Rene. *Man Adapting*. New Haven: Yale University Press, 1980.
Falola, Toyin. *Culture and Customs of Nigeria*. Westport: Greenwood Press, 2001.
Foege, W. H., S. O. Foster, and J. A. Goldstein. "Current Status of Global Smallpox Eradication." *American Journal of Epidemiology* 93, no. 4, (1971): 223–233.
—, J. D. Millar, and J. M. Lane. "Selective Epidemiologic Control in Smallpox Eradication." *American Journal of Epidemiology* 94, no. 4, (1971): 311–315.
—, J. D. Millar, and D. A. Henderson. "Smallpox Eradication in West and Central Africa." *Bulletin of the World Health Organization* 52 (1975): 209–222.
—. "Commentary: Smallpox Eradication in West and Central Aftrica Revisited." *Bulletin of the World Health Organization* 76, no. 3, (1998): 233–235.
—. "The Wonder That Is Global Health." Peacescorpsonline.org. 2003. http://corpsonline.org/messages/messages/467/1011931.html.
—. Speech. World Affairs Dinner. 2005. http://74.125.95.104search?q=cache:4xUaM3FClV wJ:www.world-affairs.org/documents/FoegeSpeech.pdf+world-affairs.org/documents/FoegeSpeech&hl=en&ct=clnk&cd=1&1=us&client=firefox-a.
—. Phone interview. February 25, 2008.
—. *The Anatomy of Smallpox Eradication in India: Personal Narrative*. Unpublished manuscript, 2008.
—. Acceptance remarks—The 2001 Public Service Award. 2001. http://www.laskerfoundation.org/awards/2001_p_accept_foege.html.
Glynn, I., and J. Glynn. *The Life and Death of Smallpox*. New York: Cambridge University Press, 2004.
Griffin, T. "The Man Who Helped Banish Smallpox from the Earth Is the 1994 Alumnus of the

Year." 1994. www.washington.edu/alumni/columns/top10/calling_the_shots.html.
Loftus, M. J. "Health for All." *Emory Magazine*. 2002. http://www.emory.edu/EMORY_MAGAZINE/winter2002/foege.html.
McCarthy, J. D., and W. H. Foege. "Status of Eradication of Smallpox (and Control of Measles) in West and Central Africa." *Journal of Infectious Diseases* 120, no. 6, (1969): 725–732.
Rosenfield, A. "An Interview with William Foege." 2001. http://www.laskerfoundation.org/awards/2001_p_interview_foege.html.
Schweitzer, A. "Teaching Reverence for Life." http://www.salsa.net/peace/conv/8weekconv1-6.html.
Shurkin, Joel N. *The Invisible Fire: The Story of Mankind's Victory over the Ancient Scourge of Smallpox*. New York: G. Putnam and Sons, 1979.
Spector, M. "What Money Can Buy." The New Yorker, October 24, 2005.
Stolber, Sheryl Gay. "A Nation Challenged: Public Health." *The New York Times*, September 30, 2001.
Thompson, D. March e-mail interview, 2008.
Tucker, J. B. *Scourge: The Once and Future Threat of Smallpox*. New York: Grove Press, 2001.
"Smallpox Disease Overview." Centers for Disease Control and Prevention. 2004. http://www.bt.cdc.gov/agent/smallpox/overview/disease-facts.asp
"History and Epidemiology of Global Smallpox Eradication." Centers for Disease Control and Prevention. http://www.bt.cdc.gove/agent/smallpox/training/overview/pdf/eradicationhistory.pdf.

Chapter 3: Frederick Banting:
Insulin—The First True Miracle Drug
Written by Billy Woodward and Debra Gordon

Bliss, M. *The Discovery of Insulin*. Chicago: University of Chicago Press, 1982.
—. "Resurrections in Toronto: The Emergence of Insulin." Horm Res 64, supplement 2, (2005): 98–102.
—. *Banting: A Biography*. Toronto: University of Toronto Press, 1984.
"Diabetes." World Health Organization. http://www.who.int/mediacentre/factssheets/fs312/en/.
"Discovery and Early Development of Insulin, The." University of Toronto Libraries, Fisher Library Digital Collections. 2003. http://link.library.utoronto.ca/insulin/index.html.
Gale, E. A. "The Rise of Childhood Type 1 Diabetes in the 20th Century." *Diabetes* 51, no. 12, (2002): 3353–3361.
Gidney, R. D., and W. P. J. Millar. "Quantity and Quality: The Problem of Admissions in Medicine at the University of Toronto, 1910–1951." *Historical Studies in Education* 9, no. 2, (Fall, 1997).
Gillespie, K. M. "Type 1 Diabetes: Pathogenesis and Prevention." *CMAJ* 175, no. 2, (July 18, 2006): 165–170.
Herrington, G. M. "The Discovery of Insulin." *Ala Med* 64, no. 12, (June 1995): 6–12.
Hodges, B. "The Many and Conflicting Histories of Medical Education in Canada and the USA: An Introduction to the Paradigm Wars." *Medical Education* 39, no 6, (2005): 613–621.
Hume, S. E. *Frederick Banting: Hero, Healer, Artist*. Montreal: XYZ Publishing, 2001.
Jain, K. M., K. G. Swan, and K. F. Casey. "Nobel Prize Winners in Surgery." (Part 3—Frederick Grant Banting, Walter Rudolph Hess). *Am Surg* 48, no. 7, (July 1982): 287–290.
King, K. M., and Rubin, G. A. "A History of Diabetes: From Antiquity to Discovering Insulin." *British Journal of Nursing* 12, no. 18, (2003): 1091–1995.
Majumdar, S. "Glimpses of the History of Insulin." *Bull Ind Inst Hist Med* 31 (2001): 57–70.
"Novo Nordisk Is Changing Diabetes." Nov Nordisk. 2006. http://www.novonordisk.com/

about_us/facts_and_figures/facts.asp. (accessed July 3, 2006).
Rafter, G. W. "Banting and Best and the Sources of Useful Knowledge." *Perspect Biol Med* 26, no. 2, (Winter, 1983): 282–286.
Rosenfeld, L. "Insulin: Discovery and Controversy." *Clinical Chemistry* 48, no. 12, (2002): 2270–2288.
"Spark-Plug Man." *Time*, March 19, 1941. http://www.time.com/time/magazine/article/0,9171,765305,00.html.
Tattersall, R. B. "A Force of Magical Activity: The Introduction of Insulin Treatment in Britain, 1922–1926." *Diabet Med* 12, no. 9, (1995): 739–755.
Welbourn, R. "The Emergence of Endocrinology." *Gesnerus* 49 (1992): 137–150.

Chapter 4. Al Sommer:
The Eye Doctor Who Discovered a Better Use for Vitamin A
Written by Billy Woodward and Joel Shurkin

Avery, Mary Ellen. "An Interview with Alfred Sommer." Lasker Foundation. 1997. http://www.laskerfoundation.org/awards/1997_c_interview_sommer.html (accessed June, 23, 2007).
Hussaini, G., I. T. Tarwotjo, and A. Sommer. "Cure for Night Blindness." Letter to editor. *American Journal of Clinical Nutrition* 31, no. 9 (September 1978): 1489.
Keusch, G. T. "Vitamin A Supplements—Too Good Not to Be True." *New England Journal of Medicine* 323, no. 14 (October 4, 1990): 985–986.
Lasker Luminaries. "Alfred Sommer." Lasker Foundation. 2002. http://www.laskerfoundation.org/awards/pdf/1997_sommer.pdf.
Mosley, W. H., K. Bart, and A. Sommer. "An Epidemiological Assessment of Cholera Control Programs in Rural East Pakistan." *International Journal of Epidemiology* 1 (1972): 5–11.
Simpson, Brian W. "The Other Al Sommer." John Hopkins Public Health. 2005. http://magazine.jhsph.edu/2005/fall/prologues/ (accessed June 23, 2007).
Sommer, A. Interview. Baltimore, MD, July 31, 2007.
—. "Effectiveness of Surveillance and Containment in Urban Epidemic Control" (Concerning the 1972 smallpox outbreak in Khulna municipality, Bangladesh). *Amercian Journal of Epidemiology* 99 (1974): 303–313.
—. *Nutritional Blindness: Xerophthalmia and Keratomalcia*. New York: Oxford University Press, 1982.
—. "Mortality Associated with Mild, Untreated Xerophthalmia." Thesis. Trans Am Ophthalmol Soc 81 (1983): 825–853.
—. "Vitamin A Deficiency and Its Consequences: A Field Guide to Detection and Control." World Health Organization. 1995.
—. "A Bridge Too Near. The Progress of Nations—Nutrition." 1995. http://www.whale.to/v/sommer.html (accessed June 28, 2007).
—. "Rx for Survival: A Global Challenge." Public Broadcasting System. 2006. http://www.pbs.org/wgbh/rxforsurvival/series/champions/alfred_sommer.html.
—, G. Hussaini, I. Tarwotjo, J. Susanto, and J. S. Saroso. "History of Nightblindness: A Simple Tool for Xerophthalmia Screening." *American Journal of Clinical Nutrition* 33 (1980): 887–891.
—. M. Khan, and W. H. Mosley. "Efficacy of Vaccination of Family Contacts of Cholera Cases." *The Lancet* 1 (1973):1230–1232.
—, and W. H. Mosley. "East Bengel Cyclone of November 1970: Epidemiological Approach to Disaster Assessment." *The Lancet* 1 (1972): 1029–1036.
—, and W. H. Mosley. "Ineffectiveness of Cholera Vaccination as an Epidemic Control Measure." The *Lancet* 1 (1973):1232–1235.
—, and M. Loewenstein. "Nutritional Status and Mortality: A Prospective Validation of the

QUAC Stick." *American Journal of Clinical Nutrition* 28 (1975): 287–292.
—, I. Tarwotjo, G. Hussaini, and D. Susanto. "Increased Mortality in Children with Mild Vitamin A Deficiency." *The Lancet* 2 (1983): 585–588.
—, I. Tarwotjo, Muhilal, E. Djunaedi, and J. Glover. "Oral Versus Intramuscular Vitamin A in the Treatment of Xerophthalmia." *The Lancet* 315, no. 8168 (March 1980): 557–559.
—, I. Tarwotjo, E. Djunaedi, K. P. West, A. A. Loedin, R. Tilden, L. Mele, and the Aceh Study Group. "Impact of Vitamin A Supplementation on Childhood Mortality: A Randomised Controlled Community Trial." *The Lancet* 1 (1986): 1169–1173.
—, K. P. West, Jr. *Vitamin A Dificiency—Health, Survival and Vision*. New York: Oxford University Press, 1996.
—, and Keith P. West. "Delivery of Oral Doses of Vitamin A to Prevent Vitamin A Deficiency and Nutritional Blindness." Center for Epidemiologic and Preventive Opthalmology. 1987.
—, and W. E. Woodward. "The Influence of Protected Water Supplies on the Spread of Classical/Inaba and El Tor/Ogawa Cholera in Rural East Bengal." *The Lancet* 2 (1972): 985–987.
Tarwotjo, I., A. Sommer, T. Soegiharto, D. Susanto, and Muhilal. "Dietary Practices and Xerophthalmia among Indonesian Children." *American Journal of Clinical Nutrition* 35, no. 3, (March 1982): 574–581.
Tielsch, J. M., and A. Sommer. "The Epidemiology of Vitamin A Deficiency and Xerophthalmia." *Annual Revue of Nutrition* 4 (1984): 183–205.
Villamor, E., and W. W. Fawzi. "Effects of Vitamin A Supplementation on Immune Responses and Correlation with Clinical Outcomes." Clinical Microbiology Revue 18, no. 3, (July 2005): 446–464.

Chapter 5: Akira Endo:
Statins—Life Extension for the Baby Boomers
Written by Billy Woodward and Joel Shurkin

Brown, M. S., and J. L. Goldstein. "A Tribute to Akira Endo, Discoverer of a 'Penicillin' for Cholesterol." *Atherosclerosis Supplements* 5 (2004): 13–16.
Brown, M. S., and J. L. Goldstein. "Lowering Plasma Cholesterol by Raising Ldl Receptors." *New England Journal of Medicine* 305, no. 9, (1981): 515–517.
Brown, M. S., and J. L. Goldstein. Brown-Goldstein Laboratory. UT Southwestern Medical Center. http://www.utsouthwestern.edu/utsw/cda/dept14857/files/114532.html (accessed October 29, 2007).
Brown, M. S. and J. L. Goldstein. "A Receptor-Mediated Pathway for Cholesterol Homeostasis." Nobel lecture. The Nobel Assembly at the Karolinska Institute. 1985. http://nobelprize.org/nobel_prizes/medicine/laureates/1985/brown-goldstein-lecture.pdf.
Charatan, Fred. "Severity of Heart Attacks in United States May Be Declining." *British Medical Journal* 318 (1999): 896.
Endo, Akira. E-mail interview, October 22, 2007.
—. *Designed by Nature—The Birth of the Greatest New Medicine in History*. Translated by Hiroko Hollisj. Tokyo: Medical Review Company, Ltd. (2006)
—. *The Dicovery of the New Medicine Statin—A Challenge to Cholesterol*. Translated by Hiroko Hollis. Tokyo: Iwanami Shoten, 2006.
—. "Monacolin K: A New Type of Cholesterolemic Agent Produced by a Monoacus Species." *Journal of Antibiotics* 32, no. 8, (1979): 852–854.
—. "The Discovery and Development of Hmg-Coa." *Journal of Lipid Research* 33 (1992): 1569–1578.
—. "I Finally Tested Statin on Myself!" *Artherosclerosis Supplements* 5 (2004): 31.
—. "The Origin of the Statins." *Atherosclerosis Supplements* 5, no. 30, (2004): 125–130.

—. M. Kuroda, and Y. Tsuita. "New Inhibitors of Cholesterogenesis Produced by Penicillium Citrinum." *The Journal of Antibiotics* 31, no. 12, (1976): 1346–1368.
—, M. Kuroda, and K. Tanzawa. "Competitive Inhibition of 3-Hydroxy-3-Methylglutaryl Coenzyme: A Reductase by M1-236a and M1-236b Fungal Metabolites, Having Hypocholesterolemic Activity." *FEBS Letters* 72, no. 2, (1976): 323–325.
King, M. W. "Introduction to Cholesterol Metabolism." The Medical Biochemistry Page. Copyright 1996-2006. http://themedicalbiochemistrypage.org/Cholesterol.html#introduction(accessed November 3, 2007).
Landers, Peter. "Drug Industry's Big Push into Technology Falls Short." *Wall Street Journal*, February 24, 2004.
—. "How One Scientist Intrigued by Molds Found Statin." *Wall Street Journal*, January 9, 2006.
Nogrady, B. "All in the Genes." Austrailian Doctor.com Top 50 Medical Innovations. http://www.australiandoctor.com.au/Common/ContentManagement/AusDoc/pdf/top 50_pdfs.pdf(accessed November 3, 2007).
Nakamura, Jazuo. "A Unique Cholesterol-Lowering Agent That No One Has Ever Had Before." *Atherosclerosis Supplements* 5(2004): 19–20.
Oliver, Michael, Philip Poole-Wilson, and et al. "Lower Patients'Cholesterol Now." *British Medical Journal* 310 (1995): 1280–1281.
Olsson, Anders G. "The Importance of the Emergence of Statins to a Lipodologist-Clinician: A Personal Perspective." *Atherosclerosis Supplements* 5 (2004): 27–28.
Pedersen, Terje. "Randomised Trial of Cholesterol Lowering 4,444 Patients with Coronary Heart Disease: The Scandanavian Simvastatin Survival Study." *The Lancet* 344 (1994): 1383–1387.
Rosmond, Waynes, and et al. "Heart Disease and Stroke Statistics—2007 Update." *Circulation* 115 (2006): 69–71.
Shepherd, J., et al. "Prevention of Coronary Heart Disease with Prevastatin in Men with Hypercholesterolemia." West of Scotland Coronary Preventions Study Group. *New England Journal of Medicine* 333, no. 20, (1995): 1301-1307.
Thompson, Gilbert R. "Unpremeditated Tribute to Akira Endo." *Atherosclerosis Supplements* 5 (2004): 29.
Winslow, Ron. "Studies Point to Drop in Heart Attacks, Cholesterol." *Wall Street Journal*, October 12, 2005.
Yamamoto, Akira. "Determination to Treat Patients with Fh—How Fundamental Techniques in Medical Consultation Saved the Day." *Atherosclerosis Supplements* 5 (2004): 25–26.
Yamamoto, A., H. Mabuchi, and et al. "Thirty Years of Statins Festschrift in Honor of Dr. Akira Endo." *Atherosclerosis Supplements* 5, no. 3, (2004): 1–130.
Yamauchi, Kimiko. *The Most Acknowledged Medicine in the World*.
Tokyo: Shogakukan, 2007 (translated by Hiroko Hollis).
—. "The Nobel Prize in Physiology or Medicine 1985." The Nobel Assembly at the Karolinska Institute. 1985. http://nobelprize.org/nobel_prizes/medicine/laureates/1985/press.html.
—. "Cholesterol." *Encyclopedia Britannica* 2006 Ultimate Reference Suite DVD. 2006.
—. "About Cholesterol." American Heart Association. 2007. http://www.americanheart.org/presenter.html?identifier=512.
—. "Ateriosclerosis." *Encyclopedia Britannica* 2006 Ultimate Reference Suite DVD. 2007.
—. "Know the Facts, Get the Stats." American Heart Association. 2007. http://www.americanheart.org/downloadable/heart/116861545709855-1041%20KnowTheFactsStats07_loRes.pdf.

Chapter 6: David Nalin:
ORT — A Revolutionary Therapy for Diarrhea
Written by Billy Woodward and Joel Shurkin

"Work Session 4: Malabsorption/Ion Channels." University of Leeds School of Medicine. 2007. http://www.bmb.leeds.ac.uk/teaching/icu3/index.html (accessed November 4, 2007).

Cash, R. A., D. R. Nalin, R. L. Rochat, B. Reller, Z. A. Haque, and Rahman, A. S. M. M. "A Clinical Trail of Oral Therapy in a Rural Cholera-Treatment Center." *American Journal of Tropical Medicine* 19, no. 4, (1970): 653–656.

Elliot, J. "A Life-Changing Experience." *Albany Medical College Alumni Bulletin*, 2007.

Farthing, M. J. G. "History of ORT." Drugs 36 (supplement 4)(2007): 80–90.

Foex, B. A. "How the Cholera Epidemic of 1832 Resulted in a New Technique for Fluid Resuscitation." *Emergency Medical Journal* 20 (2003): 316–318.

Fontaine, O., P. Garner, and M. K. Bhan. "Oral Rehydration Therapy: The Simple Solution for Saving Lives." *British Journal of Medicine* 334 (suppl 1) (2007): 14.

Guerrant, R. L., B. A. Carneiro-Fiho, and R. Dillingham. "Cholera, Diarrhea, and Oral Rehydration Therapy: Triumph and Indictment." *Clinical Infectious Disease* 37 (2003): 398–405.

Hirschhorn, N. Speech at the Charles A. Dana Awards for Pioneering Achievements in Health and Education. 1990.

Horn, R., A. Perry, and S. Robinson. "Diarrhoea: Why Is a Simple and Inexpensive Treatment Not More Widely Used?" IRC International Water and Sanitation Center. 2006. www.irc.nl/page/31514 (accessed October 2, 2007).

Mendler, J. "Take the Science to the Problem! Oral Rehydration Salt Solution Solves One of Humanity's Most Dire Problems." The Concord Consortium. 2007. www.Concord.org (accessed October 1, 2007).

Nalin, D. R. Joel Shurkin's interview. 2007.

Nalin, D. R. Personal e-mail communication. October 10, 2007.

Nalin, D. R., R. A. Cash, R. Islam, J. Molla, and R. A. Phillips. "Oral Maintenance Therapy for Cholera in Adults." *The Lancet* 292(1968): 370–375.

Nalin, D. R., and R. A. Cash. "Oral or Nasogastric Maintenance Therapy for Diarrhoea of Unknown Etiology Resembling Clolera." *Trans. R. Soc. Trop. Med.* HI-g 64, no. 5, (1970): 769.

Parashar, U. D., C. J. Gibson, J. S. Bresee, and R. I. Glass. "Rotavirus and Severe Childhood Diarrhea." Emerging Infectious Diseases [serial on the Internet]. 2006. http://www.cdc.gov/ncidod/EID/vol-12no02/05-0006.html (accessed October 28, 2007).

Quotah, E. "A Not-So-Simple Solution." *Harvard Public Health Review* (2006).

Ruxin, J. N. "Magic Bullet: The History of Oral Rehydration Therapy." *Medical History* 38 (2006): 363–397.

Thomson, A. B. R., and E. A. Shaffer. "Physiology of the Colon," in *First Principles of Gastroenterology* (chapter 11). Gastroenterology Research Center. 1997. http://www.Gastroresource.com/en/(accessed November 1, 2007).

Victora, C. G., J. Bryce, O. Fontaine, and R. Monasch. "Reducing Deaths from Diarrhoea through Oral Rehydration Therapy." *Bulletin of the World Health Organization* 78, no. 10, (2000).

Woo, D. D. F., T. Zeuthen, G. Chandy, and E. M. Wright. "Cotransport of Water by the Na+/glucose Cotransporter." *Proclamations of the National Academy of Science USA* 93 (1996): 13367–13370.

—. "The Management of Acute Diarrhea in Children: Oral Rehydration, Maintenance and Nutritional Therapy." MMWR. 1992.

—. "Cooking for the Gods: The Art of Home Ritual in Bengal." Mount Holyoke College Art

Museum. 1998. http://www.mtholyoke.edu/offices/artmuseum/index.html (accessed September 27, 2007).
—. "The Oral Rehydration Therapy." Rainbow Pediatrics Knowledgebase. 2001. Rainbowpediatrics.net (accessed September 27, 2007).
—. "The History of Gatorade." 2003. Gatorade.com (accessed September 28, 2007).
—. "Sea Sick—Infection Outbreaks Challenge the Cruise Ship Experience." Water Quality and Health. 2004. http://www. waterandhealth.org/index.html (accessed November 9, 2007).

Chapter 7: Norman Borlaug: A Green Revolution to Enhance Nutrition
Written by Billy Woodward and Debra Gordon

Bickel, Lennard. *Facing Starvation: Norman Borlaug and the Fight Against Hunger*. Pleasantville, NY: Reader's Digest Press, 1974.
Borlaug, Norman. "The Green Revolution, Peace, and Humanity." Nobel lecture. 1970. http://nobelprize.org/nobel_prizes/peace/laureates/1970/borlaug-lecture.html.
Borlaug, N. E. "Ending World Hunger: The Promise of Biotechnology and the Threat of Antiscience Zealotry." *Plant Physiology* 124 (2000): 487–490.
Brinkley, Douglas. "Bringing the Green Revolution to Africa: Jimmy Carter, Norman Borlaug, and the Global 2000 Campaign." *World Policy Journal* (March 22, 1996).
DeGregori, Thomas R. "Recognizing a Giant of Our Time: Dr. Borlaug Turns 90." American Council of Science and Health. 2004. http://www.acsh.org/news/newsid.625/News_detail.asp.
Doblhammer, G., and J. W. Vaupel. "Lifespan Depends on Month of Birth." *Proceedings of the National Academy of Sciences of the United States of America* 98, no.5, (2001): 2934–2939.
Easterbrook, Gregg. "Forgotten Benefactor of Humanity." The Atlantic Monthly, January 1997.
Fogel, Robert William. *The Escape from Hunger and Premature Death 1700–2000, Europe, America and the Third World*. New York: Cambridge University Press, 2004.
Hesser, Leon. *The Man Who Fed the World: Nobel Peach Prize Laureate Norman Borlaug and His Battle to End World Hunger.* Dallas, TX: Durban House, 2006.
Jain, Ajit. "Don't Be Afraid of New Technology." 2006. http://www.rediff.com//money/2006/sep/25mspec.html.
McCalla, A. F., and C. L. Revoredo. "Prospects for Global Feed Security: A Critical Appraisal of Past Projections and Predictions." International Food Policy Research Institute. 2001. http://www.ifpri.org/2020/dp/2020dp35.pdf (accessed September 14, 2006).
McFarland, Martha. "Sowing Seeds of Peace." 2003. Norman Borlaug Heritage Foundation. http://macserver.independence. k12.ia.us/~jlang/Education/BorlaugEssay.htm
Riley, James C. *Rising Life Expectancy: A Global History*. New York: Cambridge University Press, 2001.
Singh, Salil. "Norman Borlaug—A Billion Lives Saved." 2005. http://www.globalenvision.org/library/10/797.
Watters, Ethan. "DNA Is Not Destiny. *Discover Magazine*, November 2007.
"Undernourishment Around the World: Hunger and Mortality." The State of Food Security in the World. The Food and Nutrition Tehcnical Assistance Project. 2002. http://www.fantaproject.org/downloads/pdfs/FAOFS2002_6to13.pdf (accessed September 16, 2006).

Chapter 8: John Enders: The Father of Modern Vaccines
Written by Billy Woodward and Joel Shurkin

Allen, A. Vaccine—*The Controversial Story of Medicine's Greatest Lifesaver*. New York: W. W.

Norton, Company, 2007.
Bendiner, E. "Enders, Weller, and Robbins: The Trio That Fished in Troubled Waters." *Hospital Practice* 17, no.1, (January 1982): 163–197.
Chase, Allan. *Magic Shots*. New York: William Morrow & Company, Inc., 1982.
Driscoll, E. J., Jr. "John Enders." [The] *Boston Globe* (obituaries), September 10, 1985.
Eggars, H. J. "Milestones in Early Poliomyelitis Research: 1840–1949." *Journal of Virology* 73, no. 6, (1999): 4533–4535.
Enders, J. "A Note on Johnson's Staple of News." *Modern Language Notes* 40, no. 7, (1925).
—, T. H. Weller, and F. C. Robbins. "Cultivation of the Lansing Strain of Poliomyelitis Virus in Cultures of Various Human Embryonic Tissues." *Science* 109 (1949): 85–87.
—, F. C. Robbins, and T. H. Weller. "The Cultivation of Poliomyelitis Viruses in Tissue Culture." The Nobel Prize in Physiology or Medicine lecture. 1954. http://nobelprize.org/nobel_prizes/medicine/laureates/1954/enders-bio.html.
—, F. C. Robbins, and T. H. Weller. Nobel lecture. Nobelprize.org. 1954. http://nobelprize.org//nobel_prizes/medicine/laureates/1954/enders-robbins-wellerlecture.pdf (accessed March 29, 2007).
—, S. L. Katz, M. Milovanovic, and A. Holloway. "Studies on an Attenuated Measles-Virus Vaccine." *New England Journal of Medicine* 263, no. 4, (1960): 159–161.
—. "Vaccination Against Measles." *Australian Journal of Experimental Biology* 41 (1963): 467–490.
Feller, A. E., J. F. Enders, and T. H. Weller. "The Prolonged Coexistence of Vaccinia Virus in High Titre and Living Cells in Roller Tube Cultures of Chick Embryonic Tissues." *Journal of Experimental Medicine* 72 (1940): 367–388.
Galambos, L., and J. E. Sewell. *Networks of Innovation—accine Development at Merck, Sharp & Dohme, and Mulford, 1985–1995*. Cambridge: Cambridge University Press, 1995.
"History of Vaccines." National Museum of American History. http://americanhistory.si.edu/polio/virusvaccine/history.htm (accessed March 27, 2007).
Ho, Monto. *Several Worlds: Reminiscences and Reflections of a Chinese-American Physician*. Singapore: World Scientific Publishing Company, 2005.
Hunt, R. "Vaccines—Past Successes and Future Prospects." Microbiology and Immunology On-line University of South Carolina. 2000–2006. http://pathmicro.med.sc.edu/lecture/vaccines.html(accessed March 29, 2007).
Kane, M., and H. Lasher. "The Case for Childhood Immunization." 2002. http://childrensvaccine.org/files/CVP_Occ_Paper5.pdf(accessed March 27, 2007).
Katz, Samuel L. "Elements of Style." *Harvard Medical Alumni Bulletin*(Winter, 1985): 20–23.
Katz, Samuel L. E-mail correspondence. March, 2008.
Kluger, Jeffrey. *Splendid Solution: Jonas Salk and the Conquest of Polio*. New York: G. P. Putnam's, 2004.
"Measles." Centers for Disease and Control. http://www.cdc.gov/vaccines/pubs/pinkbook/downloads/meas.pdf. Accessed February 26, 2007.
Moss, W., and D. Griffin. "Global Measles Elimination." *Nature Reviews Microbiology* 4 (December 2006): 900–908.
Orent, W. "Polio Is Almost Gone, But Will It Ever Be?" Massachusetts General Hospital. 2006. http://www.protomag.com/issues/2006_spring/polio_scourge_print.html (accessed March 30, 2007).
Oshinsky, D. M. *Polio: An American Story*. New York: Oxford University Press, 2005.
Paul, John. *Cell and Tissue Culture*. Baltimore: The Williams and Wilkins Company, 1970.
Podolsky, Lawrence M. *Cures Out of Chaos*. Amsterdam: Harwood Academic Publishers, 1998.
"Recommended Immunization Schedule for 0– Years." Centers for Disease Control and

Prevention. http://www.cispimmunize.org/IZSchedule_Childhood.pdf (accessed March 28, 2007).
Robbins, Alice. E-mail correspondence. March.
Robbins, Frederick C. "From Philology to the Laboratory." *Harvard Medical Alumni Bulletin* (Winter, 1985): 16–18.
Rosen, F. S. "Isolation of Poliovirus—John Enders and the Nobel Prize." *New England Journal of Medicine* 351, no. 15, (2004): 1481–1483.
Rosenberg, Nancy, and Louis Z. Cooper. *Vaccines and Viruses.* New York: Grosset & Dunlap, 1971.
Simmons, J. G. "John Franklin Enders: Persuading Viruses to Multiply," in *Doctors & Discoveries: Lives That Created Today's Medicine* (pp. 266–269). Boston: Houghton Mifflin, 2002.
Tyrrell, D. A. J. "John Franklin Enders." (Biographical Memoirs). *Biographical Memoirs of Fellows of the Royal Society* 33 (1987): 211–233.
Weller, Thomas H. *Growing Pathogens in Tissue Culture: Fifty Years in Academic Tropical Medicine, Pediatrics, and Virology*. Boston: Boston Medical Library, 2004.
Weller, T. H., and F. C. Robbins. "John Franklin Enders." *Biographical Memoirs of the National Academy of Sciences* 60 (1991):47–50.
—. "Vaccine Progress." *Time*, November 17, 1961.
—. "John Franklin Enders," in *Biographical Memoirs* (pp. 47–65). Washington, D.C.: National Academies Press, 1991.
—. "Achievements in Public Health, 1900–1999: Impact of Vaccines Universally Recommended for Children—United States, 1900–1998." *CDC Morbidity and Mortality Weekly Report* (April 2, 1999).
—. "Hundreds Gather to Remember Fred C. Robbins, MD." Case Western Reserve University Medical Bulletin 10, no. 1, (2004).
—. "Polio Vaccine: The Story Behind the Story." Children's Hospital Boston. 2005. http://www.childrenshospital.org/research/Site2029/mainpagesS2029P6sublevel7Flevel9.html.

Chapter 9: Paul Müller:
DDT and the Prevention of Malaria
Written by Billy Woodward and Debra Gordon

Arguin, Paul, and Sonja Mali. "Travelers' Health," in *Yellow Book*(chapter 4: "Prevention of Specific Infectious Diseases). http://www.ias.ac.in/currsci/dec102003/1532.pdf (accessed July 20, 2007).
Carson, Rachel. *Silent Spring*. New York: First Mariner Books, 1962.
CDC—Malaria. "Protective Effect of Sickle Cell Trait Against Malaria—Associated Mortality and Morbidity. 2004. http://www.ced.gov/malaria/biology/sicklecell.html.
Desowitz, R. S. *Federal Body Snatchers and the New Guinea Virus: Tales of Parasites, People and Politics*. New York: W. W. Norton, 2002.
—. *The Malaria Capers: Tales of Parasites and People*. New York: W. W. Norton, 1991.
"DDT Ban Takes Effect." 1972. http://epa.gov/history/topics/ddt/01. html (accessed March 22, 2007).
Feldman, Stanley, and Vincent Marks. *Panic Nation*. London: John Blake Publishing, 2005.
Kwiatkowski, D. P. "How Malaria Has Affected the Human Genome and What Human Genetics Can Teach Us about Malaria." *The American Journal of Human Genetics* 77 (2005): 171–192.
"Malaria: Biology." CDC. 2004. http://www.cdc.gov/malaria/biology/index.html (accessed March 17, 2007).
"Malaria and the Red Cell." 2002. http://sickle.bwh.harvard.edu/malaria_sickle.html

(accesseed April 2, 2007).
Minnesota Pollution Control Agency. "Creature of the Month—July." 2005. http://proteus.pca.state.mn.us/kids/c-july98.html.
McGrayne, Sharon Bertsch. *Prometheans in the Lab: Chemistry and the Making of the Modern World*. New York: McGraw-Hill, 2001.
Müller, P. Nobel Prize lecture. Nobel Prize.org. 1948. http://nobelprize. org/Nobel_prizes/medicine/laureates/1948/muller-lecture.pdf.
Rocco, F. *The Miraculous Fever Tree: Malaria and the Quest for a Cure That Changes the World*. Great Britain: Harper Collins, 2003.
Tren, R., and R. Bate. *Malaria and the DDT Story*. London: Institute of Economic Affairs, 2001.
Saginaw County Mosquito Abatement Commission. 2007. http://www.scmac.org/Mosquito_trivia.html.
Sharma, V. P. "DDT: The Fallen Angel." *Current Science* 85, no. 11 (2003). http://www.ias.ac.in/currsci/dec102003/1532.pdf.
World Health Organization. "Malaria." 2007. http://www.who.int/topics/malaria/en/.

Chapter 10: Howard Florey:
Penicillin—The Miracle of Antibiotics
Written by Billy Woodward and Joel Shurkin

"Antimicrobial (Drug) Resistance." Exploring HIH. Ed. National Institute of Allergy and Infection. 2006. http://www.niaid.nih.gov/factsheets/antimicro.html.
Anderson, Dean W. *Praise the Lord and Pass the Penicillin*. Jefferson, NC: McFarland & Company, 2003.
Bickel, Lennard. *Florey, the Man Who Made Penicillin*. Melbourne: Sun Books, Pty Ltd., 1983.
Bloom, D. E, and K. Fang. "Social Technology and Human Health." University of Toronto-Scarborough. River Path Associates. 2001. http://www.utsc.utoronto.ca/~chan/
lstb01/readings/socialTecHuman-Health.pdf (accessed August 3, 2006).
Bowden, Mary Ellen. "Alexander Fleming: Pharmaceutical Achiever." Antibiotics in Action. 2002. http://www.chemheritage.org/educationservices/pharm/anitbiot/readings/Fleming.html.
Brown, Kevin. *Penicillin Man*. Gloucestershire: Sutton Books, 2004. Bud, R. "Penicillin and the New Elizabethans." *British Journal of Historical Science* 31 (1998): 305–333.
Drexler, Madeline. *Secret Agents: The Menace of Emerging Infections*. Washington, D.C: Joseph Henry Press, 2002.
Fletcher, C. "First Clinical Use of Penicillin." *Br Med J* (Clin Res Ed) 289, no. 6460 (1984): 1721–1723.
Florey, H. W. "Penicillin." Nobel lecture. NobelPrize.org. 1945. http://nobelprize.org/Nobel_prizes/medicine/laureates/1945/florey-lecture.pdf.
Goldsworth, Peter D., and Alexander C. McFarlane. "Howard Florey,
Alexander Fleming and the Fairy Tale of Penicillin." *Medical Journal of Australia* 176, no. 4, (2002): 176–178.
Hare, Ronald. "New Light on the History of Penicillin." *Medical History* 26, no. 1, (1982): 1–24.
Harris, Henry. "Howard Florey and the Development of Penicillin." *Notes and Records of the Royal Society* 53, no. 2, (1999): 243–252.
Hill, James. "James Hill's D-Day: 3rd Parachute Brigade." WW2 People's War. *British Broadcasting Company*. http://www.bbc.co.uk/ww-2peopleswar/stories/16/a2523016.shtml. Accessed February 16, 2007.
Lax, Eric. *The Mold in Dr. Florey's Coat*. New York: Henry Holt and Company, 2005.
Lewis, Ricki. "The Rise of Antibiotic-Resistant Infections." U.S. Food & Drug Administration. 1995. http://www.fda.gov/FDAC features/795_antibio.html.

Macfarlane, Gwyn. *Howard Florey: The Making of a Great Scientist*. Oxford: Oxford University Press, 1979.

Master, David. *Miracle Drug: The Inner History of Penicillin*. London: Eyre & Spottiswoode, 1946.

Mines, Samuel. *Pfizer: An Informal History*. New York: Pfizer, 1978.

"Penicillin and Pharmacognosy." Drugstore Museum. Soderlund Village Drug. 2004. http://www.drugstoremuseum.com/sections/level_info2.php?level=1&level_id=196.

Saxon, Wolfgang. "Anne Miller, 90, First Patient Who Was Saved by Penicillin." [The] *New York Times*, June 9, 1999.

Sci/Tech. "Planet Bacteria." BBC News. 1998. http://news.bbc. co.uk/1/hi/sci/tech/158203. stm (accessed August 2, 2006).

Essay: A Choice for the Future:
Our Health or Our Wealth?
Written by Billy Woodward

"Bible Study Tools." Crosswalk.com 2007. http://bible.crosswalk.com/ (accessed January 11, 2008).

Cutler, David M. *Your Money or Your Life: Strong Medicine for America's Healthcare System*. New York: Oxford University Press, 2004.

"Health Insurance Coverage." National Coalition on Health Care. 2008. http://www.nchc.org/facts/coverage.shtml.

Kuhn, Deanna. "Connecting Scientific and Informal Reasoning." Merrill-Palmer Quarterly 39, no. 1, (1993): 74–103.

Manton, K. G., R. L. Lowrimore, A. D. Ullian, X. Gu, and H. D. Tolley. "Labor Force Participation and Human Capital Increases in an Aging Population and Implications for U.S. Research Investment." *Proceedings of the National Academy of Sciences* 104, no. 26, (2007): 10802–10807.

Moses, H., III, E. R. Dorsey, D. H. M. Matheson, and S. O. Their. "Financial Anatomy of Biomedical Research." *Journal of the American Medical Association* 294, no. 11, (2005): 1333–1342.

Murphy, Kevin M., and Robert H. Topel. *Measuring the Gains from Medical Research: An Economic Approach*. Chicago: University of Chicago Press, 2003.

"Odds of Dying From…." National Safety Council. 2007. http://www.msc.org/research/odds.aspx (accessed January 12, 2008).

Wallenborn, White McKenzie. "George Washington's Terminal Illness: A Modern Medical Analysis of the Last Illness and Death of George Washington." The Papers of George Washington. 1999. http://gwpapers.virginia.edu/articles/wallenborn.html (accessed December 10, 2006).